战略性新兴领域"十四五"高等教育系列教材
纳米材料与技术系列教材　　总主编　张跃

纳米功能薄膜

沈　洋　南策文　任伟斌　胡澎浩　杨敏铮　张慕风
徐而翔　覃佐宇　吴师屹　肖　瑶　李　鑫　　　　编

机械工业出版社

本书系统论述了纳米功能薄膜的基本概念和内涵、典型制备工艺、功能特性的物理基础、典型体系及其应用，也介绍了该领域最新的研究进展和前沿动态。全书共分为 7 章：概论、纳米薄膜的制备工艺、纳米薄膜性能的物理基础、金属及半金属基纳米薄膜、金属氧化物纳米薄膜、聚合物基纳米薄膜、纳米薄膜的典型应用。

本书是为广大进入材料学相关专业学习的专科生、本科生以及研究生而设计撰写的，旨在帮助学生对纳米功能材料的基本背景、研究特点、应用及发展方向有个较为全面的了解，激发学习兴趣，为将来进一步学习专业课程或从事相关研究打下良好的基础。也期待本书能成为纳米材料及相关领域的研究人员、工程师的一本实用参考书，促进学术交流和科技创新。

图书在版编目（CIP）数据

纳米功能薄膜 / 沈洋等编． -- 北京：机械工业出版社，2024.12． --（战略性新兴领域"十四五"高等教育系列教材）（纳米材料与技术系列教材）． -- ISBN 978-7-111-77642-0

Ⅰ．TB383

中国国家版本馆 CIP 数据核字第 2024X9X984 号

机械工业出版社（北京市百万庄大街 22 号　邮政编码 100037）
策划编辑：丁昕祯　　　　　　责任编辑：丁昕祯　赵晓峰
责任校对：龚思文　张　薇　　封面设计：王　旭
责任印制：任维东
河北环京美印刷有限公司印刷
2024 年 12 月第 1 版第 1 次印刷
184mm×260mm・14 印张・343 千字
标准书号：ISBN 978-7-111-77642-0
定价：58.00 元

电话服务　　　　　　　　　网络服务
客服电话：010-88361066　　机 工 官 网：www.cmpbook.com
　　　　　010-88379833　　机 工 官 博：weibo.com/cmp1952
　　　　　010-68326294　　金　书　网：www.golden-book.com
封底无防伪标均为盗版　　　机工教育服务网：www.cmpedu.com

前　言

　　本书的目标是为理工科专科生、本科生以及研究生提供一本全面且实用的纳米材料与纳米技术的教材。本书紧密结合"十四五"国家重点研发计划等国家级重大项目，以纳米功能薄膜为主要介绍对象，覆盖了其结构、性能、制备和应用，旨在帮助学生建立纳米薄膜材料结构与功能应用间的关联性，了解纳米功能材料、薄膜及其器件的基本结构、制备工艺、功能表征及典型应用。同时，本书融入了近10年来纳米功能薄膜技术领域的最新成果和前沿动态，具有系统的学科理论和丰富的学术图片，旨在激发学生兴趣，培养创新思维和科研能力。

　　本书第1章介绍了纳米科技与纳米材料、纳米材料的基本性质，以及纳米薄膜的定义及功能特性；第2章介绍了纳米功能薄膜的制备工艺；第3章从力、电、磁、光等四方面介绍了纳米薄膜性能的物理基础；第4章重点讨论了金属及半金属基薄膜中的Si基纳米薄膜及Zn基纳米薄膜；第5章首先介绍了决定金属氧化物纳米薄膜功能的微结构，再讨论了该类薄膜的电、磁、光特性；第6章系统介绍了聚合物基纳米尺度薄膜及聚合物基纳米复合薄膜；第7章从纳米薄膜的典型功能（如铁电功能、光电功能、电磁功能等）出发，阐述其应用机理并介绍相关领域的应用案例与研究进展，也介绍了面向国家重大需求的典型应用，如使用高性能压电薄膜的声呐系统超声波换能器、采用第四代超材料隐身薄膜的歼-20飞机等。

　　本书由长期从事纳米功能薄膜领域教学和前沿科研工作的教师及在相关科研一线的博士生合作编写。他们对纳米功能薄膜的深入理解和实践经验为本书的价值奠定了坚实的基础。此外，本书给出了紧密联系纳米技术的科技前沿与国家重大战略需求的实例，使读者能切实感受到纳米材料与技术的广泛应用价值。

　　在此，衷心感谢为本书撰写、编辑和出版付出辛勤努力的所有人。同时，我们也期待广大读者对本书提出宝贵意见和建议，共同推动纳米材料领域的发展。

编　者

目 录

前言
第1章 概论 ... 1
1.1 纳米科技与纳米材料 ... 1
1.1.1 纳米科技 ... 1
1.1.2 纳米材料 ... 3
1.1.3 纳米材料的相关政策 ... 3
1.2 纳米材料的基本性质 ... 5
1.2.1 基于Kubo理论的电子特性 ... 5
1.2.2 量子尺寸效应 ... 6
1.2.3 小尺寸效应 ... 7
1.2.4 表面效应 ... 8
1.2.5 库仑堵塞效应 ... 8
1.2.6 量子隧穿效应 ... 8
1.2.7 介电限域效应 ... 9
1.2.8 量子限域效应 ... 9
1.3 纳米薄膜 ... 10
1.3.1 纳米薄膜的定义 ... 10
1.3.2 纳米薄膜的功能特性 ... 10
1.4 本书主要内容 ... 14
参考文献 ... 14

第2章 纳米薄膜的制备工艺 ... 15
2.1 纳米尺度薄膜的制备工艺 ... 15
2.1.1 物理气相沉积（PVD） ... 15
2.1.2 化学气相沉积（CVD） ... 28
2.2 纳米复合薄膜的制备工艺 ... 32
2.2.1 纳米填料的制备 ... 32
2.2.2 纳米填料的分散 ... 37
参考文献 ... 37

第3章 纳米薄膜性能的物理基础 ... 39
3.1 力学性能 ... 39

3.1.1 受力形变性质 ... 39
3.1.2 薄膜附着性质 ... 47
3.1.3 薄膜内应力 ... 48
3.2 电学性能 ... 49
3.2.1 导电性能 ... 49
3.2.2 介电性能 ... 61
3.3 磁学性能 ... 71
3.3.1 材料的磁性 ... 72
3.3.2 磁性效应 ... 76
3.4 光学性能 ... 77
3.4.1 光折射性能 ... 77
3.4.2 光反射性能 ... 79
3.4.3 光透射性能 ... 79
3.4.4 光发射性能 ... 81
参考文献 ... 83

第4章 金属及半金属基纳米薄膜 ... 85
4.1 半导体纳米量子点 ... 85
4.1.1 量子点的来源与概述 ... 85
4.1.2 量子点的性质 ... 88
4.1.3 量子点的合成 ... 90
4.1.4 量子点的应用 ... 92
4.2 硅基纳米薄膜材料与器件 ... 95
4.2.1 硅基纳米薄膜简介 ... 96
4.2.2 硅基纳米薄膜的性质 ... 98
4.2.3 硅基纳米薄膜的合成方法 ... 101
4.2.4 硅基纳米薄膜器件 ... 103
4.3 锌基纳米薄膜及其性能 ... 107
4.3.1 锌基纳米薄膜简介 ... 107
4.3.2 锌基纳米薄膜的机械特性 ... 109
4.3.3 锌基纳米薄膜的光学特性 ... 109
4.3.4 锌基纳米薄膜的电学特性 ... 111

4.3.5 锌基纳米薄膜的气敏特性 ……… 113
参考文献 ……………………………… 113

第5章 金属氧化物纳米薄膜 …… 117
5.1 金属氧化物纳米薄膜的微结构 …… 117
 5.1.1 金属氧化物的晶体结构 ……… 117
 5.1.2 金属氧化物的缺陷 …………… 120
5.2 金属氧化物纳米薄膜的电学特性 … 122
 5.2.1 介电特性 ……………………… 123
 5.2.2 铁电特性 ……………………… 126
 5.2.3 半导体特性 …………………… 129
 5.2.4 高温超导特性 ………………… 131
5.3 金属氧化物纳米薄膜的磁学特性 … 134
 5.3.1 多铁特性 ……………………… 134
 5.3.2 庞磁电阻效应 ………………… 137
 5.3.3 半金属特性 …………………… 138
 5.3.4 稀磁半导体 …………………… 140
5.4 金属氧化物纳米薄膜的光学特性 … 141
 5.4.1 场致变色特性 ………………… 141
 5.4.2 透明导电薄膜的光学特性 …… 142
 5.4.3 光催化特性 …………………… 143
参考文献 ……………………………… 145

第6章 聚合物基纳米薄膜 ……… 150
6.1 聚合物基纳米薄膜概述 …………… 151
 6.1.1 成分组成 ……………………… 151
 6.1.2 制备方法 ……………………… 152
 6.1.3 薄膜结构 ……………………… 155
6.2 聚合物基纳米尺度薄膜 …………… 155
 6.2.1 PLED 中的聚合物基纳米薄膜 … 156
 6.2.2 太阳能电池中的聚合物基
    纳米薄膜 ……………………… 157
 6.2.3 分离膜中的聚合物基纳米薄膜 … 160
6.3 聚合物基纳米复合薄膜 …………… 162
 6.3.1 概述 …………………………… 162
 6.3.2 零维纳米结构/聚合物基
    复合薄膜 ……………………… 163
 6.3.3 一维纳米结构/聚合物基
    复合薄膜 ……………………… 165
 6.3.4 二维纳米结构/聚合物基
    复合薄膜 ……………………… 168
参考文献 ……………………………… 173

第7章 纳米薄膜的典型应用 …… 176
7.1 纳米薄膜铁电功能应用 …………… 176
 7.1.1 铁电体功能应用 ……………… 177
 7.1.2 热释电体功能应用 …………… 179
 7.1.3 压电体功能应用 ……………… 181
7.2 纳米薄膜光电功能应用 …………… 184
 7.2.1 光电储能应用 ………………… 185
 7.2.2 光电显示应用 ………………… 191
 7.2.3 光电电子元件应用 …………… 196
7.3 纳米薄膜电磁功能应用 …………… 199
 7.3.1 吸波材料应用 ………………… 200
 7.3.2 屏蔽材料应用 ………………… 203
7.4 纳米薄膜其他功能应用 …………… 207
 7.4.1 铁磁功能应用 ………………… 207
 7.4.2 多铁功能应用 ………………… 209
 7.4.3 铁弹功能应用 ………………… 210
 7.4.4 热电功能应用 ………………… 211
 7.4.5 介电功能应用 ………………… 212
7.5 总结 ………………………………… 214
参考文献 ……………………………… 214

第 1 章

概　　论

1.1　纳米科技与纳米材料

1.1.1　纳米科技

纳米科技这一前沿且交叉性的新兴学科领域在 20 世纪 80 年代末至 90 年代初逐渐崭露头角，其发展几乎是 21 世纪所有工业领域的革命性变革的基础。纳米科技主要研究在纳米尺度（1~100nm，即 10^{-9}~10^{-7}m）下物质的特性和相互作用，包括原子和分子的操纵，以及如何利用这些特性。当物质缩小到这个尺度时，其量子效应、局域性以及巨大的表面和界面效应导致物质性能发生根本性变化，展现出既不同于宏观物体，也不同于单个孤立原子的独特现象。纳米科技的最终目标是利用原子、分子及物质在纳米尺度上展现的新颖物理、化学和生物学特性，创造出具有特定功能的产品[1-3]。

早在 1959 年，著名物理学家、诺贝尔奖得主理查德·费曼（Richard P. Feynman）就预言，人类可以利用小型机器制造更小的机器，最终实现按照人类意愿逐个排列原子来制造产品。这是人类首次提出纳米尺度上的科学和技术问题，而这一设想被视为纳米技术的最初梦想。1963 年，研究人员运用气体冷凝法制备了金属纳米粒子，并使用电子显微镜和衍射研究了它的微观形貌和晶体结构。到了 20 世纪 70 年代，科学家们开始从不同角度提出关于纳米科技的构想。1974 年，日本东京科技大学的谷口纪男（Taniguchi）首次使用"纳米技术"一词来描述精密机械加工。1982 年，科学家发明了扫描隧道显微镜（Scanning Tunneling Microscopy，STM）这一研究纳米的重要工具，它为我们揭示了一个可见的原子、分子世界，对纳米科技的发展起到了积极的推动作用。

1990 年 7 月，第一届国际纳米科学技术会议和第五届国际扫描隧道显微学会议在美国巴尔的摩（Baltimore）一同举办，《纳米技术》和《纳米生物学》两本国际性纳米科技学术期刊相应创刊，这一事件标志着纳米科学技术的正式诞生。

1991 年，最具代表性的纳米材料之一——碳纳米管（见图 1-1）被发现，其密度仅为钢的 1/6，强

图 1-1　1991 年 Iijima 首次发现碳纳米管

度却能达到其 10 倍，在科学和产业方面都表现出广阔前景，之后迅速成为纳米技术研究的焦点，至今仍保持着很高的研究热度。

在 1989 年，美国斯坦福大学的科学家成功地通过搬移原子团"写"下了斯坦福大学的英文名字，这一创举引起了广泛关注。仅隔一年，1990 年，美国国际商用机器公司（IBM）又在镍表面上利用 36 个氙原子排列出了"IBM"的字样（见图 1-2）。而在 1993 年，中国科学院北京真空物理实验室的研究人员也展现出了他们在原子操纵方面的卓越能力，他们自如地操纵原子，成功写出了"中国"二字（见图 1-3）。这一里程碑式的成就标志着我国在国际纳米科技领域开始占据一席之地，展示了我国在纳米科技研究方面的实力和潜力。

图 1-2　美国国际商用机器公司在镍表面排出的"IBM"字样

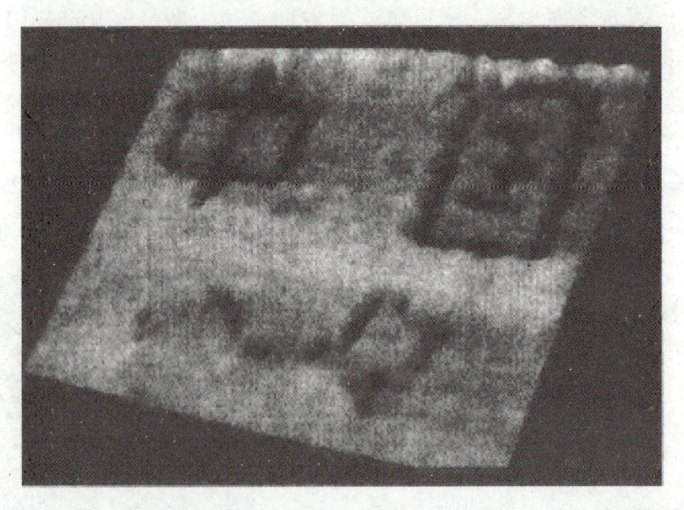

图 1-3　中国科学院北京真空物理实验室利用原子操纵写出"中国"字样

1997 年，美国科学家首次实现了单电子的移动与操控，这一技术上的突破预示着人们有望在未来的 20 年内研发出速度和存储容量比现有计算机高出成千上万倍的量子计算机。

1999 年，巴西和美国科学家共同取得了碳纳米管实验的一项重大突破：发明了世界上最小的"秤"，其精确度达到了能够称量十亿分之一克的物体，这相当于一个病毒的重量。

不久后，德国科学家进一步研制出能够称量单个原子重量的秤，这一成就超越了巴西和美国科学家先前创下的纪录。

2007年，佐治亚理工学院教授，同时也是中国国家纳米科学中心海外主任的王中林教授领导的研究小组基于压电电子学原理，利用超声波驱动纳米线阵列运动，成功研制出了能够独立从外界吸取机械能并将其转化为电能的纳米发电机模型（见图1-4）。这一创新性的纳米发电机在超声波的带动下，已经能够产生上百纳安的电流，这一成果为未来的能源转换和利用提供了新的思路和方向。

美国IBM公司的首席科学家约翰·阿姆斯特朗（John Armstrong）做出了这样的预测："正如20世纪70年代的微电子技术催生了信息革命一样，纳米科学技术将成为下一世纪信息时代的核心。"我国著名的科学家钱学森也有过类似的预言："纳米以及纳米以下的结构将是下一阶段科技发展的重点，它将会引发一场技术革命，并进而成为21世纪的又一次产业革命。"毫无疑问，纳米科技将成为21世纪科学的前沿，并主导着科学的发展方向。这些预测和预言都强调了纳米科技在未来科技和产业革命中的重要地位，展示了纳米科技的巨大潜力和广阔前景。

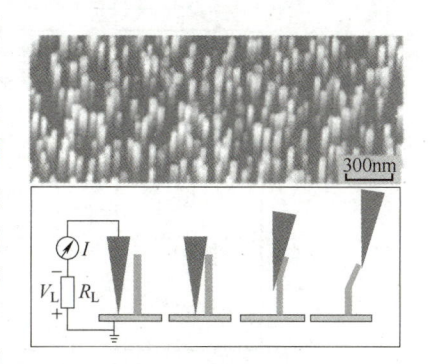

图1-4 基于有序氧化锌纳米线阵列的纳米发电机

1.1.2 纳米材料

任何科技的进步都离不开关键材料的支撑，对于纳米科技而言，纳米材料就是其发展的基础。纳米材料是指在三维空间中至少有一个维度处于纳米尺度范围的材料或由这些材料作为基本单元所构建而成的材料。由于其本身的小尺度或组成单元的小尺度，纳米材料的各类性能相较常规的块体材料往往会发生反常的变化。究其根本，在于其尺寸和材料物理效应的特征尺寸（如电子的德布罗意波长、隧穿势垒厚度、铁磁性临界尺寸、波尔激子半径等）处于同一范围。因此，纳米尺度材料对于外场的响应与耦合会与块体材料产生显著差异，导致其电子结构、输运、光学、磁学、力学、热学等方面的性质在材料尺寸下降至某一临界值处发生突变。

纳米材料具有多种分类方式，根据其形状特征，可分为零维纳米材料（在三个空间维度都处于纳米尺寸）、一维纳米材料（在两个维度处于纳米尺寸）、二维纳米材料（在一个维度处于纳米尺寸）和三维纳米材料（由纳米尺寸的构造单元组成的材料）[4]（见图1-5）。

此外，根据纳米材料的材质，可以分为纳米金属材料、纳米无机非金属材料、纳米高分子（聚合物）材料和纳米复合材料。根据纳米材料的存在状态，可以分为纳米颗粒材料、纳米固体材料（也称纳米块体材料）、纳米膜材料、纳米液体材料（例如磁性液体纳米材料和纳米溶胶）。根据纳米材料的服役功能，可分为纳米生物材料、纳米磁性材料、纳米催化材料等。

1.1.3 纳米材料的相关政策

纳米材料是我国前沿技术发展的基石，是我国科学技术进步、综合国力提升的核心支

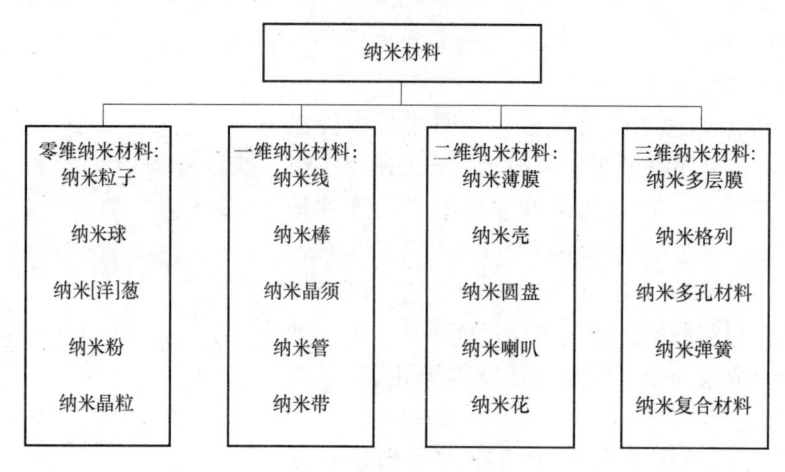

```
                            纳米材料
        ┌──────────┬──────────┼──────────┬──────────┐
   零维纳米材料：  一维纳米材料：  二维纳米材料：  三维纳米材料：
     纳米粒子        纳米线         纳米薄膜        纳米多层膜
     纳米球          纳米棒         纳米壳          纳米格列
     纳米[洋]葱      纳米晶须       纳米圆盘        纳米多孔材料
     纳米粉          纳米管         纳米喇叭        纳米弹簧
     纳米晶粒        纳米带         纳米花          纳米复合材料
```

图 1-5 纳米材料的分类

撑。自 2018 年 4 月起，《科技日报》曾报道过我国当时尚未掌握的 35 项关键技术，其中近 50% 都与关键战略材料相关。关键材料依赖进口导致中国制造企业被锁定在全球制造业产业链与价值链中低端，关键战略材料"卡脖子"已成为中国制造业转型升级的突出短板。

纳米材料与技术是开发高性能新材料的主要途径，大多数新材料的开发与性能优化都需要纳米尺度的材料制备和表征技术作为支撑。近年来，中国政府各级部门对纳米材料的科研和相关产业给予了极高的重视，并将其列为重点支持对象。为了促进纳米材料的科研进展，国家相继发布了一系列政策，如《关于扩大战略性新兴产业投资 培育壮大新增长点增长极的指导意见》《国家新材料生产应用示范平台建设方案》以及《新材料产业发展指南》等。这些产业政策的出台，大力推动了纳米材料的科学研究进程，也为纳米材料产业行业提供了清晰、广阔的市场前景（见表 1-1）。

表 1-1 近年中国纳米材料科研和产业相关政策

发布日期	政策名称	主要内容
2021 年	《中华人民共和国国民经济和社会发展第十四个五年规划和 2035 年远景目标纲要》	实施产业基础再造工程，加快补齐基础零部件及元器件、基础软件、基础材料、基础工艺和产业技术基础等瓶颈短板。依托行业龙头企业，加大重要产品和关键核心技术攻关力度，加快工程化产业化突破。实施重大技术装备攻关工程，完善激励和风险补偿机制，推动首台（套）装备、首批次材料、首版次软件示范应用
2020 年	《关于扩大战略性新兴产业投资 培育壮大新增长点增长极的指导意见》	加快拓展石墨烯、纳米材料等在光电子、航空装备、新能源、生物医药等领域的应用
2019 年	《产业结构调整指导目录（2019 年本）》	新能源、半导体照明、电子领域用连续性金属卷材、真空镀膜材料、高性能铜箔材料；改性型、水基型胶粘剂和新型热熔胶，环保型吸水剂、水处理剂，分子筛固汞、无汞等新型高效、环保催化剂和助剂，纳米材料，功能性膜材料、超净高纯试剂、光刻胶、电子气、高性能液晶材料等新型精细化学品的开发与生产属于"鼓励类"项目范畴

(续)

发布日期	政策名称	主要内容
2018 年	《知识产权重点支持产业目录（2018 年本）》	确定了 10 个重点产业，细化为 62 项细分领域，明确了国家重点发展和亟需知识产权支持的重点产业。其中包括：先进电子材料、先进结构材料、先进功能材料（高性能膜材料）、纳米材料与器件、材料基因工程
2018 年	《战略性新兴产业分类（2018）》	本分类规定的战略性新兴产业是以重大技术突破和重大发展需求为基础，对经济社会全局和长远发展具有重大引领带动作用，知识技术密集、物质资源消耗少、成长潜力大、综合效益好的产业，包括新材料产业等 9 大领域
2017 年	《国家新材料生产应用示范平台建设方案》	国家新材料生产应用示范平台以新材料生产企业和应用企业为主联合组建，吸收产业链相关单位，衔接已有国家科技创新基地，打破技术与行业壁垒，实现新材料与终端产品协同联动。围绕《新材料产业发展指南》明确的十大重点，力争到 2020 年在关键领域建立 20 家左右
2017 年	《增强制造业核心竞争力三年行动计划（2018—2020 年）》	新材料产业是国民经济发展的重要基础，产业化的重点任务是加快先进金属及非金属关键材料产业化、加快先进有机材料关键技术产业化、提升先进复合材料生产及应用水平等
2016 年	《新材料产业发展指南》	将布局一批前沿新材料列为重点任务之一，提出要提升纳米材料规模化制备水平，开发结构明确、形貌/尺寸/组成均一的纳米材料，扩大粉体纳米材料在涂料、建材等领域的应用，积极开展纳米材料在光电子、新能源、生物医用、节能环保等领域的应用

1.2 纳米材料的基本性质

1.2.1 基于 Kubo 理论的电子特性

Kubo 理论阐释了金属粒子的电子性质，由 Kubo 及其合作者于 1962 年首次提出。后来，Halperindui 于 1986 年对 Kubo 理论进行了较为全面的整理归纳，并基于此对金属纳米颗粒的量子尺寸效应进行了深入分析。

对于金属超微颗粒而言，费米面附近电子能级状态分布与常规块体材料截然不同。当粒子尺寸进入纳米尺度范围时，量子效应会导致金属材料的准连续能级发生离散，因此在常温下，单个超微粒子在费米面附近的电子能级可被视作等间隔的能级，并可由此计算单个超微颗粒的比热容：

$$c(T) = k_B \exp[-\delta/(k_B T)] \tag{1-1}$$

式中，T 为热力学温度；k_B 为玻尔兹曼常数；δ 为能级间隔。

在高温状态下，$k_B T \gg \delta$，c 与 T 呈线性关系，此时金属超微颗粒与块体金属的比热容几乎没有偏差，而在低温状态下（$T \to 0$），$k_B T \ll \delta$，c 与 T 呈指数关系。

对于大量超微颗粒的集合体，Kubo 理论对其电子能态做出了两点假设。

1. 简并费米液体假设

根据 Kubo 理论，超微颗粒靠近费米面附近的电子呈现出受尺寸限制的简并电子气状态，其能级呈现不连续的准粒子态，准粒子态之间的相互作用可以忽略。当相邻能级间平均能级间隔 $k_BT \ll \delta$（即低温状态）时，这种体系费米面附近的电子能级呈现 Poisson 分布，即

$$P_n(\Delta) = \frac{1}{n!\delta}\left(\frac{\Delta}{\delta}\right)^n \exp\left(-\frac{\Delta}{\delta}\right) \tag{1-2}$$

式中，Δ 为二能态之间的间隔；$P_n(\Delta)$ 为对应 Δ 的概率密度，n 为此二能态间的能级数。显然，若 Δ 为相邻能级间隔，则 $n=0$。

2. 超微颗粒电中性假设

Kubo 理论阐明，从一个超微颗粒中取出或加入一个电子都十分困难，并提出了如下公式：

$$k_BT \ll W \approx e^2/d \tag{1-3}$$

式中，W 为取出或加入电子克服库仑力所做的功；d 为超微颗粒的直径；e 为电子电荷。由式 (1-3) 可知，随着颗粒尺寸下降，得、失电子的难度都会增大，此时外界的扰动（如热涨落）不会改变颗粒的电中性。

1.2.2 量子尺寸效应

当粒子的几何尺寸下降至某一临界值时，**金属粒子费米能级附近的电子能级将由准连续变为离散能级，半导体粒子的最高被占据分子轨道（HOMO）和最低未被占据分子轨道（LUMO）也将变为不连续，这种能隙变宽的现象统称为量子尺寸效应**。根据能带理论，高温状态下或宏观的金属材料费米能级附近的电子能级一般是连续的。因为宏观物体包含无限个原子，导电电子数趋近于无穷，因此其能级间距 δ 趋近于 0。然而，超微粒子仅含有有限个导电电子，在低温下其电子能级是离散的，存在特定的 δ 值，这意味着能级间距发生了分裂。量子尺寸效应可能带来材料的光谱吸收偏移和导电性能的转变。

1. 光谱吸收偏移

当粒子的几何尺寸从微米尺度下降至纳米尺度时，费米能级附近的电子能级由准连续变为分立能级，会导致吸收光谱阈值波长变短，如图 1-6 所示的 CdSe 的粒径-吸收阈值波长关系。

2. 导电性能转变

可以通过 Kubo 理论计算出微粒产生量子尺寸效应（由导体变为绝缘体）的临界尺寸，以 1K 环境中的 Ag 为例（Ag 的电子数密度 n_1 为 $6\times10^{22}\mathrm{cm}^{-3}$）：

$$E_F = \frac{\hbar}{2m}(3\pi^2 n_1)^{\frac{2}{3}}$$

$$\frac{\delta}{k_B} = \frac{2.83\times10^{-18}}{d^3} \tag{1-4}$$

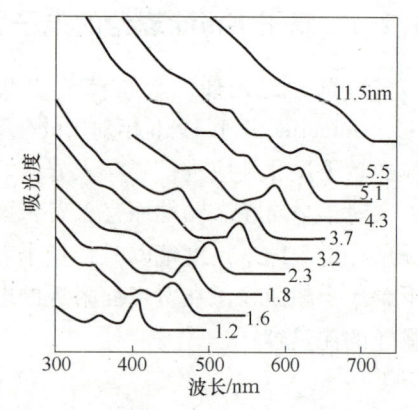

图 1-6 不同粒径 CdSe 的吸收光谱[3]

式中，E_F 为费米能级。

当 $T=1$K 时，能级之间的最小间距 $\delta/k_B=1$，代入式 (1-4) 可以得到 $d\approx14$nm。根据 Kubo 理论，当 $\delta > k_BT$ 时，微粒内的电子能级会发生分裂，产生量子尺寸效应。因此，当 $T=1$K 时，14nm 即为 Ag 微粒由金属变为绝缘体的临界尺寸，若 $T>1$K，则发生金属→绝缘

体转变的临界尺寸更小。此外，还应注意的是，若要发生金属绝缘体转变，金属微粒的电子寿命 τ 还需大于 $\hbar/\delta$。

1.2.3 小尺寸效应

纳米微粒的尺寸与一些物理特征尺寸（如光波波长、超导态相干长度、德布罗意波长等）处于同一量级，研究块体材料所用到的晶体周期性边界条件不再适用于纳米微粒。这些纳米微粒表面层的原子密度减小，且表面层占据的体积分数较大，因此，其声、光、电、热、磁等各类物理性能均会相对于块体材料发生变化，这种效应被称为小尺寸效应（或体积效应）。

1. 热学性质

一般来说，宏观固体物质的熔点是确定的，但当这种物质的尺寸下降至纳米尺度时，其熔点将大幅降低。这是因为微粒的比表面积更大，而表面处原子能量较高，熔化所需内能较低。例如，2nm 的 Au 颗粒的熔点约为 500℃，远低于其常规熔点（约 1064℃，见图 1-7）。5nm 的 Ag 颗粒的熔点为 100℃，也远远低于其常规熔点（约 960.3℃）。

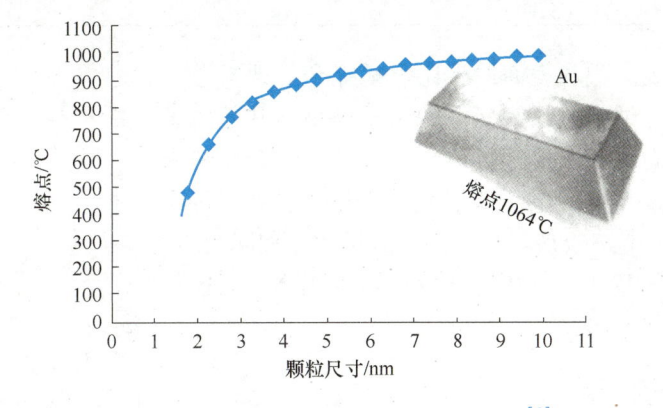

图 1-7　Au 纳米粒子的熔点与粒径关系[3]

2. 磁学性质

纳米颗粒的磁性与宏观块体材料截然不同。宏观 Fe 的矫顽力约等于 80A/m，但当其尺寸降至 20nm 左右（高于单畴临界尺寸）时，矫顽力陡增至原来的 1000 倍；当进一步降低 Fe 颗粒的尺寸至 6nm 以下时，其矫顽力反而降低至 0，呈现出超顺磁性。不同磁性的微粒可被用于不同场景，例如高矫顽力的纳米颗粒可被用于具有鲁棒性的磁记录存储，低矫顽力的纳米颗粒被用于制备旋转密封、润滑等场景中的磁性液体。

3. 光学性质

宏观金属材料具有各种颜色的光泽，但超微颗粒状态下所有的金属都呈现黑色，且尺寸越小，颜色越黑。这种变化是因为超微颗粒的尺寸与光波波长相当，其对光的吸收也极大增强，反射大幅下降（一般低于1%）。因此，几个纳米厚的颗粒层就可以完全吸收光，这种现象可以被用于实现高效的光热、光电转换。

4. 力学性质

纳米级微粒的比表面积远远高于块体材料，表面上的原子处于相对高能的状态，排布混乱，易于迁移，因此，由纳米颗粒构成的材料内部界面易于在外力下变形，使得材料整体展现出优异的韧性和塑性。这种效应的一个典型应用是通过超细微粒制备具备强韧性结合的金属或陶瓷结构材料。例如，纳米晶组成的金属的硬度要比常规粗晶金属高3~5倍，纳米晶Fe的断裂强度可高出粗晶Fe的10倍以上。

1.2.4 表面效应

前已述及，纳米微粒的尺寸小，表面能高，比表面积大，表面原子数所占总原子数的比例也远大于宏观材料（见表1-2和图1-8）。从表1-2中可以看出，当纳米微粒的尺寸由10nm降至1nm时，其表面原子相对全部原子所占的比例由20%显著提高至99%。

表1-2 纳米微粒的表面原子数-尺寸关系[1]

纳米微粒尺寸/nm	包含总原子数	表面原子相对全部原子的比例（%）
10	30000	20
4	4000	40
2	250	80
1	30	99

显著增高的比表面积和表面原子比大幅提升了纳米微粒的总表面能。因此，纳米微粒表面上的原子极易与其他原子结合，使得纳米微粒表现出极高的活性。这种变化会使纳米微粒的表面电子自旋构象和电子能谱发生变化，也会使得纳米微粒的团聚倾向、化学反应活性远高于大尺寸的相同材料。例如，金属纳米粒子置于空气中，会发生自发燃烧，而这种现象不会出现于块体金属。

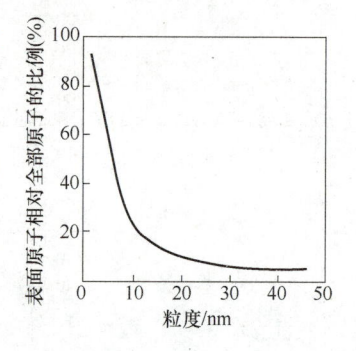

图1-8 纳米微粒的表面原子数-尺寸关系[2]

1.2.5 库仑堵塞效应

对于一个细微颗粒，其内部能容纳的电子数目是确定且极少的，因此其充电和放电的过程是不连续的，即量子化。这种细微颗粒体系中电子依次传输的特性被称为库仑堵塞效应，向该细微颗粒中加入一个电子所需要的能量被称为库仑堵塞能 E_c（即电子进入或离开该微粒时前一个电子对后一个电子的库仑排斥能），其定义为

$$E_c = \frac{e^2}{2C}$$

式中，C为微粒的电容。对于室温环境中的宏观物体，C较大，库仑堵塞能相较于内能极小，但对于纳米微粒而言，C极小，则E_c会大幅增大，这意味着库仑堵塞效应的影响会增大。尤其是在低温状态下，内能k_BT较低（$e^2/(2C) > k_BT$）时微粒的库仑堵塞效应会更加明显，可用于开发单电子开关、单电子数字存储器等器件。

1.2.6 量子隧穿效应

1. 微观粒子的量子隧穿效应

基于量子力学，由于微观粒子具有波动性，当其被特定高度和高度的势垒所阻挡时，即使其具有的能量低于势垒高度，但仍有一定概率通过该势垒，这种现象即为微观粒子的隧穿效应。对于电子这种质量极小的粒子，其波动性更为明显，隧穿效应更强。隧穿效应使得多个纳米微粒量子点间可以形成电子传输的"结"。前已述及，纳米颗粒间的电子传导是不连续的，因此，量子隧穿所导致的电流-电压关系不是一条直线，而是台阶状的，如图1-9所示的4nm Au 颗粒在不同温度下的 I-U 曲线。

2. 宏观量子隧道效应

起初，隧道效应特指微观粒子所具有的贯穿势垒的能力，但是近年来一些宏观量也被发现具有隧道效应，例如微粒的磁化强度、量子相干器件中的磁通量等，这种隧道效应被称为宏观量子隧道效应。宏观量子隧道效应早期被用于解释超细镍微粒在低温状态下可以继续保持超顺磁性的能力。后来，研究者发现 Fe-Ni 薄膜畴壁的运动速度在低于某一临界温度时，基本上与温度无关。因此，人们提出量子力学的零点振动可以在低温起着类似热起伏的效应，从而使零温度附近微颗粒磁化矢量的重取向保持有限的弛豫时间（Relaxation Time），即在绝对零度仍然存在非零的磁化反转率。相似的观点可以解释高磁晶各向异性单晶体在低温产生阶梯式的反转磁化模式，以及量子干涉器件中的一些效应。宏观量子隧道效应确定了磁带、磁盘进行信息存储的时间极限，其研究对基础研究及应用研究都有着重要意义。

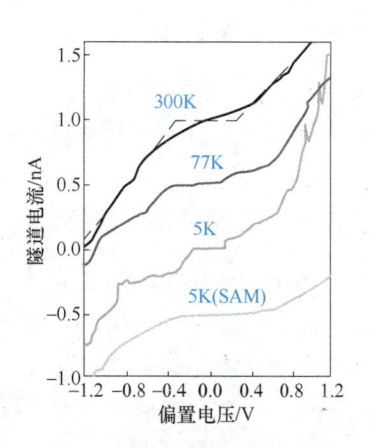

图 1-9 4nm Au 颗粒在不同温度下的 I-U 曲线[3]

注：SAM 为自组装单层膜。

1.2.7 介电限域效应

当纳米复合材料中纳米微粒填料和基体的折射率差异很大时，会产生折射率边界，当外场（如光场、电场）作用于复合体系中时，微粒表面和内部的场强远大于入射场强，这种界面引起的复合体系内局域介电增强被称为介电增强。常见的能产生介电限域效应的材料有过渡金属氧化物和半导体微粒等。这种现象对材料的各类光学性能（如光化学、光吸收、光学非线性）会产生显著影响。Brus 公式可反映出介电限域对微粒光吸收边产生的影响：

$$E(r) = E_g(r=\infty) + \frac{h^2\pi^2}{2\mu r^2} - 1.786\frac{e^2}{\varepsilon r} - 0.248E_{Ry}$$

式中，$E(r)$ 为纳米微粒的带隙；$E_g(r=\infty)$ 为宏观材料的带隙；μ 为微粒的折合质量；r 为微粒半径；ε 为微粒的介电常数；E_{Ry} 为有效里德波能量。该公式的第二项为量子限域能，第三项表示了介电限域所导致的介电常数增加（导致吸收边红移），第四项为有效里德波能量。其中

$$\mu = \left(\frac{1}{m_e} + \frac{1}{m_h}\right)^{-1}$$

式中，m_e 和 m_h 分别为电子和空穴的有效质量。

1.2.8 量子限域效应

对于半径小于激子波尔半径 α_B 的半导体纳米微粒，其电子平均自由程受到微粒尺寸的限制，容易与空穴形成激子，导致电子和空穴波函数发生重叠，产生激子吸收带。这种重叠

的重叠因子$|U(0)|^2$（在某一位置同时发现电子和空穴的概率）会随着微粒粒径的减小而增加，激子的振子强度f也随之提高，即

$$f = \frac{2m}{h^2}\Delta E |\mu|^2 |U(0)|^2$$

式中，m为电子质量；ΔE为跃迁能量；μ为跃迁偶极矩。材料的吸收系数由单位体积的微晶的激子的振子强度决定，因此，材料的粒径越小，其激子带的吸收系数越高。

1.3　纳米薄膜

1.3.1　纳米薄膜的定义

本书中所讨论的纳米薄膜主要分为纳米尺度薄膜和纳米复合薄膜。纳米尺度薄膜是指厚度在纳米尺度范围内的单层薄膜材料或由多种单层薄膜堆叠而成的多层薄膜材料；纳米复合薄膜是指薄膜中填料的尺寸或填料-基体相互作用的尺度（例如界面区域）在纳米范围内的薄膜材料，此时薄膜本身的厚度可以超越纳米尺度。

纳米薄膜有多种分类方式。除了前述的纳米尺度薄膜、纳米复合薄膜的分类方式以外，若根据纳米薄膜的主要材质进行分类，纳米薄膜可分为金属/半金属基纳米薄膜、无机非金属基纳米薄膜、聚合物基纳米薄膜。若根据纳米薄膜的功能特性进行分类，纳米薄膜可分为铁电纳米薄膜、光电纳米薄膜、电磁纳米薄膜等。若根据纳米薄膜的应用领域进行分类，则纳米薄膜的种类更为繁多，如能源、军工、集成电路、医疗用纳米薄膜等。

在纳米尺度薄膜或纳米复合薄膜范畴内，还可对其进行进一步分类。例如，根据薄膜沉积的层数可将纳米尺度薄膜分为单层纳米尺度薄膜和多层纳米尺度薄膜，后者的主要参数为相邻两层厚度之和，即为调制波长。若调制波长远大于各层薄膜单晶的晶格常数，这种多层膜结构被称为"超晶格"薄膜。对于纳米复合薄膜，根据填料的形状可将其分为零维纳米复合薄膜（填料为零维粒子）、一维纳米复合薄膜（填料为一维棒、线）、二维纳米复合薄膜（填料为二维片层）、三维纳米复合薄膜（填料形成三维网络）；根据基体和填料的材质可将其分为金属/陶瓷复合薄膜、聚合物/陶瓷复合薄膜、聚合物/金属复合薄膜等。

1.3.2　纳米薄膜的功能特性

纳米薄膜具有多种独特的功能特性，下面简单介绍其代表性的光学特性和电磁特性[1,5-8]。

1. 光学特性

（1）蓝移和宽化　由于纳米颗粒具有量子尺寸效应，其带隙相较于块体材料更宽，因此，由纳米颗粒组成的纳米薄膜的光吸收带边往往会发生蓝移。此外，由于纳米颗粒的尺寸并不完全一致，而是存在一个分布，这导致纳米颗粒组成的薄膜的吸收带会发生宽化。上述现象在Ⅱ-Ⅵ族半导体（例如CdS_xSe_{1-x}）和Ⅲ-Ⅴ族半导体（例如CaAs）纳米颗粒薄膜中更加明显。有研究者在CdS_xSe_{1-x}/玻璃的纳米颗粒膜上还曾观察到吸收带强度的变化，即光的"退色现象"。

（2）光的线性与非线性　对于光强较弱的光波场（包括红外到X射线范围）中的介质，其电极化强度与光波电场分量的一次方呈正比，这种现象被称为"光学线性效应"。光的反射、折射和双折射都符合该特征。而当光场具有较高的强度，介质的电极化强度就可能

与外加电场的二次方、三次方甚至更高次方成正比，这种现象被称为"光学非线性效应"。

纳米薄膜具有独特的线性和非线性效应。当其厚度与激子的玻尔半径处于同一尺度时，在光的照射下，其光吸收谱上会出现激子吸收峰，这属于光学线性效应范畴。例如，InGaAs 和 InAlAs 交替构成的总厚度为 600nm 的多层膜中，宽带隙 InAlAs 起到阻碍电子在层间运动的作用。当单层 InGaAs 的厚度为 10nm（约为玻尔半径的 1/3）或 7.5nm（约为玻尔半径的 1/4）时，薄膜由三维向准二维转变，电子运动基本被限制在 InGaAs 二维平面上。由于量子限域效应，很容易在此处形成激子，并在光场照射下形成一系列的激子共振吸收峰（见图 1-10），这些峰的位置与激子能级有关。

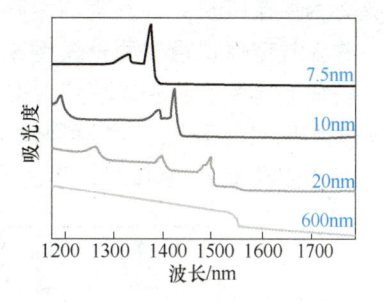

图 1-10 InGaAs-InAlAs 多层膜由三维向准二维转变过程激子吸收峰的出现[1]

纳米薄膜中也可能由于激子行为而引起光学非线性。光学非线性可通过非线性系数来表征，例如，三阶光学非线性可用下式来表示，即

$$X_s^{(3)} = |X_r^{(3)}| \left(\frac{C_s^{(3)}}{C_r^{(3)}}\right)^{\frac{1}{2}} \left(\frac{n_s}{n_r}\right)^2 \left[\frac{aL}{(1-3^{aL})\exp\left(-\frac{aL}{2}\right)}\right]$$

式中，s 为样品；r 为参比物质；$C^{(3)}$ 为四波混频信号强度与泵浦光强 I 之比；a 为吸收系数；n 为折射系数；L 为样品长度。

对于宏观块体材料，光学非线性主要由对称性破坏和介电各向异性引起，而对于纳米材料，光学非线性往往与前述的小尺寸效应、量子限域效应、宏观量子尺寸效应和激子有关。若纳米薄膜所受光照强度大于激子共振吸收的能量时，带隙中靠近导带的激子能级容易被跃迁的激子占据，即纳米薄膜处于"高激发态"。当这些激子回落到低能级时，由于其和声子会发生相互作用，造成能量损失，导致光学非线性的出现。纳米结构的薄膜激子浓度要远大于块体材料，因此其光学非线性也更加明显。

2. 电磁特性

（1）量子尺寸效应导致的导电性转变　前已述及，纳米微粒的带隙会由于量子尺寸效应而增大，发生导电性能的转变。事实上，人们已经在多种纳米颗粒薄膜中发现了这种变化。例如，在 Au/Al_2O_3 颗粒薄膜上观察到了电阻反常现象，即随着 Au 纳米颗粒体积分数的增加，电阻率减小（见图 1-11）。这是由于金属颗粒的尺寸小于导体→绝缘体转变的临界尺寸，因此需要将其视作绝缘体颗粒。

（2）渗流效应导致的导电性转变　在纳米复合薄膜中，当导体填料的尺寸大于临界尺寸（即还保持导体特征）时，复合薄膜的电阻率也可能随其含量增大而发生突变，即电阻率在某一临界填料含量 f_c 附近急剧减小，这种现象主要是由于渗流效应造成的。渗流效应指

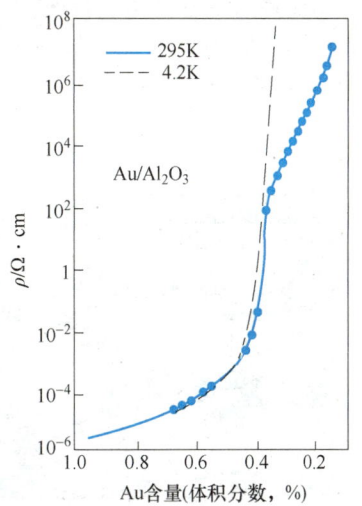

图 1-11 Au/Al_2O_3 颗粒膜的电阻率随 Au 颗粒体积分数的变化[1]

复合体系中填料由弥散孤立分布变为彼此连接的三维渗流状网络分布的变化，该变化会导致复合薄膜的一系列宏观性能（如电阻率、介电常数等）的突变，发生渗流转变时的渗流概率被称为渗流阈值 p_c，该值与填料和基体微粒的尺寸、形状、堆砌方式等因素有关。

渗流效应可以通过两种模型来描述，一种为点渗流，即将复合材料考虑为一个规则点阵，只研究这些点是否被填料占据；一种为键渗流，即所有格点均被占据，但格点间的键合被无规则断开。显然，这两种模型的 p_c 不同。以正方点阵的点渗流为例，如图 1-12 所示，其渗流阈值 p_c 为 0.59，若为键渗流，则其渗流阈值 p_c 为 0.5。

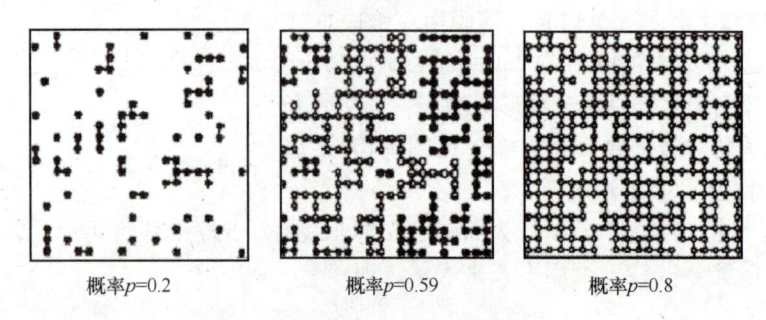

概率 p=0.2　　　　概率 p=0.59　　　　概率 p=0.8

图 1-12　正方点阵的点渗流现象

注：圆点表示填料占据的位置，其中，实心圆点表示填料位点还未形成渗流集团，
空心圆点表示填料位点已经形成了渗流集团。

发生渗流时的临界体积分数 f_c 主要受填料和基体的形状和尺寸影响。考虑一个最简单的模型，若填料和基体都为等径球形颗粒，将球的直径视为键长，点渗流和键渗流的阈值都等于该体系的填充因子 η 乘 p_c，即二维状态下（将球形改为圆盘），$f_c \approx 0.45$，三维状态下，$f_c \approx 0.16$。需要注意的是，这一值对所有的点阵结构类型都适用。进一步，若为无规则连续介质（填料和基体的粒径依旧相近），由于这种结构可以被视作所有可能的规则点阵的叠加，f_c 依旧对点阵结构具有普适性，即为 0.16（三维）和 0.5（二维），这一值被称为 Sher-Zallen 不变量。

若基体颗粒尺寸 R_1 和填料颗粒尺寸 R_2 的差异较大，则可能会形成如图 1-13 所示的结构，f_c 与二者比值的关系如图 1-14 所示。当 $R_1/R_2 > 1$ 时，f_c 由 0.16 单调降低，相反，当 $R_1/R_2 \ll 1$ 时，$f_c \to 0.64$。

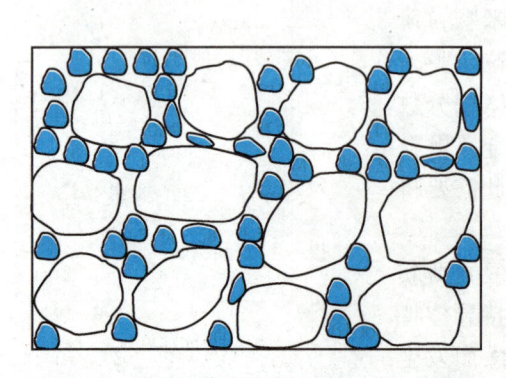

图 1-13　基体和填料颗粒尺寸差异较大时的复合薄膜显微结构

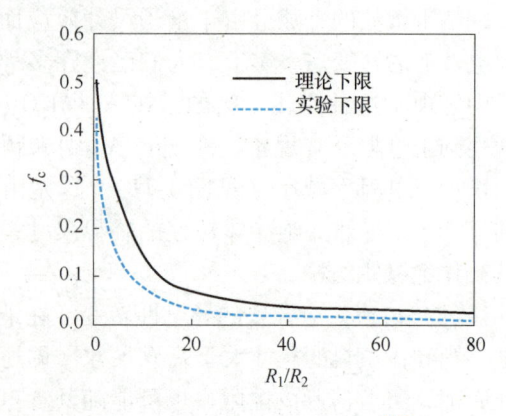

图 1-14　f_c 与 R_1/R_2 的关系[8]

填料颗粒的形状对 f_c 也会产生影响，因为非球形颗粒相较于球形颗粒更容易产生相互接触，从而形成渗流网络，如图 1-15 所示，因此非球形颗粒的 f_c 要低于 Sher-Zallen 不变量。为了便于研究 f_c 与颗粒形状的关系，Balberg 等人提出了"排除体积（V_{ex}）"概念，即某一颗粒周围不能被其他相邻颗粒中心进入的禁区，这一值只与颗粒的形状有关。基于此，可以对 f_c 做出定义：

$$f_c = 1-\exp\left[\frac{-B_c V}{\langle V_{ex}\rangle}\right] \tag{1-5}$$

其中，B_c 为与颗粒形状有关的常数，对球而言，$B_c = 2.7$，对圆盘，$B_c = 4.5$；$\langle V_{ex}\rangle$ 为填料颗粒排除体积的平均值；$B_c/\langle V_{ex}\rangle$ 即为颗粒数密度。若填料之间可以重合，则因排除体积效应也可使其 f_c 大于 Sher-Zallen 不变量。例如，球形颗粒的 $V/\langle V_{ex}\rangle = 1/8$，二维圆盘的 $V/\langle V_{ex}\rangle = 1/4$，由式（1-5）得到其 f_c 为 0.286 和 0.675，大于前述的 Sher-Zallen 不变量。对于无规则取向的非球形颗粒，以一维填料为例（棒、线、纤维等长度 L 远大于横向半径 r 的填料），其体积为 $V=\pi r^2 L$，$\langle V_{ex}\rangle = \pi r L^2$，因此

$$f_c = \frac{B_c r}{L}$$

式中，f_c 和一维填料的纵横比呈简单线性关系。此外，填料的尺寸分布和排布取向也会对 f_c 产生影响。

（3）界面导致的电极化增强　一般而言，若不考虑填料基体间的相互作用，填料弥散分布的复合材料的整体输运性能遵循非均质材料的混合法则，简单来说可以表示为

$$K^n = f_m K_m^n + f_i K_i^n$$

式中，m 表示基体；i 表示填料；K 为某一输运性能参量，如电导率、介电常数、热导率、磁导率等；f 为各项的体积分数；n 与填料的形状、分布等因素有关。对于纳米复合和纳米尺度多层薄膜而言，由于其相界面区域所占的体积分数较大，几乎和各相本身所占的体积分数相当，其性能对整体性能也会产生重要影响。

以聚合物-陶瓷纳米复合薄膜的介电常数 ε 为例，ε 为电位移矢量 D 和电场 E 的比值，表示了电介质在电场下产生电极化的能力。$\varepsilon = \varepsilon_0 \varepsilon_r$，$\varepsilon_0$ 为真空介电常数，为定值；ε_r 为相对介电常数，为电介质材料的本征特性（若无特殊说明，后文中所述介电常数即为该值）。为了开发具有高性能电介质材料，人们常将高耐电压能力的聚合物和高介电常数的陶瓷结合起来，制备聚合物基体-高陶瓷填料纳米复合薄膜。这类薄膜的界面是一个高活性的区域，一方面，有机和无机结构的失配导致界面区域内的聚合物链段处于高活性状态；另一方面，由于电位移矢量 $D=E\varepsilon$ 在电介质内部的连续性，二者介电常数的显著差异使得此处的电场随之发生突变，也有利于偶极子取向从而增强极化。因此，聚合物-陶瓷纳米复合薄膜材料往往可以产生高于简单混合法则的介电常数，甚至在极小填料含量的状态下也可以获得介电常数的显著提升。Zhang 等[7]人制备了聚醚酰亚胺（PEI）/0.32% Al_2O_3（体积分数）纳米颗粒复合薄膜，并发现了其介电常数可以从 3.2 提高至 5.0。这种反常的介电增强来自于纳米颗粒界面区域中的高活性聚合物链段。基于相场模拟，研究者发现距离颗粒表面特定距离处，存在着活性最高的聚合物链段和最高的局域极化，通过调整填料颗粒的尺寸和含量，可以使相邻填料颗粒的该区域彼此重合，进一步增强极化。最终，0.32%的体积分数和 20nm 粒径的组合将介电常数提高至 5.0，这甚至超过了许多在高填料含量纳米复合薄膜

中测得的介电常数。

（4）巨磁阻效应　磁（电）阻效应指材料的电阻值随其磁化状态变化的现象。对于非磁性金属，其磁阻变化量极小，而在铁磁纯金属与合金中则有较大的数值。例如，铁镍合金的磁阻效应达到 2%~3%，且表现出各向异性。一般用 $\Delta\rho/\rho_0$ 表示，其中 $\Delta\rho=\rho_H-\rho_0$，ρ_H 和 ρ_0 分别表示材料在磁化状态和磁中性状态下的电阻率。一些纳米薄膜材料可以表现出比 FeNi 合金还要大得多的磁阻效应，及巨磁阻效应。巨磁阻效应于 1988 年在 Fe/Cr 多层薄膜中首次发现，其巨磁阻效应达到 20%。之后，钙钛矿型氧化物在金属→绝缘体相变温度左右表现出约 100%的巨磁阻效应。Fe/Al$_2$O$_3$/Fe 多层薄膜中由隧道效应也能产生巨磁阻效应。

颗粒薄膜的巨磁阻效应一般被认为与自旋相关的散射有关，其中界面散射起主要作用。在金属中运动的电子会受到杂质、缺陷和声子的散射，若设两次散射之间电子运动的平均自由时间为 τ，该值本质上为散射概率的倒数，则电导率可表示为

$$\sigma=\frac{ne^2}{m}\tau$$

式中，n 为电子浓度；e 为电子电量；m 为电子质量。若纳米薄膜中存在具有铁磁性的组元，散射概率与其磁化状态有关，导致出现两种自旋取向的传导电子的散射大小不一的现象。当传导电子自旋与局域磁化矢量呈平行关系时，散射较小，电导率较大；相反则散射更强，电导率较低。理论和实验结果都显示颗粒薄膜的巨磁阻效应与磁性颗粒的直径呈反比，因此，只有当颗粒尺寸和间距都小于电子的平均自由程时，电子的自旋才能对其散射产生显著影响，从而在颗粒薄膜体系中表现出巨磁阻效应。

1.4　本书主要内容

本书以纳米功能薄膜为主要介绍对象，按照薄膜基体的不同，将其分为金属及半金属基纳米薄膜、金属氧化物基纳米薄膜和聚合物基纳米薄膜，从结构、性能、制备、应用等方面全面介绍常见、常用的纳米功能薄膜。本书第 1 章为概论，第 2 章主要介绍纳米功能薄膜的制备工艺，第 3 章主要介绍纳米功能薄膜的物理性能，第 4 章介绍金属及半金属基纳米薄膜，第 5 章介绍金属氧化物纳米薄膜，第 6 章介绍聚合物基纳米薄膜，第 7 章介绍纳米薄膜的典型应用。

参 考 文 献

[1] 曹茂盛，关长斌，徐甲强. 纳米材料导论 [M]. 哈尔滨：哈尔滨工业大学出版社，2001.
[2] 陈翌庆，石瑛. 纳米材料学基础 [M]. 长沙：中南大学出版社，2009.
[3] 徐云龙，赵崇军，钱秀珍. 纳米材料学概论 [M]. 上海：华东理工大学出版社，2008.
[4] 张亚非，刘丽月，杨志. 纳米材料与结构测试方法 [M]. 上海：上海交通大学出版社，2019.
[5] 施利毅. 纳米材料 [M]. 上海：华东理工大学出版社，2007.
[6] 过壁君，冯则坤. 磁性薄膜与磁性粉体 [M]. 成都：电子科技大学出版社，1994.
[7] THAKUR Y，ZHANG T，IACOB C，et al. Enhancement of the dielectric response in polymer nanocomposites with low dielectric constant fillers [J]. Nanoscale，2017，9 (31)：10992-10997.
[8] 南第文. 非均质材料物理：显微结构-性能关联 [M]. 北京：科学出版社，2005.

第 2 章

纳米薄膜的制备工艺

自 1990 年第二届国际 STM 会议提出纳米材料的概念以来，纳米材料因其独特性质，引起材料科学家们的广泛关注并迅速成为研究热点。纳米材料的制备工艺，作为纳米材料研究的重要一环，也得到深入研究与快速发展。

基于纳米材料的纳米薄膜种类繁多，其相应制备工艺更不胜枚举。本书限于篇幅，只涉及相对成熟且应用较广的典型制备工艺。纳米尺度薄膜和纳米复合薄膜虽同属纳米薄膜，但因其组成、结构、尺度等均不甚相同，二者制备工艺存在一定差异。由此，本章将分别讨论纳米尺度薄膜和纳米复合薄膜的典型制备工艺。

导学视频

2.1 纳米尺度薄膜的制备工艺

纳米尺度薄膜的制备工艺根据是否涉及化学反应和新物质生成，可主要分为物理制备工艺和化学制备工艺。其中，基于气相原料的物理气相沉积（PVD）和化学气相沉积（CVD）较为典型，本节主要讨论这两种气相沉积技术。

2.1.1 物理气相沉积（PVD）

1. PVD 原理

肇始于 20 世纪 70 年代，PVD 因其工艺温度低、沉积速度快、镀层组织致密等优势，备受研究者青睐且具有广阔应用前景。[1] PVD 是在具有一定真空度的密闭空间中，固态（熔融态）源物质经高温加热、离子束轰击等物理过程获得能量，转变为气态（等离子态）原子、分子或离子以扩散至衬底表面，沉积为固相薄膜的薄膜制备技术，为纳米尺度薄膜的重要制备方法，其工艺流程如图 2-1 所示。

清洁衬底 ⇒ 清洁真空室 ⇒ 设置参数 ⇒ PVD ⇒ 薄膜后处理

图 2-1 PVD 工艺流程图

在通常情况下，该技术的制备过程可主要分为三个步骤：首先，固态（熔融态）源物质通过蒸发、溅射等物理过程汽化（电离）为气态（等离子态）；其次，气态（等离子态）源物质在具有一定真空度的空间内可控扩散至衬底附近；最后，源物质在衬底表面吸附、形核、长大以形成纳米尺度固相薄膜。相应地，PVD 设备主要由真空系统、蒸发或溅射系统、控制系统、传动系统和冷却系统等部分组成，其中蒸发或溅射系统与纳米尺度薄膜制备相关

15

性最强，且可体现不同 PVD 技术原理的差异。

2. PVD 的特点

基于制备原理，PVD 主要具有以下几方面特点。

1）薄膜纯度高，组织致密，附着性良好，尺寸等可调控。

2）制备温度低（一般<600℃），制备速度快，易于大规模生产。

3）环境友好。

4）设备复杂，成本相对较高。

3. PVD 分类

根据制备原理，PVD 可分为真空蒸发镀膜、溅射镀膜、离子镀和阴极电弧技术等，[2] 此处具体介绍其中较为典型的真空蒸发镀膜、溅射镀膜和离子镀。

（1）真空蒸发镀膜

1）真空蒸发镀膜的原理。作为一类重要的 PVD 技术，真空蒸发镀膜常用于制备各种纳米尺度薄膜[3]。该技术是指真空室中源物质通过电阻、电子束、高频感应和激光等方式加热蒸发，汽化逸出的蒸气流扩散至低温衬底表面时，重新凝结沉积为纳米尺度薄膜。真空蒸发镀膜的原理如图 2-2 所示，其中真空室和抽气系统为镀膜过程提供合适的真空度，以防空气中杂质分子与蒸发源，或蒸气流中分子或原子等碰撞、反应，从而降低薄膜纯度或产率，影响制备效果；加热器用于承载源物质且由不同原理对其加热，使其热振动能高于束缚能以蒸发或升华；夹持于基底夹具的衬底温度相对较低，可使蒸气流中的气相分子或原子在其表面凝华，即吸附、形核并长大形成连续致密薄膜；基板加热器通过调节衬底温度等使其适用于不同材料沉积。

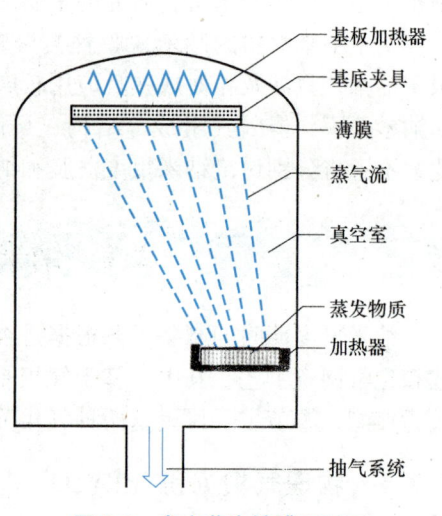

图 2-2 真空蒸发镀膜原理图

2）真空蒸发镀膜的特点。真空蒸发镀膜基于非平衡热力学相变过程，相比其他 PVD 技术，其生长机理相对简单、对衬底的辐射损伤小，这使其设备简易、操作容易，从而易于自动化制备。但也存在薄膜结晶结构不令人满意，薄膜与基片附着力小和工艺重复性不佳等问题有待解决。

3）真空蒸发镀膜分类。根据真空蒸发镀膜的加热方式，可将其分为电阻加热真空镀膜、电子束加热真空镀膜、脉冲激光沉积（PLD）和分子束外延等，下面对其展开具体介绍。

电阻加热蒸发镀膜采用 W、Mo、Ta 等高熔点金属或 Al_2O_3、BeO 等陶瓷，根据需求将其制成适当形状的蒸发源（见图 2-3），由通入电流产生的焦耳热，直接或间接加热蒸发其中源物质。该技术的蒸发源制作相对简单，主要考虑其材质和形状：高熔点，以确保蒸发源材料的熔点远高于多数源物质的蒸发温度（1000~2000℃）；低饱和蒸气压，由蒸发源材料较低的自蒸发量，防止影响真空度和污染膜层；良好的化学稳定性，从而高温下不与源物质发生反应；与材料浸润性好；良好的成形性。实际应用中多根据源物质的润湿性、形态等特点进行选择。

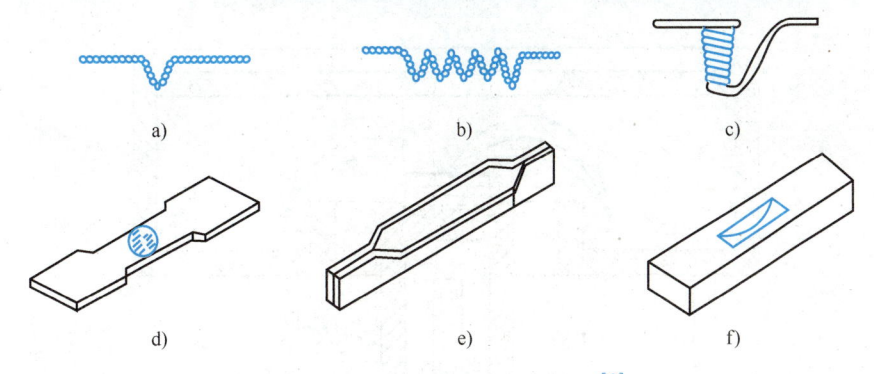

图 2-3 不同形状电阻加热蒸发源[2]

a) V形丝状 b) 螺旋丝状 c) 锥形丝状 d) 凹形箔 e) 舟形箔 f) 成形舟

电阻加热蒸发原理如图 2-4 所示，相比于其他加热方式，具有结构简单、成本低廉和操作方便等优势，可用于制备单质、氧化物等纳米尺度薄膜。但也存在蒸发率偏低，难以蒸发高熔点介电材料如 Al_2O_3、TiO_2 等，蒸发源物质可能分解或与支撑坩埚及材料发生反应等问题。

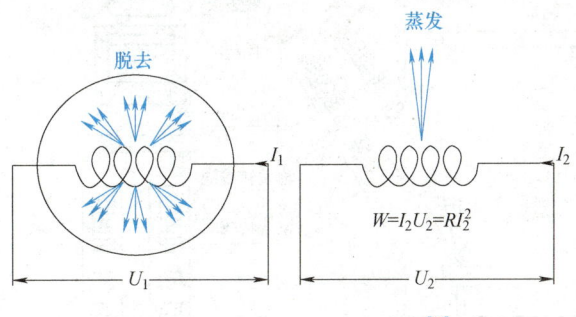

图 2-4 电阻加热蒸发原理图[2]

电子束蒸发镀膜是利用加速后的电子束，直接加热于水冷坩埚中的源物质，使其熔融蒸发并在衬底表面凝华为致密的纳米尺度薄膜。具体来说，灯丝产生的热电子在偏转磁场（电场）和加速电场（5~10kV）的共同作用下，持续轰击负载于水冷坩埚中的源物质，直至其熔融蒸发并扩散至衬底表面沉积成膜。

由此可知，电子束枪为电子束蒸发镀膜设备的核心部件，其产生的电子束需要在加速的同时由偏转磁场或电场聚焦，以确保顺利轰击源物质。根据聚焦方式，可将其分为直形枪、环形枪和 e 形枪（见图 2-5）三类：直形枪中轴对称的加速电场沿直线分布（功率数百至数千瓦），偏转电场可调控电子光斑连续扫描原材料表面，虽然使用简便、功率变化范围广且易于调节，但存在体积较大、灯丝易污染等问题；环形枪和 e 形枪分别采用电偏转和磁偏转的聚焦方式，具有成膜质量高、适用于高熔点源物质、不易污染、功率高等优点，但其设备成本偏高且对真空度要求严苛，尤其是环形枪还存在轰击斑点固定、效率偏低的问题，因而 e 形枪为目前应用较多的电子束枪。

整体而言，电子束蒸发镀膜因其独特的蒸发源和电子束枪结构，具有较多优势。首先，电子束轰击源物质可产生优于前述电阻加热的能量密度，使蒸发源温度高于 3000℃，

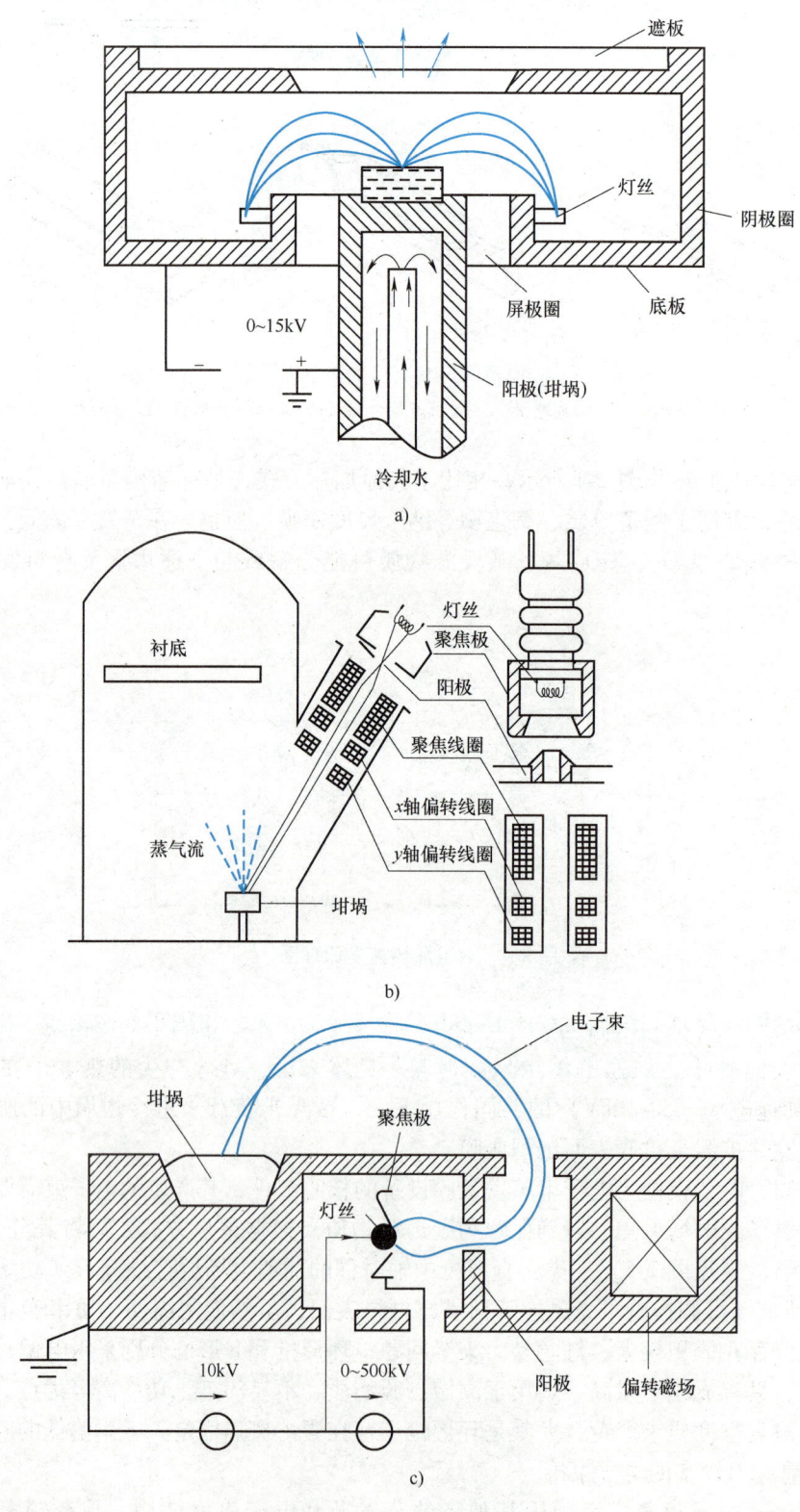

图 2-5 不同电子束枪示意图[2]
a）直形枪　b）环形枪　c）e形枪

从而用于蒸发 W、Mo、SiO$_2$、Al$_2$O$_3$ 等高熔点源物质。其次，蒸发源为水冷坩埚，可明显抑制蒸发源挥发或与源物质发生反应。最后，电子束直接加热源物质，可减少热传导和热辐射造成的热损耗，热效率较高。与此同时，该技术也存在蒸发源和残余气体分子易被一次或二次电子电离，电子束枪结构复杂、成本较高和软射线辐射等问题。

PLD 起源于 1965 年 Smith 和 Tuner 使用红宝石激光器制备薄膜的工作，但直至 1987 年由准分子激光器成功制备高温超导氧化物薄膜才开始获得关注和逐步发展，目前可应用于金属、碳化物、氮化物、氧化物甚至有机薄膜的制备。其工作原理为以聚焦的高能激光（可达 10^6 W/cm^2）为热源，烧蚀蒸发被辐照区域源物质，使之形成高温高压的蒸气或等离子体羽辉并沿表面法线方向高速射出，最终由气氛气体输送至衬底表面并形核、生长成致密纳米尺度薄膜。PLD 设备示意图如图 2-6 所示，图中激光束主要由两类脉冲激光器产生，即 ArF、KrF 及 XeCl 准分子激光器和 Nd：YAG 激光器；激光束射入的窗口材料需要同时透射可见光和紫外光，多选用 MgF、CaF$_2$ 和 UV 级石英。

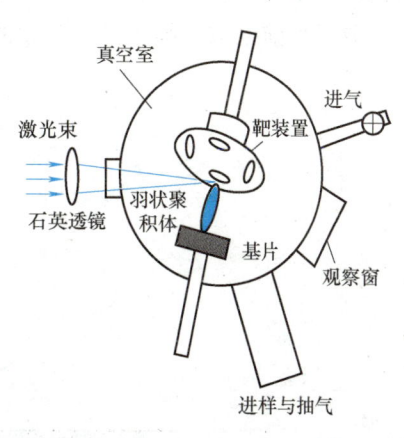

图 2-6　PLD 设备示意图[5]

整体而言，PLD 与电阻加热蒸发镀膜和电子束蒸发镀膜等真空蒸发技术相比，具有如下几方面优点：适用性广，激光加热温度较高，可蒸发绝大多数高熔点材料，也可制备有机物和聚合物纳米尺寸薄膜；制备过程易于控制，PLD 制备的纳米尺寸薄膜多与源物质成分一致，且其层状生长模式利于原子级控制薄膜生长，有利于成分复杂薄膜的制备；非接触式加热，可避免蒸发源等污染以适用超高真空制备，且可简化真空室；操作简单。但 PLD 也存在一些问题，比如易形成颗粒物影响纳米尺寸薄膜的均匀性，成分可能波动，薄膜面积较小，重复性不佳和成本较高等。

发端于 20 世纪 60 年代，分子束外延是一类可在原子尺度精确控制外延薄膜厚度、掺杂和界面平整度的真空蒸发镀膜技术，目前多用于制备金属薄膜、绝缘薄膜和 II-V、III-V 族等化合物薄膜。具体而言，分子束外延制备薄膜可主要分为分子束产生、输运和沉积三个过程。首先，由蒸发源汽化源物质以产生分子束，蒸发源主要有克努曾舟、电子束加热源和裂解炉等，分别对应低熔点、高熔点和易形成四聚体的靶材；分子束活性由蒸发源控制，由于束流相对较高的活性，不仅可制备热力学平衡态下难以制备的薄膜，还可降低薄膜生长时的基体温度，有利于纳米尺度薄膜的制备；蒸发速率也由蒸发源温度调控，但调控速率与蒸发源热惯性负相关。其次，由于超高真空（约为 10^{-8} Pa）[6]中分子束内部和不同分子束之间的原子或分子几乎不碰撞，被赋予一定动能的分子束在真空室将保持其原有物化性质，并沿直线运动至基体表面附近；分子束沉积过程与前述各类真空蒸发镀膜技术相似，此处不再赘述。由分子束外延的原理可知，其具有如下特点：沉积速率低，有利于制备均匀外延膜；薄膜纯度高且可精确调控其成分，实现原子级突变界面等；基体温度低，可有效防止薄膜层间扩散。

（2）溅射镀膜

1）溅射镀膜的原理。具有一定能量的入射粒子与靶材相互作用，可能产生如图 2-7 所示的一系列现象：靶材表面粒子发射，中性原子或分子，正负离子，二次电子和解吸、分解气体等的发射；射线辐射；溅射离子的背散射；入射粒子的反射；入射粒子的注入与扩散等。其中靶材表面中性原子或分子通过与入射粒子交换能量而发射的现象称溅射现象。若靶材发射的中性原子或分子于衬底表面沉积形成薄膜，即可称其溅射镀膜技术。溅射现象最早由格洛夫于1842年发现，1870年即开始应用于薄膜制备，但直至1930年以后才逐渐应用于工业，目前已成为纳米尺度薄膜的常用制备工艺。

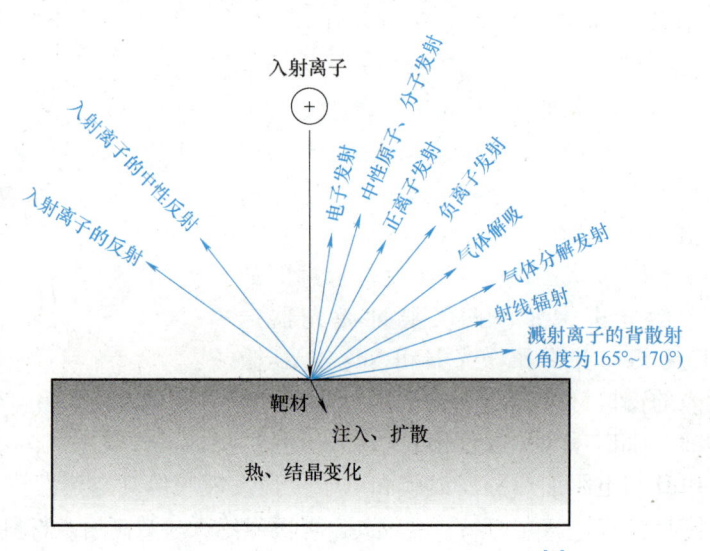

图 2-7 入射粒子与靶材相互作用示意图[3]

溅射镀膜技术以辉光放电为基础，而辉光放电是指在一定真空度（0.1～10Pa）下，加有高电压的一对电极间气体的放电现象。气体放电过程中的两电极间电压与电流关系不再遵循欧姆定律，其具体规律如图2-8所示。由图可知，在 AB 区间，由于刚开始施加电压，电流较小，通常称为暗光放电；B 点之后，随电压进一步提高，荷能粒子携带足够能量可碰撞电极产生更多带电粒子，从而使电流稳定升高，电压则由电源输出阻抗所控制，BC 区间为汤森放电；CD 区间为过渡区；当电压高于 D 点电压时，两电极间形成辉光，E 点之前电压不受电源电压或电阻影响，电流也与电压无关，为辉光放电；E 点至 F 点之间，电流与电压正相关，称非正常辉光放电；F 点之后，电压迅速下降至较低值，电流几乎完全取决于外电

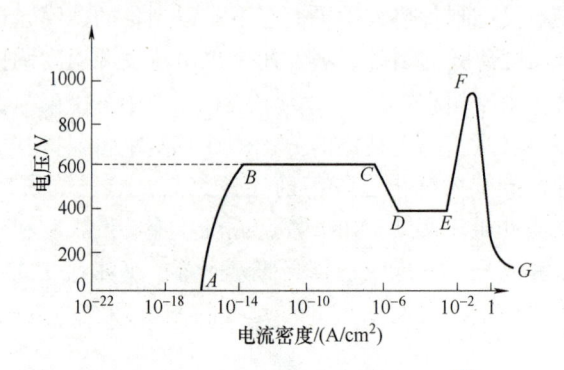

图 2-8 直流辉光放电伏安特性曲线[7]

阻，且与电压负相关，FG 区间为弧光放电。辉光放电过程中，从阴极至阳极依次可分为阿斯顿暗区、阴极辉光区、克鲁克斯暗区、负辉光区、法拉第暗区、正离子光柱区、阳极辉光区和阳极暗区（见图 2-9），其中克鲁克斯暗区和正离子光柱区与溅射镀膜最为相关。[3]

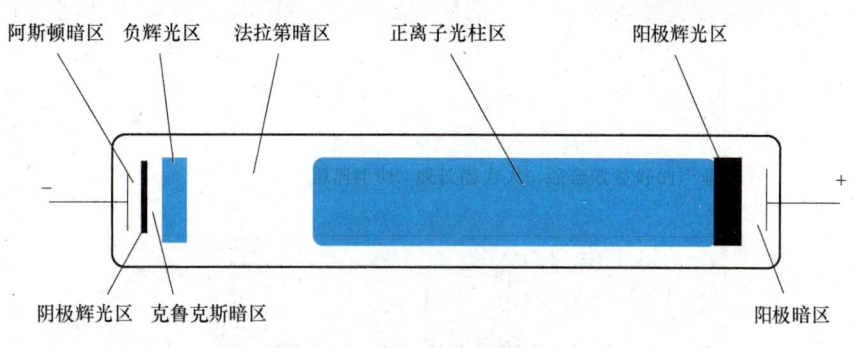

图 2-9　低压辉光放电区域[3]

特别地，**溅射产额是描述溅射镀膜特性最为关键的物理量，指当入射粒子轰击靶材时，平均每个粒子可溅射出的靶材原子数**。入射粒子种类、能量和入射角，靶材种类、表面状态和温度等均可影响溅射产额。

2）溅射镀膜的特点。相比于真空蒸发镀膜，**溅射镀膜适用性更广**，尤其是高熔点、低挥发性元素和化合物；**溅射原子能量高**；**可保证薄膜与靶材化学成分基本一致**；**薄膜与衬底附着性好**。但是溅射镀膜使用的工作气体可能污染薄膜，溅射也可能降低薄膜均匀性，沉积速率较慢（约为真空蒸镀 1/10）且溅射镀膜设备更为复杂。

3）溅射镀膜的分类。溅射镀膜根据辉光放电过程差异，可大致分为**直流溅射镀膜**、**直流磁控溅射镀膜**（下简称磁控溅射镀膜）、**射频溅射镀膜**、**反应溅射镀膜**和**高功率脉冲溅射镀膜**（HiPIMS）等。

直流溅射镀膜基于直流辉光放电，目前已发展出**直流二极溅射**、**直流偏压溅射**和**三/四极溅射**等镀膜技术。其中最为简易的为直流二极溅射镀膜，即靶材与阴极相连，基片位于接地阳极，其结构如图 2-10 所示。溅射镀膜时，首先在预抽至超高真空的真空室内通入氩气，以控制内部压强介于 1～10Pa。而后阴极接通高压电源（功率 500W～1kW，额定电流 1A，电压 0～1kV）进行辉光放电，氩气电离为等离子体，带正电氩离子在电场中加速并轰击阴极处靶材，使其发射电中性原子或分子等以溅射镀膜。这种溅射镀膜技术虽然结构简单，但存在只能溅射导体、放电电压高、基片易升温、溅射参数（如放电电流、气压等）不易控制和沉积速率偏低等问题。

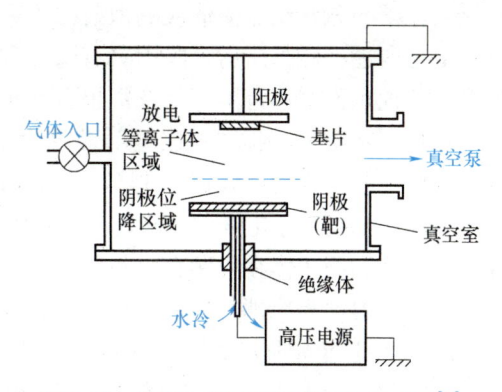

图 2-10　直流二极溅射镀膜设备示意图[5]

为了避免上述问题，20 世纪中期以来，研究者们逐步开发了磁控溅射镀膜技术，原理如图 2-11 所示。即**在直流溅射镀膜的阴极靶材附近引入外加磁场，以控制电子运动轨迹，延长其运动时间，以此增加其与气体原子碰撞概率并减少电子轰击基片**。从而提升气体

21

电离率，促进离子轰击靶材溅射并防止基片温度过高。

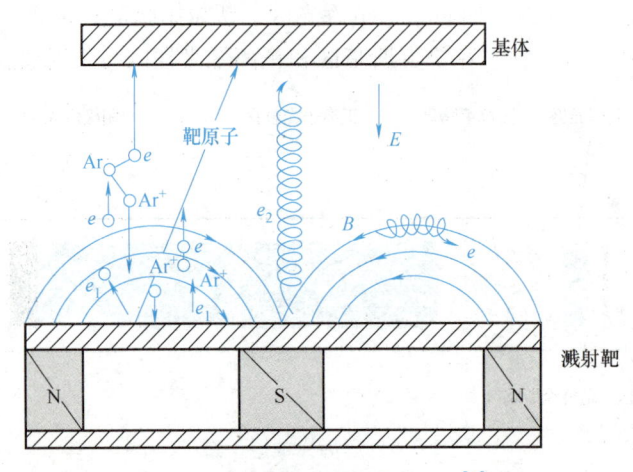

图 2-11　磁控溅射镀膜原理图[2]

具体而言，磁控溅射镀膜中，靶体内磁体在靶材表面附近建立环形封闭磁场，该磁场与垂直靶材表面电场正交。当氩气电离的 Ar⁺ 由电场加速飞向阴极靶时，靶材发生溅射现象，其中中性原子或分子沉积至基片形成薄膜，二次电子中除极少数磁极轴线附近者（如 e_2）直接飞向基片外，绝大多数（如 e_1）在飞向阳极基片的过程中受洛伦兹力与电场力的共同作用，在靶表面附近做螺旋式回旋运动。这将使电子的运动距离明显加长，而且其在靶表面附近的运动很大程度增加了其碰撞氩原子并使其电离的概率，从而增加轰击靶材的 Ar⁺ 数，提高沉积效率。当二次电子在电磁场共同作用下，经多次碰撞能量逐步耗散后，将逐步远离靶表面，最终在电场作用下到达基片，但由于此时电子能量较低，不会造成基片明显温升。不仅如此，磁场还可一定程度降低溅射所需气压，减少 Ar⁺ 间相互碰撞造成的能量损失和溅射原子与氩气间碰撞造成的散射损失，提升溅射镀膜的速度和质量。

综上所述，磁控溅射镀膜因具有适用大面积均匀薄膜制备、沉积速度快、效率高、衬底温度低等优点而适用范围广泛，但也存在不适用磁性材料、靶材刻蚀不均匀等问题。

前述直流溅射镀膜和磁控溅射镀膜由于靶材需要与阴极连通，只适用于导体靶材的溅射。这是由于绝缘靶材难以及时导走 Ar⁺ 轰击产生的正电荷，而正电荷累积会提升靶材电位，最终影响携带正电荷的 Ar⁺ 轰击，阻碍溅射过程。因此，研究者们开发了可同时适用导体、半导体和绝缘体在内所有材料的射频溅射镀膜技术。

射频溅射镀膜原理与直流溅射镀膜整体相似，主要区别在于将直流电源更换为射频电源（频率多为 13.56MHz），具体结构如图 2-12 所示。溅射原理为：先在靶体上施加负电位，使氩气辉光放电产生 Ar⁺ 轰击靶材溅射；当靶材上累积正电荷抵消施加的负电位，停止 Ar⁺ 轰击时，在靶体上施加正电位促使电子轰击靶材，中和其上正电荷；而后再施加负电位又可产生溅射现象。如此周而复始即可完成正常溅射镀膜过程。但由于每次溅射可维持的时间均约在 10^{-7}s 量级，电源正负电位转换频率需要高于 10^7Hz。不仅如此，由于电子可吸收射频电场能量并在其中振荡运动，其与氩气原子碰撞概率明显上升，可是气体电离概率相应提升，降低射频溅射镀膜对击穿、放电电压（约为直流溅射镀膜的 1/10）和所需气压（约为 0.1Pa 的要求）。

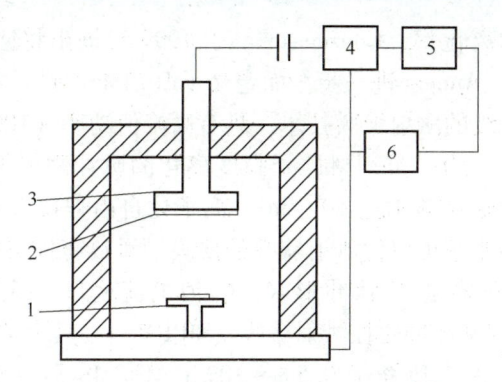

图 2-12 射频溅射镀膜设备示意图[3]

1—衬底架 2—靶材 3—靶体 4—匹配器 5—电源 6—射频发生器

随着各类化合物薄膜如过渡金属氧化物、Ⅲ-Ⅴ族等化合物半导体材料等的广泛应用，引入反应气体以调控薄膜成分的反应溅射镀膜技术逐渐引起研究者们的关注。反应溅射镀膜（见图 2-13）指在溅射镀膜时引入适量活性反应气体，使之与溅射的中性原子或分子发生反应，从而在衬底上沉积符合预期化学组成薄膜的溅射镀膜技术。常用的反应气体包括制备氧化物的氧气，氮化物的氮气、氨气，硫化物的硫化氢，碳化物的甲烷、一氧化碳等。而控制反应气体和惰性气体比例可有效调控反应位点、薄膜性质等。例如，若反应气体含量较高，反应多以气相形式发生于阴极靶，而后以化合物形式被溅射并沉积于衬底；但对于直流溅射绝缘体薄膜，靶材处的反应可能造成绝缘物质覆盖阴极靶表面，降低溅射速率。由此，一般情况下，反应溅射镀膜中反应气体含量均较低，使反应气体与靶材于衬底表面发生固相反应。另外，为保证薄膜成分的一致性，溅射镀膜过程中需要控制反应气体到达衬底速率与薄膜沉积速率之比不变。

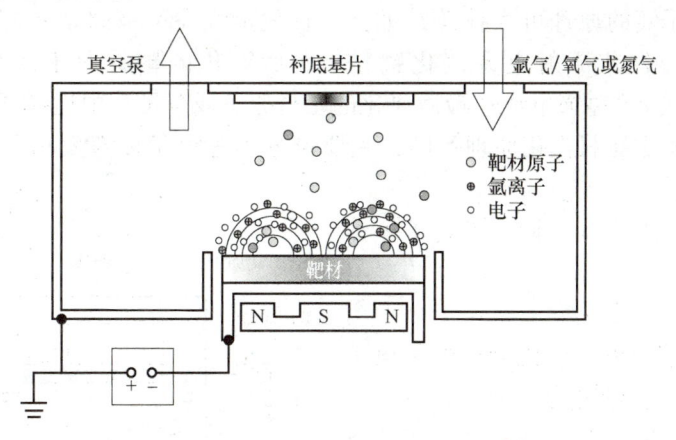

图 2-13 反应溅射镀膜原理示意图[3]

整体而言，反应溅射镀膜具有如下几个优点：首先，由于所用靶材和反应气体的纯度较高，利于制备高纯度化合物薄膜；其次，易于通过改变反应气体比例等工艺参数，调节化合物薄膜成分；最后，可实现大面积均匀薄膜制备。目前已可实现 TiO_2、SnO_2、SiO_2 和 ITO 等纳米尺度薄膜的制备。但其也存在如下问题有待解决，比如易发生"靶中毒"和"阳极消失"阻碍溅射过程，靶材制备困难和沉积速率偏低等。

为了提升溅射镀膜的离化率，Kouznetsov[8]于1999年提出将磁控溅射电源更换为脉冲电源的HiPIMS。2011年，Anders进一步全面定义了HiPIMS，即从技术上讲，这是一类功率峰值高于平均值两个数量级的溅射镀膜技术，具有高峰值功率（1000~3000W/cm^2）和低脉冲真空比；从物理角度讲，为一类靶材原子高度离化的脉冲溅射镀膜技术，等离子体密度10^{18}~10^{19}/m^{3}远高于直流磁控溅射的10^{17}/m^3，离子化自由程仅1cm，这些可显著提高其离化率。而靶材离子的高离化率可以使溅射获得的薄膜平滑致密且与衬底结合良好，有利于薄膜的力学可控性。HiPIMS根据其脉冲形式、峰值电流密度和占空比不同，可分为常规HiPIMS和新兴的高功率调制脉冲磁控溅射镀膜（MPPMS）。其中常规HiPIMS的峰值功率密度为0.5~10.0kW/cm^2，占空比介于0.5%~10%；MPPMS则分别为0.5~1.5kW/cm^{2}和10%~30%。[3]

（3）离子镀

1）离子镀的原理。离子镀是一类利用低压气体放电，在等离子体中进行真空蒸发、溅射、弧光放电或离子沉积等薄膜沉积过程的薄膜制备技术。其原理为通过电阻加热、电子束轰击、弧光放电等方法使靶材汽化并形成等离子体，而后施加于衬底的负偏压则由静电力加速电离产生的靶材离子，使其轰击衬底表面并沉积形成薄膜。

2）离子镀的特点。离子镀技术基于真空蒸发镀膜和溅射镀膜技术，有效结合了二者优点，即一方面镀膜过程中靶材原子或分子等离化率较高，形成靶材等离子体，提高了靶材化学活性；另一方面，衬底上的负偏压可有效加速靶材离子，使其携带一定动能轰击衬底或膜层，可以提升薄膜纯度、致密度和靶材与衬底或膜层的结合力。因此，离子镀具有薄膜附着性好、沉积速度快、制备温度较低和无公害等特点，适用于纳米尺度薄膜制备。

3）离子镀的分类。离子镀根据原理不同，可主要分为等离子体离子镀、电弧离子镀和束流离子镀三大类。

等离子体离子镀的原理可大体总结如下：首先氩气在两极间发生辉光放电，轰击衬底表面；再接通蒸发或溅射电源汽化靶材；而后汽化的靶材原子或分子在放电空间中，通过与电子或Ar$^+$碰撞电离；最后离化的靶材原子或分子与中性粒子被输送至衬底表面并沉积成膜。根据靶材汽化原理不同，主要可分为等离子体蒸发离子镀和等离子体溅射离子镀两大类。

其中，根据蒸发方式不同，等离子体蒸发离子镀又可细分为由电阻加热蒸发的电阻蒸发离子镀和由电子束蒸发的电子束蒸发离子镀；而由不同电子束产生机制，电子束蒸发离子镀又可进一步细分为e型电子枪蒸发离子镀和空心阴极放电离子镀等。由于等离子体蒸发离子镀原理相对简单，且前文在真空蒸发镀膜部分已详细讨论过各类蒸发技术的原理，这里不再对其展开叙述。

等离子溅射离子镀可分为磁控溅射离子镀和空心阴极辅助的高密度溅射离子镀等。其中磁控溅射离子镀原理如图2-14所示，辅

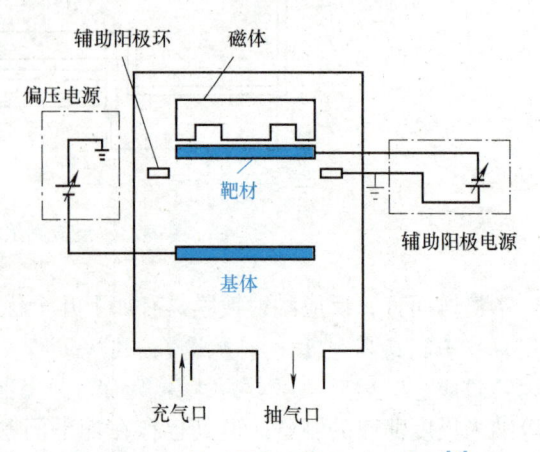

图2-14 磁控溅射离子镀原理示意图[6]

助阳极接地并由辅助阳极电源与靶材相连，使辅助阳极与靶材间氩气辉光放电产生 Ar^+，轰击靶材完成磁控溅射过程，溅射出的靶材原子或分子随后电离为离子且在辅助阳极和基体间电位差的作用下，携带较大动能轰击基体并沉积形成薄膜。尽管基体的负偏压可以一定程度上改善磁控溅射镀膜中靶材离子被阳极基体静电排斥而返回靶材的问题，但是由于溅射出的靶材原子或分子离化率较低，到达基体的靶材离子数仍较为有限，未能充分体现离子镀的优越性。

为此，研究者们进一步通过增设射频或微波线圈、引入高能脉冲电源和增设离子源等方法提升离化率和到达基体离子数。电感耦合的磁控溅射离子镀（ICP-MS）通过在原有磁控溅射装置内，于负偏压的靶材和基体间引入由射频电源驱动的电感线圈，由电感耦合放电使被溅射出的靶材原子或分子大量电离，这不仅显著提升了靶材离化率和薄膜质量，而且提供了射频功率和基体偏压两个独立且稳定调控变量，以控制靶材离子的通量和能量。高脉冲磁控溅射离子镀（HIP-IMS）是一类由高功率脉冲电源驱动磁控溅射的离子镀技术，其结构如图 2-15 所示。其中同步信号发生器和小弧靶调控溅射过程与基体接收同步开始，以保证薄膜质量；兼具高功率密度和低占空比的 HIP-IMS 电源使靶材表面原子短时间大量溅射，通过增强靶材原子在等离子区的相互碰撞，延长其在放电空间停留时间，增加其与电子碰撞概率，与峰值功率导致的热电子温度升高共同作用，最终显著提升其离化率至 70%以上。[6] 不仅如此，HIP-IMS 电源较低的占空比也可以有效防止靶材离子返回靶材表面和氩离子轰击产生热负荷导致的靶熔化或开裂。对于溅射产额较高的靶材如 Cu，还可能由于靶材原子大量离化形成的离子返回靶材表面，在无氩气等惰性气体时出现维持放电和溅射过程的自溅射现象。

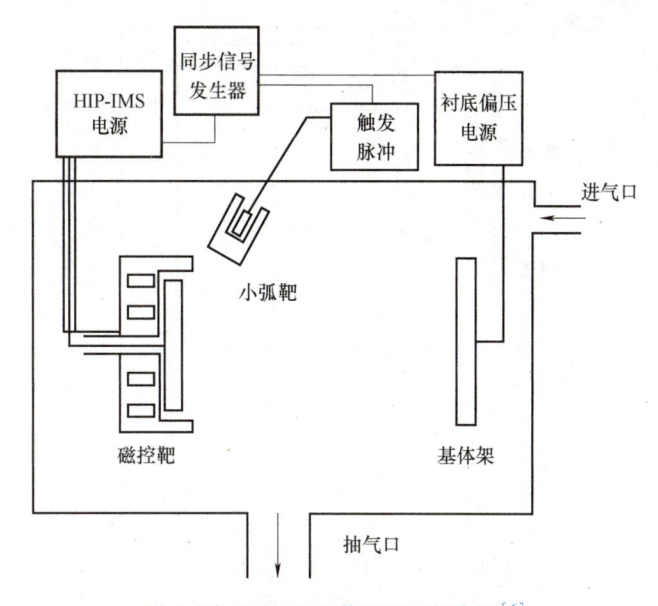

图 2-15 HIP-IMS 装置原理示意图[6]

不同于前述基于磁控溅射的等离子溅射离子镀，空心阴极辅助的高密度溅射离子镀（HiPASS）中，Ar^+ 为定向高密度电子束碰撞产生而非源自辉光放电，靶材处的磁场也主要用于约束 Ar^+ 而非电子。其原理为：首先利用空心热阴极等离子电子束热蒸发源（HCD 枪中空心阴极放电,产生远距离等离子体,引出等离子体中高密度低能电子束与真空室中氩原子碰撞,使之电离为 Ar$^+$;而后,由靶材处磁场聚焦,在电场力作用下轰击靶材使之溅射。磁场聚焦 Ar$^+$ 使其均匀溅射靶材,提升靶材使用效率;溅射电流由 HCD 枪的电子密度控制,由此可独立调控溅射电压,有利于工艺稳定。

电弧离子镀依靠靶材表面的弧光放电汽化靶材,形成靶材等离子体。根据汽化靶材的来源,可将其分为来源于固态阴极靶表面的阴极电弧离子镀和熔化阳极的阳极电弧离子镀,其中阴极电弧离子镀因其离化率高、沉积速度快等特点而受到更广泛的应用。

阴极电弧离子镀的原理如图 2-16 所示,当真空室达到约 10^{-3} Pa 真空度时通入适当氩气,而后由引弧针引燃电弧,使其在靶材表面和辅助阳极间弧光放电,放电时等离子体态的靶材将从靶材表面弧光放电产生的弧光斑点处喷射,在电场力的作用下扩散至基体表面沉积成膜。作为电弧离子镀的一类,阴极电弧离子镀的基础为弧光放电的引发,具体而言,弧源由高度致密且表面光滑的阴极靶、辅助阳极、电磁线圈、引弧电极和其他附件组成。引燃电弧时原本由绝缘材料相隔的引弧针与靶材表面,接触后迅速分开,由于二者电位差,间隙将瞬间形成极高电场,使靶材表面缺陷处放电产生强电流,进而由电流热效应引发靶材局部熔融、汽化和电离,形成弧光斑点。由前述原理可知,阴极电弧离子镀具有如下特点:靶材微区熔化,有利于薄膜均匀性和生产效率;靶材离化率高,薄膜与衬底结合紧密;沉积速率高,生产效率令人满意;工作电压较低;等离子体中易含有液滴状靶材,影响薄膜均匀性和表面粗糙度等。阴极电弧离子镀通常用于高熔点金属、氮化物、碳化物等薄膜的制备。

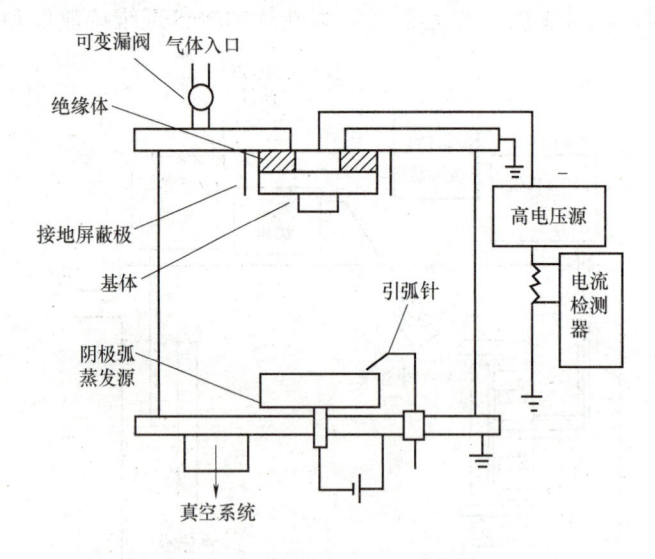

图 2-16 阴极电弧离子镀原理示意图[6]

阴极弧光放电镀膜的一个致命缺点是由大的液滴形成,影响了膜的质量,从而限制了阴极弧光放电离子镀的应用。阳极电弧离子镀能够克服这样的缺点,制备出优质的薄膜。阳极电弧离子镀(见图 2-17)利用阴极弧靶弧光放电产生的电子加热阳极,使阳极材料蒸发、离化来实现镀膜。具体来说,阳极电弧离子镀原理如图 2-17a 所示,真空室内有阴极、阳极、基片架和两个制备前用于清洁基底的辉光放电电极。其中,阴阳两极为镀膜技术核心(见图 2-17b),阴极为与真空室绝缘的碳盘,其边缘的陶瓷圆筒将引弧时的阴极斑点和液滴限制于阴极表面；阳极为靠近阴极端焊接相连的两根钨棒，丝状靶材缠绕于焊接处，可由水平移动调整其与阴极距离。放电时，阴极经引弧首先出现阴极弧斑并发射等离子体，其中电子轰击并加热阳极，使其上靶材熔化为液滴；当阳极温度高于特定温度时，将发生弧光放电，导致靶材迅速蒸发并离化，中性粒子通过与电荷载流子碰撞运输，并最终在基片表面沉积成膜。

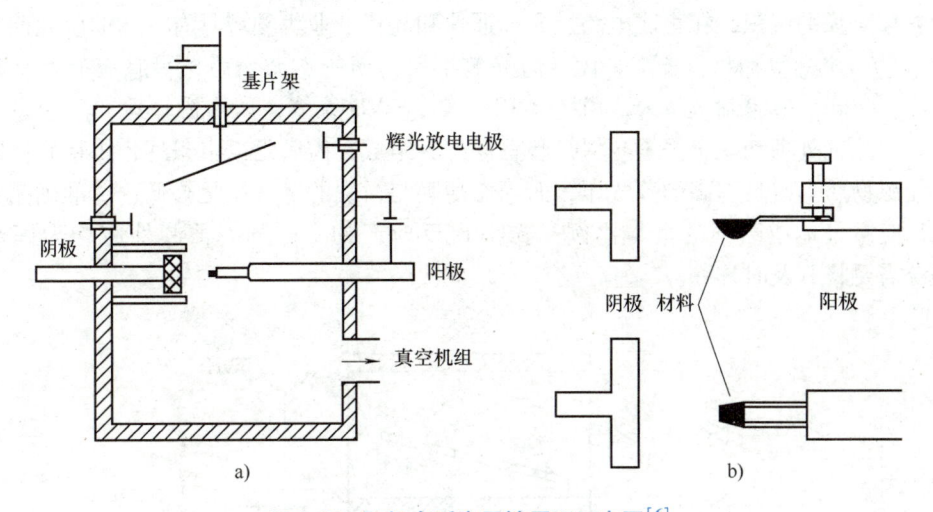

图 2-17 阳极电弧离子镀原理示意图[6]
a）阳极电弧离子镀示意图　b）电极结构及膜材

束流离子镀是一类将由离子源或热电子电离团簇等产生的定向离子束作为沉积材料，在温度相对较低的基体表面形成薄膜的薄膜制备技术，主要可分为离子束沉积和团簇离子束沉积等。

离子束沉积中，靶材被离子源直接离化后，喷射至基体表面形成薄膜。离子束沉积可分为质量分离式和非质量分离式两类，二者的主要区别在于是否利用磁场根据荷质比筛选沉积离子。质量分离式可用于 Si、Ge 基体上单晶 Ge、Si 和 Ag 膜的外延生长，对靶材要求相对低，且由于沉积离子具有一定能量和动量，其制备温度多低于 300℃，明显低于化学气相沉积等。非质量分离式可用于制备单晶碳膜和类金刚石薄膜等，由于其设备简单，仍有一定应用前景。

靶材汽化并与电子碰撞形成带电团簇，而后在电场力作用下沉积至基体表面的薄膜制备方法称团簇离子束沉积。具体而言，靶材蒸气分子或原子由于进入真空室时绝热膨胀、急冷而过饱和形成松散团簇；之后团簇在离化区与电子碰撞离化而带正电，并由蒸发源与基体间电场加速；在到达基体表面附近时，团簇破碎为单分子或原子态，其携带的能量转化为在基体表面的扩散能量，提升分子或原子活性。值得注意的是，虽然加速电场强度较高，但团簇获得能量为数十至上百原子或分子均分，每个原子或分子携带能量相对较低，可避免离子注入等导致的薄膜缺陷，从而适用于半导体基体等表面高质量外延薄膜的制备。不仅如此，团簇离子束沉积中靶材离子具有更小的荷质比，可防止在半导体或绝缘体基体上的电荷积累，有利于薄膜制备速度提升；而且调整加速电场强度，即蒸发源和基体上所加电压，即可调控薄膜的致密度、附着力，甚至生长取向等。

2.1.2 化学气相沉积（CVD）

1. CVD 原理

CVD 起源于 19 世纪 80 年代白炽灯灯丝强度的改善，自 20 世纪 60 年代开始应用于微电子制造而得到迅猛发展。目前已广泛应用于场效应晶体管和光导纤维等器件中各类无机、聚合物和复合薄膜的沉积，在集成电路、光纤通信和光伏产业等领域具有广阔的应用前景。[3]

CVD 是一类通过加热、等离子体或激光等手段，使气态源物质在衬底表面发生化学反应生成固态薄膜的薄膜制备技术。由图 2-18 可知，CVD 系统一般由源输运、反应室、压力计、冷阱、尾气处理和安全报警与保护装置等部分组成，需满足以下条件：①精确控制沉积温度，使源物质具有足够高的蒸气压，而固态薄膜与衬底的蒸气压足够低；②准确测量并调节进入反应室气体或蒸气的量与比例；③CVD 反应产物中除固态薄膜外应均为挥发性物质，系统需要将其及时移除。

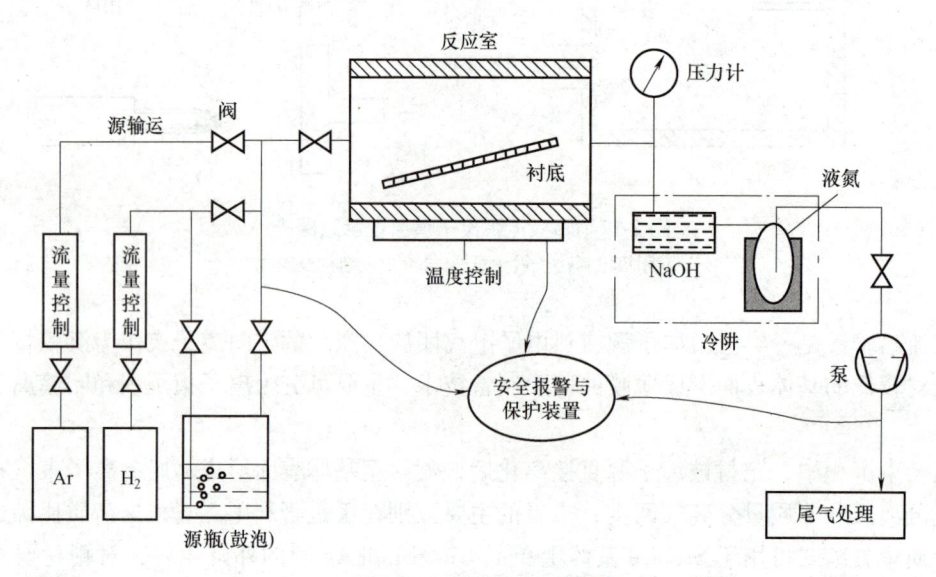

图 2-18　CVD 系统示意图[3]

气相化学反应为 CVD 制备薄膜的基础，主要涉及热解反应、合成反应和化学输运反应。热解反应（$AB_{(g)} \rightarrow A_{(s)} + B_{(g)}$），其过程一般为反应气体通入加热至一定温度的衬底上，吸热分解并沉积成膜。常见的反应气体包括氢化物、金属有机化合物、卤化物、羰基化物、烷基化物和醇盐化合物等，其中氢化物和金属有机化合物多用于制备Ⅲ-Ⅴ族或Ⅱ-Ⅳ族等化合物半导体薄膜，卤化物和羰基或烷基化物可用于金属薄膜沉积，醇盐化合物则可热解制成氧化物薄膜。合成反应则是指两种及以上气态反应物在已加热的衬底上发生反应生成薄膜，例如卤化物与氢气反应制备金属薄膜等，氧化或水解反应制备氧化物薄膜，与甲烷或氨气反应获得碳化物或氮化物薄膜等。尽管合成反应比热解反应复杂，但其适用范围更为广泛。化学输运反应中，源物质先与输运剂（如碘、卤化物和水蒸气等）发生反应生成气态化合物，待气态化合物输运至衬底附近后，由逆反应重新生成源物质并沉积成膜。

为了更深入探究 CVD 机理，研究者们多会分析其热力学和动力学原理。其中，热力学分析大多基于反应物和生成物的吉布斯自由能，意在判断气相化学反应的方向和理论预测平衡时的产率。而动力学分析则侧重薄膜生长速率的研究与调控。一般情况，CVD 制备薄膜的过程可大致分为如下七个阶段[3]（见图 2-19）：①源物质向衬底输运；②源物质扩散至衬底表面附近；③源物质吸附至衬底表面；④气相化学反应；⑤反应副产物从衬底表面脱附；⑥反应副产物扩散至输运气流；⑦反应副产物输运离开沉积区。上述阶段中速率最慢者将成为薄膜制备的决速步，进一步分析可将各阶段初步分为涉及扩散、输运等的物质输运步骤和涉及吸（脱）附、化学反应等的表面反应步骤。沉积温度处于较低区间时，表面反应速率远低于物质输运速率，薄膜制备速率被表面反应控制；此时薄膜制备速率与温度强相关，且薄膜厚度通常较为均匀。若升高沉积温度，表面反应速率将明显加快，薄膜制备速率转而由物质输运控制；此时薄膜制备速率与温度相关性减弱，而与反应物气体分压正相关，与系统总压负相关，可由压强调节薄膜制备速率。当沉积温度进一步升高时，薄膜制备速率由热力学控制，即若气相化学反应为放热反应，温度升高会导致吉布斯自由能降低，降低反应驱动力和薄膜制备速率，有利于单晶生成；若为吸热反应，升高温度则有利于反应进行，促进均相反应，导致在气相中生成粉末状产物。实际薄膜制备中，可通过实验探究沉积温度、沉积压强等参数对薄膜制备速率的影响，从而确定其控制因素以实现有效调节。

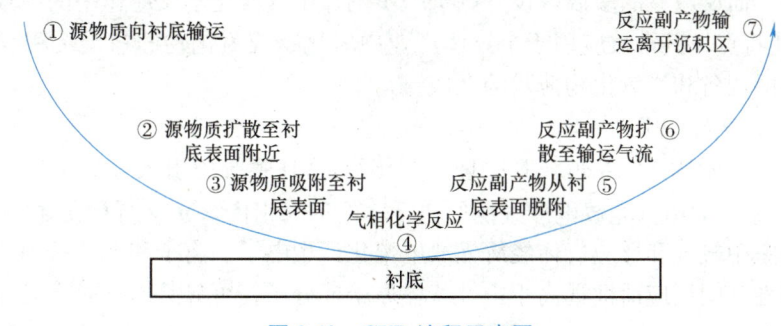

图 2-19　CVD 流程示意图

2. CVD 特点

根据前述原理可知，相比于其他纳米尺度薄膜制备方法，CVD 具有以下优点：

1）工艺简单、灵活性高，易于调控组成，适用于金属、非金属、聚合物乃至复合材料薄膜制备。

2）薄膜质量高，由于沉积温度较高，所制备的薄膜纯度较高、致密及结晶性好、附着力高。

3）薄膜制备速率高且可制备大面积膜，适于工业化生产。

CVD 因其独特的优势而成为纳米尺度薄膜的重要制备工艺。但其也存在一些不足，有待进一步研究。比如，CVD 的沉积温度普遍偏高，且其对源物质要求较高，这些可能限制其应用范围；源物质、副产物等可能有毒性、腐蚀性或易燃易爆等，易造成环境或安全性问题等。

3. CVD 分类

整体而言，CVD 种类众多且有不同分类标准，根据化学反应激活方式可分为热 CVD、等离子体增强 CVD、激光 CVD 和光辅助 CVD 等；根据沉积压强可分为常压 CVD、低压 CVD 和高真空 CVD；根据前驱体种类可分为无机 CVD、金属有机 CVD 等；还有很多新发展的技术如原子层沉积（ALD）、混合物理化学气相沉积（HPCVD）等。尽管 CVD 种类纷繁，但限于篇幅，这里仅选取较为典型的热 CVD、低压 CVD、等离子体增强 CVD 和 ALD 展开介绍。

（1）热 CVD　热 CVD 是利用热能激发衬底表面气相化学反应的 CVD 技术，其制备薄膜时较高的衬底温度（700~1200℃）[6]会使沉积压强偏高，甚至与大气压相近，故又可将其称为常压 CVD。由于热 CVD 较高的沉积压强，制备薄膜时可利用气态源物质分压在较大范围内调节薄膜成分，且由良好绕射性提高薄膜均匀性；其高衬底温度有利于薄膜与基体间附着；而较快的成膜速度也有利于生产效率提升。作为较为常见的一类 CVD 技术，热 CVD 被广泛用于制备以氧化物和氮化物为代表的半导体电介质薄膜。

（2）低压 CVD　热 CVD 的高衬底温度尽管可有效激发气相化学反应，但也可能导致薄膜晶粒粗大，影响其力学性能，而其引起的高沉积压强则可能影响气体扩散速率和薄膜均匀性等。为了改善上述问题，研究者们开发了低压 CVD 技术，即采用降低沉积压强的方法，增加气体原子或分子的平均自由程以利于其扩散。由于低压 CVD 中气体原子或分子相互碰撞概率下降且扩散速率较高，衬底表面各处的气相化学反应速率较快且一致性高，有利于薄膜均匀性。而反应室的多温区设置则进一步确保了气相化学反应速率的一致性。基于低压 CVD 的上述特点，其常被应用于半导体产业中氧化物或氮化物的衬层沉积、栅极或电接触点处多晶硅的制备和氮氧化物薄膜的合成。

（3）等离子增强 CVD

1）等离子增强 CVD 的原理。其原理是在传统 CVD 系统中引入等离子体发生装置。等离子增强 CVD 是一类由辉光放电产生的等离子体促进气相化学反应的 CVD 技术。薄膜制备过程中，反应室中氩气和反应气体经辉光放电离化产生电子、离子和活性基团，由于以自由基为代表的活性基团反应活性远高于中性气体原子或分子，可显著提升衬底表面气相化学反应速率，从而在相对低温下高速沉积薄膜。例如，由 SiH_4 和 NH_3 气相沉积制备 Si_3N_4 薄膜，若采用热激活方式，则沉积温度需高于 700℃，但若由辉光放电产生氮自由基，沉积温度可显著下降至 300℃ 以下。[6]由前述讨论可知，等离子增强 CVD 具有薄膜质量高、沉积温度低、沉积速率高和反应气体量少等特点，目前已成为半导体行业最常见的薄膜制备方法之一，可用于沉积电介质和金属及其化合物等薄膜。

2）等离子增强 CVD 的分类。根据辉光放电产生等离子体方式差异，等离子增强 CVD 可分为电容耦合等离子增强 CVD（见图 2-20a）、电感耦合等离子增强 CVD（见图 2-20b）和电子回旋等离子增强 CVD 等。其中，电容耦合等离子增强 CVD 是由平行板电容器两电极间辉光放电产生等离子体。电感耦合等离子增强 CVD 中射频电压作用于缠绕于反应室外的线圈，使反应室内产生感应交变电场以产生等离子体，根据射频电压的频率，可将其进一步分为沉积速率偏低的低频等离子体和所需电压较低（数十伏）的高频等离子体。在实际制备过程中，多同时利用低频等离子体和高频等离子体，以兼顾薄膜致密度和沉积速率，并调控薄膜物理和化学性质。

（4）ALD

1）ALD 的原理。随着半导体工业的迅猛发展，其对薄膜厚度、均匀性等质量要求不断提升，这使得传统 CVD 技术难以完全满足其要求，20 世纪 60~70 年代，芬兰科学家开发的 ALD 技术由于可实现单原子层调控，逐渐引起研究者们的关注。ALD 是利用脉冲交替通入

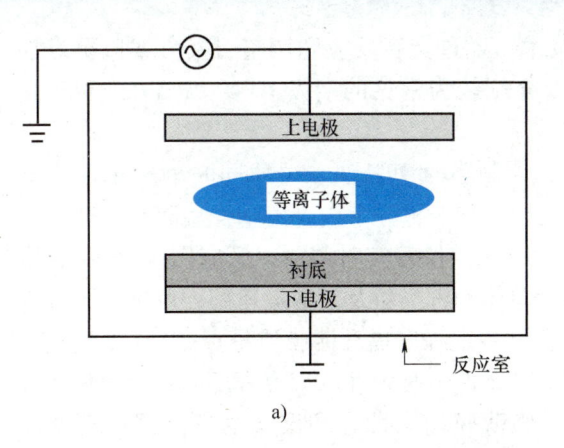

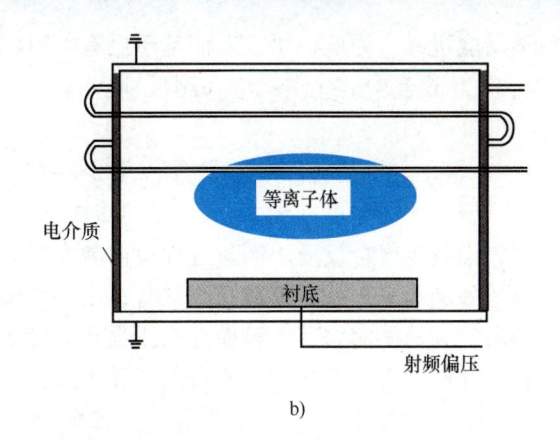

图 2-20 等离子增强 CVD 原理示意图
a）电容耦合等离子增强 CVD b）电感耦合等离子增强 CVD

反应室的气相前驱体，与衬底或沉积膜层表面发生气-固反应制备薄膜的 CVD 技术。ALD 的气相化学反应尽管与其他 CVD 相似，但将原本连续的化学反应拆分为交替进行的"半反应"。具体而言，每次进气仅通入一种气体与沉积膜层表面原子反应，从而保证化学反应在气-固界面原子反应完毕时中止，即具有自限性，从而使得每个周期仅沉积一层薄膜（厚度可低至 0.01nm）。[6] ALD 的系统示意图如图 2-21 所示，主要由进气系统、反应室、控制系统和真空系统等组成。其薄膜制备过程具有周期性，每个周期可大致分为以下四个步骤：首先，通入第一种气相反应前驱体 A，与衬底或沉积膜层表面化学反应，以吸附于其表面；其次，通入氮气或氩气等惰性吹扫气体，输运未反应前驱体及

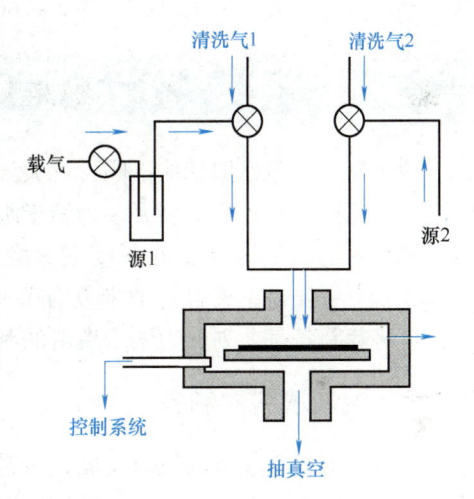

图 2-21 ALD 系统示意图[3]

反应副产物离开反应室；再通入第二种气相反应前驱体 B，与吸附的前驱体 A 发生化学反应，同时可利用等离子体等处理表面以清除杂质并提升表面致密性；最后，再次通入吹扫气体以清洁反应室。

2）ALD 的特点。基于上述原理，ALD 具有如下特点：①适用范围广，薄膜致密性好且纯度高；②原子级精确控制薄膜厚度，可制备具有多层结构薄膜，如多组分纳米薄层、混合氧化物等；③无须调控多种气相前驱体比例，可用于大面积、高均匀性薄膜制备，具有良好的工业化应用前景；④薄膜沉积温度低[5]，可在温度敏感衬底上制备薄膜，但也易造成气相前驱体残留；⑤沉积速率低，可能影响生产效率，可通过引入催化剂或缩短沉积周期改善。

（5）其他 CVD 技术 随着医疗植入物、传感器、太阳能电池等的飞速发展，其对纳米尺度聚合物薄膜的需求与日俱增；而 CVD 相比于其他聚合物制备方法，具有良好的衬底兼容性且可有效避免表面张力等的影响。[10] 尽管最初采用的等离子增强 CVD 可制备纳米尺度聚合物薄膜，但其反应因涉及自由基和离子等高活性物质而较为复杂，使得难以有效控制化

学反应进程。为此，研究者们基于已有 CVD 技术，通过交替反应和调整引发方案以更好控制 CVD 聚合中的化学反应和副反应。这里主要介绍较为常见的引发 CVD（iCVD）和氧化 CVD（oCVD）。

iCVD 主要是将自由基聚合转化为气相沉积，制备时引发剂和单体同时输运至反应室内，遇到合适温度（约 250℃）热源时，单体由引发剂选择性生成自由基，从而在冷却的衬底表面发生聚合反应。制备过程可由激光干涉法或光谱仪等实时监测，已应用于 PTFE、聚丙烯酸酯和马来酸酐等薄膜的制备；由调整输运单体的种类数及其输运速率，可进一步合成共聚物和梯度薄膜等；调控沉积压强和温度等也可一定程度提升薄膜质量。oCVD 中氧化剂和单体则被直接输运至衬底表面，在无额外刺激的情况下吸附并发生聚合反应；可由衬底温度系统调控薄膜电导率和功函数。其主要特点为薄膜均匀性好和聚合物官能团保持率高[反应温度较低（25~100℃）]，可应用于导电聚合物薄膜如 PANI 等的分步制备。[11] 但限于 CVD 对气相前驱体蒸气压的要求，iCVD 或 oCVD 技术不适用于需要高分子量或高极性引发剂或单体的聚合物，一定程度限制了其应用范围。

2.2　纳米复合薄膜的制备工艺

纳米复合薄膜根据基体不同，可大致分为无机纳米复合薄膜和聚合物纳米复合薄膜。其中，由于无机纳米复合薄膜大多为纳米级厚度，制备工艺与纳米尺度薄膜相近，此处不再赘述；聚合物纳米复合薄膜的厚度多为数微米至数十微米，而与纳米尺度薄膜存在一定差异，故本节主要讨论聚合物纳米复合薄膜的制备工艺。依据聚合物纳米复合薄膜的制备过程，可将其制备工艺划分为纳米填料的制备和纳米填料的分散两步。

2.2.1　纳米填料的制备

随着纳米材料领域的飞速发展，研究者们为利用纳米填料掺杂对材料性能的显著调节作用，针对不同性能需求开发了不胜枚举的纳米填料。本节中以纳米填料的维度为分类依据，分别介绍零维、一维和二维纳米填料的制备工艺。由于制备工艺往往具有兼容性，即同一工艺可适用于不同维度的纳米填料，这里仅在制备工艺相应最典型的纳米填料处对其进行介绍。

1. 零维纳米填料（纳米颗粒）的制备工艺

（1）机械粉碎法　机械粉碎法指的是当作用于固态物料的粉碎力使物料粒子间瞬时应力超过其机械强度时，固态物料变形甚至破裂以产生纳米颗粒的过程，主要包含破碎和粉磨两个过程。在这一过程中，物料粒子由于机械载荷作用，将发生结构和物理化学性质变化等。具体而言，其表面结构可能重组形成非晶或发生重结晶，表面电性、吸附和分散性质可能发生变化，反复受应力区域可能发生化学反应。由此，在选用机械粉碎法时需要注意是否有燃烧或爆炸等安全风险，尤其是易燃易爆物料。不仅如此，还需要注意根据物料种类，调控粉碎方式、工艺条件和环境等，以尽可能降低粉碎极限，使产物尺度符合要求。

目前，基础的粉碎方式主要有压碎、磨碎、剪碎和冲击粉碎等，不同粉碎方式相互组合即可获得如下各类机械粉碎法。高能球磨法主要利用压碎和冲击粉碎方式，由高速旋转的球磨罐带动硬质材料制备的球磨介质运动，经压应力和剪切应力粉碎物料粒子，最终制备粒径在数十纳米以下的纳米颗粒。球磨效果主要受原料材质（韧、脆组分比例）、球磨介质大小及材质、球磨时间、球磨温度和装料率等工艺参数影响。这种方法在纳米颗粒制备方面，其产物粒径仅 2~20nm，适用金属、陶瓷和复合材料等物料并可由化学反应调控其组分；工业应用方面，具有经济性好、产率高和适用于大规模制备等特点；但也存在不易控制纳米颗粒形状和粒径分布，可能引入污染等问题。振动磨尽管与高能球磨粉碎方式相同，但其原理为利用介质与物料粒子一同振动实现球磨过程。气流磨则利用磨碎、剪碎和冲击粉碎相结合的粉碎方式，由高速气流或热蒸汽使物料粒子相互冲击、碰撞和摩擦以制备纳米颗粒；由于其独特的原理，可有效改善高能球磨法存在的颗粒形状、尺寸和纯度等方面的问题。

（2）沉淀法　沉淀法是通过调节含有一种或多种目标离子的可溶性盐溶液的 pH 或向其中引入沉淀剂，使其在一定温度下水解、沉淀，分离得到氢氧化物、氧化物或盐类等沉淀物后，将其洗涤、干燥和烧结以获得目标纳米颗粒的制备工艺。其中，沉淀物的溶解度将显著影响所制备纳米颗粒的尺寸等性质。

根据沉淀法涉及化学反应的原理，可将其分为直接沉淀法、共沉淀法、均相沉淀法、水解沉淀法和络合沉淀法等。直接沉淀法中可溶性盐溶液多只含有一种目标离子，实验设备和操作最为简单，例如制备 $CaCO_3$ 纳米颗粒时，仅向 $CaCl_2$ 溶液中滴加 $NaCO_3$ 溶液以生成 $CaCO_3$ 沉淀，再由过滤、洗涤、干燥等步骤即可获得目标纳米颗粒；但也存在难以控制纳米颗粒粒径分布、去除原溶液杂质困难等问题。共沉淀法所使用的可溶盐溶液一般包含多种目标离子，多用于钙钛矿型、尖晶石型和铁氧体等纳米颗粒的制备。根据沉淀物的物相可将其分为单相共沉淀法和混合共沉淀法两类：单相共沉淀法中沉淀物为单一化合物或单相固溶体，对于化合物中金属元素种类为两种或以上者，成分易不均而多形成固溶体以均匀化；混合共沉淀法由于其沉淀物为多相混合物而过程相对复杂，不同目标阳离子可能不同时沉淀，例如不同金属离子形成氢氧化物沉淀的 pH 就存在较大差异，对此大多采用向过量沉淀剂中缓慢加入含多种目标阳离子盐溶液的方法，以保证各离子同时且按比例析出，但仍有可能由沉淀浓度和速度差异引起组成比例改变。为改善沉淀剂直接加入造成的局部浓度过高、影响沉淀质量问题，均相沉淀法通过在可溶盐溶液中加入特定物质，使其经缓慢化学反应生成沉淀剂而控制沉淀剂浓度及其均匀性，从而确保沉淀产生粒度分布均匀、分散性好且纯度高的纳米颗粒。例如，以尿素为沉淀剂时，通过控制溶液加热温度和尿素浓度，调控尿素分解速度，使产生的 NH_4OH 沉淀剂在溶液中均匀分布，从而均匀沉淀出金属氢氧化物纳米颗粒。[12]水解沉淀法的主要特点是利用无机盐或金属醇盐的水解反应产生相应氢氧化物或碱式盐沉淀，其主要影响因素包括金属离子浓度、阴离子种类及浓度、pH 和温度等。络合沉淀法则是利用络合剂控制晶核生长方向，以获得不同形状的纳米颗粒。

（3）溶胶-凝胶法　溶胶指的是尺寸介于 1~10nm 的固态分散质分散于介质中形成的多相体系；溶胶经过凝胶化反应可转变为无流动性且具有连续网络结构的凝胶。溶胶-凝胶法基于上述溶胶与凝胶间的转化过程，将可生成所需成分的化合物作为前驱体，依次形成溶胶、凝胶体系，从而最终获得所需产物。这种方法可用于制备块体、薄膜、纤维、粉体和多孔结构等，其中粉体尤其是超细粉体（即纳米颗粒）的制备为当前研究热点。

采用溶胶-凝胶法制备纳米颗粒的工艺可大体总结如下：①金属有机化合物分散于合适溶剂，形成均相溶液，以确保后续化学反应为分子水平反应；②均相溶液经金属醇盐水解产生活性单体、单体缩聚等转变为溶胶，这一步骤的反应类型与前驱体种类相关，而反应条件的精确控制有利于制备高质量溶胶；③溶胶由溶剂蒸发或缩聚反应等陈化转变为湿凝胶，在这一步骤中粒子平均粒径易因 Ostwald 熟化而升高；④湿凝胶干燥脱水形成干凝胶；⑤干凝胶经热处理结晶形成纳米颗粒。

相比于纳米颗粒的其他制备工艺，溶胶-凝胶法具有如下优点：①可实现纳米颗粒组成及其与外加掺杂物质在分子水平上的均匀性，可制备化学计量比精确且掺杂比例灵活的纳米颗粒，易于后续改性；②凝胶中含有大量液相和气孔，可有效防止纳米颗粒的团聚；③由于制备工艺涉及蒸发、再结晶等纯化过程，产物纯度一般较高；④可用于制备氧化物、硫化物甚至金属等多种纳米颗粒；⑤由于煅烧时组分扩散距离较近（纳米尺度）且化学反应较易进行，煅烧反应温度低于常规固相反应；⑥制备设备和工艺简单，经济性好。但其也存在前驱体和溶剂环境友好性低和反应影响因素偏多不易控制等问题有待解决。

2. 一维纳米填料的制备工艺

（1）静电纺丝法　静电纺丝法发端于 1897 年瑞利-泰勒不稳定性的发现，泰勒于 20 世纪 60 年代有关电驱动射流的工作为其奠定了基础，但直至 1996 年瑞利研究组对其机理和应用等的全面研究，才使其作为纳米纤维等的重要制备工艺而受到研究者们越来越多的关注。[13,14]静电纺丝法是一类在高电场作用下，利用高压电场力克服表面张力从溶液或熔体中制备纳米纤维的纺丝技术。其中纺丝液为溶液者称溶液静电纺丝法（下简称静电纺丝法），因其装置简易，为当前主要采用的制备工艺；纺丝液为熔体者则称熔体静电纺丝法，虽然所需的高温环境相对危险，但因其不需要溶剂而适用于无合适溶剂的纳米纤维制备。静电纺丝法的装置如图 2-22 所示，主要由高压电源、喷丝口和接地收集装置（金属板、圆盘或旋转心轴）组成，高压电源两极分别连接喷丝装置和接地收集装置以在其间建立静电场。其原理为随电场的升高，因表面张力而悬垂于喷丝口尖端的聚合物溶液将在其表面感应出电荷并逐步变为半圆形；直至表面分子所受电场力与表面张力平衡时，变为圆锥形带电液滴（泰勒锥）；若电场进一步升高，聚合物溶液或熔体的带电射流将从泰勒锥表面喷射而出，首先沿电场方向加速直线运动，而后开始不规则摆动，即进入鞭动不稳定阶段，完全挥发溶剂后在收集装置表面固化为纳米纤维。

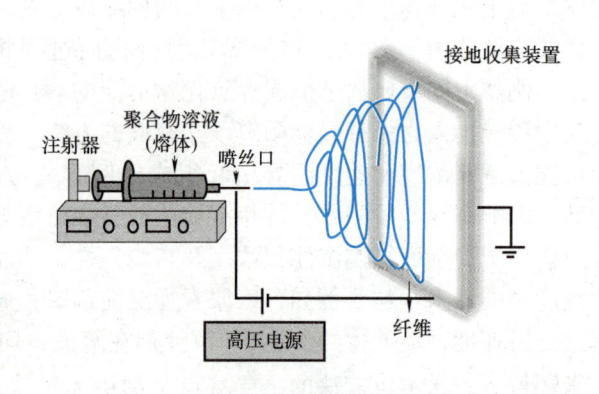

图 2-22　静电纺丝法装置示意图

静电纺丝法因其装置简单、制备效率高、经济性好等特点，在生物医学、能源环境、传感催化等领域的纳米纤维制备中具有广阔应用前景。但其易受高分子溶液或熔体性质、纺丝工艺参数和环境参数等影响，适用范围和稳定性差强人意；而且静电纺丝法中的高分子溶液或熔体存在潜在的环境影响。

（2）模板合成法　模板合成法为利用具有特定结构的模板提供空间限制作用，由控制产物尺寸、形状等复制模板结构的纳米材料制备方法，可用于制备一维纳米材料（纳米棒、纳米纤维和纳米管等）和组装二维有序纳米阵列等。根据模板种类可将其分为软模板法和硬模板法。软模板法多以大量具有特殊性质的化学分子构成的结构相对稳定体系为模板，利用分子间相互作用和空间限制作用等引导前驱体组装，从而调控纳米材料的组成、结构和尺寸等。软模板具有易去除、可循环利用和稳定性与效率不佳等特点。例如，利用表面活性剂分子中亲水基、疏水基间相互作用，形成的有序组合体（如囊泡、胶束和微乳液等），可用于导电聚合物纳米结构的合成。不同于软模板依靠分子间或分子内相互作用保持结构稳定，硬模板法中的模板为由化学键维系的无机盐、氧化物（多孔氧化铝）、金属或聚合物（纤维或薄膜）等，稳定性高且空间限域作用良好，从而使产物的尺寸和结构具有良好单分散性。硬模板法制备过程中产物多生成于模板内、外表面，根据模板是否参与化学反应可进一步将其分为仅作为沉积衬底的物理模板和可精确调控产物组分的化学模板；但制备结束后模板较难去除，多需要强酸或强碱等辅助且可能破坏产物结构。

3. 二维纳米填料（纳米片）的制备工艺

（1）水热和溶剂热法　启发于19世纪地质学家对自然界成矿作用的模拟，研究者们逐步建立了水热法相关理论并将其应用于材料合成领域。水热法是在密闭反应釜中，采用水为反应介质，于高温高压条件下进行液相化学反应的材料制备工艺。其中水作为反应介质，既是溶剂和压力传递介质，又可参与化学反应，在材料合成过程起到重要作用。水热条件下，虽然水的介电常数降低不利于电解质的分解，但此时水溶液黏度明显下降，不仅有利于物质扩散以提升晶体等生长速率，而且相对较高离子迁移率导致的高导电性也一定程度弥补了介电常数下降的影响。由此，水热法适用于常温常压下热力学可行，但动力学反应速率过慢的化学反应。

水热法的整体过程为：

1）将反应物溶解于水中形成溶液。

2）转移溶液至反应釜，使其发生液相化学反应并产生沉淀。沉淀生成，即晶体生长，可大体分为以下三步：首先，反应物在高温高压下以离子或分子形式进入水热介质并在其中形核，其中前期加入的矿化剂可有效改善反应物的溶解性并确保其溶解度温度系数为正，从而使其具有较高溶解度；其次，溶液中的离子或分子由于热对流和浓度梯度而扩散至形核处；最后这些离子或分子将沉积、吸附至晶核，使晶核不断长大。

3）从水热介质中分离沉淀。

4）洗涤并干燥沉淀以获得产物。

由此可知，反应釜为水热法制备材料的关键器件（见图2-23），其使用较简单，只要将内有反应物溶液的内衬装入釜体并锁紧釜盖，即可将反应釜置于高温炉中反应；但由于涉及高温高压等相对极端的反应条件，仍需注意釜内溶液量应低于反应釜容积的1/2，在反应釜允许的温度、压力等条件下进行反应，反应结束后必须在反应釜完全冷却后方可打开反应釜。

由上述原理可知，水热法具有如下优点：首先，适用性广，可用于金属、半金属、合金甚至化合物等多种材料的制备，尤其是具有特殊结构和价态的化合物；其次，产物具有高纯度、尺寸和形状可控且单分散等特点，尤其适合制备纳米尺度材料，例如Ag、Cu和Bi_2WO_6等纳米片的制备[3,16]；化学反应影响因素多，可通过反应物溶液种类、浓度、矿化剂

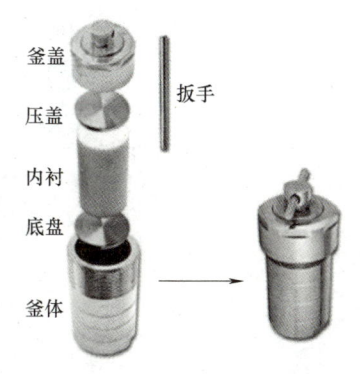

图2-23　水热法反应釜结构图[16]

和反应温度、时间等调控化学反应和产物；能耗和成本较低。但其也存在如反应周期较长、对设备要求高、不易直接观察反应和不能制备对水敏感材料等不足，一定程度限制了其广泛应用。

为实现水热条件下制备对水敏感材料，研究者们在水热法基础上开发了溶剂热法，即以醇、苯、乙二胺和四氯化碳等非水溶剂代替水为反应介质，进行与水热法类似的材料制备过程。反应物（部分）溶解于溶剂并形成溶剂合物的溶剂化过程，可能影响反应物在溶液中的浓度和存在形式，从而影响其反应活性，改变化学反应速率和反应进程等，最终改变产物的物相组成、尺寸和形貌等。由此，溶剂的选择对溶剂热法制备材料尤为重要。但对于同一化学反应，可供选择溶剂种类众多而效果差异明显，研究者们大多由预期产物的需求和溶剂的熔点、介电常数和极性等理化性质展开选择。相比于水热法，溶剂热法具有如下特点：①有效防止产物的水解和氧化，避免空气中氧的污染，有利于产物纯度；②非水溶剂相对较低的沸点，使相同反应温度下反应压力更高，有利于提升产物的晶化程度；③非水溶剂可明显减少所制备纳米材料（如纳米片等）表面的羟基数量，有效降低其团聚倾向；④扩大了反应物和预期产物的范围，不仅可将氮化物、硫化物和氟化物等作为反应物，还可由非水溶剂提升部分反应物的反应活性，实现具有特殊性能的亚稳态材料制备；⑤同一化学反应可选用不同溶剂作为反应介质，由溶剂种类对反应产物的影响，可探究产物生成机理。

（2）剥离法　剥离法是一类"自上而下"的二维材料制备方法，即从块体材料中剥离获得二维纳米片。根据原理差异，可将其分为机械剥离法和液相剥离法等。

机械剥离法利用外力克服块体材料中层间的范德华力，使材料沿层间断裂，从而获得单/多原子层厚度的纳米片。较为经典的应用是 Novoselov 和 Geim 通过反复粘贴和分离透明胶带，层间剥离定向热解石墨，成功制备了石墨烯。[17]这种方法简单且成本低廉，但其可控性和产品稳定性不令人满意，产量和生产效率也偏低，这些限制其在工业生产中的应用。目前常用的方法有超声剥离法和剪切剥离法等，已应用于石墨烯、蒙脱土纳米片等的制备。[18,19]超声剥离法主要利用液体空化现象产生的外力克服层间范德华力。具体而言，液体由超声波引起的空穴现象产生气泡，气泡瞬间破裂可产生巨大压应力波，当其传播至材料自由表面时，将拉应力波反射至材料，导致材料层间形成空隙，同时不对称的侧向压应力也会产生剪切力分离相邻两层材料（见图2-24）。超声波将使气泡不断产生、破裂，持续作用

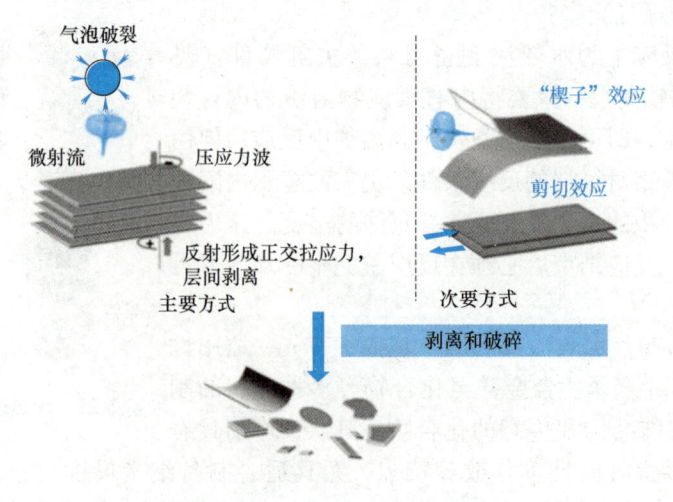

图 2-24　超声剥离法机理示意图[18]

于材料，直至其片层克服层间范德华力，实现二维纳米材料剥离。剪切剥离法则是依靠剪切力实现材料的二维剥离。纳米材料制备工艺中常见的球磨法是产生剪切力的有效手段，其机理如图 2-25 所示，但实际应用中需要避免磨球的滚动运动，这是因为磨球滚动可能碰撞或垂直冲击纳米片，导致其破碎或结晶性下降。

液相剥离法是由进入材料层间的剥离助剂，减弱范德华力以实现二维剥离。剥离助剂主要有无机和有机两种。无机剥离助剂由离子交换作用进入材料层间，减弱层间范德华力。有机剥离助剂（有机插层剂）则与材料片层形成共价键或离子键，改变片层表面性质并增大层间距，最终减弱层间范德华力。如果将超声剥离法与液相剥离法相结合（超声辅助液相剥离），可获得更好的剥离效果。对于具有一定半导性或导电性的材料，可将材料作为阴极构建电解池，材料被电解液充分浸润并接通电源后，层间的 OH⁻ 将发生电解反应生成氢气，降低其间范德华力，再由超声辅助完成二维剥离过程。

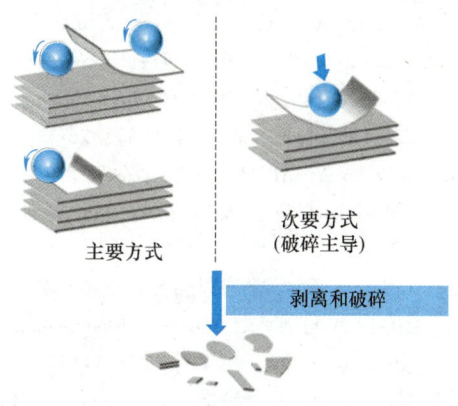

图 2-25 剪切剥离法机理示意图[18]

2.2.2 纳米填料的分散

纳米填料因其表面效应，在与聚合物基体复合时有显著的团聚倾向。[16] 这不仅会导致纳米填料尺寸上升，不利于纳米尺度相关性能的提升，还会影响纳米复合薄膜的结构和性能均匀性，甚至恶化其力学等性能。为此，研究者们根据纳米复合薄膜相应材料体系的特点，逐步发展出一系列有效分散纳米填料的工艺。一般而言，可采用磁力搅拌与超声处理相结合的方法相对均匀地分散纳米填料。例如，Ren 等[20]采用磁力搅拌后超声处理的工艺制备了纳米颗粒均匀分散的 PEI/HfO$_2$ 纳米复合薄膜；Yang 等[21,22]则选用了相似工艺制备了羟基磷灰石亚纳米线和磷钨酸亚纳米片与 PEI 的纳米复合薄膜，由于亚纳米线和亚纳米片分散均匀，这两种 PEI 纳米复合薄膜均具有良好的高温储能性能。另外，在纳米填料表面原位生成聚合物基体，可有效减少填料之间接触，降低团聚概率并提升分布均匀性，比如，Ai 等[23]在 HfO$_2$、Al$_2$O$_3$ 及 TiO$_2$ 纳米颗粒和 BN 纳米片表面原位聚合生成了 PI 基体，有效地防止了纳米填料团聚，提升了其分散均匀性，从而获得了介电性能优异的 PI 纳米复合薄膜。不仅如此，表面改性纳米填料，既建立了核壳结构，也可能有利于纳米填料的分散。

参 考 文 献

[1] 俞书宏. 低维纳米材料制备方法学 [M]. 北京：科学出版社，2019.
[2] 张而耕，吴雁. 现代 PVD 表面工程技术及应用 [M]. 北京：科学出版社，2013.
[3] 李爱东. 先进材料合成与制备技术 [M]. 2 版. 北京：科学出版社，2018.
[4] 时硕. 超离子导体薄膜输运特性研究及金属纳米线的制备 [D]. 北京：清华大学，2005.
[5] 宁兆元，江美福，叶超，等. 固体薄膜材料与制备技术 [M]. 北京：科学出版社，2008.

[6] 方应翠. 真空镀膜原理与技术 [M]. 北京：科学出版社，2014.

[7] 陈宝清. 离子镀及溅射技术 [M]. 北京：国防工业出版社，1990.

[8] KOUZNETSOV V, MACáK K, SCHNEIDER J M, et al. A novel pulsed magnetron sputter technique utilizing very high target power densities [J]. Surface and Coatings Technology, 1999, 122 (2)：290-293.

[9] ANDERS A. Discharge physics of high power impulse magnetron sputtering [J]. Surface and Coatings Technology, 2011, 205 (19)：S1-S9.

[10] ASATEKIN A, BARR M C, BAXAMUSA S H, et al. Designing polymer surfaces via vapor deposition [J]. Materials Today, 2010, 13 (5)：26-33.

[11] BALKAN A, ARMAGAN E, OZAYDIN I G. Synthesis of coaxial nanotubes of polyaniline and poly (hydroxyethyl methacrylate) by oxidative/initiated chemical vapor deposition [J]. Beilstein Journal of Nanotechnology, 2017, 8：872-882.

[12] 方华，刘爱华. 纳米材料及其制备 [M]. 哈尔滨：哈尔滨地图出版社，2005.

[13] BHARDWAJ N, KUNDU S C. Electrospinning：A fascinating fiber fabrication technique [J]. Biotechnology Advances, 2010, 28 (3)：325-347.

[14] 丁彬，俞建勇. 功能静电纺纤维材料 [M]. 北京：中国纺织出版社，2019.

[15] 刘天西. 高分子纳米纤维及其衍生物：制备、结构与新能源应用 [M]. 北京：科学出版社，2019.

[16] 杨玉平. 纳米材料制备与表征：理论与技术 [M]. 北京：科学出版社，2021.

[17] NOVOSELOV K S, GEIM A K, MOROZOV S V, et al. Electric field effect in atomically thin carbon films [J]. Science, 2004, 306 (5696)：666-669.

[18] YI M, SHEN Z. A review on mechanical exfoliation for the scalable production of graphene [J]. Journal of Materials Chemistry A, 2015, 3 (22)：11700-1170015.

[19] 白皓宇. 粘土矿物二维剥离及重组装纳米流体通道离子选择性研究 [D]. 武汉：武汉理工大学，2021.

[20] REN L, YANG L, ZHANG S, et al. Largely enhanced dielectric properties of polymer composites with HfO_2 nanoparticles for high-temperature film capacitors [J]. Composites Science and Technology, 2021, 201：108528.

[21] YANG M, YUAN F, SHI W, et al. Sub-Nanowires Boost Superior Capacitive Energy Storage Performance of Polymer Composites at High Temperatures [J]. Advanced Functional Materials, 2023, 33 (12)：2214100.

[22] YANG M, LI H, WANG J, et al. Roll-to-roll fabricated polymer composites filled with subnanosheets exhibiting high energy density and cyclic stability at 200℃ [J]. Nature Energy, 2024, 9 (2)：143-153.

[23] AI D, LI H, ZHOU Y, et al. Tuning Nanofillers in In Situ Prepared Polyimide Nanocomposites for High-Temperature Capacitive Energy Storage [J]. Advanced Energy Materials, 2020, 10 (16)：1903881.1-1903881.7.

第 3 章

纳米薄膜性能的物理基础

功能纳米薄膜的广泛应用离不开其丰富的物理性能。本章将从力学、电学、磁学、光学四部分介绍功能纳米薄膜的物理性能基础知识。

3.1 力学性能

力学性能是薄膜材料的基础性能，其主要包括材料的受力形变性质、附着特性及内应力等[1-7]。通常情况下，功能纳米薄膜于硬质基底生长，此类材料主要具有力学刚性。近年来，研究者们开发了基于柔性基底的薄膜以及自支撑薄膜，这些薄膜材料展现出一定的柔性，从而扩宽了纳米薄膜的力学性质。

3.1.1 受力形变性质

1. 基本概念

材料的受力形变是指材料在外力作用下发生的形状或尺寸的变化。这一行为可由应力与应变两个物理量描述。

应力是指材料单位面积受到的内力。对宏观材料，可写作：

$$\sigma = \frac{F}{A} \tag{3-1}$$

式中，σ 为应力；F 为所受外力；A 为面积。由上式可知应力的量纲为 Pa。按照面积的选取规则，应力可分为名义应力与真实应力。其中，名义应力取材料受力前的面积，真实应力取材料受力时的面积。当材料受力形变较小时，名义应力与真实应力差别不大。由于实际情况下往往难以实时检测材料面积的变化，因而通常使用名义应力。

按照应力作用方向及作用面，其可分为正应力 $\sigma_x(\sigma_{xx})$、$\sigma_y(\sigma_{yy})$、$\sigma_z(\sigma_{zz})$ 与切应力 τ_{xy}、τ_{xz}、τ_{yx}、τ_{yz}、τ_{zx}、τ_{zy}，如图 3-1 所示，其中第一个下标代表应力作用面的法向，第二个下标代表应力作用方向。对切应力，由平衡条件可推导得切应力互等原理，即

$$\tau_{xy} = \tau_{yx}, \tau_{xz} = \tau_{zx}, \tau_{yz} = \tau_{zy} \tag{3-2}$$

应变是指材料内部微元的变形程度。对宏观材料，可写作：

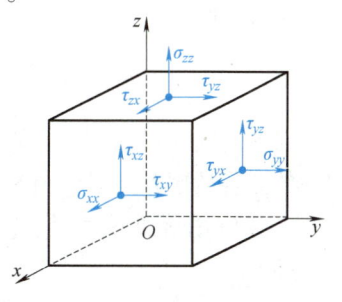

图 3-1 应力分量

$$\varepsilon = \frac{\Delta L}{L} \tag{3-3}$$

式中，ε 为应变；ΔL 为长度变化；L 为长度。由上式可知，应变为无量纲物理量。按照长度 L 的选取规则，应变同样可分为名义应变与真实应变。当 L 取材料的初始长度时，求得应变 ε 为名义应变；当 L 取材料的真实长度并进行积分时，求得应变 ε 为真实应变，即

$$\varepsilon = \int_{L_0}^{L_1} \frac{\mathrm{d}L}{L} = \ln\left(\frac{L_1}{L_0}\right) \tag{3-4}$$

类似于应力，应变也可分为正应变 $\varepsilon_x(\varepsilon_{xx})$、$\varepsilon_y(\varepsilon_{yy})$、$\varepsilon_z(\varepsilon_{zz})$ 与切应变 γ_{xy}、γ_{xz}、γ_{yx}、γ_{yz}、γ_{zx}、γ_{zy}，其下标命名规则与应力一致。对微元，如图 3-2 所示，正应变可表示为：$\varepsilon_x = \frac{\mathrm{d}u}{\mathrm{d}x}$，切应变可表示为：$\gamma_{xy} = \alpha + \beta$。

2. 弹性性质

当材料所受应力较低时，材料会发生弹性变形。弹性形变具有可逆性，即当外力撤去后，弹性形变消失，材料恢复至初态。弹性变形阶段，应力与应变间通常满足胡克定律，即应力与应变间存在线性关系：

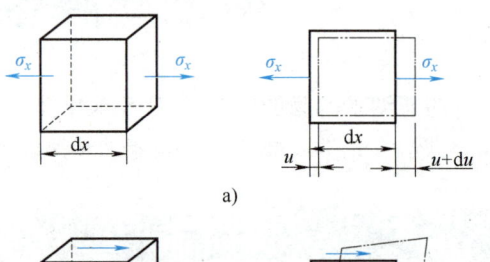

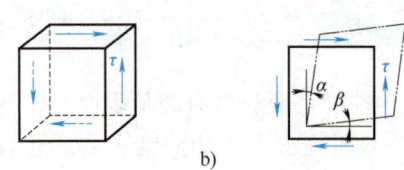

图 3-2 微元应变示意图
a）正应变 b）切应变

$$\sigma_x = E\varepsilon_x \tag{3-5}$$

$$\tau_{xy} = G\gamma_{xy} \tag{3-6}$$

式中，E 为材料的弹性模量（或杨氏模量）；G 为材料的切变模量。由于应变为无量纲物理量，模量的单位与应力相同，为 Pa。

以杆状材料为例，当施加轴向载荷时，材料除具有轴向应变外，还存在垂直于轴向的应变，又称横向应变，如图 3-3 所示。

在弹性变形范围内，材料的轴向应变 ε_x 与横向应变 ε_y 也存在线性关系，即

$$\varepsilon_y = -\nu \varepsilon_x \tag{3-7}$$

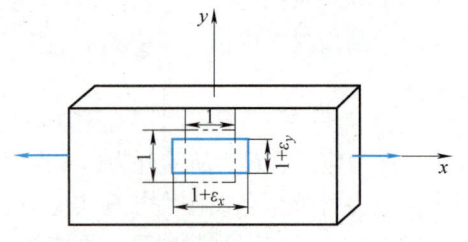

图 3-3 轴向应变与横向应变

式中，ν 称作泊松比，为无量纲物理量。

对各向同性、均匀连续的材料，弹性模量 E、切变模量 G 与泊松比 ν 间满足如下关系：

$$G = \frac{E}{2+2\nu} \tag{3-8}$$

对各向同性材料而言，如无取向多晶材料、非晶态材料等，上述力学模量可认为是各向同性的。若考虑各向异性材料，如取向多晶材料、单晶材料等，上述力学模量具有各向异性，此时可用弹性刚度系数 c_{ijkl} 或弹性柔顺系数 s_{ijkl} 描述特定方向上应力与应变间的关系，即

$$\sigma_{ij} = c_{ijkl}\varepsilon_{kl} \tag{3-9}$$

$$\varepsilon_{ij} = s_{ijkl}\sigma_{kl} \tag{3-10}$$

式中，下标 i、j、k、l 描述应力或应变的作用方向及作用面。弹性刚度系数 c_{ijkl} 的单位为 N/m^2；弹性柔顺系数 s_{ijkl} 的单位为 m^2/N。

3. 塑性性质

当材料所受应力高于弹性极限后，材料通常会发生塑性形变，此时应力与应变间呈现非线性关系，且当外力撤去后，材料存在残余形变。材料的塑性性能具有重要的工程意义：一方面，通过塑性形变，可以调控材料的微观组织，进而改变材料性能；另一方面，通过塑性形变，可将材料加工为各类形状。

材料的塑性可通过单向拉伸时的伸长率 A 或断面收缩率 Z 描述，其表达式为

$$A = \frac{L_b - L_0}{L_0} \times 100\% \tag{3-11}$$

$$Z = \frac{S_b - S_0}{S_0} \times 100\% \tag{3-12}$$

式中，L_0 为试样初始标距长度；L_b 为试样断裂后标距长度；S_0 为试样初始截面面积；S_b 为断口截面面积。

对单晶材料而言，常温下塑性变形存在两种基本方式：滑移与孪生，如图 3-4 所示。滑移和孪生具有共通性，它们都是指在切应力作用下，晶体的一部分相对于另一部分沿特定晶面与晶向发生平移。这一特定的晶面与晶向被称为系统。滑移系统由滑移面和位于滑移面上的一滑移方向构成，可写作 $\{hkl\}\langle uvw\rangle$；孪生系统由孪生面和位于孪生面上的一孪生方向构成，可写作 $\{hkl\}\langle uvw\rangle$。滑移与孪生间也存在一定的差异性[6]，如滑移面和滑移方向为密排面与密排方向，且滑移时原子位移为滑移方向上原子间距的整数倍；而孪生面和孪生方向不一定为密排面与密排方向，且孪生时原子位移小于孪生方向上的原子间距。不同的原子位移特征也使得晶体位向特征存在差异：滑移不改变晶体位向，而孪生改变晶体位向，且孪生前后晶体位向存在对称关系。此外，通常来讲，孪生相较于滑移需要更高的临界分切应力，因而更难发生。

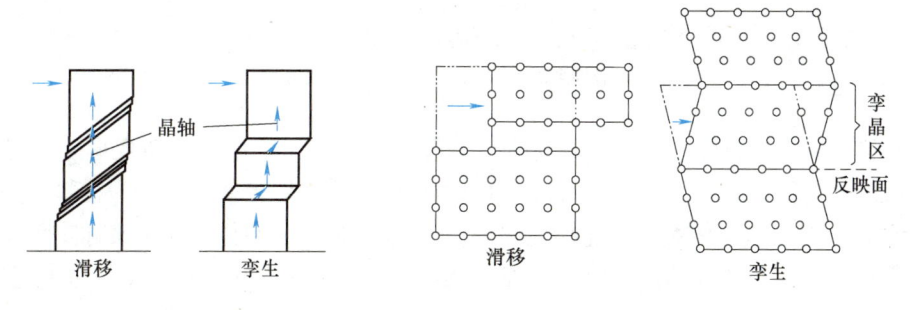

图 3-4 滑移与孪生示意图

对多晶材料而言，其塑性变形的方式更多，除滑移与孪生外，还包括晶界的滑动与迁移、点缺陷的扩散。此外，多晶材料的塑性变形还具有多滑移与非均匀的特征。多滑移是指多晶材料的滑移系统不仅取决于外应力，也取决于协调变形要求，这使得多晶材料变形时同时开动多个滑移系统。非均匀是指多晶体内部塑性变形不均匀，表现为晶粒中心区域变形量大于晶粒边缘区域，这主要源于晶界处的约束作用。

通常情况下，材料试样断裂前伸长率不超过100%。人们将材料伸长率超过100%，且应变速率敏感指数大于0.33的行为称为超塑性。超塑性可分为组织超塑性、相变超塑性与其他超塑性。组织超塑性又称为微晶超塑性，诱导该现象的条件包括：均匀细小的晶粒尺寸、合适的温度与应变速率。组织超塑性主要存在两种起源机制，分别为晶界滑动与液相黏性流动。相变超塑性又称为内应力超塑性，是指在相变温度附近循环与外应力作用下，材料经循环相变所展现出的高延伸率的行为。其他超塑性包括临时超塑性、大晶粒超塑性等。

材料的塑性变形具有重要的工程意义。一方面，利用塑性变形，可将材料加工成特性形状的零件应用于实际产品。另一方面，利用塑性变形，可对材料的组织与性能进行调控。对组织而言，当对材料进行拉伸或压缩时，其内部晶粒也会沿对应方向拉伸或压缩，最终形变为具有一定织构且细小的纤维组织。组织结构的变化进而导致性能的改变。塑性变形会使得材料产生加工硬化效应，即随形变度的增加，材料的强度与硬度显著增加，塑性与韧性显著降低。前者主要源于细晶强化作用，后者主要源于位错密度增加、位错相互作用增强所导致的更强的变形抗力。此外，塑性变形还会使得材料的各向异性增强，物理化学性能发生变化。

4. 轴向拉伸载荷作用下的应力-应变曲线

人们通常利用应力-应变曲线描述材料的力学性能。图3-5为典型的脆性金属、韧性金属与高分子材料的应力-应变曲线。通过应力-应变曲线可将材料的受力形变分为多个阶段，并可从中提炼出材料的力学性能。

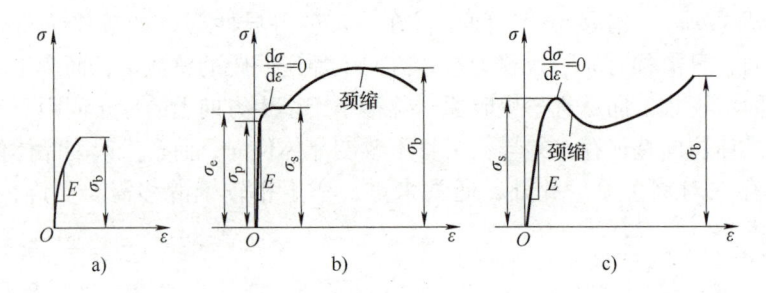

图3-5 材料的应力-应变曲线
a) 脆性金属　b) 韧性金属　c) 高分子

材料的应力-应变曲线通常包括弹性变形阶段与塑性变形阶段。弹性变形阶段可由线性弹性区与非线性弹性区构成。线性弹性区中应力与应变呈线性关系，斜率为材料的弹性模量E。线性弹性区最大应力值被称作比例极限σ_p。非线性弹性区的弹性模量又称工程模量，可由切线模量E_t（应力-应变曲线弹性阶段某一点的斜率）或割线模量E_s（应力-应变曲线弹性阶段某两点连线的斜率）表示。弹性区的最大应力被称作弹性极限σ_e。当施加应力超过弹性极限后，材料将发生塑性变形，此时外应力撤去后材料存在残余应变。

塑性变形阶段通常包括屈服阶段、强化阶段与颈缩阶段。屈服阶段是指材料应力-应变曲线弹性变形阶段后的应力平台阶段。典型的屈服现象如图3-6曲线1所示：当应力高于上屈服点σ_{sU}后，材料发生塑性变形，此时随应变进一步增加，材料所受应力迅速下降至下屈服点σ_{sL}，此后仅施加外应力σ_{sL}即可继续使材料变形。这一现象被称作明显屈服点现象。图3-6曲线2展现了连续屈服现象的特征应力-应变曲线。此种材料可用塑性应变为0.2%时

的强度 $\sigma_{0.2}$ 作为屈服应力，又称作条件屈服应力。

强化阶段位于屈服阶段之后，是指随着材料进一步形变，施加应力相应增加的现象，也即材料的变形抗力随应变的增加而增加的阶段。颈缩阶段位于强化阶段之后，是指随着材料进一步形变，试样界面出现变形、收缩的现象，此阶段外加载荷也随之降低。在颈缩阶段中材料所受的最高应力被称为强度极限 σ_b，拉伸过程中物理量又称为抗拉强度。最终材料将发生断裂。通过前文描述的延伸率 δ 或断面收缩率 ψ 可描述材料塑性的好坏。具有明显塑性变形的材料被称为韧性材料，不具有明显塑性变形的材料被称为脆性材料。

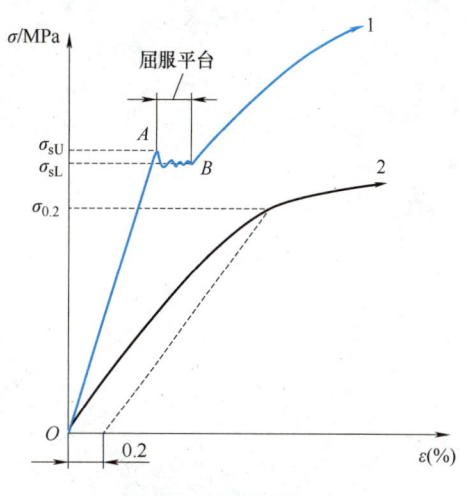

图 3-6 两种屈服现象

上文主要介绍了材料在轴向拉伸条件下的力学性能，而材料在轴向压缩条件下的力学性能较之略有不同，如图 3-7 所示。对韧性材料，其通常具有与轴向拉伸相似的弹性模量与屈服应力，然而由于截面积受压不断增大，不会出现颈缩与断裂阶段。对脆性材料，强度极限较拉伸更高，且在断裂前会出现较为明显的塑性变形。压缩状态下的强度极限又被称作抗压强度。压缩条件下的塑性指标包括压缩率 ε_c 与断面扩展率 ψ_c，其定义与拉伸条件下的延伸率与断面收缩率类似。

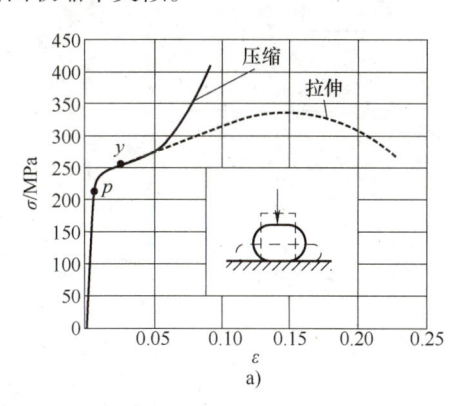

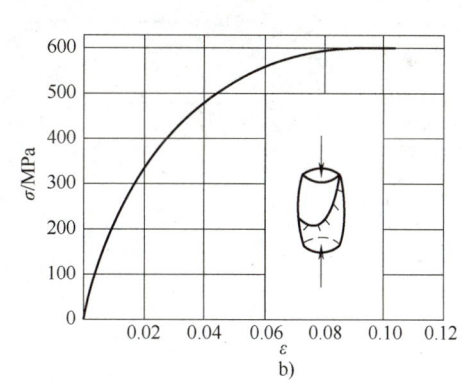

图 3-7　各类材料在压缩条件下的应力-应变曲线
a) 韧性材料　b) 脆性材料

5. 其他静载下的力学性能

除关注在轴向静载作用下材料的力学性能，也关注其他静载下的力学性能，如表面硬度、弯曲力学性能、扭转力学性能。

（1）表面硬度　表面硬度是衡量材料表面软硬的物理性能指标，主要反映受压条件下材料抵抗局部塑性变形的能力。材料硬度的表示方法主要依赖于硬度的测试方法，可分为布氏硬度、洛氏硬度、维氏硬度、显微硬度等。这几种方法的测试原理如图 3-8 所示（显微硬度测试原理同维氏硬度）。

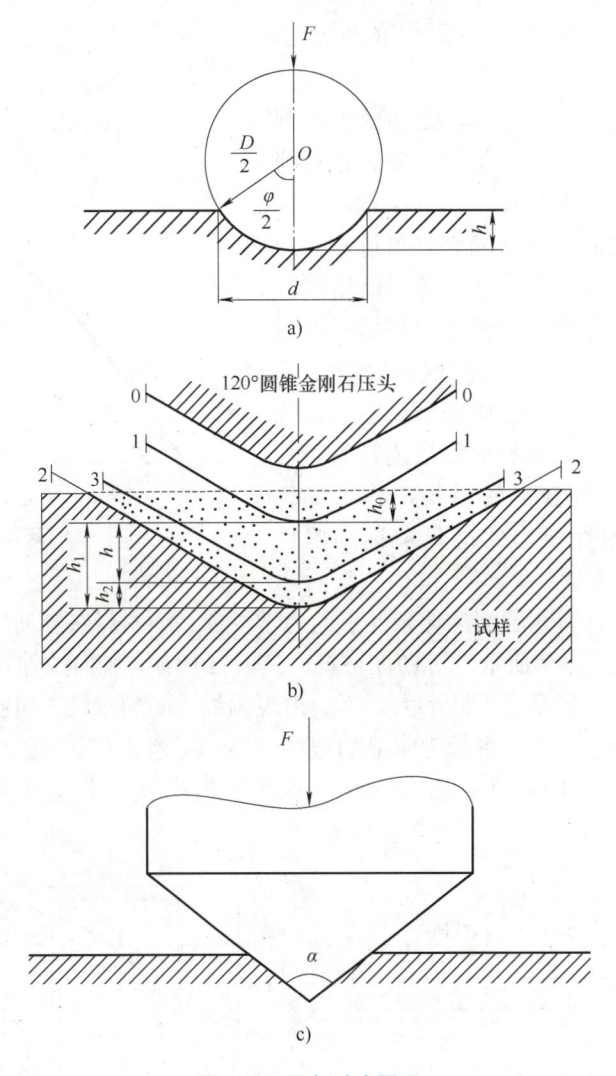

图 3-8 硬度测试原理
a）布氏硬度 b）洛氏硬度 c）维氏硬度

1）布氏硬度。布氏硬度通过施加特定载荷 F 将特定直径 D 的球体（碳化钨合金球）压入材料表面，保持一段时间后卸载的方式测得。卸载后压痕陷入面积所承受的平均应力记为布氏硬度，用 HBW 表示，即

$$HBW = 0.102 \times \frac{2F}{\pi D(D - \sqrt{D^2 - d^2})} \tag{3-13}$$

布氏硬度与测试条件有关，因而表示方法需包括测试条件，其格式为："布氏硬度值+硬度符号+球直径（mm）+施加的试验力对应的 kgf 值+试验力保持时间（s）"，如 600HBW1/30/20 代表在测试球体为硬质合金球，球体直径为 1mm，施加的试验力为 30kgf（294.2N），试验力保持时间为 20s 的条件下测得的布氏硬度值为 600。

2）洛氏硬度。洛氏硬度通过测量残余压入深度表征材料的硬度，其方法为：首先对压头（120°金刚石压头或钢球压头）施加预载荷 F_0，使其压入材料，压入深度为 h_0；而后在

此基础上进一步施加主载荷 F_1，此时总载荷 $F=F_0+F_1$，压入深度为 h_0+h_1；最后撤去主载荷，此时载荷为 F_0，压入深度变为 $h=h_0+h_1-h_2$。通过残余压入深度 h 的大小可反映材料的硬度，记为洛氏硬度 HR，具体表达式为

$$\text{HR} = \frac{K-h}{0.002} \tag{3-14}$$

式中，K 为常数，当为金刚石压头时取 0.2mm，当为钢球压头时取 0.26mm。根据压头类型与载荷大小，洛氏硬度可进一步划分为 HRA、HRB、HRC 等。

3）维氏硬度。维氏硬度采用正四棱锥金刚石压头，通过卸载后压痕陷入面积所承受的平均应力表征硬度，记为 HV，具体表达式为

$$\text{HV} = \frac{F\sin\frac{\alpha}{2}}{d^2} \tag{3-15}$$

式中，F 为载荷；α 为压头角度（136°）；d 为压痕对角线长度平均值，维氏硬度单位为 kgf/mm^2。

维氏硬度的表示格式为："维氏硬度值+HV+载荷+加载时间"，如 500HV30/20 代表载荷为 30kgf，保持时间为 20s 下材料的维氏硬度为 500。

4）显微硬度。显微硬度是指小载荷下的维氏硬度。该方法利用光学显微镜或扫描电镜测量压痕对角线长度。为保证精度，该方法施加载荷通常小于 1gf，加载速度小于 $10\mu\text{m/s}$。

（2）弯曲力学性能 弯曲力学性能可通过三点弯曲或四点弯曲进行测试，如图 3-9 所示。弯曲试验通过记录载荷-挠度曲线反映材料的弯曲力学性能。弯曲力学性能指标包括抗弯强度、弯曲模量等。抗弯强度 σ_b 是指材料试样断裂前所能承受的最大应力，表达式为

$$\sigma_\text{b} = \frac{M_\text{b}}{W} \tag{3-16}$$

式中，M_b 为断裂前所受最高应力下的弯矩；W 为试样的弯曲截面系数。对直径为 d 的圆柱试样，$W=\frac{\pi d^3}{32}$；对厚度为 h、宽度为 b 的矩形试样，$W=\frac{bh^2}{6}$。

弯曲模量可由载荷-挠度曲线中线性区求得，表达式为（以矩形试样为例）

$$E_\text{b} = \frac{ml^3}{4bh^3} \tag{3-17}$$

式中，m 为载荷-挠度曲线线性区斜率；l 为矩形试样跨距。

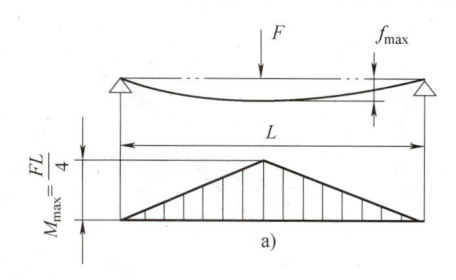

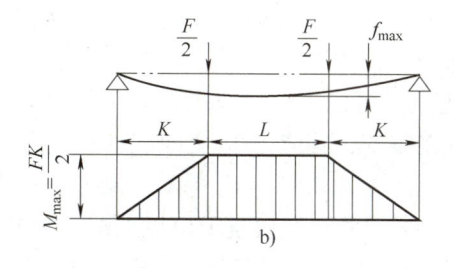

图 3-9 弯曲试验加载方式
a）三点弯曲 b）四点弯曲

(3）扭转力学性能　在扭转试验中，对圆柱形试样两端施加相反的扭矩 M，并同时记录扭矩 M-扭转角 φ 曲线，如图 3-10 所示。其中，Oa 阶段为线性弹性区，由该段斜率可推导出材料的切变模量 G，表达式为

$$G = \frac{\tau}{\gamma} = \frac{\dfrac{M}{W}}{\dfrac{\varphi D_0}{2L_0}} = \frac{32ML_0}{\pi \varphi D_0^4} \tag{3-18}$$

式中，W 为扭转截面系数，$W = \dfrac{\pi D_0^3}{16}$；$D_0$ 为圆柱试样直径；L_0 为标距长度；φ 为相距为标距长度的两截面的相对扭转角。此外，由扭矩-扭转角曲线图也可求得比例极限 τ_p、扭转屈服强度 $\tau_{0.3}$、抗扭强度 τ_k。

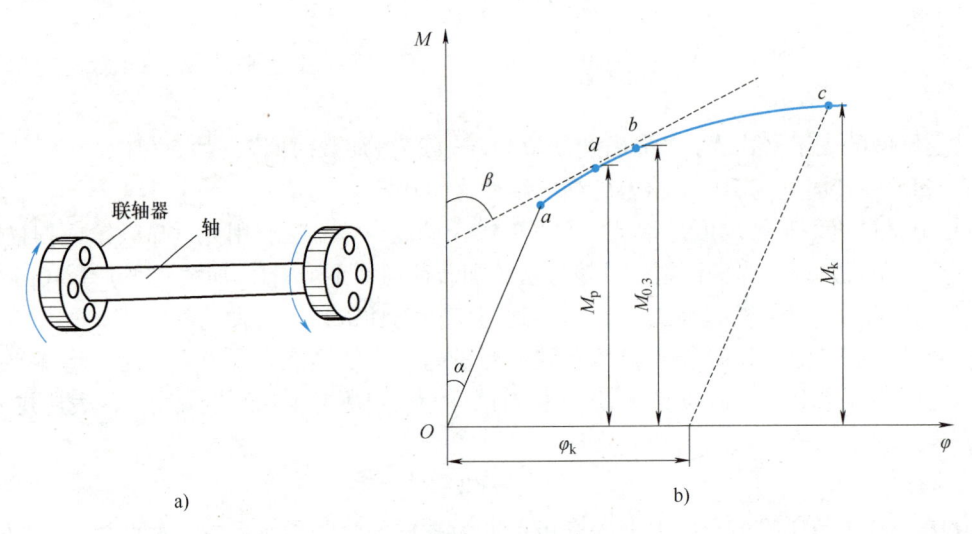

图 3-10　扭转试验
a）示意图　b）扭矩-扭转角曲线

6. 薄膜材料的受力形变性质

对薄膜材料而言，由于其厚度较低且通常附着在基体上，因而通常较难对其受力形变性质进行测试与研究。薄膜材料涉及的受力形变性能主要包括弹性模量、屈服强度、抗张强度与耐压强度（硬度）等。

薄膜的应力-应变曲线较块体材料存在着一定的差别。首先是由于薄膜存在内应力，其应力-应变曲线可能不通过原点。其次是由于薄膜可能存在蠕变，其应力-应变曲线的初始阶段为非线性弹性区，如图 3-11 所示。此外，由该图也可知，薄膜的弹性模量随厚度的减小而提升。类似地，薄膜的屈服强度与抗张强度也随厚度的减小而提升，这主要归因于薄膜的表面效应，即薄膜表面有助于抑制位错运动并消除位错源。

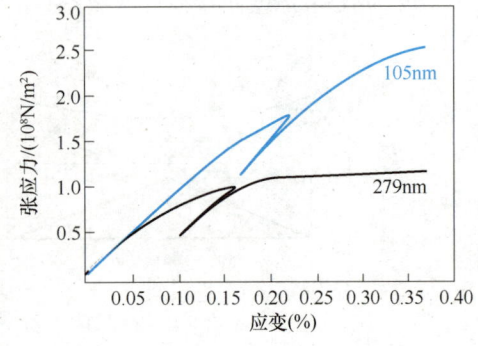

图 3-11　薄膜的应力-应变曲线[8]

3.1.2 薄膜附着性质

1. 薄膜附着现象

对纳米薄膜而言，其厚度较低，难以制得自支撑的薄膜，因而薄膜通常需要附着在基底上。薄膜与基底间存在着界面。按照界面的性质，薄膜附着主要可分为四种形式，分别为简单附着、扩散附着、借助中间层附着及借助宏观效应附着，如图 3-12 所示。简单附着是指薄膜与基底间存在清晰且窄的界面，此时薄膜与基底间通过相互作用力结合。扩散附着是指薄膜与基底间由于扩散或溶解效应存在一定宽度的渐变界面，主要表现为垂直于界面方向存在化学成分梯度。借助中间层附着是指薄膜与基底间存在化合物中间层，此时薄膜与基底间不直接接触。借助宏观效应附着是指薄膜和基底间通过机械锁合、双电层吸引等宏观效应附着。机械锁合效应是指薄膜沉积到粗糙基底的微孔、微裂纹中而产生的锁合效应，双电层吸引效应是指薄膜与基底间存在电荷转移而产生的吸引相互作用。

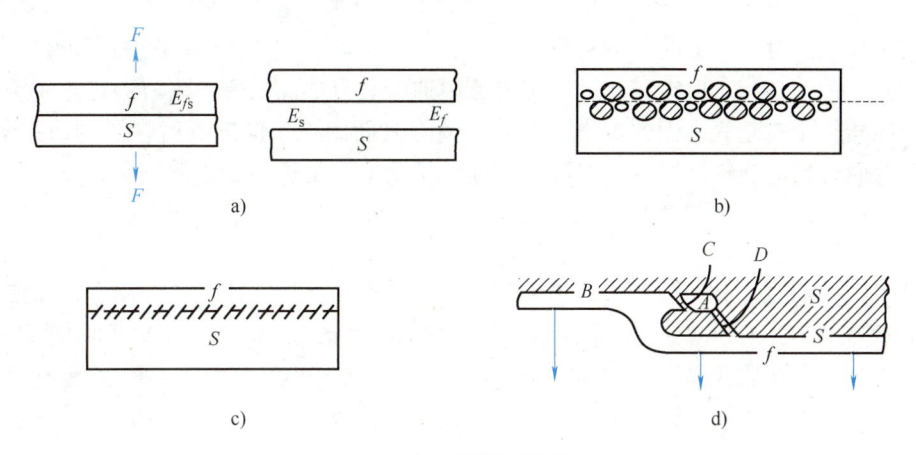

图 3-12 薄膜附着类型

a) 简单附着　b) 扩散附着　c) 借助中间层附着　d) 借助宏观效应附着

不同的附着形式一方面描述了附着界面的特征，另一方面也揭示了薄膜与基底间的相互作用形式。薄膜与基底间的相互作用形式可分为化学相互作用与物理相互作用。相互作用的强弱可通过薄膜附着力或薄膜附着能描述。薄膜附着力是指准静态下把单位面积薄膜从基底剥离所需要的力，薄膜附着能则代表着该过程中所需要的能量。

化学相互作用是指薄膜与基底间产生的化学键相互作用，按照化学键的性质可分为离子键、共价键与金属键。化学相互作用是短程力，但作用能高，其值在 0.5~10eV[10]。

物理相互作用主要包括范德华相互作用与静电相互作用。范德华力是指分子间的偶极相互作用。根据偶极来源，其可分为取向力（固有偶极间的相互作用）、诱导力（固有偶极与诱导偶极间的相互作用）、色散力（瞬时偶极间相互作用）。范德华力是短程力，作用能较低，为 0.04~0.4eV[8]。静电相互作用是指薄膜与基底双电层间的相互作用，这主要源于薄膜与基底间功函数差异造成的电荷转移。

几种相互作用间的关系如下：对相互作用范围，静电力>范德华力>化学键；对相互作用能，静电力≈范德华力<化学键。

2. 薄膜附着力的影响因素

薄膜附着力的影响因素众多，主要可分为两个方面：材料性质与制备工艺。

材料性质是指薄膜与基底间的性质。若薄膜与基底间易于成键，则薄膜附着力高；若薄膜与基底间不易成键，则薄膜附着力低。如金与镍、钛等金属间易于形成金属键，因而金在这些金属基底上的附着力强；然而金不易氧化，难以与氧化物基底成键，因而金在氧化物基底如玻璃上的附着力较差。基于材料性质对附着力的判断是理论层面的，薄膜实际附着力的强弱还需考虑实际的制备工艺。

制备工艺对薄膜附着力的影响因素可从基底表面状态、薄膜沉积方式两方面分析。基底表面状态是指基底表面的清洁程度及是否对基底表面进行改性。若不对基底进行表面清洁，则基底表面会出现污染层（吸附的气体或油脂等）。污染层的存在会阻碍薄膜与基底间成键，减弱薄膜附着力。对基底进行表面改性也可调控薄膜附着力。表面改性的本质是改变基底表面悬挂键的类型，从而可以调控基底与薄膜间成键的难易程度，最终调控薄膜附着力。

薄膜沉积方式对附着力的影响从沉积原理、沉积温度、沉积气氛、沉积缓冲层等方面考虑。对沉积原理而言，溅射镀膜相较于蒸发镀膜通常具有更高的薄膜附着力，这主要源于溅射过程中高能粒子对基底表面的轰击，有助于消除表面污染、促进溅射粒子的成键与扩散。对沉积温度而言，适当提高温度，有助于加速化学反应、促进原子扩散，从而增强薄膜附着力。对沉积气氛而言，主要考虑沉积气氛对薄膜与基底间界面成键是否存在影响。如少量的氧气或水蒸气有助于形成氧化物中间层，进而有助于提升薄膜附着力。但也需考虑到杂质气氛是否会影响到薄膜成分，如造成薄膜的氧化等。此外，选取合适的缓冲层，可将原本附着力较弱的"薄膜-基底"界面替换为附着力较强的"薄膜-缓冲层""缓冲层-基底"界面，从而有效提升薄膜附着力。如前文所述，金在玻璃上的附着力弱，但在钛上的附着力强，而钛在玻璃上的附着力强。因此，为在玻璃上沉积金薄膜，可采取先沉积钛缓冲层，再沉积金薄膜的方法[11]。

3.1.3 薄膜内应力

由上文可知，薄膜与基底间存在着一定的相互作用。这种相互作用会导致薄膜内原子或离子排列较块体材料内部的排列形式存在一定的偏差，此时薄膜体现为应变状态，内部存在应力。薄膜内部单位界面所受的力被定义为薄膜内应力，这一物理量反应基底对薄膜的约束作用。内应力可用 σ 表示，单位为 N/m^2。内应力是薄膜重要的力学性能，它几乎存在于所有从基底生长的薄膜，一方面决定了薄膜材料的稳定性，过大的内应力会导致薄膜开裂、起皱、脱落；另一方面决定了材料的其他性能，如电学、磁学、光学等性能。

按照薄膜的应变状态，内应力可分为张应力与压应力。张应力是指薄膜处于拉伸状态，此时薄膜具有沿面内收缩的趋势，且当张应力过高时薄膜会开裂；压应力是指薄膜处于压缩状态，此时薄膜具有沿面内扩张的趋势，且当压应力过高时薄膜会起皱或脱落。

内应力具有多种起源机制，通常可分为热应力与本征应力。

（1）热应力 热应力是指薄膜与基底间热膨胀系数不等所导致的应力，薄膜热应力取决于薄膜的生长温度与热应力的测量温度，可写作：

$$\sigma_T(T_m) = \int_{T_d}^{T_m} (a_f - a_s) E_f dT \tag{3-19}$$

式中，$\sigma_T(T_m)$ 是指测量温度为 T_m 下的热应力；T_d 是指薄膜沉积温度；a_f、a_s 分别为薄膜与基底的热膨胀系数；E_f 是指薄膜的弹性模量。由上可知，为减少薄膜热应力，需选取与薄膜热膨胀系数相近的基底，并降低薄膜沉积温度。

（2）本征应力　本征应力是指薄膜沉积过程中产生的内应力，其形成机制较多，难以直接计算，因而本征应力 σ_I 通常通过材料所受总内应力排除热应力的方式得到，即

$$\sigma_I = \sigma - \sigma_T \tag{3-20}$$

本征应力的形成机制可包括：薄膜与基底间晶格失配、薄膜缺陷消除、薄膜相变、表面张力、杂质注入等[7][9]。

1）薄膜与基底间晶格失配。薄膜与基底间相异的晶格常数会导致薄膜存在晶格畸变。晶格畸变的大小与所处位置有关，离基底越近，则薄膜晶格常数越倾向于基底的晶格常数，晶格畸变越大；离基底越远，则薄膜晶格常数越倾向于块体的晶格常数，晶格畸变越小。由上分析可知，薄膜整体的失配应力与厚度有关，当薄膜厚度低于失配界面影响范围时，薄膜整体存在较大的内应力；当薄膜厚度高于失配界面影响范围时，随厚度的不断增加，薄膜平均内应力逐渐减少。

2）薄膜缺陷消除。制备的薄膜通常具有一定的缺陷，对薄膜进行退火可减少或消除缺陷。当空位、空隙等缺陷被消除时，薄膜收缩产生张应力。

3）薄膜相变。薄膜的沉积过程通常伴随着相变，如涉及气-固相变、气-液相变、液-固相变、固-固相变等。相变过程会导致材料体积变化，进而产生内应力。如锑膜沉积过程存在非晶-晶态转变，导致薄膜收缩，产生张应力；镓膜沉积过程中存在液-固相变，导致薄膜膨胀，产生压应力。

4）表面张力。在薄膜沉积初期，当薄膜按岛状生长时，薄膜会在表面张力作用下产生压应力。随着岛不断长大，当岛与岛间距离缩小至临界值后，岛与岛间产生吸引相互作用。随吸引相互作用不断增强，薄膜内应力状态由压应力转变为张应力。

5）杂质注入。在薄膜沉积过程中，剩余气体、加速的离子或原子会注入至薄膜中产生杂质缺陷。这些杂质缺陷使薄膜具有膨胀倾向，因而使薄膜受压应力作用。

3.2　电　学　性　能

电学性能是薄膜材料重要的物理性能，主要是指材料对电场的响应。按照响应特征，电学性能可分为导电性质与介电性质[1][12-14]，下面逐一介绍。

3.2.1　导电性能

1. 电导的基本概念

材料在电场作用下产生电流的现象被称作电导，材料的导电能力可通过电导率 σ 或电阻率 ρ 反映。

（1）电导率与电阻率

对长为 L、横截面积为 S 的均匀导电材料两端施加电压 U（见图 3-13），由欧姆定律：

$$I = \frac{U}{R} \tag{3-21}$$

式中，R 为材料电阻。对形状规则的均匀材料，电流密度 J 与电场 E 是均匀的，可写作：

$$J=\frac{I}{S}, E=\frac{U}{L} \tag{3-22}$$

将式（3-22）代入式（3-21）中可得：

$$J=\frac{EL}{RS}=\frac{E}{\rho}=\sigma E \tag{3-23}$$

式中，$J=\sigma E$ 又称作欧姆定律的微分形式，不仅适用于均匀导体，也适用于非均匀导体。

式（3-23）还给出了材料电导率与电阻率的定义，即

$$\sigma=\frac{1}{\rho}=\frac{L}{RS} \tag{3-24}$$

式中，电导率的常用单位为 $\Omega^{-1}\cdot cm^{-1}$；电阻率的常用单位为 $\Omega\cdot cm$。

对实际材料而言，图 3-13 中流经材料的电流包括沿材料内部流动的体积电流 I_V 与沿材料表面流动的表面电流 I_S，在此基础上可进一步定义材料的体积电阻 R_V 与表面电阻 R_S，根据欧姆定律推导材料总电阻与体积电阻、表面电阻的关系：

$$\frac{1}{R}=\frac{I}{U}=\frac{I_V+I_S}{U}=\frac{1}{R_V}+\frac{1}{R_S} \tag{3-25}$$

体积电阻与材料的导电能力有关，可写作：

$$R_V=\frac{\rho_V L}{S} \tag{3-26}$$

式中，ρ_V 是材料的体积电阻率，仅与材料有关。

表面电阻与材料表面环境状态有关，可写作：

$$R_S=\frac{\rho_S L_e}{l_e} \tag{3-27}$$

式中，ρ_S 是材料的表面电阻率；L_e 是指测试电极间距离；l_e 是指测试电极长度。板状式样的表面电阻测试构型如图 3-14 所示。

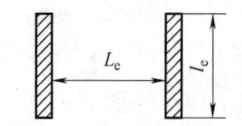

图 3-13 均匀材料的导电

图 3-14 板状式样的表面电阻测试构型

由上述分析可知，为测量材料本征的导电性能，需排除表面电阻的干扰。可采用的方法包括：直流三端法、直流四端法、直流四探针法等。

直流三端法可如图 3-15a 所示，通常采用圆片试样，通过 a、g 电极间的连通，可排除表面电阻干扰，体积电阻率可由下式求得：

$$\rho_V=\frac{\pi r_1^2 U}{hI} \tag{3-28}$$

式中，r_1 为主电极半径；h 为样品厚度。

改变直流三端法构型也可测得圆形材料试样的表面电阻率，测试构型如图 3-15b 所示，表面电阻率可由下式求得：

$$\rho_S=\frac{2\pi U}{\ln\frac{r_2}{r_1} I} \tag{3-29}$$

直流三端法测试没有考虑样品与电极间的接触电阻。当材料电阻率高时，接触电阻可忽

略，然而当材料电阻率适中或较低时，接触电阻不可忽略，此时需采用直流四端法进行测试，如图 3-15c 所示。对该构型，材料电阻率可写作：

$$\rho = \frac{SU}{LI} \tag{3-30}$$

式中，S 为样品截面积；L 为两内电极间距。

此外，还可采用直流四探针法测量材料的电阻率，如图 3-15d 所示。对该构型，当材料厚度、任一探针与材料最近边界距离大于 4 倍的探针间距时，材料电阻率可写作：

$$\rho = \frac{2\pi LU}{I} \tag{3-31}$$

式中，L 为相邻探针距离。该方法测量电阻率范围为 $10^{-3} \sim 10^4 \Omega \cdot cm$。

对薄膜试样，需对式（3-31）进行校正：

$$\rho = \frac{2\pi LU}{IB} \tag{3-32}$$

式中，B 为校正因子，它的取值与薄膜厚度、四探针在薄膜上的排列方位（平行于边界或垂直于边界）以及探针至边界距离有关。

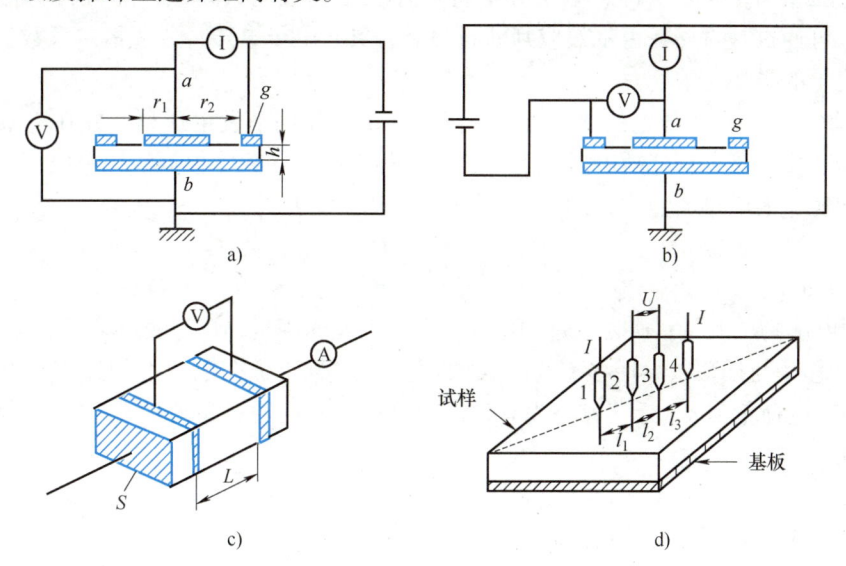

图 3-15 电阻率测试方法

a）直流三端法　b）表面电阻率　c）直流四端法　d）直流四探针法

材料的导电性能变化范围广，如电导率至少可跨越 27 个数量级。以电导率为判据，可将材料大体分为 导体、半导体 与 绝缘体，如图 3-16 所示。该图的划分标准仅做参考，实际上这三类材料间并无明确的界限。

图 3-16 材料导电性能分类

（2）载流子　电荷在空间中的定向迁移形成电流。在材料中，定向迁移的电荷以带电自由粒子的形式存在，又被称作载流子。按照粒子类型，载流子包括电子（负电子、空穴）与离子（阳离子、阴离子、空位）。当载流子为电子时称作电子电导，当载流子为离子时称作离子电导。电子电导与离子电导在外场作用下具有不同的物理效应。

1）霍尔效应是材料电子电导的典型效应。以图 3-17 为例，当对试样沿 x 方向施加电流密度为 J_x 的电流，沿 z 方向施加磁场 H_z，则试样在 y 方向会产生电场 E_y，该现象被称作霍尔效应。霍尔效应产生的电场 E_y 满足：

$$E_y = R_H J_x H_z = \pm \frac{1}{n_i e} J_x H_z \tag{3-33}$$

式中，R_H 为霍尔系数，与载流子电荷符号、载流子浓度 n_i 有关。

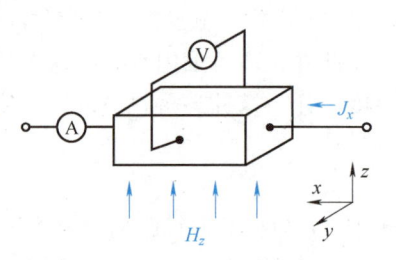

图 3-17　霍尔效应示意图

霍尔效应的产生与带电粒子在磁场下受洛伦兹力进行横向运动有关。粒子的横向运动行为与粒子质量有关，由于电子质量小而离子质量大，电子在磁场下存在横向位移，而离子在磁场下不存在横向位移。又即，电子导电材料存在霍尔效应，离子导电材料不存在霍尔效应。因此，可通过是否存在霍尔效应判断材料是否具有电子电导，通过霍尔系数的符号与大小判断载流子的类型与浓度。

2）电解效应是离子导电的典型效应。离子在电场作用下发生迁移，并在电极处得失电子并产生新物质，该过程伴随着质量的变化，被称作电解现象。根据法拉第电解定律，电解物质的量与通过的电量成正比，即

$$g = CQ = \frac{Q}{F} \tag{3-34}$$

式中，g 为电解物质的量；Q 为通过的电量；C 为电化学当量；F 为法拉第常数。

（3）迁移率与迁移数　迁移率与迁移数用于描述载流子在电场下的迁移特征。当载流子浓度为 n、电荷量为 q、迁移速率为 v 时，则单位时间内通过单位面积的电荷量（又即电流密度）可写作：

$$J = nqv \tag{3-35}$$

结合式（3-23）可进一步得到材料的电导率 σ 满足：

$$\sigma = \frac{J}{E} = nq\frac{v}{E} = nq\mu \tag{3-36}$$

式中，μ 为载流子的迁移率，其物理意义为单位电场下载流子的迁移速率。

考虑到材料中存在多种载流子，其总电导率可写作：

$$\sigma_{sum} = \sum_i \sigma_i = \sum_i n_i q_i v_i \tag{3-37}$$

不同载流子在单位时间内运载的电荷量不同，因而定义迁移数 t 为单位时间内某种载流子所运载的电荷量与总电荷量的比值，可写作：

$$t = \frac{Q_t}{Q} = \frac{I_t}{I} \tag{3-38}$$

式中，$Q_t(I_t)$ 为特定载流子运载的电荷量（电流）；$Q(I)$ 为材料内所有载流子运载的总电荷量（总电流）。

2. 电子电导

（1）电子电导的基础理论　**电子电导的载流子为电子或空穴，主要发生于导体或半导体中**。电子在晶体中的运动行为可由量子力学理论描述，如**自由电子气模型**、**能带模型**等。有关这些理论模型的具体介绍可参见量子力学、固体物理方面的书籍，这里主要介绍这些模型在电子电导方面的简单应用。

自由电子气模型可描述简单金属的物理性质。在该模型中，原子的价电子为导电电子，并可在金属内自由移动。当电子仅受电场 E 作用时，根据牛顿第二定律可在电子所受力 F 与加速度 $\dfrac{\mathrm{d}v}{\mathrm{d}t}$ 间建立关联：

$$F = m_e \frac{\mathrm{d}v}{\mathrm{d}t} = -eE \tag{3-39}$$

式中，m_e 为电子质量。

由于电子在运动过程中会与声子、杂质、缺陷相碰撞发生散射，因而电子不会无限加速。这一阻碍作用表现为电阻。若定义相邻两次碰撞间的时间间隔为 τ，且电场恒定，则电子平均速度可写作：

$$v = -\frac{eE\tau}{m_e} \tag{3-40}$$

由此可进一步推导得电流密度的表达式为

$$J = -nev = \frac{ne^2 E\tau}{m_e} \tag{3-41}$$

根据欧姆定律的微分形式[式（3-24）]可知，电导率或电阻率的表达式为

$$\sigma = \frac{1}{\rho} = \frac{ne^2\tau}{m_e} \tag{3-42}$$

式中，τ 又被称作弛豫时间，其倒数表示单位时间内的散射次数，可用散射概率 $P = \dfrac{1}{\tau}$ 表示。

在自由电子气模型的基础上，能带模型进一步考虑到电子的运动会受到晶体内部周期势场的影响。周期性晶格势场会限制电子的运动，在半导体和绝缘体中更为显著。根据量子力学理论的推导，可用有效质量 m_e^* 描述受限电子的运动规律，其表达式为

$$m_e^* = \frac{h^2}{4\pi^2}\left(\frac{\mathrm{d}^2 E}{\mathrm{d}k^2}\right)^{-1} \tag{3-43}$$

式中，h 为普朗克常数；E 为电子能量；k 为波矢。

当电子为自由电子时，$m_e^* = m_e$。当电子为晶格内电子时，其有效质量与波矢 k 有关，如图 3-18 所示。Ⅰ区表示价带（不包括价带顶），电子能量与波矢间呈抛物线关系，在该区域底部电子可视为自由电子，满足 $m_e^* = m_e$。Ⅱ区表示价带顶部，曲线的二阶导为负，此时电子有效质量为负。Ⅲ区表示禁带，该区域内电子有效质量为正。Ⅳ区表示"轻电子区"，该区域内二阶导

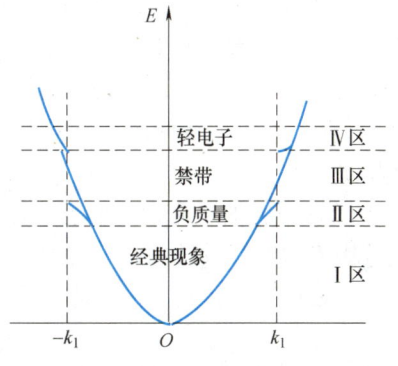

图 3-18　一维周期势场中电子能量与电子波矢之间的关系

小于Ⅰ区，因而电子有效质量较Ⅰ区更小。对大多数导体，价带被部分填满，$m_e^* = m_e$；而对半导体、绝缘体及其他部分导体，价带被填满或近乎被填满，因而$m_e^* \neq m_e$，也即周期晶格势场对电子运动影响大。

有效质量的引入可简化晶体中电子的运动规律，此时牛顿第二定律可写作：$F = m_e^* a$。由此可进一步对电子在电场下的运动状态进行分析。类似于自由电子气模型，电子受恒定电场下运动的平均速度、电子迁移率分别可写作：

$$v = -\frac{eE\tau}{m_e^*} \tag{3-44}$$

$$\mu_e = \frac{e\tau}{m_e^*} \tag{3-45}$$

由上式可知，电子迁移率与电子有效质量m_e^*、弛豫时间τ有关。电子有效质量与材料的性质有关，弛豫时间则与电子受散射的程度有关。材料中散射的机制包括：晶格散射、电离杂质散射、中性杂质散射、位错散射与载流子散射等。前两种散射为最主要的机制，下面简要介绍各种散射机制。

晶格散射是指由晶格振动所引起的散射。 材料的晶格振动会引起周期势场的破坏。声子是晶格振动的能量量子，晶格散射可通过声子与电子的碰撞描述。晶格散射的强弱主要受材料性质与温度两方面影响。材料性质的影响进一步可包括化学组成影响与晶体结构影响。温度对晶格散射的影响主要体现为：随温度增高，晶格振动越发剧烈，因而晶格散射也相应增强。

电离杂质散射是指材料内的杂质原子、晶格缺陷对载流子的散射作用。 这些杂质缺陷通常携带电荷，会在晶体内部形成新的库仑势场，因而影响载流子的运动。电离杂质散射的强弱主要与掺杂元素性质、掺杂浓度、温度等有关。掺杂浓度越高，载流子更易与杂质缺陷相互作用，因而载流子的散射强度越高；温度越高，载流子更不易受杂质缺陷势场影响，因而载流子的散射强度越低。此外，由于金属的自由电子屏蔽效应，其电离杂质散射强度要弱于半导体。

中性杂质散射主要是指低温下未充分电离的杂质对载流子造成的散射。 由于中性杂质不携带电荷，其作用形式主要是对周期性势场的微扰，散射强度较弱，且主要发生于低温状态。

位错散射是指材料中位错缺陷对载流子的散射作用。 由于位错缺陷处的价键不饱和效应，位错及周围会产生空间电荷，进而对载流子产生散射作用。位错散射具有各向异性，其强弱与位错密度有关，当密度低于$10^4 cm^{-2}$时，位错散射作用弱。

载流子散射是指载流子之间碰撞产生的散射效应。 载流子散射效应随载流子浓度的增加而增加。

(2) 金属纳米薄膜的电子电导特性　随着金属薄膜厚度的不断下降，其内部缺陷、表面等因素对电子电导的影响加剧，因而金属纳米薄膜的电子电导性质与块状金属有较大差异，主要体现为：**薄膜电阻率高于块体电阻率。** 这主要源于三方面的影响：**一是纳米薄膜晶粒尺寸小，晶界散射强；二是纳米薄膜缺陷密度高，各类杂质散射强度高；三是纳米薄膜存在"尺寸效应"，对电子产生表面散射。**

纳米薄膜中电子受到的表面散射是指当薄膜的厚度与电子导电的平均自由程λ相近

时，在电场作用下（电场方向平行于薄膜表面）电子可能会与薄膜表面碰撞，并改变电子的运动状态。根据薄膜表面的状态，电子与表面的碰撞可分为镜面反射与漫反射。镜面反射主要出现于薄膜表面光滑的情况，反射前后电子沿电场方向的速度分量不变，因而对薄膜电导率无影响。漫反射主要出现于薄膜表面粗糙的情况，反射前后电子沿电场方向的速度分量发生变化，因而对薄膜电导率有影响。

对实际薄膜而言，镜面反射与漫反射均会发生。因而可令镜面反射发生率为 P，则漫反射发生率为 $1-P$。Fuchs 和 Sondheimer 基于上述模型推导得到金属薄膜电阻率 ρ_f 与薄膜厚度 d 间的关系：

$$\rho_f = \left[1 + \frac{3\lambda}{8d}(1-P)\right]\rho_b, d \gg \lambda \tag{3-46}$$

$$\rho_f = \frac{4\lambda}{3(1+2P)d\ln(\frac{\lambda}{d})}\rho_b, d \ll \lambda \tag{3-47}$$

式中，ρ_b 为金属块体电阻率。金属薄膜的电阻率随厚度关系的理论图与实际图可如图 3-19 所示。

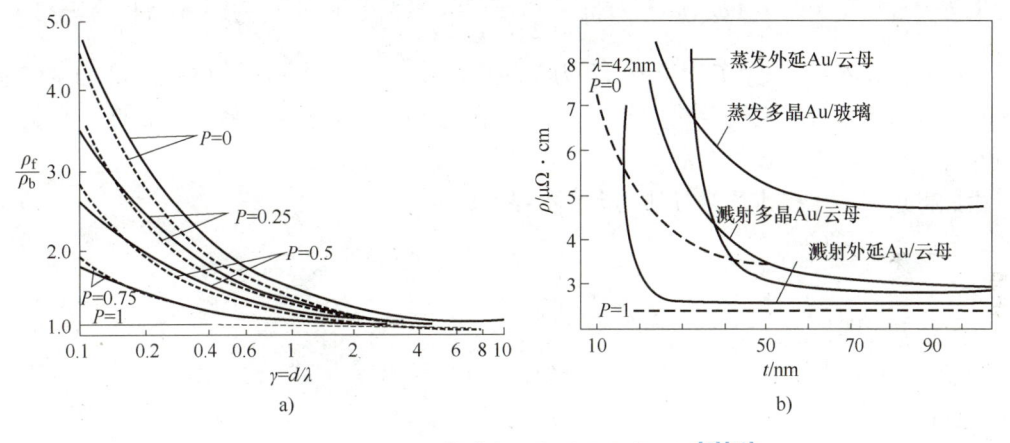

图 3-19 连续金属薄膜电阻率随厚度关系图[7][10]
a）理论曲线 b）实测曲线

综上所述，对金属纳米薄膜而言，其电子电导特性与薄膜厚度、晶粒尺寸等因素有关。随薄膜厚度的不断降低，其电阻率逐渐增大，并趋于定值；随晶粒尺寸的增加，其电阻率不断减小，并趋于定值。

（3）半导体纳米薄膜的电子电导特性 半导体的电阻率介于导体与绝缘体之间，电阻率通常为 $10^{-3} \sim 10^9 \Omega \cdot cm$。根据材料最外层电子的特征，半导体可分为本征半导体与杂质半导体（非本征半导体）。本征半导体是指不含杂质、无缺陷的半导体，如硅、锗、砷化镓等。本征半导体的所有价电子均成键，且键处于饱和状态。杂质半导体是指对本征半导体进行掺杂的半导体，可进一步按照载流子类型分为 n 型半导体与 p 型半导体，如图 3-20 所示。n 型半导体是指在成键外存在多余价电子，多余电子的能级临近导带，被称作施主能级。掺 P 的 Si 半导体是典型的 n 型半导体。p 型半导体是指在成键后部分键缺少价电子，由此产生了空穴能级，该能级临近价带，可容纳由价带激发的电子，被称作受主能级。掺 B 的 Si 半

55

导体是典型的 p 型半导体。本征半导体的载流子为电子和空穴，杂质半导体存在主要参与导电的载流子，其中 n 型半导体载流子以电子为主，p 型半导体载流子以空穴为主。下面简要介绍本征半导体与杂质半导体的导电特性。

1）本征半导体的电导。本征半导体的导带顶与价带底存在着一定的能级差 E_g。在绝对零度、无外界能量作用下，价带的电子无法跃迁至导带参与导电。若存在热场或光场作用，则价带电子会吸收能量跃迁至导带，并在价带中形成空穴。在外电场作用下，导带电子与价带空穴均会迁移，参与导电。这种导电现象又被称作本征电导，这其中电子与空穴的浓度是相等的。

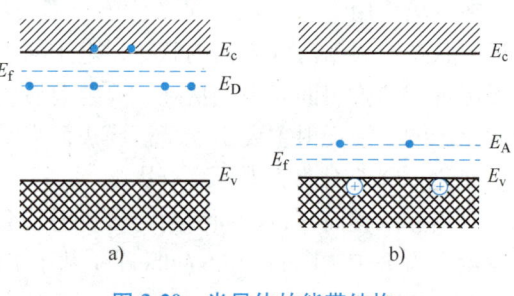

图 3-20 半导体的能带结构
a）n 型半导体 b）p 型半导体

根据费米统计理论可求得导带电子浓度 n_e 与价带空穴浓度 n_h，即

$$n_e = n_h = 2\left(\frac{2\pi kT}{h^2}\right)^{\frac{3}{2}} (m_e^* m_h^*)^{\frac{3}{4}} \exp\left(-\frac{E_c - E_v}{2kT}\right) = (N_c N_v)^{\frac{1}{2}} \exp\left(-\frac{E_g}{2kT}\right) = N\exp\left(-\frac{E_g}{2kT}\right) \quad (3\text{-}48)$$

式中，k 为玻尔兹曼常数；T 为温度；h 为普朗克常数；m_e^* 为电子有效质量；m_h^* 为空穴有效质量；E_c 为导带能级；E_v 为价带能级；E_g 为禁带宽度；N_c 为导带有效状态密度；N_v 为价带有效状态密度；N 为等效状态密度。

由此可进一步求得本征半导体的电子电导率，即

$$\sigma = n_e e\mu_e + n_h e\mu_h = N\exp\left(-\frac{E_g}{2kT}\right)(\mu_e + \mu_h)e \quad (3\text{-}49)$$

式中，μ_e 与 μ_h 分别为电子与空穴的迁移率。

2）杂质半导体的电导。杂质半导体的导电行为与温度有关，按照温度范围可分为低温区、中温区与高温区。

对低温区，忽略本征激发，此时导带中的电子主要源于杂质能级的电子的跃迁。

此时，对 n 型半导体，若单位体积内施主原子个数为 N_D，施主能级为 E_D，导带电子浓度可写作：

$$n_e = (N_c N_D)^{\frac{1}{2}} \exp\left(-\frac{E_c - E_D}{2kT}\right) \quad (3\text{-}50)$$

其电导率可进一步写作：

$$\sigma = n_e e\mu_e + n_h e\mu_h \approx n_e e\mu_e = (N_c N_D)^{\frac{1}{2}} \exp\left(-\frac{E_c - E_D}{2kT}\right) e\mu_e \quad (3\text{-}51)$$

对 p 型半导体，若单位体积内的受主原子个数为 N_A，受主能级为 E_A，价带空穴浓度可写作：

$$n_h = (N_v N_A)^{\frac{1}{2}} \exp\left(-\frac{E_A - E_v}{2kT}\right) \quad (3\text{-}52)$$

其电导率可进一步写作：

$$\sigma = n_e e\mu_e + n_h e\mu_h \approx n_h e\mu_h = (N_v N_A)^{\frac{1}{2}} \exp\left(-\frac{E_A - E_v}{2kT}\right) e\mu_h \tag{3-53}$$

对中温区，杂质原子可视为全部电离，此时载流子浓度约等于杂质原子电离可提供的电子浓度（n 型半导体）或空穴浓度（p 型半导体），本征激发的载流子可忽略不计。此时，n 型半导体与 p 型半导体的电导率 σ_n、σ_p 可分别写作：

$$\sigma_n = N_D e\mu_e \tag{3-54}$$

$$\sigma_p = N_A e\mu_h \tag{3-55}$$

对高温区，材料的载流子主要源于本征激发，杂质电离贡献可忽略，此时杂质半导体的导电行为类似于本征半导体，其载流子浓度、电导率分别满足：

$$n_e = n_h = N\exp\left(-\frac{E_g}{2kT}\right) \tag{3-56}$$

$$\sigma = N\exp\left(-\frac{E_g}{2kT}\right)(\mu_e + \mu_h)e \tag{3-57}$$

3) 半导体的光电导。半导体材料的光电导是指光照条件下材料电导率增加的现象。该现象源于光照诱导的电子跃迁，进而增加材料的载流子浓度，如图 3-21 所示。光诱导电子跃迁的条件为光子能量高于半导体的禁带宽度。光激发过程产生除热激发过程外新的电子-空穴对，较热平衡状态多余的电子与空穴被称作非平衡载流子，非平衡电子与空穴的浓度可以用 Δn 与 Δp 表示，二者满足：$\Delta n = \Delta p$。该过程中引起的电导率变化可写作：

$$\Delta \sigma = \Delta n e\mu_e + \Delta p e\mu_h = \Delta n e(\mu_e + \mu_h) \tag{3-58}$$

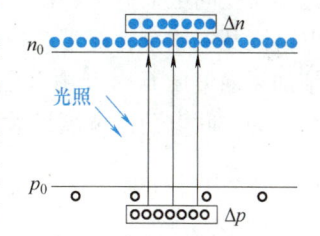

图 3-21 光照条件下电子跃迁产生非平衡载流子

当光照撤去后，光激发过程产生的电子逐渐回到价带，使得非平衡载流子浓度逐渐回归到热平衡值，该过程也被称作非平衡载流子的复合。

4) 半导体 PN 结。上文讨论了单一半导体材料在热平衡与非平衡状态（光照）下的载流子特征与电导行为。若将某一半导体材料与其他材料（如半导体、金属等）接触，在界面处能带会发生变化，进而材料的电学性能会发生变化。最典型的例子是将 N 型半导体与 P 型半导体结合起来，在交界处形成 PN 结。PN 结是半导体器件的基础结构，可构建出众多的器件类型。

当 N 型与 P 型半导体结合时，PN 结处存在电子与空穴的浓度梯度，进而导致空穴从 P 型半导体迁移至 N 型半导体，电子从 N 型半导体迁移至 P 型半导体。载流子的迁移导致 N 型与 P 型半导体产生正电荷区与负电荷区。将 PN 结附近的电离施主与电离受主携带的电荷称作空间电荷，该区域被称作空间电荷区，如图 3-22 所示。空间电荷区内存在内建电场，方向由 N 区指向 P 区。内建电场的存在一方面诱导载流子的漂移，另一方面阻碍载流子的扩散。载流子的漂移与扩散方向相反，最终使得 PN 结达到动态平衡状态，此时漂移电流与扩散电流大小相等、方向相反。PN 结的能带结构在上述过程中也不断发生变化，最终也相应地达到平衡状态，如图 3-22 所示，此时 P 区与 N 区的费米能级相等。

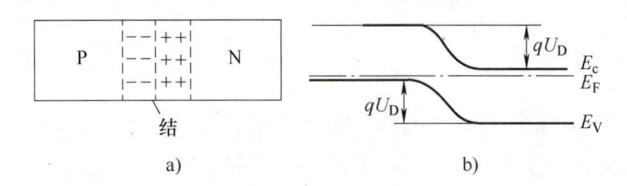

图 3-22　PN 结
a）空间电荷区　b）平衡状态下能带图

平衡状态下的 PN 结空间电荷区两端的电势差 U_D 被称作内建电势差或接触电势差，满足：

$$U_D = \frac{E_{Fn}-E_{Fp}}{e} = \frac{kT}{e}\left(\ln\frac{N_D N_A}{N^2}\right) \tag{3-59}$$

式中，E_{Fn} 为 N 区费米能级；E_{Fp} 为 P 区费米能级。

PN 结独特的结构赋予了其特殊的导电特性。当对 PN 结施加正向偏压 U 时（由 P 区指向 N 区），由于空间电荷区载流子浓度小于其他区域，即电阻高于其他区域，因而偏压主要施加于空间电荷区上。由于正向偏压的电场与内建电场的方向相反，相互作用的结果为空间电荷区宽度缩小，能带结构中势垒由 eU_D 下降为 $e(U_D-U)$，如图 3-23a 所示。当对 PN 结施加反向偏压 U 时（由 N 区指向 P 区），反向偏压的电场与内建电场方向相同，相互作用的结果为空间电荷区宽度扩大，能带结构中势垒由 eU_D 上升为 $e(U_D+U)$，如图 3-23b 所示。

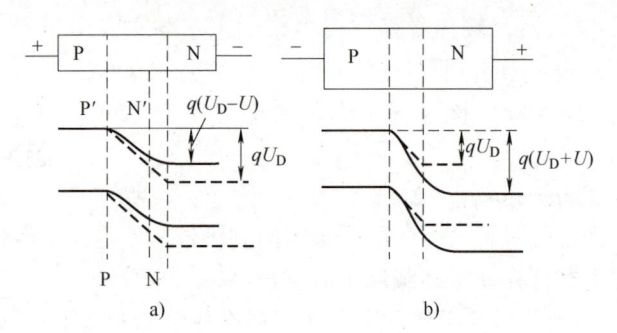

图 3-23　施加偏压时 PN 结能带结构变化图
a）正向偏压　b）反向偏压

对理想的 PN 结结构，外加偏压 U 下通过 PN 结的电流密度可写作：

$$J = e\left(\frac{D_n n_{P0}}{L_n} + \frac{D_p p_{N0}}{L_p}\right)\left[\exp\left(\frac{eU}{kT}\right) - 1\right] = J_s\left[\exp\left(\frac{eU}{kT}\right) - 1\right] \tag{3-60}$$

式中，D_n、D_p 为电子与空穴的扩散系数；n_{P0}、p_{N0} 为 P 区、N 区远离 PN 结区域的电子与空穴浓度；L_n、L_p 是电子、空穴扩散长度。

式（3-60）又被称作肖克莱方程式，从中可知 PN 结的导电特征：PN 结具有单向导电性；电流密度受温度影响较大。理想 PN 结的电流密度-偏压曲线如图 3-24 所示。

3. 离子电导

（1）离子电导的基础理论

1）离子电导的分类。离子电导的载流子为离子，其可分为

图 3-24　理想 PN 结的电流密度-偏压曲线

两类：一类是晶格离子经热激发产生的离子缺陷，另一类是引入杂质产生的缺陷离子。由第一类载流子产生的电导称为固有离子电导（本征电导），由第二类载流子产生的电导称为杂质电导。

对固有离子电导，载流子为晶体热缺陷，包括弗兰克尔缺陷与肖脱基缺陷。弗兰克尔缺陷的填隙原子与空位的浓度 N_f 可写作：

$$N_f = N\exp\left(-\frac{E_f}{2kT}\right) \quad (3\text{-}61)$$

式中，N 为单位体积内离子结点数；E_f 为形成弗兰克尔缺陷所需能量。

肖脱基缺陷空位浓度 N_s 可写作：

$$N_s = N\exp\left(-\frac{E_s}{2kT}\right) \quad (3\text{-}62)$$

式中，N 为单位体积内离子对数目；E_s 为形成肖脱基缺陷所需能量。

由式（3-61）与式（3-62）可知，热缺陷浓度与温度、缺陷形成能有关。固有离子电导通常在高温下占据主导地位。

对杂质电导，杂质离子一方面可作为载流子，另一方面诱导晶格畸变，促进离子解离，因而低温下杂质电导占据主要地位。

2）离子电导的机制。电场下离子主要有 5 种迁移机制，包括：易位扩散、环形扩散、间隙扩散、准间隙扩散与空位扩散。这其中，空位扩散是指离子在电场下沿空位进行扩散，这一机制所需活化能最小，因而是最常见的机制。

3）离子迁移率与离子电导率。下文以间隙扩散为例，讨论该过程中的离子迁移特征。对一振动频率为 ν_0 的间隙原子，其从一个间隙迁移至相邻间隙需克服能量为 U_0 的势垒，如图 3-25 所示。根据玻尔兹曼统计规律，该间隙原子在单位时间内朝特定方向的迁移概率为

$$P = \frac{\nu_0}{6}\exp\left(-\frac{U_0}{kT}\right) \quad (3\text{-}63)$$

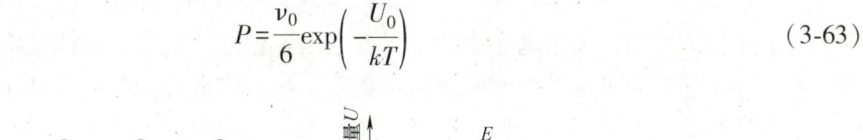

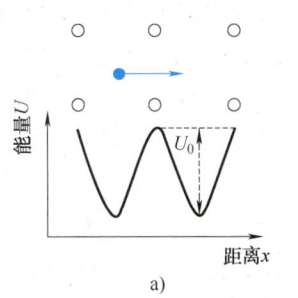

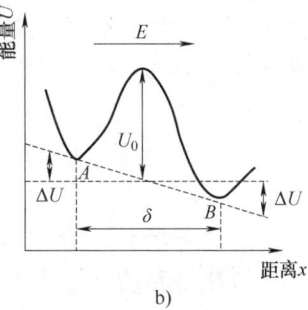

图 3-25　间隙离子的迁移
a）迁移示意图　b）迁移能垒示意图

无外电场作用下，由于间隙原子朝各个方向迁移的概率相同，因而无宏观电导。当施加大小为 E 的电场后，间隙原子朝不同方向的迁移势垒改变，进而导致沿不同方向迁移的概率不同，最终等效为间隙原子沿电场方向迁移。载流子沿电场方向迁移的速率可写作：

$$v = (P_{顺} - P_{逆})\delta = \frac{v_0}{6}\delta\exp\left(-\frac{U_0}{kT}\right)\left[\exp\left(\frac{\Delta U}{kT}\right) - \exp\left(-\frac{\Delta U}{kT}\right)\right] \tag{3-64}$$

式中，$P_{顺}$（$P_{逆}$）是指载流子沿着（逆着）电场方向迁移的概率；δ 为每次迁移的平均距离；$\Delta U = qE\delta/2$ 为电场诱导的迁移势垒变化。

当电场不大时，$\Delta U \ll kT$，$\exp\left(\frac{U_0}{kT}\right) \approx 1 + \frac{U_0}{kT}$，$\exp\left(-\frac{U_0}{kT}\right) \approx 1 - \frac{U_0}{kT}$，式（3-64）可简化为

$$v = \frac{v_0 \delta^2 qE}{6kT}\exp\left(-\frac{U_0}{kT}\right) \tag{3-65}$$

由此得离子迁移率为

$$\mu = \frac{v_0 \delta^2 q}{6kT}\exp\left(-\frac{U_0}{kT}\right) \tag{3-66}$$

对肖脱基缺陷诱导的固有离子电导，电导率可进一步写作：

$$\sigma = N_s q\mu = \frac{Nv_0 \delta^2 q}{6kT}\exp\left(-\frac{U_0 + \frac{E_s}{2}}{kT}\right) = A_s \exp\left(-\frac{W_s}{kT}\right) \tag{3-67}$$

式中，A_s 为指前因子；W_s 为电导活化能，由缺陷形成能与迁移势垒构成。

对杂质电导，其离子电导率也可简写作：

$$\sigma = A\exp\left(-\frac{W}{kT}\right) \tag{3-68}$$

当材料内部存在多种离子参与电导，其总电导率可写作分电导率的叠加，即

$$\sigma = \sum_i \sigma_i = \sum_i A_i \exp\left(-\frac{W_i}{kT}\right) \tag{3-69}$$

由上述公式可知，离子电导率的主要影响因素包括：温度、晶体结构与缺陷浓度。温度对离子电导率的影响可通过指前因子与指数项反映，通常后者对离子电导率的影响更大，因而离子电导率随温度的升高按指数形式升高。晶体结构对离子电导率的影响主要通过电导活化能反映。结构紧密、结合力大、离子携带电荷高的晶体，其电导活化能往往也较高，最终使得材料离子电导率较低。此外，离子缺陷浓度越高，材料离子电导率越高。材料内部产生的离子缺陷主要包括：热激励过程生成的缺陷、掺杂过程生成的缺陷、氧气等气氛诱导的缺陷。

（2）介质薄膜的离子电导特性　介质薄膜的电导率通常高于块体材料，这主要源于介质薄膜内的缺陷较多。介质薄膜的电导特性较为复杂，通常同时包括电子电导与离子电导。电子电导的来源包括：导带电子、隧道效应电导、杂质能级电导、界面空间电荷电导等。离子电导的来源包括：杂质诱导缺陷与气氛诱导缺陷等。

为区分介质薄膜的离子电导与电子电导，可通过能斯特-爱因斯坦关系判断，离子电导为主的介质薄膜满足如下关系式：

$$\frac{\sigma}{D} = \frac{NZ^2 e^2}{kT} \tag{3-70}$$

式中，D 是扩散系数；N 是离子浓度；Z 是离子携带电荷数。

3.2.2 介电性能

1. 介质的极化

对电介质材料，由于材料内部电荷被共价键或离子键强烈地束缚着，因而在外加电场下难以像导体或半导体材料那样产生沿外加电场方向的载流子而形成电导。电介质材料对外电场的响应行为体现为微观尺度上正负电荷的分离，产生感应电荷，形成极化。这种响应特性也被称作介电性能。

如图 3-26 所示，在施加外电场 E 下，材料局域正负电荷分离，并形成偶极子。利用电偶极矩 $\boldsymbol{\mu}$ 可描述偶极子的大小，定义为

$$\boldsymbol{\mu} = q\boldsymbol{l} \tag{3-71}$$

式中，q 为正负电荷带电量；$\boldsymbol{l}$ 为正负电荷位移矢量。电偶极矩的方向定义为由负电荷指向正电荷，与外电场方向一致。

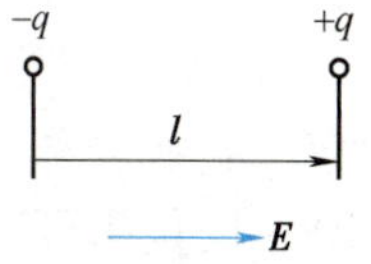

图 3-26 外电场下的偶极子

质点的极化率 α 是指单位局域电场下质点的偶极矩大小（单位为 $F \cdot m^2$），即

$$\alpha = \frac{\boldsymbol{\mu}}{E_{loc}} \tag{3-72}$$

式中，E_{loc} 是指该质点处受到的局域电场，不同于外加电场；α 是材料的本征性质，反映材料极化能力的大小。

极化强度 P 是指材料单位体积内偶极矩的总和（单位为 C/m^2），即

$$P = \frac{\sum \boldsymbol{\mu}}{V} \tag{3-73}$$

若单位体积内极化质点数为 n，且局域偶极子取向一致，平均值为 $\boldsymbol{\mu}$，则可在极化强度与局域电场 E_{loc} 间建立联系：

$$P = n\boldsymbol{\mu} = n\alpha E_{loc} \tag{3-74}$$

由此可知材料极化强度与局域电场成正比。对各向同性介质，可根据静电学理论在极化强度与宏观电场 E 间建立联系：

$$P = \varepsilon_0(\varepsilon_r - 1)E = \varepsilon_0 \chi E \tag{3-75}$$

式中，ε_0 为真空介电常数；ε_r 为材料相对介电常数；χ 为材料极化系数。

克劳修斯-莫索蒂方程进一步在宏观电场 E 与局域电场 E_{loc} 之间建立联系，得到宏观介电常数 ε_r 与微观极化率间的关系：

$$\frac{\varepsilon_r - 1}{\varepsilon_r + 2} = \frac{n\alpha}{3\varepsilon_0} \tag{3-76}$$

上式主要适用于分子间作用弱的气体、非极性液体、非极性固体与具有立方点阵的离子晶体。由上式可以推出，提升材料的极化率 α 与单位体积内的极化质点数 n 有助于提升材料的介电常数。

上述讨论了材料极化的简单情形，根据极化的机制，电介质材料的极化可分为：电子位移极化、离子位移极化、松弛极化、转向极化、空间电荷极化与自发极化，下面简要介绍。

（1）电子位移极化 电子位移极化是指在外电场作用下，外层电子云相对于原子核发生位移产生的极化。采用玻尔原子模型可以简单求得电子极化率 α_e，即

$$\alpha_e = \frac{4}{3}\pi\varepsilon_0 R^3 \tag{3-77}$$

由此可知，原子或离子半径越大，其电子极化率也越高。建立电子位移极化的特征时间在 $10^{-15} \sim 10^{-14}$ s，该过程时间短，没有能量损耗，且与温度无关。

(2) 离子位移极化　离子位移极化是指在外电场作用下，离子偏离平衡位置产生的极化。利用弹簧振子模型可以简单求得离子位移极化率 α_i，即

$$\alpha_i = \frac{q^2}{M^*}\left(\frac{1}{\omega_0^2 - \omega^2}\right) \tag{3-78}$$

式中，q 是离子携带电荷量；M^* 是正负离子相对振动约化质量；ω_0 是相对振动的固有频率；ω 为交变电场频率。

静态极化率可通过令 $\omega \to 0$ 求得：

$$\alpha_{i0} = \frac{q^2}{M^* \omega_0^2} \tag{3-79}$$

建立离子位移极化的时间为 $10^{-13} \sim 10^{-12}$ s。离子位移极化率与正负离子间距有关（体现于 $M^*\omega_0^2$ 项），由于离子间距受温度影响，因而离子位移极化率也受温度影响，表现为随温度升高而略有增加。

(3) 松弛极化　松弛极化是指在外电场作用下，将热运动的无规松弛质点有序排列而产生的极化。松弛极化可进一步划分为电子松弛极化、离子松弛极化与偶极子松弛极化。下面主要介绍电子松弛极化与离子松弛极化。

电子松弛极化是指由弱束缚电子位移引发的极化。弱束缚电子所受约束力介于电子位移极化的电子与自由电子之间，电子的迁移距离也介于电子位移极化的电子与自由电子之间，因而产生的极化强于电子位移极化，但不能形成电子电导。电子松弛极化主要出现于结构致密、折射率高、内电场高、电子电导高的材料中。建立电子松弛极化的时间为 $10^{-9} \sim 10^{-2}$ s。电子松弛极化随温度变化存在极大值。

离子松弛极化是指由弱联系离子位移引发的极化。弱联系离子可在外电场的作用下不可逆地从一个平衡位置迁移至相近的另一个平衡位置，其迁移距离高于离子位移极化，但无法进行长程迁移，因而不形成离子电导。离子松弛极化主要出现于结构松散的离子晶体、晶体内部的杂质缺陷区以及玻璃态物质中。建立离子松弛极化的时间为 $10^{-5} \sim 10^{-2}$ s。离子松弛极化随温度变化存在极大值。

(4) 转向极化　转向极化是指在外电场作用下，因热运动无规排列的偶极子转向进而趋于沿电场方向有序排列而产生的极化。转向极化主要出现于极性分子介质中。建立转向极化的时间为 $10^{-10} \sim 10^{-2}$ s。转向极化率与温度近似成反比关系。

(5) 空间电荷极化　空间电荷极化是指在外电场作用下，材料内部的自由电荷向正、负极移动而产生的极化。材料中的缺陷区（晶格畸变区、相界、晶界、杂质等）与宏观不均匀区（气泡、夹层等）会阻碍自由电荷的运动，进而累积空间电荷并形成极化。空间电荷极化主要出现于不均匀的介质材料中。建立空间电荷极化的时间在 $10^0 \sim 10^5$ s。随温度升高，空间电荷极化会减弱。

(6) 自发极化　自发极化是指无外电场下，晶体内部存在固有偶极而产生的极化。自发极化的产生机制包括晶格内离子位移、偶极子有序排列等。有关自发极化的相关介绍可进

一步见热释电性与铁电性的章节。

由上述介绍可知，不同极化形式具有不同的建立时间，因此具有不同的频率响应性，具体如图 3-27 所示。

2. 介质的损耗

电介质在电场下的损耗主要与通过其内部的电流有关。外加电场下通过电介质的电流主要包括三方面：一是样品电容的充电电流；二是介质极化电流；三是介质电导电流（又称漏导电流）。充电电流不产生损耗，而极化电流与漏导电流产生损耗，分别被称作极化损耗与漏导损耗。

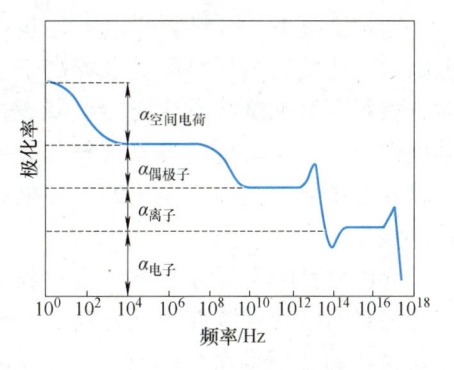

图 3-27 电介质极化的频率响应行为

电介质在外电场下的极化与损耗可通过复介电系数 ε^* 描述：

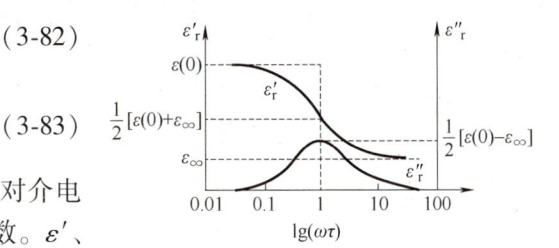

$$\varepsilon^* = \varepsilon' - \mathrm{i}\varepsilon'' \tag{3-80}$$

式中，ε' 与 ε'' 分别代表复介电系数的实部与虚部。ε' 为电容项，表示介质的极化能力或能量存储；ε'' 为损耗项，表示介质中的能量损耗。ε' 与 ε'' 均与频率有关。由此可进一步得到介质损耗角 δ 的正切值 $\tan\delta$：

$$\tan\delta = \frac{\varepsilon''}{\varepsilon'} \tag{3-81}$$

式（3-81）可用于评估电介质材料的损耗。对材料的实际使用过程，通常希望损耗越小越好。

对电介质材料的极化损耗，可采用德拜方程描述。德拜方程的推导基于介质弛豫模型，当介质样品受到阶跃电场时，其极化并非瞬时产生，而是经历一段时间达到稳定状态。由此可推导得材料的复介电系数：

$$\varepsilon_r' = \varepsilon_\infty + \frac{\varepsilon_s - \varepsilon_\infty}{1 + \omega^2 \tau^2} \tag{3-82}$$

$$\varepsilon_r'' = \frac{(\varepsilon_s - \varepsilon_\infty)\omega\tau}{1 + \omega^2 \tau^2} \tag{3-83}$$

式中，ε_s 是静态相对介电常数；ε_∞ 为光频相对介电常数；ω 为交变电场频率；τ 为弛豫时间常数。ε'、ε'' 关于 ω 的关系如图 3-28 所示。从中可知，ε' 随 ω 的增加而下降，ε'' 随 ω 的增高先增后减，于 $\omega = 1/\tau$ 时取得极大值。

图 3-28 ε'、ε'' 与 ω 关系图

介质的损耗与频率、温度有关。对频率而言，当频率与极化机制对应的弛豫时间匹配时，介质的损耗会取到极值，如图 3-29 所示，其中 P_{int} 为空间电荷极化；P_d 为偶极子转向极化；P_i 为离子位移极化；P_e 为电子位移极化。对温度而言，介质的损耗通常会随温度的升高呈现先升高后降低再升高的趋势。当温度较低时，极化弛豫时间常数较大（$\omega^2\tau^2 \gg 1$），$\tan\delta \propto 1/(\omega\tau)$，因此损耗随温度的升高而升高。当温度较高时，极化弛豫时间常数减小（$\omega^2\tau^2 \ll 1$），$\tan\delta \propto \omega\tau$，此时损耗随温度的升高而下降。随着温度进一步升高时，电导损耗迅速上升，因此损耗又随温度的升高而升高。

3. 介质的强度

通常情况下，材料的介电性能是指在一定电场范围内的性质。当材料所受电场高于某一临界电场时，材料会由绝缘状态变为导电状态，同时伴随着其他性质的变化。这一现象被称作介质的击穿，这一临界电场强度被称为介质的击穿电场强度或是介质的强度。

介电材料的击穿通常意味着材料的破坏，因而提升材料的击穿强度或降低材料的工作电场有助于延长材料的使用寿命。此外，了解介质击穿的影响因素与机制也尤为关键。

介质击穿的影响因素众多。一方面，击穿场强受样品性质的影响，如材料本身的性质、微观组织结构等；另一方面，击穿场强受样品测试条件的影响，如测试温湿度、电压频率、电压增加速度、电极形状大小、试样形状大小等。

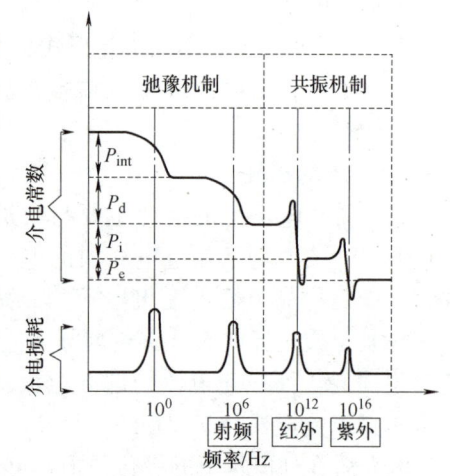

图 3-29　电介质极化响应与损耗

介质击穿的机制也较多，图 3-30 为介电材料的击穿机制。按照电场下材料失效时间的长短，可分为击穿与老化。击穿与老化间并无明确界限，且两者也会相互耦合。老化可看作为长时间下反复充放电引起的逐步击穿。本书重点关注介电材料的短时击穿，按照机制可划分为电击穿、热击穿与电机械击穿，下面简要介绍。

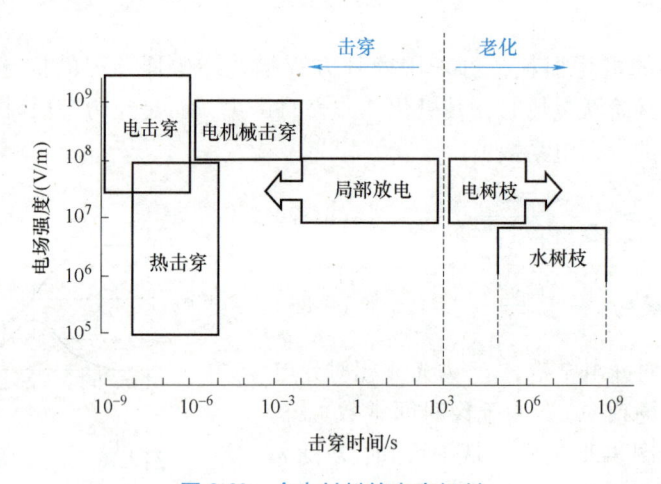

图 3-30　介电材料的击穿机制

（1）电击穿　电击穿是指电子在电场作用下与晶格相互作用不断产生新电子，使得自由电子数目迅速增加，最终电导不可控，材料发生破坏。电击穿主要通过本征击穿与电子雪崩击穿两种模型描述。在本征击穿模型中，电子受电场作用加速而获得能量，进而与声子发生碰撞损失能量，当电场高于某一临界值后，电子单位时间内获得的能量会高于损失的能量，此时能量会不断积累并最终导致击穿。在电子雪崩击穿模型中，受电场作用产生的高能电子会与束缚电子碰撞，每次碰撞都会产生一对自由电子，造成自由电子浓度的倍增。新产生的自由电子又会受电场作用与其他束缚电子碰撞生成新的自由电子。上述过程不断重复使得自由电子呈指数级增长,最终经过 30~40 代的扩增,高密度的自由电子会造成巨大的能量耗散,破坏局域结构,导致介质的击穿。利用电子雪崩击穿模型可以解释高质量的纳米薄膜较厚膜或块体材料具有更高的击穿场强。

(2) 热击穿　热击穿是指电介质在电场作用下因损耗发热而造成的击穿。在外电场作用下,电介质材料会因极化损耗与电导损耗发热,导致温度的升高。温度升高会对材料产生两方面影响:一方面是热失稳,即过高的温度会导致材料结构物性发生变化,导致材料更易被击穿;另一方面是热失控,即温度的升高会导致电介质损耗进一步提升,进而又促进温度的升高,最终升温失控直至击穿。为抑制材料的热击穿,材料需要有较高的热导率与较低的电导率。

(3) 电机械击穿　电机械击穿是指电介质在电场作用下形变造成的击穿。在外电场作用下,正、负电极之间的麦克斯韦应力会导致材料的形变。当电场足够高时,过高的形变会诱导材料的击穿。电机械击穿的击穿场强 E_b 可通过 Stark-Garton 模型估算,即

$$E_b = 0.6\left(\frac{Y}{\varepsilon_0\varepsilon_r}\right)^{\frac{1}{2}} \tag{3-84}$$

式中,Y 为电介质的弹性模量;ε_r 为电介质的介电常数。从中可知,高的弹性模量与低的介电常数有助于抑制材料的电机械击穿。

除上述典型的击穿模型外,材料的局部放电也会导致击穿。在实际情况中,这些击穿机制并非单独存在,而是相互耦合的,因此需要结合实际情况与不同机制进行综合考虑。

4. 压电性

(1) 压电效应简介　压电效应是一种机电耦合效应,其可分为正压电效应与逆压电效应。正压电效应是指对材料施加力,材料表面电荷密度(电极化)产生变化的效应[18](见图 3-31a);逆压电效应是指对材料施加外电场,材料产生形变的效应(见图 3-31b)。具有压电效应的材料被称作压电体。

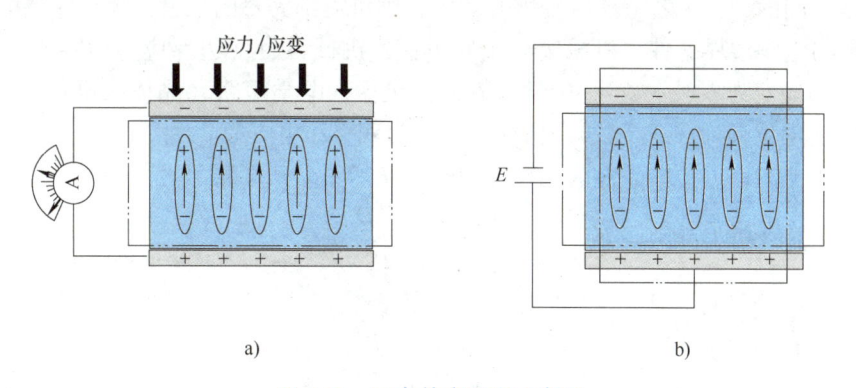

图 3-31　压电效应原理示意图
a) 正压电效应　b) 逆压电效应

压电效应本质上是在外电场作用下晶体结构产生变化,其微观机理示意图如图 3-32 所示。压电晶体在无外电场作用下的结构如图 3-32a 所示,其内部正、负电荷中心重合,此时晶体表面不带电荷。对正压电效应,当施加外电场时,晶体受力变形,其内部正、负电荷中心分离,极化发生变化,此时晶体表面产生电荷。在拉伸与压缩过程中,晶体内部正、负电

荷中心运动方向相反，因而两种情况下晶体表面电荷符号相反，如图 3-32b、c 所示。对逆压电效应，晶体内部正、负电荷中心会受外电场作用分离，进而产生形变。

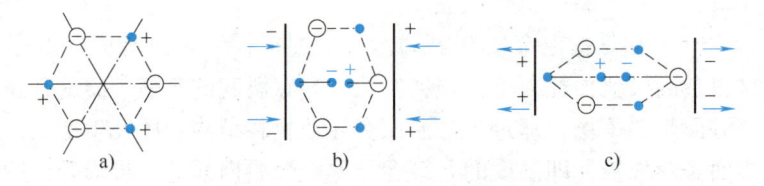

图 3-32　压电效应微观机理示意图

由上述分析可知，压电效应产生的条件为：晶体内部正、负电荷中心能够在外电场作用下分离，这要求晶体具有非中心对称的结构。在 32 种晶体学点群中，具有非中心对称结构的点群有 21 种，其中除 432 点群具有较高对称性外，其余 20 种点群均具有压电效应。

（2）压电方程　压电效应可通过压电方程描述。简化的压电方程为

$$D_i = d_{ij} T_j \tag{3-85}$$

$$S_j = d_{ij} E_i \tag{3-86}$$

式中，D_i（$i=1, 2, 3$）表示电位移，为一阶张量；E_i（$i=1, 2, 3$）表示电场，为一阶张量；T_j（$j=1, 2, 3, 4, 5, 6$）表示应力，为二阶张量；S_j（$j=1, 2, 3, 4, 5, 6$）表示应变，为二阶张量；d_{ij} 表示压电常数，为三阶张量，其中下标 i 代表电位移或电场方向，j 代表应力或应变方向。

从式（3-85）与式（3-86）可知，在正压电效应中，电位移与应力呈线性关系；在逆压电效应中，应变与电场呈线性关系。两线性关系的比例系数为压电常数，且在数值上相等。正压电系数的单位为 pC/N，逆压电系数的单位为 pm/V。

上述简化的压电方程仅考虑了力学量与电学量间的耦合，但未考虑力学量与力学量、电学量与电学量间的耦合。若考虑这些耦合效应，则可得到完整的压电方程。完整的压电方程需考虑机械与电学边界条件。机械边界条件包括：机械自由（边界应力为零或常数）与机械夹持（边界应变为零或常数）；电学边界常数包括：电学短路（晶体内电场为零或常数）与电学开路（电位移为零或常数）。由此可组合为四类压电方程。

第一类压电方程的边界条件为机械自由与电学短路，其可表示为

$$\begin{cases} D = dT + \varepsilon^T E \\ S = s^E T + dE \end{cases} \tag{3-87}$$

第二类压电方程的边界条件为机械夹持与电学短路，其可表示为

$$\begin{cases} T = c^E S - eE \\ D = eS + \varepsilon^S E \end{cases} \tag{3-88}$$

第三类压电方程的边界条件为机械自由与电学开路，其可表示为

$$\begin{cases} S = s^D T + gD \\ E = -gT + \beta^T D \end{cases} \tag{3-89}$$

第四类压电方程的边界条件为机械夹持与电学开路，其可表示为

$$\begin{cases} T = c^D S - hD \\ E = -hS + \beta^S D \end{cases} \tag{3-90}$$

上述方程中，d、e、g、h 均为压电常数张量，分别是压电应变常数、压电电压常数、压电应力常数、压电刚度常数；ε、β、s、c 分别为介电常数、介电隔离率、弹性柔顺系数与弹性劲度系数；上标 T、S、E、D 分别代表测试条件为恒应力、恒应变、恒电场与恒电位移。

（3）其他压电性能参数　除压电常数外，压电材料的性能参数还包括：频率常数、机电耦合系数与机械品质因数。

1）频率常数。压电材料的一大应用是压电振子，它会在交变激励电场下进行振动。对具有固有振动频率 f_r 的压电振子，当外电场的频率等于 f_r 时，压电振子经逆压电效应产生机械谐振，并对电信号产生影响。通常情况下，谐振频率与振动方向的长度的乘积为定值，该值被称作频率常数 N。频率常数与材料性质有关，因而可通过频率常数与谐振频率设计压电振子的形状、尺寸。

2）机电耦合系数。机电耦合系数 k 可用于表征机械能与电能间转换的能力，写作：

$$k^2 = \frac{\text{机械能经正压电效应转换的电能}}{\text{输入总机械能}} \tag{3-91}$$

$$k^2 = \frac{\text{电能经逆压电效应转换的机械能}}{\text{输入总电能}} \tag{3-92}$$

机电耦合系数与材料性质、压电元件形状与振动方式等因素均有关。

3）机械品质因数。机械品质因数 Q_m 可用于表征压电元件在谐振过程中产生的机械损耗程度，写作：

$$Q_m = 2\pi \times \frac{\text{谐振时储存的机械能}}{\text{谐振时每周期损耗的机械能}} \tag{3-93}$$

机械品质因数与材料性质、压电元件形状与振动方式等因素有关。

5. 热释电性

热释电效应是指具有自发极化，且自发极化会随温度变化而改变的现象，其示意图如图 3-33 所示。具有热释电效应的材料被称作热释电体。热释电效应的原理为：在某一温度下，热释电体具有自发极化并在表面吸附自由电荷。当温度改变时，由于热释电体极化强度发生改变，其表面自由电荷面密度相应改变，在连有外电路的情况下表现为热释电电流。通常情况下，热释电体的极化随温度的升高而下降（见图 3-34），因而温度升高与温度下降情况下的热释电电流方向是相反的。从晶体对称性的角度看，具有热释电效应的材料需要具有自发极化。在 32 种晶体学点群中，20 种点群均具有压电效应，这其中 10 种点群具有自发极化，也即具有热释电效应，它们又被称作极性点群。

温度变化下，热释电电流 i_p 可写作：

$$i_p = \frac{dQ}{dt} = pA \frac{dT}{dt} \tag{3-94}$$

式中，dQ 为热释电体表面电荷变化；p 为热释电系数；A 为热释电体一端表面积；dT 为温度变化。恒定应力场、电场下的热释电系数可写作下式，其含义为材料自发极化强度 P_s 随温度 T 的变化率：

$$p^{\sigma,E} = \left(\frac{dP_s}{dT}\right)_{\sigma,E} \tag{3-95}$$

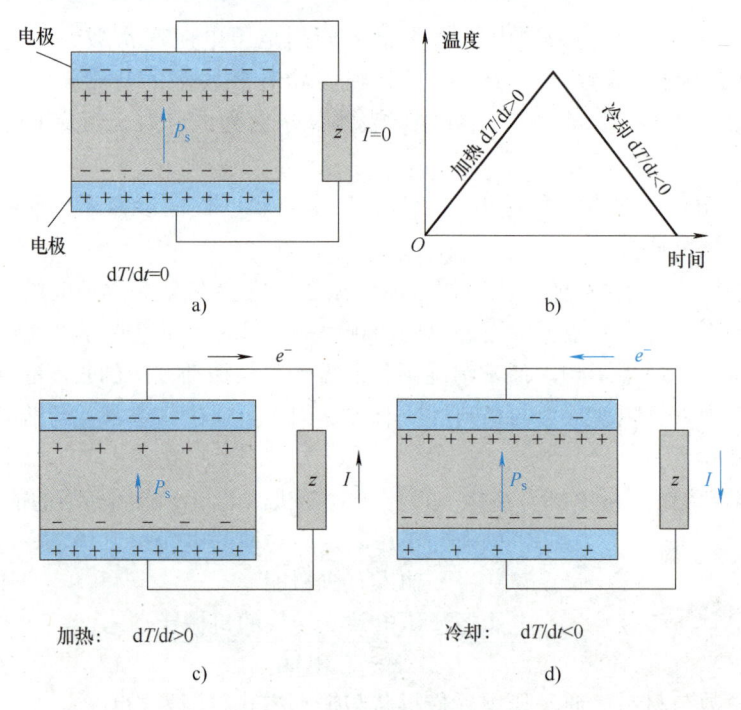

图 3-33 热释电效应示意图

由图 3-34 可知,随温度升高,自发极化下降速率变快,表现为热释电系数增大。这一现象主要源于温度临近居里相变点 T_c 偶极子因热扰动无序程度加剧,最终表现为自发极化强度加速下降[20]。

6. 铁电性

铁电性是指材料具有自发极化,且自发极化会随外加电场翻转的现象。具有铁电性的材料被称作铁电体。

(1) 铁电体的分类　铁电体的分类标准众多。按照材料类型,铁电体可分为无机铁电体、有机铁电体与有机-无机杂化铁电体。按照极化轴数目划分,铁电体可分为单轴铁电体与多轴铁电体。按照铁电相变机制划分,铁电体可分为位移型铁电体与有序-无序型铁电体。

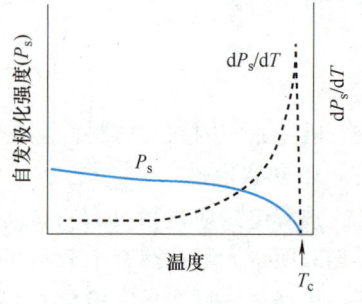

图 3-34 材料自发极化随温度的变化图

(2) 铁电体的两大特征　铁电体主要具有两大特征,一是其为非线性电介质,且其极化随外电场呈现电滞回现象;二是铁电材料通常存在铁电-顺电相变,在相变点附近存在介电等性质的异常现象。

1) 铁电体的电滞回效应。铁电体是一种非线性电介质,铁电体的极化强度随外电场的变化图 3-35 所示[21]。其中 OABC 段为铁电体的极化曲线,从中可以看出其极化强度对电场是非线性的,且在高电场下,极化呈现饱和现象,此时极化与电场间呈线性关系。图 3-35 中 CBDFGHC 段极化-电场回线被称作电滞回线,其典型特征为铁电极化的翻转相较于电场的翻转具有滞后效应。

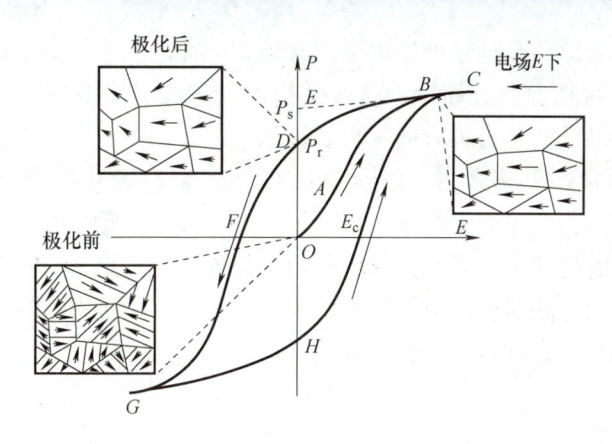

图 3-35 铁电体极化曲线与电滞回线

从电滞回线中可提炼出铁电材料的重要参数，如饱和极化强度 P_s（自发极化强度）、剩余极化强度 P_r 和矫顽场 E_c。饱和极化强度 P_s 是指电滞回线排除线性项的结果，表现为 CB 线性段延长线与极化坐标轴的交点。剩余极化强度 P_r 是指撤去电场后铁电体所剩的极化强度，表现为电滞回线与极化坐标轴的交点。矫顽场 E_c 是指铁电极化翻转过程中极化为零时的电场，表现为电滞回线与电场坐标轴的交点。

2）铁电体的介电反常效应。铁电材料并非在所有温度范围内都呈现铁电性，当温度升高至一定程度时，铁电体会发生相变，晶体结构由具有极性点群的铁电相转变为具有非极性点群的顺电相。顺电相并不具有铁电性。这一相变被称作居里相变，相变温度被称作居里温度 T_c。

铁电体在居里温度附近介电、弹性、热学等性质会出现反常现象。以典型的铁电材料钛酸钡为例，如图 3-36 所示，其介电常数在居里温度（120℃）附近呈现出介电常数异常增大的介电反常峰。当温度高于居里温度时，介电常数 ε_r 与温度 T 的关系可满足居里-外斯定理：

$$\varepsilon_r = \frac{C}{T-\Theta_0} + \varepsilon_\infty \approx \frac{C}{T-\Theta_0} \quad (3\text{-}96)$$

式中，C 为居里常数；Θ_0 为特征温度。Θ_0 与居里相变的特征有关：当居里相变为一级相变时，T_c 略高于 Θ_0；当居里相变为二级相变时，T_c 等于 Θ_0。在居里温度附近，ε_∞ 远小于 ε_r，因而可忽略。

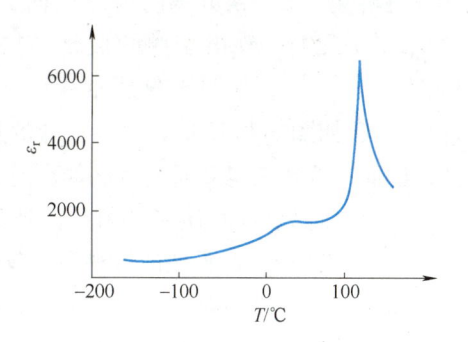

图 3-36 钛酸钡陶瓷介电常数随温度关系图

（3）铁电自发极化的机制 铁电极化的产生与晶体结构的对称性破缺（晶体对称性的下降）密切相关，下面主要介绍两种典型的自发极化机制，分别为钙钛矿型铁电体中的离子位移机制与聚偏二氟乙烯基铁电聚合物中的偶极子有序机制[22]。

对钙钛矿型铁电体，以钛酸钡为例，其顺电相属立方晶系，晶胞中心的钛离子存在热振动，但热振动方向是中心对称的，且相反方向概率相等，因而晶胞内偶极矩为零，晶体不存在自发极化。当其经历居里相变转化为铁电相时，由于热振动能量降低，钛离子倾向于沿某一方向位移，相应地氧原子会随之产生电子位移极化。此时，沿钛离子位移方向的晶胞参数伸长，垂直于该方向的晶胞参数缩短，晶体结构由立方相转变为四方相，如图 3-37 所示。该种结构下晶体存在沿钛离子位移方向的自发极化。

对聚偏二氟乙烯基铁电聚合物，以聚偏氟乙烯-三氟乙烯共聚物 [P(VDF-TrFE)] 为例，其内部存在氟原子指向氢原子的永久偶极子[23]。当其为顺电相时，晶体结构为构象无序的 3/1 螺旋相，此时受热扰动影响，晶胞的永久偶极子相互抵消，不存在自发极化。当其经历居里相变转化为铁电相时，晶体结构转变为反式平面相，具有全反式构象，此时晶胞内的永久偶极子一致排列，存在自发极化，如图 3-38 所示。

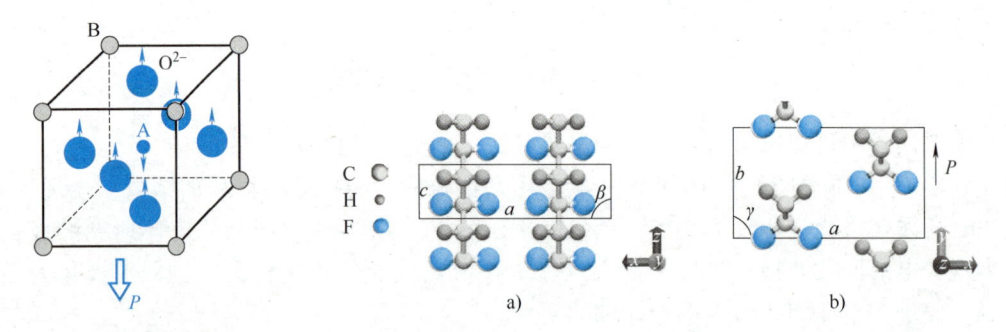

图 3-37 钛酸钡自发极化机制示意图

图 3-38 铁电聚合物 P(VDF-TrFE) 晶胞自发极化机制

（4）铁电畴　铁电畴是指铁电体内自发极化一致的区域。相邻铁电畴间的界面又被称作铁电畴壁。按照铁电畴的极化取向，铁电畴可分为平凡畴与非平凡畴（又被称作拓扑畴）。对平凡畴，铁电畴内的极化沿铁电材料的易极化方向，典型的畴结构包括 90° 畴、180° 畴等[24][25]，如图 3-39 所示。对非平凡畴，其内部极化方向呈现出空间上的连续旋转现象[26]，如图 3-40 所示。这一特殊的极化旋转现象为铁电材料赋予了许多新奇的物理特性，因而在近年来得到研究者们的广泛关注。

（5）弛豫铁电性与反铁电性　除典型的铁电性外，部分极性材料具有弛豫铁电性或反铁电性[27]。具有这两种性质的材料都具有较高的极化，但极化随外电场的响应行为与铁电性不同，如图 3-41 所示。对弛豫铁电体，其电滞回线图较铁电体更细，这预示着其矫顽场更低。此外弛豫铁电体还具有介电常数高、介电峰宽化、介电峰存在频率色散等特征，如图 3-42 所

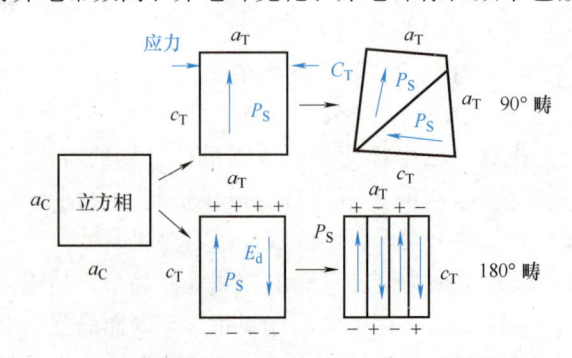

图 3-39 钙钛矿型铁电体 90° 畴与 180° 畴

示。对反铁电体，其电滞回线呈现双滞回现象。在低场下，由于晶体内相邻偶极子等大、反平行排列，因而总体不具有自发极化。在高场下，反铁电相会转变为铁电相，并产生滞回现象。

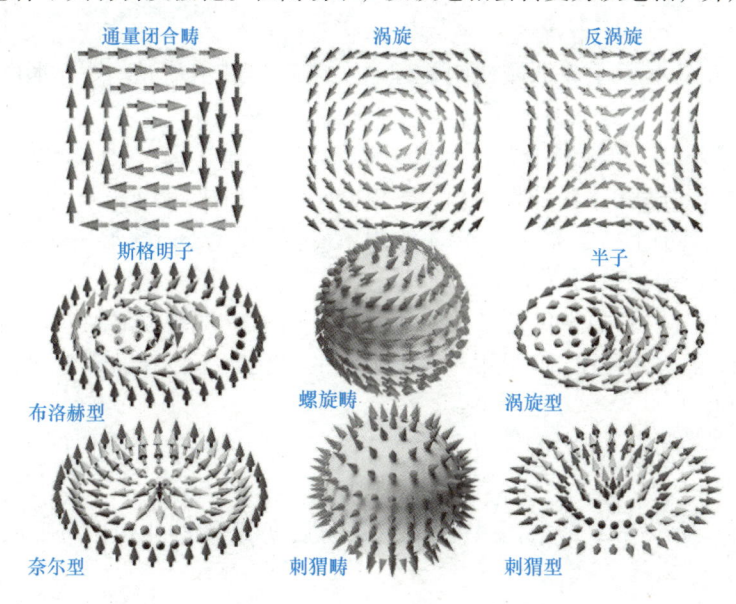

图 3-40　铁电材料中的非平凡畴结构（极性拓扑）

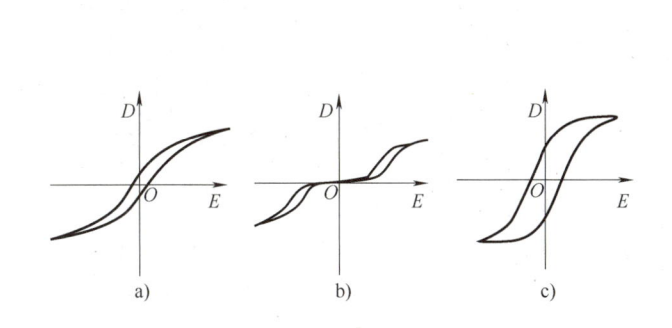

图 3-41　各类铁电体的电滞回线图
a) 弛豫铁电体　b) 反铁电体　c) 铁电体

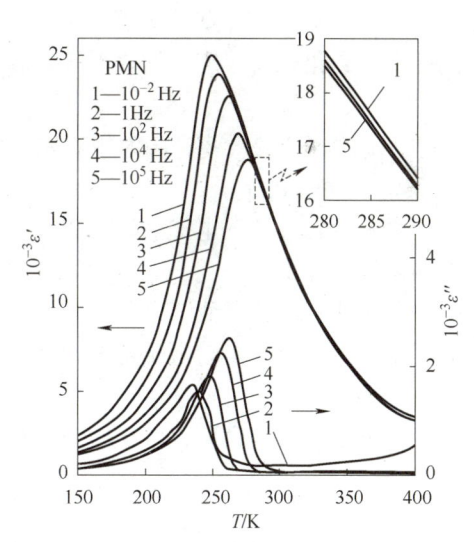

图 3-42　弛豫铁电体介电温谱[28]

3.3　磁学性能

材料的磁学性能是指材料在外磁场下的磁化特性。本章将从磁性与磁性相关的效应两个方面介绍材料的磁学性能[1][12][29]。

3.3.1 材料的磁性

1. 磁性简介

（1）磁矩　磁矩是用于表征磁性的物理量。以磁体最小基元——环形电流为例，其磁矩 μ_m 可表示为

$$\mu_m = IS \tag{3-97}$$

式中，I 为环形电流强度；S 为环形面积。磁矩方向沿环形电流法向。

磁矩是材料的本征性质，源于电子的运动以及电子、原子内的永久磁矩。磁矩越强，材料的磁性越强，其在磁场中受力越大。

（2）磁化强度　材料的磁化是指在外界磁场作用下，材料内部的偶极相应规则排列而显宏观磁性的现象。磁化强度 M 可用于表征材料的磁化状态，其物理含义为单位体积 V 内磁矩的总和，可写作：

$$M = \frac{\sum \mu_m}{V} \tag{3-98}$$

（3）磁化率　磁化率 χ 是磁化强度 M 与磁场强度 H 间的比值，可反映材料磁化的能力。其表达式为

$$\chi = \frac{M}{H} \tag{3-99}$$

（4）磁导率　磁导率 μ 是指单位磁场强度 H 下材料磁感应强度 B 的大小，可反映材料的磁性、磁化难易程度、导磁性等。其表达式为

$$B = \mu H = \mu_0 \mu_r H \tag{3-100}$$

式中，μ_0 为真空磁导率；μ_r 为相对磁导率。

2. 磁性的起源

材料的磁性源于电子的运动以及电子、原子内的永久磁矩。下面主要从原子磁矩的角度介绍磁性的起源。

对于孤立的原子而言，其磁矩由电子轨道磁矩、电子自旋磁矩、原子核磁矩组成。通常情况下，原子核磁矩较电子磁矩（电子轨道磁矩与电子自旋磁矩）可忽略不计。因此，下面将主要讨论电子磁矩。

根据量子力学模型，电子轨道磁矩 $\boldsymbol{\mu}_L$ 和自旋磁矩 $\boldsymbol{\mu}_s$ 是量子化的，表达式为

$$|\boldsymbol{\mu}_L| = \sqrt{l(l+1)}\mu_B \tag{3-101}$$

$$|\boldsymbol{\mu}_s| = 2\sqrt{s(s+1)}\mu_B \tag{3-102}$$

式中，l 为角量子数；s 为自旋量子数；μ_B 为玻尔磁子，是原子磁矩的基本单位。

上述模型讨论了单一电子的磁矩，对多电子原子，还需考虑电子壳层的填充情况与角动量耦合。当电子壳层被填满时，电子磁矩相互抵消，总磁矩为 0。因此，只有当电子壳层未被填满时，才可能出现非零的总磁矩。总磁矩非零的未填满壳层又可被称作磁性原子壳层。

磁性原子壳层中角动量间存在耦合，主要有两种方式：L-S 耦合（轨道-自旋耦合）与 j-j 耦合。L-S 耦合用于描述各电子轨道角动量间存在较强耦合的情况，原子的总角动量由总轨道角动量与总自旋角动量合成。j-j 耦合用于描述原子自身轨道角动量与自旋角动量间存在较强耦合的情况，原子的总角动量由各电子角动量合成。当原子序数小于等于 32 时，角动量

耦合遵循 L-S 耦合；当原子序数介于 32 至 82 之间，角动量耦合由 L-S 耦合逐渐转变为 j-j 耦合；当原子序数大于 82 时，角动量耦合遵循 j-j 耦合。铁磁性材料内原子主要遵循 L-S 耦合，原子的总磁矩 μ_J 可写作：

$$\mu_J = g_J \sqrt{J(J+1)} \mu_B \tag{3-103}$$

式中，g_J 为朗德因子，可反映原子总磁矩中电子轨道磁矩与电子自旋磁矩的占比。

对实际材料，原子中电子还会受到临近原子核与电子的影响，这一作用可等效为晶体场。晶体场会导致电子轨道的能量发生变化，进而导致电子排布方式与轨道角动量的变化，最终导致原子磁矩的变化。

3. 磁性的分类

根据材料磁化强度随外磁场的响应行为，材料的磁性可划分为 5 类，分别是抗磁性、顺磁性、铁磁性、反铁磁性与亚铁磁性。

（1）抗磁性　抗磁性是指在外加磁场下，材料的磁化强度与外磁场方向相反的性质。抗磁体的磁化率很小，且为负值，量级为 -10^{-5}。同时，磁化率与温度、磁场无关。抗磁性为材料普遍存在的一种性质，但易受到其他磁性影响而不显现，所以抗磁性通常表现于不具有固有原子磁矩的材料中。

抗磁性产生的机理与外磁场下电子产生拉莫进动有关。基于这一模型可求得抗磁体 χ_d 的磁化率为

$$\chi_d = -\frac{\mu_0 N e^2}{6m_e} \sum_{i=1}^{Z} \overline{r_i^2} \tag{3-104}$$

式中，N 为材料单位体积内的原子数；m_e 为电子质量；$\overline{r_i^2}$ 是指某一电子轨道电子云的均方半径；Z 为轨道电子数目。

（2）顺磁性　顺磁性是指在外加磁场下，材料的磁化强度与外磁场方向相同，且磁化强度与磁场强度成正比的性质。顺磁体的磁化率为正，且数量级为 $10^{-6} \sim 10^{-3}$。

顺磁体内部存在永久磁矩，但是在无外磁场作用下，由于热振动顺磁体内部磁矩无规排列，宏观磁化强度为 0。而在外加磁场下，磁矩会沿磁场方向规则排列，且磁化强度与磁场强度成正比。

材料的顺磁性可利用郎之万理论描述。根据这一模型可得高温下顺磁体磁化率 χ_p 为

$$\chi_p = \frac{N\mu_J^2}{3kT} = \frac{C}{T} \tag{3-105}$$

式中，C 为居里常数；N 为材料单位体积内的原子数；μ_J 为原子磁矩。可知，磁化率与温度成反比。

而在低温或强磁场条件下，材料磁化强度可写作 $M = N\mu_J$，这表示材料内磁矩沿磁场一致排列，达到饱和。

（3）铁磁性　铁磁性是指在外加磁场下，材料的磁化率高且随外磁场变化，在高磁场下呈现磁化强度饱和，在撤去磁场后存在剩余磁化强度的性质。铁磁体的磁化率的数量级可达 $10^1 \sim 10^6$。

与顺磁体不同，铁磁体存在自发磁化。铁磁体自发极化的来源可通过外斯分子场理论与海森堡交换相互作用模型等解释。

外斯分子场理论认为铁磁体内部存在的分子场会使原子磁矩克服热扰动而一致取向，产生自发极化。当温度高于某临界温度时，热扰动引发的磁无序效应强于分子场引发的磁有序效应，原子磁矩无序取向而显顺磁性。这一临界温度被称作居里温度T_c。此外，外斯分子场理论还认为铁磁体会被划分为多个小区域，又称作磁畴。磁畴内部的自发磁化方向一致。未被磁化的铁磁体内磁畴间的自发磁化相互抵消，因而总磁化强度为0。而在外加磁场作用下，自发磁化沿外磁场方向的磁畴会长大，其他方向磁场的磁畴会缩小，最终形成单畴而达到磁饱和。

根据外斯分子场理论，可求得温度低于居里温度时材料的自发强度、居里温度以及高于居里温度下材料磁化率随温度的变化关系。其中磁化率随温度变化的关系遵循居里-外斯定律，即

$$\chi_f = \frac{C}{T-T_c} \tag{3-106}$$

虽然外斯分子场理论一定程度上可以解释铁磁体的磁学行为，但是未能解释分子场的起源。海森堡基于量子力学提出自发磁化源于近邻原子间的交换相互作用，该模型被称作交换相互作用模型。近邻原子间的交换相互作用能可写作：

$$E_{ex} = -2\sum_{近邻} A_{ij} S_i \cdot S_j \tag{3-107}$$

式中，A为交换积分；S_i、S_j为电子自旋角动量。

由上式可知，为降低系统能量，当$A>0$时，$S_i \cdot S_j>0$，电子自旋倾向于平行排列，呈铁磁性；当$A<0$时，$S_i \cdot S_j<0$，电子自旋倾向于反平行排列，呈反铁磁性。由该理论可以得到，铁磁性材料的居里温度与交换积分正相关。

（4）反铁磁性　反铁磁性是指无外磁场下，相邻原子磁矩反平行排列且大小相等，导致宏观自发磁化为零的性质。反铁磁体的磁场响应行为类似于顺磁体，其磁化率为正但很小。反铁磁体的磁化率随温度变化先增后减。磁化率取极值的温度被称作奈尔温度T_N。对反铁磁体，$T<T_N$时，呈反铁磁性；$T>T_N$时，呈顺磁性。

（5）亚铁磁性　亚铁磁性是指无外磁场下，相邻原子磁矩反平行排列，但大小不等，存在宏观自发磁化的性质。亚铁磁体的磁场响应行为与铁磁体类似，其磁化曲线非线性且存在磁饱和现象，但是它的自发磁化强度更小，磁化率更低，量级为$10^{-3} \sim 10^1$。亚铁磁体也具有居里温度T_c，当$T<T_c$时，呈亚铁磁性；当$T>T_c$时，呈顺磁性，且磁化率随温度遵循居里-外斯定律（居里-外斯温度与居里温度不等）。

4. 磁各向异性

磁性材料对不同方向磁场的磁响应存在差异，这一现象被称作磁各向异性。磁各向异性与众多因素有关，如与晶体各向异性、材料形状各向异性、外场各向异性等因素有关。其中磁性随晶体取向存在各向异性的现象又被称作磁晶各向异性。

磁晶各向异性反映特定方向上磁化的难易程度，这其中容易磁化的方向被称作易磁化方向（易轴），不易磁化的方向被称作难磁化方向（难轴）。磁晶各向异性可通过磁晶各向异性能描述，通过不同方向上磁化功的差别可反映磁晶各向异性的大小。

5. 磁畴

铁磁体与亚铁磁体存在自发磁化，自发磁化区域一致的区域被称作磁畴。对未被磁化的

铁磁体与亚铁磁体而言，其宏观的磁化强度为零，这主要源于材料内部磁畴取向不同，在宏观尺度内相互抵消。

磁畴的形成是众多能量间相互竞争的结果。对铁磁体而言，其能量项主要包括外磁场能 E_H、退磁场能 E_d、交换能 E_{ex}、磁各向异性能 E_K 与磁弹性能 E_σ。当材料不受外加磁场与外应力影响时，能量项主要包括退磁场能 E_d、交换能 E_{ex} 与磁各向异性能 E_K。这其中交换能的作用为使相邻原子磁矩一致取向，形成自发磁化；磁各向异性能的作用为使自发磁化沿晶体的易磁化方向；退磁化能的作用为打破均匀一致的自发磁化，形成多畴结构。可见，磁畴形成的主要驱动力为退磁化能的减小。

当形成多畴结构后，两磁畴间的过渡区域被称作磁畴壁。磁畴壁区域内，磁矩的大小或方向会发生改变。根据畴壁处磁矩大小与方向的变化规律，磁畴壁可分为伊辛型畴壁、奈尔型畴壁与布洛赫型畴壁，具体结构如图 3-43 所示。畴壁的形成会增加交换能与磁晶各向异性能。因此，最终的畴结构取决于退磁场能、交换能与磁各向异性能相互竞争、能量最小化的结果。

与铁电畴类似，铁磁畴也可分为平凡畴与非平凡畴。对平凡畴，磁畴内磁矩通常沿晶体的易磁化方向。对非平凡畴，磁矩的方向与大小在空间上连续变化。这些特殊的结构也被称作磁性拓扑。典型的磁性拓扑结构也如图 3-40 所示。

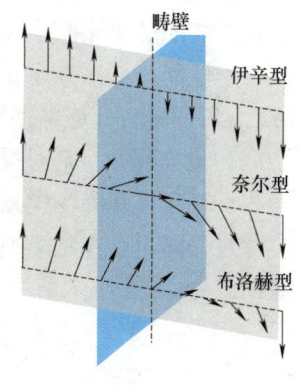

图 3-43 磁畴壁结构

6. 磁化过程

磁畴在外磁场下的演化过程可用于解释磁性材料的磁化过程。磁化过程包括静态磁化与动态磁化。静态磁化过程施加恒定或准静态磁场，动态磁化过程施加交变磁场。

（1）静态磁化　当磁性材料不受外磁场作用时，通常呈多畴结构，总磁化强度为零。施加磁场后，材料内部磁畴结构发生变化，表现为：畴壁位移、磁畴自发磁化转动、磁畴自发磁化大小改变。具体的磁化过程如图 3-44 所示，施加磁场后依次经历四个阶段：可逆壁移、不可逆壁移、磁畴转动与内禀磁化。可逆壁移与不可逆壁移阶段主要发生畴壁位移，磁畴转动阶段主要发生磁畴自发磁化的转动，内禀磁化阶段主要发生磁畴自发磁化大小的微弱改变与磁畴自发磁化的微弱转动。

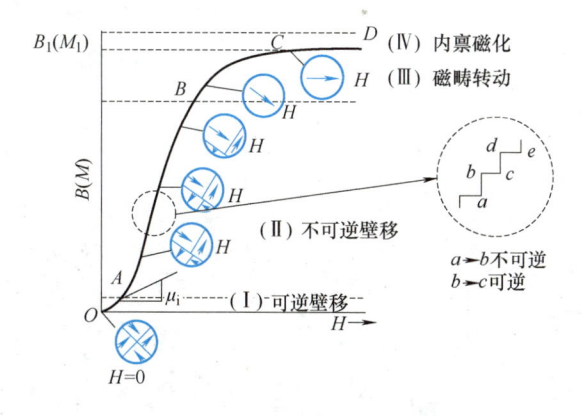

图 3-44 磁性材料磁化过程与畴结构演化过程

从图 3-44 中可提炼出磁性材料的性能，如起始磁导率 μ_i、最大磁导率 μ_{max} 与饱和磁化强度 M_S 等。起始磁导率 μ_i 是指 B-H 磁化曲线起始点处的斜率，可反映磁畴壁可逆移动的难易程度。最大磁导率 μ_{max} 是指 B-H 磁化曲线中最大斜率，可反映磁畴壁不可逆移动的难易程度。饱和磁化强度 M_S 是指图 3-44 中 C 点处的磁化强度，反映材料完全被磁化为单畴时的磁化强度。

在磁化饱和的条件下逐渐减小外磁场，材料的磁化强度也会随之减小，但在零场下，材料存在剩余磁化强度 M_r。若要将材料的磁化强度降为零，需要施加反向磁场，该磁场强度又被称作矫顽场 H_c。可见，类似于铁电材料，磁性材料在外磁场作用下也存在滞回现象，这一滞回的磁化曲线又被称作磁滞回线，如图 3-45 所示。从磁滞回线中也可提炼出材料的磁学性能，如磁导率 μ、饱和磁化强度 M_s、剩余磁化强度 M_r、矫顽场 H_c、最大磁能积 $(BH)_{max}$ 等。此外，磁滞回线包围的面积可反映材料的磁滞损耗。

（2）动态磁化　磁性受到交变磁场作用也存在磁滞回现象，如图 3-46 所示。磁滞回线的面积反映磁体在磁场中磁化一周所消耗的能量。由于静态磁化过程仅存在磁滞损耗，而动态磁化过程同时存在磁滞损耗、涡流损耗与剩余损耗，因此动态磁滞回线的面积相较于静态磁滞回线更大。

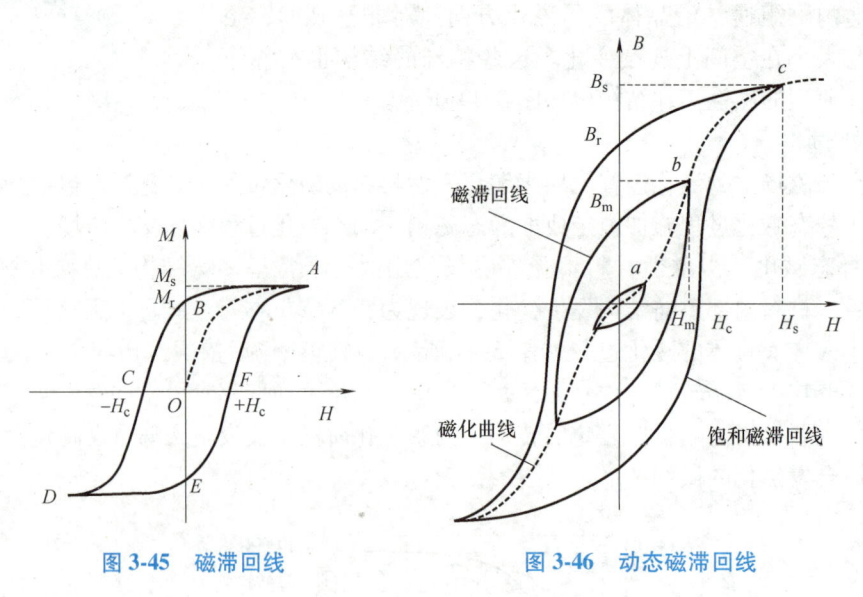

图 3-45　磁滞回线

图 3-46　动态磁滞回线

3.3.2　磁性效应

磁性可与其他性质间产生耦合效应，如磁电效应、磁光效应、磁热效应、磁力效应、磁声效应等。下面简要介绍磁阻效应、磁光克尔效应与磁致伸缩效应。

1. 磁阻效应

外加磁场引发的材料电阻的变化被称作磁阻效应。磁阻效应可通过磁阻比 MR 表征，即

$$\text{MR} = \frac{\Delta R}{R_0} = \frac{R_H - R_0}{R_0} = \frac{\rho_H - \rho_0}{\rho_0} \tag{3-108}$$

式中，R_H、R_0 分别为外加磁场与无外加磁场下材料的电阻；ρ_H、ρ_0 为外加磁场与无外加磁

场下材料的电阻率。

材料的磁阻效应可分为正常磁阻效应与反常磁阻效应。正常磁阻效应存在于所有磁性或非磁性材料中，材料电阻随磁场的施加而增高（MR>0）。该效应与磁场作用下，电子受洛伦兹力产生回旋进而增加电子受散射概率有关。反常磁阻效应存在于具有自发磁化的铁磁体中。材料电阻率的变化，一方面与自旋-轨道相互作用或 s-d 相互作用引发的磁化强度有关，另一方面与磁畴壁有关。根据反常磁阻效应的特征，其可进一步分为各向异性磁阻效应、巨磁阻效应、隧道结巨磁阻效应与庞磁阻效应。

2. 磁光克尔效应

磁光克尔效应是指当线偏光入射到磁性材料时，其反射光转变为椭圆偏振光的效应。按照磁化强度与光入射的相对取向，磁光克尔效应可分为极向磁光克尔效应、纵向磁光克尔效应与横向磁光克尔效应。

3. 磁致伸缩效应

磁致伸缩效应是指当磁性材料磁化状态改变时，其长度与体积发生变化的现象。其中，长度的变化被称作线磁致伸缩，体积的变化被称作体积磁致伸缩。体积磁致伸缩的量通常较小，因而主要讨论线磁致伸缩。线磁致伸缩可分为纵向磁致伸缩（沿外磁场方向的尺寸变化）与横向磁致伸缩（垂直于外磁场方向的尺寸变化）。线磁致伸缩的大小可用磁致伸缩系数 λ 描述，写作：

$$\lambda = \frac{L_\mathrm{H} - L_0}{L_0} \tag{3-109}$$

式中，L_H、L_0 分别为外加磁场与无外加磁场下材料特定方向上的尺寸。此外，材料磁致伸缩系数随外磁场的增大会发生饱和。

3.4 光学性能

材料的光学性能是指材料与光相互作用的性质，可包括光折射、光反射、光透射、光发射等性能[1][12][30][31]。

3.4.1 光折射性能

光由真空进入其他介质中时，光的传播速率会降低，光在真空中与介质中传播速率之比被定义为材料的折射率 n，写作：

$$n = \frac{c}{v} \tag{3-110}$$

式中，c、v 分别为光在真空中与介质中的传播速率。

当光由折射率为 n_1 的材料入射到折射率为 n_2 的材料中时，光的传播方向会发生改变，若入射角为 φ_1，折射角为 φ_2，则 φ_1 与 φ_2 间满足折射定律，即

$$n_1 \sin\varphi_1 = n_2 \sin\varphi_2 \tag{3-111}$$

1. 材料折射率的影响因素

材料的折射率与电子/原子结构、晶体结构、内应力、外场等因素有关。

（1）电子/原子结构　材料的折射率取决于原子（离子）的极化率。而极化率又是由原

子（离子）半径与外层电子结构决定。通常来讲，当离子电价相同时，离子半径越大，离子极化率越高，其折射率也越大。

（2）晶体结构　材料的折射率也取决于原子（离子）的排列方式。对各向同性材料（如非晶态或立方晶系材料），其折射率与光的传播方向无关。而对各向异性材料，其折射率与光的传播方向有关。当光沿原子（离子）排列紧密的方向传播时，折射率更大。对同一种材料，原子（离子）堆积密度更高的晶型其折射率也更大。

（3）内应力　内应力对材料折射率的影响也可等效为原子（离子）排列方式对折射率的影响。以张应力为例，平行于张应力方向折射率减小，垂直于张应力方向折射率增大。

（4）外场　除上述影响外，材料在电场、超声波场等外场下折射率也可能发生改变。这些现象与电光、声光等效应有关。

2. 光的色散

材料的折射率随入射光的波长变化，这一现象被称作色散现象。介质的色散可通过色散率 η 描述，定义为折射率随波长的变化率，即

$$\eta = \frac{\mathrm{d}n}{\mathrm{d}\lambda} \tag{3-112}$$

色散率可正可负。色散率为负的区域为正常色散区，色散率为正的区域为反常色散区。当材料对某一波数范围的光存在吸收时，折射率会突变，也因此色散率主要用于描述某一特定谱区内材料的色散性质。材料典型的全谱色散曲线如图 3-47 所示。从中可知，正常色散区与反常色散区交替出现。

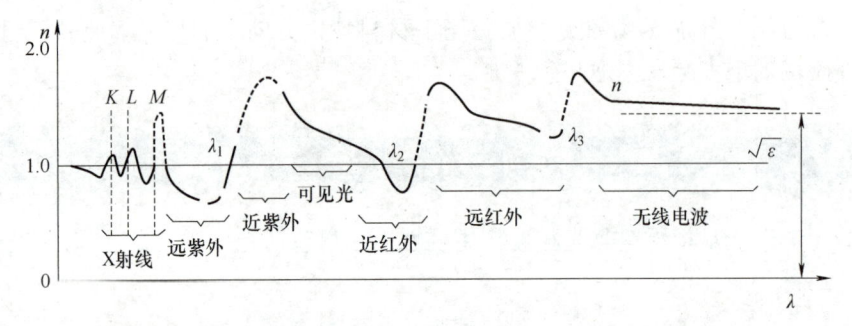

图 3-47　材料典型的全谱色散曲线[12]

3. 晶体的双折射

由上述可知，材料的折射率与晶体结构有关。对各向同性体（非晶体、立方晶体），各个方向上折射率相等，且光入射后振动形式不变。这类材料又被称作光性均质体。而对各向异性材料，各个方向上的折射率不同。这类材料又被称作光性非均质体。光射入光性非均质体后发生双折射现象，表现为入射光分解为两条振动方向相互垂直且传播速度不同的偏振折射光。两偏振光的折射率差被称作双折射率。并非任何方向均会发生双折射现象，不能发生双折射的特殊方向被称作光轴。

两束折射光具有不同的性质，其中一束光折射率为常数，且满足折射定律，被称作寻常光（o 光），另一束光折射率随入射方向变化，被称作非常光（e 光）。o 光与 e 光均为偏振光，o 光偏振方向垂直于 o 光与光轴形成的主平面，e 光偏振方向垂直于 e 光与光轴形成的主平面。

3.4.2 光反射性能

光入射到材料时会发生反射与透射。材料的反射与透射性能可通过反射率 R 与透射率 T 描述，写作：

$$R = \frac{E_r}{E_i}, T = \frac{E_t}{E_i} \tag{3-113}$$

式中，E_i、E_r、E_t 分别为入射光、反射光与透射光的能量，可知 $R+T=1$。

经理论推导可得自然光由介质 1 射入介质 2 的反射率为

$$R = \frac{1}{2}\left[\frac{\sin^2(\varphi_1-\varphi_2)}{\sin^2(\varphi_1+\varphi_2)} + \frac{\tan^2(\varphi_1-\varphi_2)}{\tan^2(\varphi_1+\varphi_2)}\right] \tag{3-114}$$

式中，φ_1、φ_2 分别为入射角与折射角。

若入射角很小，接近于垂直入射时，反射率可简化为

$$R = \left(\frac{n_{21}-1}{n_{21}+1}\right)^2 \tag{3-115}$$

式中，n_{21} 为介质 2 相对介质 1 的折射率。由此进一步可知，若两介质折射率相差大，则反射率高；若两介质折射率相近，则反射率低。

此外，当光由光密介质入射到光疏介质，且入射角大于临界角 φ_c 时，所有光均被反射，这一现象被称作全反射，且临界角可写作：

$$\varphi_c = \arcsin\frac{n_2}{n_1} \tag{3-116}$$

式中，n_1、n_2 分别为光密、光疏介质折射率，且满足 $n_1>n_2$。

3.4.3 光透射性能

1. 光的吸收

当光射入介质后，透射光会与介质发生相互作用而产生能量的损耗，表现为强度的衰减。这种光强随光穿入深度的增加而减弱的现象被称作光的吸收。

一般来讲，光强与入射厚度间满足朗伯特定律。该定律认为损失的光强 dI 与光强 I、穿入深度 dx 成正比，可写作：

$$dI = -\alpha I dx \tag{3-117}$$

式中，比例系数 α 为吸收系数，与介质性质、光波长有关。对上式关于光强 I 积分可得光强随入射深度 x 的变化规律：

$$I = I_0 \exp(-\alpha x) \tag{3-118}$$

式中，I_0 为入射光强。由上式可知，光强随入射深度符合指数衰减规律。朗伯特定律主要适用于光强不太高的情况，若入射光为光强更高的激光，则由于光与物质间的非线性效应，朗伯特定律不再适用。

光的吸收机制与材料类型、波长有关，具体如图 3-48 所示。对金属与半导体材料，其在可见光区的吸收系数很高，这源于这一波段的光子可激发电子的跃迁。对绝缘体材料，其通常在红外区、紫外区与 X 射线区存在吸收峰。红外区的吸收与离子或分子价键振动有关，紫外区的吸收峰与价带电子跃迁有关，X 射线区的吸收峰与内层电子跃迁有关。

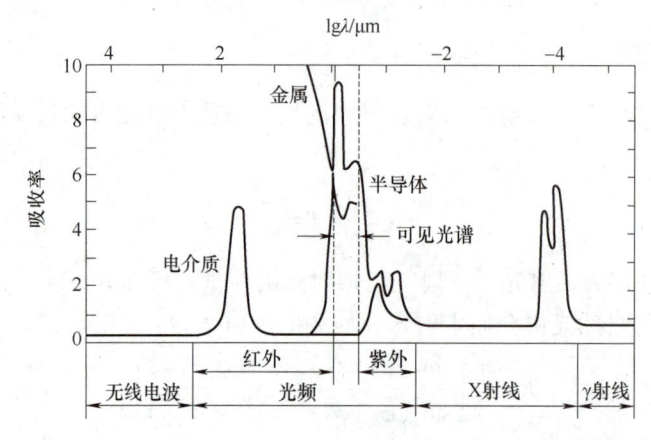

图 3-48　金属、半导体、绝缘体材料吸收率随光波长变化图[1]

根据吸收系数随光波长的变化规律，光的吸收可分为一般性吸收与选择性吸收。一般性吸收是指在某一波段内吸收系数稳定且保持较低值，选择性吸收是指在某一波段内吸收系数随波长有较大变化。

材料的禁带宽度 E_g 可通过紫外-可见光波段的吸收峰位 λ 求得，满足：

$$E_g = \frac{hc}{\lambda} \tag{3-119}$$

式中，h 为普朗克常数；c 为光速。

2. 光的散射

当光入射到不均匀介质中时，光还会发生散射，表现为部分光传播方向会发生偏离。光的散射与材料内晶界、气孔、杂质粒子等因素有关。由散射导致的光强衰减规律与光吸收的衰减规律类似，也满足指数衰减规律，即

$$I = I_0 \exp(-Sx) \tag{3-120}$$

式中，S 为光的散射系数，与散射中心的尺寸、含量、折射率等因素有关。

光的散射可分为弹性散射与非弹性散射。弹性散射是指散射前后光波长不变的散射，进一步可包括廷德尔散射、米氏散射、瑞利散射等。非弹性散射是指散射前后光波长发生变化的散射，进一步可分为拉曼散射与布里渊散射。通常情况下，弹性散射强度高于非弹性散射。

（1）弹性散射　弹性散射光强与光波长 λ、散射中心尺寸 d 有关，简化关系如下：

$$I_S \propto \frac{1}{\lambda^\sigma} \tag{3-121}$$

式中，指数因子 σ 与 d 和 λ 间的相对大小有关，取值范围在 0~4。指数因子 σ 也反映了弹性散射的不同机制。

1）廷德尔散射。廷德尔散射发生于 $d \gg \lambda$ 的情况（$\sigma \to 0$），此时散射光强与波长无关。

2）米氏散射。米氏散射发生于 $d > \lambda/20$ 的情况，此时 σ 介于 0~4 之间。米氏散射强度关于 d/λ 存在波动。

3）瑞利散射。瑞利散射发生于 $d < \lambda/20$ 的情况，此时 $\sigma = 4$。可知对于瑞利散射，散射光强度随波长的减小而增大。[30]

(2) 非弹性散射　当光强较弱时，散射以弹性散射为主；而当光强较强时，非弹性散射也变得显著。非弹性散射与光和晶格热振动间的相互作用有关，可分为拉曼散射与布里渊散射。拉曼散射是指晶格振动的光学声子散射，布里渊散射是指晶格振动的声学声子散射。由于光学声子相较于声学声子能量较高，因此拉曼散射引起的光频率移动较布里渊散射引起的光频率移动更高，如图 3-49 所示。其中，光频率低于弹性散射的散射线被称作斯托克斯线，光频率高于弹性散射的散射线被称为反斯托克斯线。非弹性散射谱线可反映材料的晶体结构、晶格振动、分子能级等信息。

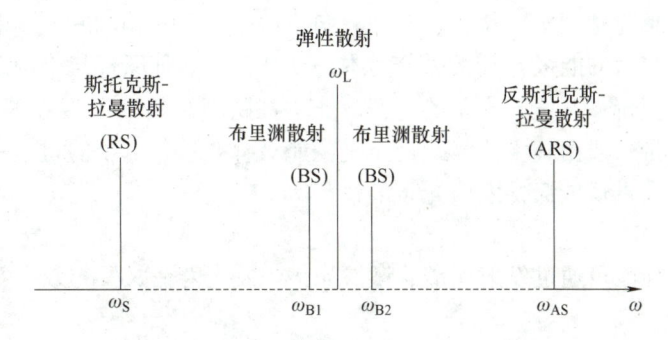

图 3-49　非弹性散射光频率变化示意图

3. 光的透射

由上述分析可知，当光射向介质后，并非所有光均会透过材料，而会发生反射、吸收与散射。光的透射性能是指光通过材料后光能量的剩余率。光垂直射入某一厚度为 x 的透明材料后光强的变化可写作：

$$\frac{I_1}{I_0} = (1-R)^2 \exp[-(\alpha+S)x] \tag{3-122}$$

式中，I_0、I_1 分别为入射光强与透射光强；R 为反射率；α 为吸收系数；S 为散射系数。由该式可知，材料透光性能的提升可从减少反射率、吸收系数与散射系数这几个角度出发。以无机电介质材料为例，其透光性能主要取决于散射系数。而散射系数又与宏观微观缺陷、材料晶粒取向等因素有关。

3.4.4　光发射性能

材料的发光可分为平衡辐射与非平衡辐射。平衡辐射又称为热辐射，同温度与辐射本领有关。材料温度越高，发光波长越短。非平衡辐射是指外场（非热场）诱导电子激发至非平衡态进而发生的辐射。发光材料温度与环境温度近似，因而发出的光又被称作冷光。

1. 光发射机制

非平衡光发射主要包含激发与复合过程，如图 3-50 所示。激发过程是指电子受外界能量输入（电能、光能、化学能等）而跃迁到非平衡态，又

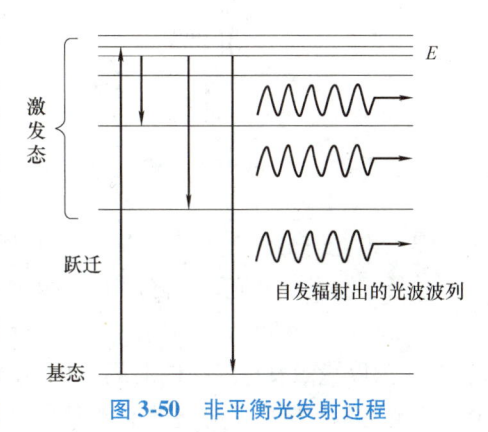

图 3-50　非平衡光发射过程

称激发跃迁。复合过程是指电子向低能态跃迁，并发射光子，又称复合跃迁。

激发跃迁过程的机制可包括：光致发光、阴极射线发光、放射线发光、电致发光与化学致发光。光致发光是指光频电磁波激发发光。阴极射线发光是指电子束激发发光。放射线发光是指高能射线（X、α、β、γ等射线）激发发光。电致发光是指电场激发发光。化学致发光是指化学反应激发发光。

复合跃迁过程的机制可包括：自发辐射发光与受激辐射发光。自发辐射发光是指高能态电子自发跃迁至低能态而发射光子的过程。受激辐射发光是指光子诱导高能态电子跃迁至低能态，并发射与外来光子频率、位相、传播方向、偏振态完全相同的光子的过程。依照复合跃迁过程电子跃迁前后的能级，其又可分为本征跃迁、非本征跃迁与带内跃迁。本征跃迁是指电子由导带跃迁至价带并发射光子的过程；非本征跃迁是指电子由导带跃迁至杂质能级、由杂质能级跃迁至价带或由施主能级跃迁至受主能级，并发射电子的过程；带内跃迁是指电子由高能级跃迁至同带低能级并发射光子的过程。

2. 光发射性能指标

材料的光发射性能可通过发射光谱、激发光谱、发光寿命、发光效率等性能描述，下面逐一介绍。

（1）发射光谱　发射光谱是指发射光的强度（或发光能量）随发射光波长的分布。发射光谱可分为带状谱和线谱。带状谱是指发射光强在几十或几百纳米波长范围内连续变化的光谱。线谱是指由众多窄带谱构成的光谱，如图 3-51 所示。发射光谱与发光材料的能带结构有关。

（2）激发光谱　激发光谱是指发射特定谱线（谱带）光的强度随激发光波长的分布。激发光谱可用于说明不同波长的激发光发光的效果。由图 3-52 可知，当激发光波长在 140~260nm 之间时，发光效果好；而当激发光波长在 280nm 以上时，发光效果差。

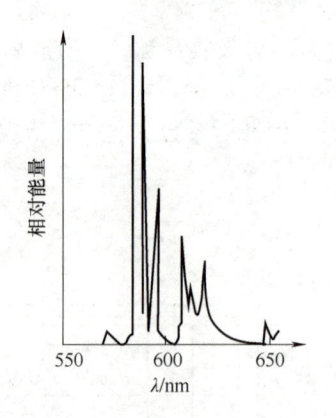

图 3-51　$LaB_3O_6:Eu^{3+}$ 发射光谱 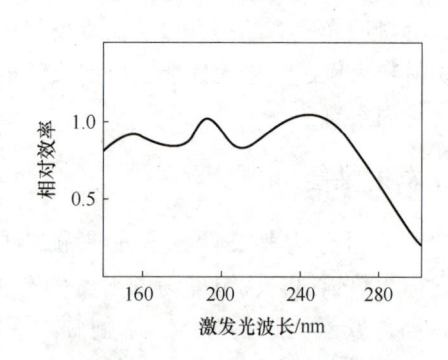　　　图 3-52　$Zn_2SiO_4:Mn$ 的激发光谱[31]

（3）发光寿命　发光寿命是指停止激发后发光体持续发光的时间。

对分立发光，发光强度随时间呈指数衰减规律：

$$I = I_0 \exp(-\alpha t) \tag{3-123}$$

式中，t 为停止激发后经历的时间；I 是时间为 t 时的光强；I_0 是停止激发时的光强；α 为电子跃迁至基态的概率。材料的发光寿命 τ 可通过上式的特征时间定义，其意义表示为停止激发后，发光强度衰减至初始的 1/e 所需的时间，写作：

$$\tau = \frac{1}{\alpha} \tag{3-124}$$

对复合发光，发光强度随时间的衰减规律为

$$I = \frac{pn_0^2}{(1+pn_0t)^2} \tag{3-125}$$

式中，t 为停止激发后经历的时间；I 是时间为 t 时的光强；p 为复合速率常数；n_0 为初始离化中心数。

然而在实际情况下，材料的发光衰减过程还要复杂，因而很难满足上述规律。在工程上，将停止激发后光强衰减为初始状态的 1/10 的时间定义为余辉时间，以此来表征发光寿命。发光材料可根据余辉时间的长短分为极短余辉（<1μs）、短余辉（1~10μs）、中短余辉（0.01~1ms）、中余辉（0.01~0.1s）、长余辉（0.1~1s）、极长余辉（>1s）。

(4) 发光效率　发光效率用于表征材料受激转化为光的效率，可通过功率效率、量子效率、光度效率表征。发光效率的高低可反映发光过程存在的各类机制。

1）功率效率。功率效率 η_p 是指发光功率 P_{out} 与吸收或输入功率 P_{in} 之比，可从能量的角度表征转化为光能的效率，写作：

$$\eta_p = \frac{P_{out}}{P_{in}} \tag{3-126}$$

2）量子效率。量子效率 η_q 是指发射光子数 N_{out} 与吸收光子数（或激发光的电子数）N_{in} 之比，写作：

$$\eta_q = \frac{N_{out}}{N_{in}} \tag{3-127}$$

3）光度效率。光度效率 η_l 是指发射光通量 L 与输入功率 W 之比，写作：

$$\eta_l = \frac{L}{W} \tag{3-128}$$

参 考 文 献

[1] 关振铎, 张中太, 焦金生. 无机材料物理性能 [M]. 2版. 北京: 清华大学出版社, 2011.
[2] 范钦珊, 郭光林. 工程力学 [M]. 2版. 北京: 清华大学出版社, 2012.
[3] 范钦珊. 材料力学 [M]. 2版. 北京: 高等教育出版社, 2005.
[4] 沙桂英. 材料的力学性能 [M]. 北京: 北京理工大学出版社, 2015.
[5] 朱张校, 姚可夫. 工程材料 [M]. 5版. 北京: 清华大学出版社, 2011.
[6] 潘金生, 仝健民, 田民波. 材料科学基础 [M]. 修订版. 北京: 清华大学出版社, 2011.
[7] 肖定全, 朱建国, 朱基亮, 等. 薄膜物理与器件 [M]. 北京: 国防工业出版社, 2011.
[8] 曲喜新. 薄膜物理 [M]. 上海: 上海科学技术出版社, 1986.
[9] 李谟介. 薄膜物理 [M]. 武汉: 华中师范大学出版社, 1990.
[10] 陈国平. 薄膜物理与技术 [M]. 南京: 东南大学出版社, 1993.
[11] 唐伟忠. 薄膜材料制备原理、技术及应用 [M]. 2版. 北京: 冶金工业出版社, 2003.

[12] 吕文中，汪小红，范桂芬. 电子材料物理［M］. 2 版. 北京：科学出版社，2017.

[13] 刘恩科，朱秉升，罗晋生. 半导体物理学［M］. 7 版. 北京：电子工业出版社，2011.

[14] 殷之文. 电介质物理学［M］. 2 版. 北京：科学出版社，2003.

[15] 但振康. 高储能密度聚合物基电介质的制备与性能［D］. 北京：清华大学；2021.

[16] 江建勇. 具有高放电效率叠层结构介电复合材料的制备与性能［D］. 北京：清华大学，2019.

[17] 蓝顺. 无铅介电储能薄膜的制备与性能研究［D］. 北京：清华大学，2022.

[18] ZHANG L W, LI S F, ZHU Z W, et al. Recent Progress on Structure Manipulation of Poly（vinylidene fluoride）-Based Ferroelectric Polymers for Enhanced Piezoelectricity and Applications［J］. Advanced Functional Materials，2023，33（38），2301302.1-2301302.30.

[19] WAN C Y, BOWEN C R. Multiscale-structuring of polyvinylidene fluoride for energy harvesting：the impact of molecular-, micro- and macro-structure［J］. Journal of Materials Chemistry A, 2017, 5（7）：3091-3128.

[20] BOWEN C R, TAYLOR J, LEBOULBAR E, et al. Pyroelectric materials and devices for energy harvesting applications［J］. Energy & Environmental Science，2014，7（12）：3836-3856.

[21] JIN L, LI F, ZHANG S J. Decoding the Fingerprint of Ferroelectric Loops：Comprehension of the Material Properties and Structures［J］. Journal of the American Ceramic Society，2014，97（1）：1-27.

[22] HORIUCHI S, TOKURA Y. Organic ferroelectrics［J］. Nature Materials，2008，7（5）：357-366.

[23] LIU Y, AZIGULI H, ZHANG B, et al. Ferroelectric polymers exhibiting behaviour reminiscent of a morphotropic phase boundary［J］. Nature，2018，562（7725）：96-100.

[24] FERNANDEZ A, ACHARYA M, LEE H G, et al. Thin-Film Ferroelectrics［J］. Advanced Materials，2022，34（30）.

[25] DAMJANOVIC D. Ferroelectric, dielectric and piezoelectric properties of ferroelectric thin films and ceramics［J］. Reports on Progress in Physics，1999，61（9）：1267-1324.

[26] CHEN S Q, YUAN S, HOU Z P, et al. Recent Progress on Topological Structures in Ferroic Thin Films and Heterostructures［J］. Advanced Materials，2021，33（6）.

[27] ZHOU L, ZHAO S, XIE P, et al. Research progress and prospect of polymer dielectrics［J］. Applied Physics Reviews，2023，10（3）.

[28] BOKOV A A, YE Z G. Recent progress in relaxor ferroelectrics with perovskite structure［J］. Journal of Materials Science，2006，41（1）：31-52.

[29] 严密，彭晓领. 磁学基础与磁性材料［M］. 2 版. 杭州：浙江大学出版社，2019.

[30] 赵清，郑少波，尹璋琦. 物理光学基础［M］. 北京：科学出版社，2023.

[31] 祁康成. 发光原理与发光材料［M］. 成都：电子科技大学出版社，2012.

第 4 章

金属及半金属基纳米薄膜

金属及半金属基薄膜是指具有纳米级厚度（1~100nm）的材料层，通常由金属及半金属材料（Si、Ge、SiC、ZnO、CdS 等）构成，也可以是多种材料形成的复合结构或异质结构。金属及半金属基纳米薄膜是一种重要的纳米结构材料，是材料科学领域中的研究热点之一。由于纳米尺度的厚度和量子效应，这些薄膜拥有特定的电子能带结构，其导电性介于导体和绝缘体之间，可以通过外部刺激（如电场、光照、温度）进行调控，薄膜材料通常表现出与宏观材料不同的电子、电磁和光学性质。近年来，随着各种纳米薄膜材料的制备以及表征技术的不断发展，为新型功能纳米薄膜材料的研究和开发提供了重要的技术支持，促进了纳米科学技术在新能源、生命科学、信息技术等领域的创新运用。

4.1 半导体纳米量子点

在当今的材料应用领域中，纳米科学技术发展中的多个里程碑式工作也来自于量子点相关研究。量子点（Quantum Dot，QD）已经成为 21 世纪备受瞩目的技术革命之一。2023 年 10 月 4 日，瑞典皇家科学院宣布，美国麻省理工学院的 Moungi G. Bawendi、美国纳米晶体科技公司的 Alexei I. Ekimov 和美国哥伦比亚大学的 Louis E. Brus 荣膺 2023 年诺贝尔化学奖，表彰他们"发现和合成量子点"的科学贡献。[1]

量子点也是一种纳米尺度的材料，通常是由半导体材料制成的微小结构。与纳米薄膜不同的是：纳米薄膜是在空间三个维度的某一维度达到纳米级别的层状纳米材料；而量子点在空间三个维度上均达到纳米尺度的半导体纳米晶，又称"人造原子""超原子"，是一种准零维的纳米材料。[2] 量子点的尺寸通常介于 2~10nm，由于其微小尺寸所带来的量子尺寸效应、表面效应、介电限域效应、量子隧穿效应、库仑阻塞效应等，量子点表现出特殊的电子和光学性质，如能级分立、高荧光量子效率等。[3] 量子点的性质可以根据其材料的组成和尺寸进行调控，因此具有广泛的应用潜力，包括在显示技术、生物成像、光电子器件等领域。量子点被视为一种具有重要研究价值和应用前景的纳米材料。

4.1.1 量子点的来源与概述

1. 量子点的来源

量子点的发展可以追溯到 20 世纪 70 年代，当时科学家们开始研究半导体纳米晶体的独特性质。量子点的发展得益于许多因素，包括材料科学和纳米技术的进步、对微小尺寸材料

纳米功能薄膜

性质的深入研究以及对新型材料应用的需求,以解决能源危机等。

20 世纪 70 年代末,俄罗斯瓦维洛夫国家光学研究所(列宁格勒)的物理学家 Alexei Ekimov(见图 4-1a)开始研究半导体掺杂玻璃,他的目标是了解有色玻璃中胶体粒子的化学成分和结构,以及它们的生长机理,由此揭开了量子点发展的序幕。[4] Alexei Ekimov 使用氯化铜或溴化铜(CuCl,CuBr)来研究单一化合物对玻璃活化的影响。如图 4-1d 所示,在 CuCl 活化的玻璃中,Ekimov 研究小组发现,激子线与在 CuCl 块体中观察到的激子线相似,但其形状随热处理条件而变化,他们将这一观察结果归因于热处理过程中过饱和溶液的相分解导致玻璃基质中形成了 CuCl 结晶相[5]。Ekimov 和他的博士生 Alexei Onushchenko 利用小角 X 射线散射法测定了从几纳米到几十纳米的平均晶体尺寸,并证实晶体尺寸随热处理时间而变化,这与再结晶生长理论模型的预期相符。此外,通过改变热处理的温度和持续时间,他们还能控制玻璃熔体中形成的 CuCl 晶体的平均尺寸。最重要的是,Ekimov 观察到吸收线的位置在较小的晶体到几纳米的晶体之间,从其本体位置发生较大的蓝移,他将这一结果归因于依赖于尺寸的量子效应。这时,半导体量子点已经被发现。

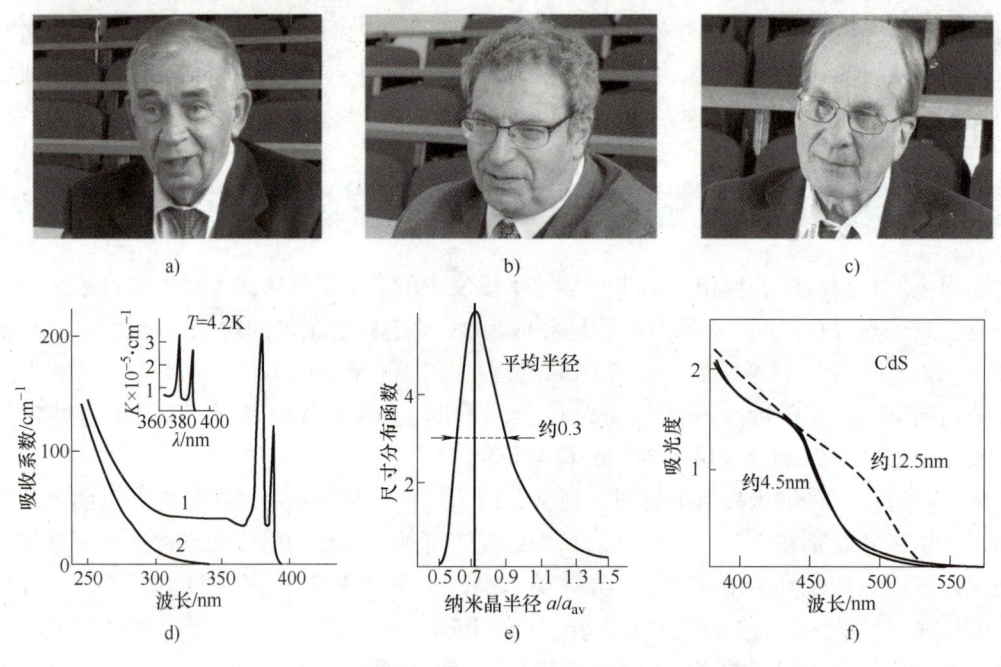

图 4-1 发现量子点的历史人物和对应的主要贡献
a)Alexei Ekimov b)Alexander Efros c)Louis Brus d)CuCl 活化玻璃和纯玻璃的低温吸收光谱
e)生长的 Ostwald 成熟阶段产生的半导体纳米晶体尺寸的分布规律[6]
f)室温下不同尺寸的 CdS 半导体纳米晶体在水溶液中的室温吸收光谱[7]

Alexei Ekimov 只是证明了粒子大小可以通过量子效应影响吸收谱的位置,但是并没有对这种现象做出合理的解释。与此同时,另一位俄罗斯物理学家 Alexander Efros(见图 4-1b)在 1982 年发表了第一个理论,如图 1-4e 所示,旨在通过电子的限制来解释这些非常小的晶体的行为[6]。Efros 是第一个将量子点所表现出的独特量子力学特性理论化的人之一,他与 Alma

Kharamani 共同提出了量子点中的 Efros-Khramtsov 模型，并对半导体纳米结构中的电子和激子之间的相互作用进行了深入研究，该模型已被广泛用于研究半导体纳米量子点的电子和光学特性。

然而，此时发现的量子点被"限制"在玻璃介质中，不适合进一步加工和利用。胶体纳米量子点的出现，打开了流体中自由漂浮的粒子也存在大小依赖的量子尺寸效应的新窗口。Louis Brus（见图 4-1c）在苯乙烯/马来酸酐共聚物的存在下，在溶液中制备了相对较小的 CdS 颗粒，这种共聚物有助于防止凝结和絮凝。Brus 及其合作者使用共振拉曼散射和吸收光谱来研究电子状态，发现新鲜颗粒和旧颗粒之间存在差异。在图 4-1f 中，较大旧颗粒的激发光谱与块状 CdS 的激发光谱相似，而较小的新鲜颗粒则表现出激发子线的蓝移和拓宽[7]。他将大颗粒和小颗粒之间的这种差异归因于电子和空穴之间的静电作用所缓和的量子尺寸效应。从此，量子点开始挣脱"固定"介质的束缚，开始走向人们日常生活运用的视野之中。

2. 量子点的概述

在半导体材料中，电子和空穴都可以用德布罗意波来表示，这是描述粒子性质的一个重要参量。研究发现，当材料的尺寸从体相逐渐减小到一定临界尺寸后，其物理长度与电子自由程相当。在这个尺度下，材料的行为将具有量子特性，结构和性质也随之发生了从宏观到微观的转变。在图 4-2 的三维块体材料中，电子和空穴在三个维度上都不受限制，因此，电子的德布罗意波波长远小于材料的尺寸，块体材料中的电子能态密度呈连续分布状态。当某一维度的尺度缩小到与电子的德布罗意波长相当时，即为量子阱，此时电子只能在另外的二维空间中运动，形成了量子化的"阶梯"形。如果将两个维度减小到一个维度，在三个维度上都与电子的德布罗意波长或电子平均自由程相当或更小时，则电子只能在一维方向上运动，电子的能态密度被进一步量子化，形成了尖顶"脉冲"形，即为量子线。当第三个维度的尺寸也缩小到一个电子波长以下时，电子只能在"零维"方向上运动，形成了"准零维"的量子点，电子的能态密度成为分立的状态[8]。

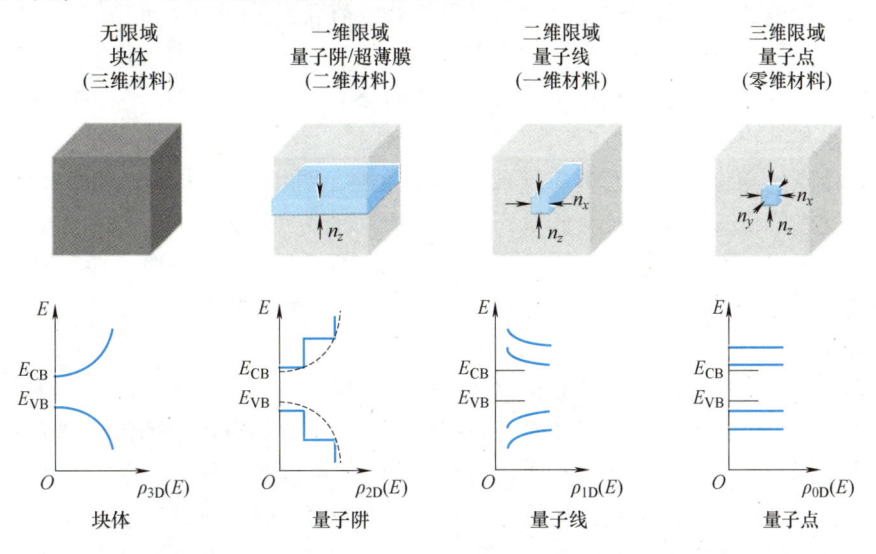

图 4-2 块体、量子阱、量子线、量子点的结构示意和对应的电子能态密度图

4.1.2 量子点的性质

1. 量子尺寸效应

量子尺寸效应是指当材料的尺寸降低到与电子的德布罗意波长相当的纳米级别时，材料的电子结构和物理性质发生显著变化的现象。如图 4-3 所示，在宏观尺度上，固体材料的能带结构是连续的，但在纳米尺度下，能带结构变得离散，连续能带变成具有分子特性的分立能级结构，纳米半导体微粒中存在不连续的最高占据分子轨道和最低未被占据的分子轨道能级，形成量子点、量子线和等低维结构。当强光照射时，在带隙中被激发的电子与剩余的价带空穴发生强烈的相互作用。库仑吸引和自旋交换耦合产生强约束电子空穴对（激子）。导带底部和价带顶部之间的能量差（能隙）变大，导致其吸收和发射光谱向短波长（高能量）方向移动，这一现象称为蓝移[10]。量子尺寸效应导致材料的吸收和发光特性发生变化，使得纳米材料具有尺寸依赖的颜色和荧光性质。

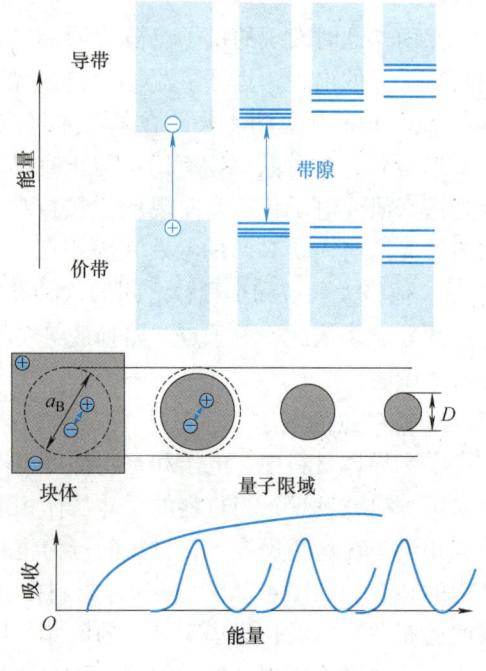

图 4-3　量子尺寸效应下的能级分立和吸收光的蓝移现象[10]

2. 表面效应

量子点是一种尺寸在几纳米范围内的纳米晶体，由于其尺寸小，表面原子占总原子数的比例很高，比表面积增大。量子点高比表面积导致较高的表面能，这使得量子点在没有适当表面修饰的情况下往往不稳定，容易聚集（见图 4-4a）。量子点表面可能存在未饱和的原子或缺陷，形成所谓的表面态，这些表面态可以俘获电荷载流子（电子或空穴），作为非辐射复合中心，降低量子点的量子产率。量子点的表面原子由于其未饱和的化学键，表现出较高的化学反应性，这使得量子点易于与周围环境中的分子发生相互作用。这一特性使量子点可以与特定分子相互作用，实现目标识别和选择性吸附。

量子点熔点的变化是由表面效应导致的直观反映，图 4-4b 中，随着纳米微粒尺寸的减小，其熔点逐渐降低。当颗粒尺寸低于 5nm 时，颗粒的熔点急剧下降[11]，主要是因为在纳米尺度下，量子点具有较高的表面原子比例，这些表面原子相比内部原子拥有较少的邻近原子，导致其化学势下降（表面能、热振动等），从而影响材料的熔点。

3. 介电限域效应

在宏观尺度上，材料的介电常数是描述材料对电场响应能力的物理量，反映了材料极化的程度。在量子点中，由于电子运动受到空间限制，电子的能级被量子化，电子云的分布和极化方式受到影响，导致介电常数与体相材料不同。另外，量子点内的电子在外加电场下的极化行为受到量子点尺寸的限制。在体相材料中，电子可以自由移动以响应外部电场，但在量子点中，电子的运动范围受到限制，这影响了电子的极化过程和迁移速率。因此，量子点的介电响应可能比体相材料更快或更慢，这取决于量子点的具体尺寸和材料特性。

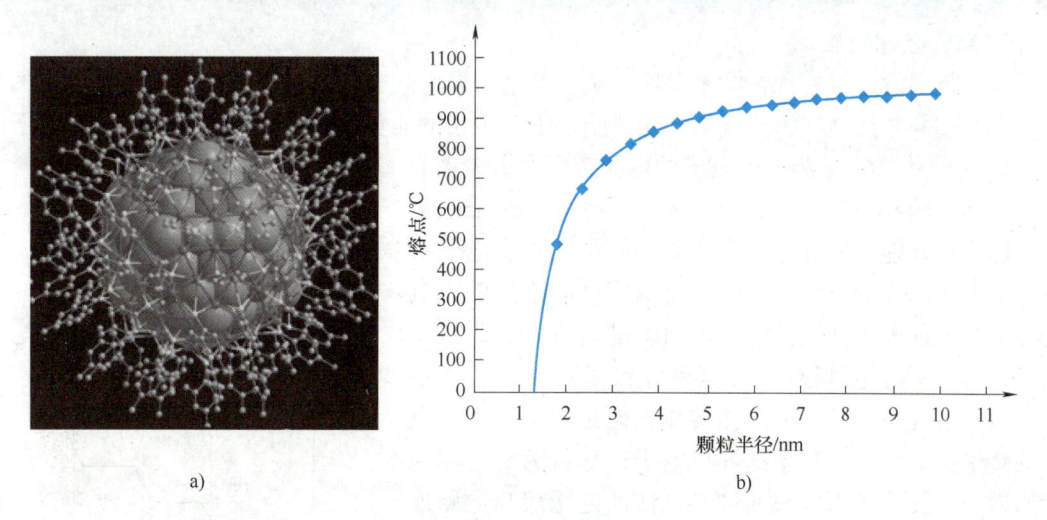

图 4-4 量子点的活性与性质

a) 量子点表面原子高反应活性模型　b) 量子点的熔点随尺寸变化关系[11]

4. 量子隧穿效应

量子隧穿效应是量子力学中的一个基本现象，描述了粒子从一个量子阱穿越势垒进入另一个量子阱的过程。按照经典物理学的观点，这些粒子的能量不足以越过这个势垒。然而，在纳米空间，电子的平均自由程与约束空间尺度相当，载流子运输过程的波动性增强，电子可以通过量子隧穿效应穿过势垒进入相邻的量子点或电极（见图4-5）。量子隧道效应可以使得电子穿过纳米势垒而形成费米电子，使得原本不导电的体系变为导电，从而改变了体系的介电特性。除此之外，量子隧穿效应还可以让两个或多个靠得很近的量子点之间相互耦合。这种耦合可以导致电子态的分裂和重组，影响量子点的光谱特性。

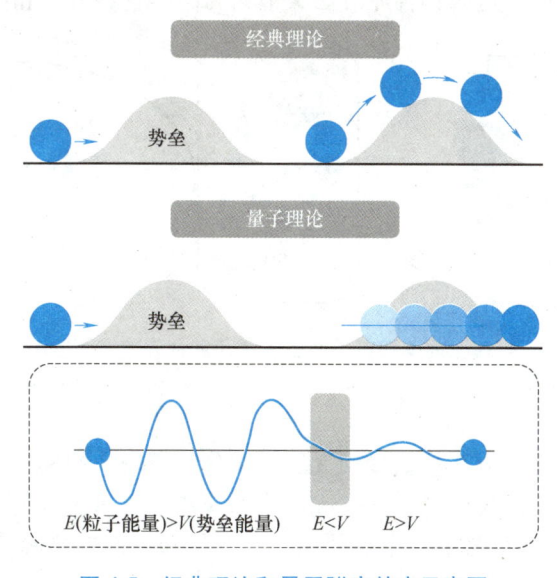

图 4-5 经典理论和量子隧穿效应示意图

5. 库仑阻塞效应

库仑阻塞效应是一种在纳米尺度系统，如量子点中观察到的现象，它表现为对电子的输运产生显著的非线性和阈值行为。在量子点中，电子的能量状态是量化的，充入一个电子所需的能量为 $e^2/2C$，e 为一个电子的电荷，C 为小体系的电容，体系越小，C 越小，能量 $e^2/2C$ 越大，这个能量称为库仑堵塞能。实际上，库仑阻塞能是前一个电子对后一个电子的库仑排斥能，相当于给库仑岛附加的充电能 $e^2/2C$ 远远大于低温下的热运动能量 k_BT（k_B 为玻尔兹曼常数，T 是绝对温度）。这就导致了对一个小体系的充放电过程，电子不能集体传输，而是一个一个单电子的传输。通常把小体系这种单电子运输行为称为库仑堵塞效应。如果纳米颗粒通过非常薄的绝缘层与电路连接，当满足一定的条件对体系充放电时，电子不能集体传输，而是一个一个的传输，电流随电压的上升不再是直线上升，而是在 I-U 曲线上呈现锯齿形状的台阶（见图 4-6）[12]。

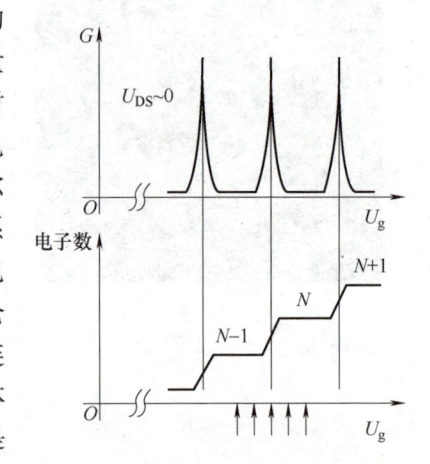

图 4-6 库仑阻塞效应下的导电性和 I-U 曲线 [12]

4.1.3 量子点的合成

量子点的合成方法大致可以分为两大类：自上而下和自下而上[13]。这两种方法从不同的角度和出发点来制备尺寸和性质具有特定需求的量子点（见图 4-7）。自上而下的方法主要是从宏观材料出发，通过物理或机械手段将块体分解成微观或纳米尺度的颗粒。这种方法的关键在于物理性的缩小尺寸过程。自下而上的方法则是从原子或分子级别出发，通过化学反应使之自发组装成具有特定尺寸和形状的纳米颗粒。这种方法的关键在于通过化学过程控制纳米结构的生长。因此，这两种合成方法又被称为高能物理方法和湿化学方法。

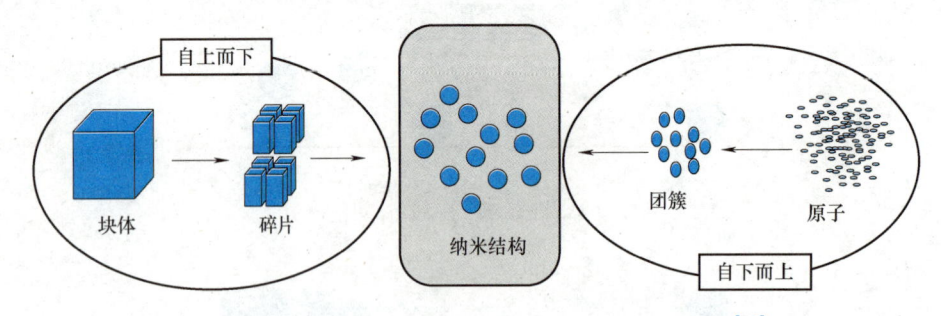

图 4-7 自上而下和自下而上的量子点合成方法示意图 [13]

1. 自上而下

自上而下合成量子点的方法包括将较大的块体分解成较小的量子点颗粒。这些方法通常采用高能量的聚集工艺，将块状材料分解成更小的碎片，从而产生具有特定尺寸和形态的量子点[14]。这种方法可以精确控制量子点的大小、形状和表面功能等。目前已经开发了几种自上而下的合成方法，见表 4-1，包括激光烧蚀、电弧放电、高能球磨和外加电流等[15]。每种方法都有其独特的优点和局限性，影响所得量子点的质量和性质。

第4章 金属及半金属基纳米薄膜

表4-1 自上而下不同合成量子点方法的比较

合成方法	原　　理	优　　点	局　　限
激光烧蚀	利用高能激光直接作用于目标材料表面,使其蒸发或剥离,从而形成纳米粒子	高纯度,尺寸可以精确控制	设备要求高,大规模制备成本高
电弧放电	通过等离子体中的高能粒子来移除固体表面的材料,进而达到纳米尺度	产出较高,可规模化运用	纯度不高,程序复杂,难以控制
高能球磨	通过高能球磨机将大块材料研磨成纳米级粒子	操作简单,成本较低,规模化运用	量子点尺寸分布较宽,可控性差
外加电流	施加电位或电流来诱导块体材料的剥落和破碎,从而形成量子点	操作简单,参数可控	重复性差,潜在环境污染

　　自上而下合成量子点为定制具有特定性质的纳米材料提供了一种通用和规模化的方法。这些自上而下的方法各有优缺点,如高能球磨和外加电流方法操作简单、成本较低,但可能得到的量子点尺寸分布较宽;而激光烧蚀、离子束和电子束光刻等方法可以实现更精确的尺寸控制,但成本较高,设备复杂。自上而下的方法使得研究人员能够从已有的宏观材料出发,通过物理方式探索和制备新的纳米尺度材料。这种方法有时能够发现意想不到的纳米材料性能,为材料科学和纳米技术的发展提供新的思路。尽管自上而下的方法在控制量子点尺寸和形状的精细度上可能不如自下而上的方法,但它们在量子点技术的发展中发挥了不可替代的作用,特别是在加速量子点材料的探索、实现大规模生产以及促进学科间交流方面。随着技术的不断进步,未来可能会有更多创新的自上而下方法被开发出来,进一步推动量子点技术的发展。

2. 自下而上

　　自下而上的量子点合成方法主要依赖于化学过程,利用原子或分子作为基本构建单元,通过各种化学反应自发组装成纳米尺度的量子点[17]。自下而上的合成方法包括从前体小分子中组装或生长量子点。自下而上的方法可以分为不同的策略,包括化学液相法、热分解法、水热/溶剂热合成法、微乳液法、化学气相沉积、分子束外延[18],见表4-2。每种方法在控制量子点属性和可伸缩性方面都具有独特的优势。

表4-2 自下而上不同合成量子点方法的比较

合成方法	原　　理	优　　点	局　　限
化学液相法	通过混合含有目标材料离子的前驱体溶液,并引入沉淀剂来诱导纳米颗粒的形成	操作简单,成本低,适合大规模生产	粒子尺寸和形状的控制较为困难,可能需要后续处理以改善其分散性和均一性
热分解法	在有机溶剂中加热含有金属前驱体的混合物,通过前体的热分解生成量子点	尺寸均一,操作简单,效率高,适用多种类型的材料体系	通常在高温下进行,并使用有机配体来稳定生长的量子点,以避免过度生长和聚集
水热/溶剂热合成法	在封闭的反应釜中,利用水或其他有机溶剂作为反应介质,在高温高压条件下诱导化学反应,形成量子点	可以精确控制反应环境(如溶剂、温度、压力),有利于合成高质量和高均一性的量子点	需要特定的高温高压设备,安全管理要求较高,且合成过程可能较为复杂

91

(续)

合成方法	原 理	优 点	局 限
微乳液法	利用微乳液体系，即由表面活性剂稳定的微小油滴分散在水相中（或液相），作为纳米反应器来合成量子点	通过微乳液中的微环境可以很好地控制量子点的形核和生长，从而获得尺寸和形状统一的量子点	微乳液的制备可能复杂，且对表面活性剂的选择非常敏感，这可能会影响量子点的性质和应用
化学气相沉积	通过将气态前体在高温下分解，使得反应产物在衬底上沉积形成薄膜或纳米结构	能够在基底上直接生长高质量的量子点，适用于固体基底的应用，如光电器件	设备成本高，过程控制复杂，需要高温条件，可能不适合所有类型的材料
分子束外延	在高真空环境下，通过分子束直接在基底上外延生长量子点	极高的材料质量和层间界面的精确控制，非常适合制备多层或异质结构量子点	高昂的设备成本，技术操作复杂，生长速率低

自下而上的合成方法对量子点的制备具有显著的优势。首先，这些方法能够实现对量子点尺寸和结构的精确调控，从而生产出具有高度均一性和单分散性的量子点。此外，自下而上的策略允许在合成过程中引入特定的官能团或掺杂元素，使量子点的性质能够针对特定应用进行特定合成。同时，许多自下而上的方法具有良好的可扩展性，适合于工业级别的大规模生产，增强了其在实际应用中的吸引力。

然而，自下而上的合成技术也面临一些挑战和限制。高质量量子点的合成需要精细的工艺控制和优化，这在高产量生产中尤其具有挑战性。量子点的尺寸分布控制、晶体质量和表面钝化的管理是复杂的自下而上技术中的关键难题。对于规模化生产而言，合成过程的成本效益也需仔细考量，因为并非所有自下而上的方法都容易扩展。自下而上的合成方法对量子点性质的精细调节产生了深远影响。通过精确控制反应条件和前驱体分子，可以调节量子点的大小和形状，从而生产出具有明确晶体结构、高光致发光量子效率和显著的量子限域效应的量子点。合成过程中引入官能团或掺杂元素的能力进一步拓宽了量子点在电子、光电子和能量存储等领域的应用范围。

4.1.4 量子点的应用

量子点之所以能够广泛应用于这些多样化的领域，关键在于其可调节的特性，如尺寸、形状、材料组成以及配体选择。精确控制合成条件，包括反应时间、温度和具体合成步骤，是实现这些不同特性调控的基础。这些可调特性和灵活性赋予量子点多样化的性能表现，使其在电子学、化学、物理学和生物科学应用领域展现出卓越的应用潜力（见图4-8）[10]。

1. 光电领域

（1）量子激光　半导体激光器是应用于许多技术的相干光源，包括光通信、数字投影系统、制造、手术器械、计量和新兴的量子信息技术。量子点的尺寸可以通过合成过程进行精确控制，从而调节其发射波长。这使得量子点激光器能够覆盖广泛的颜色范围，从紫外光到可见光甚至近红外。量子点激光器表现出优异的温度稳定性，能在更宽的温度范围内工作，这对于实际应用十分重要。另外，激光需要粒子数反转，其中发射跃迁中高能态的占有轨道超过低能态的占有轨道。对于具有能级分立的电子和空穴量子点，电子-空穴对的平均数目达到一定时，开始发生种群反转和光学增益，有助于降低激光的启动阈值[19]。在半导

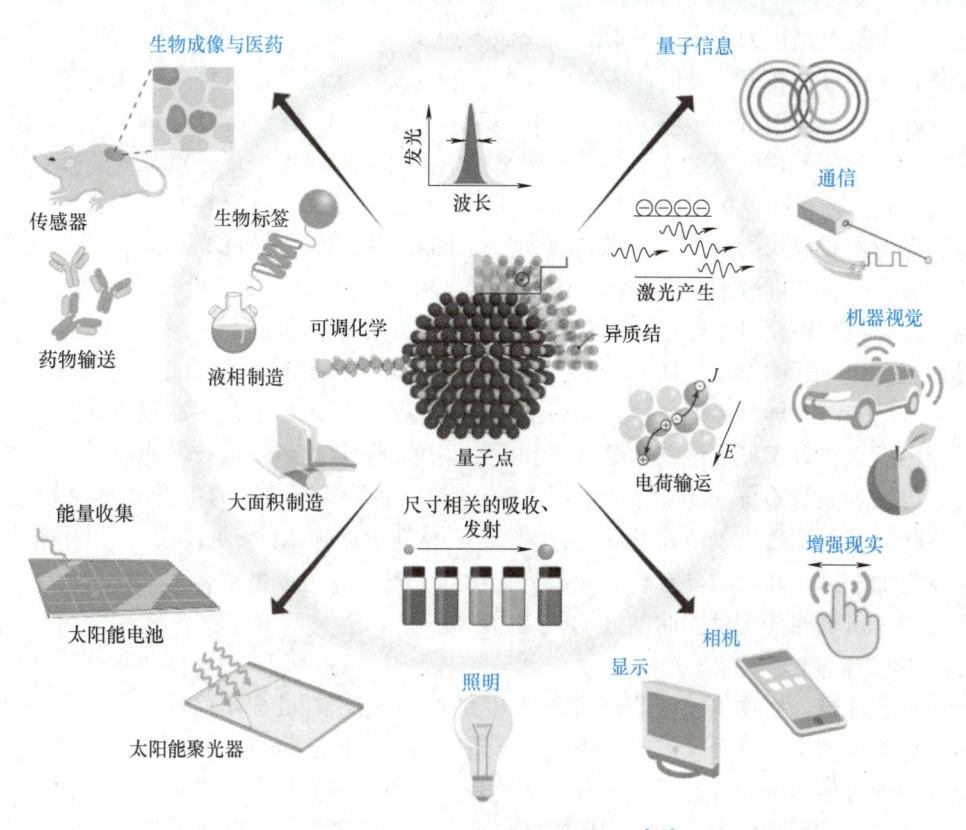

图 4-8 量子点在各领域中的应用[10]

体材料中，电子从导带回到价带时，可以通过辐射复合（发光）或非辐射复合（热量形式）释放能量。量子结构中的电子能带排列增加了电子和空穴波函数之间的空间重叠，减少了电子找到非辐射复合路径的可能性，提高了激光的转换效率[20]。量子点激光器已经成为光纤、通信、电信和网络数据中心的关键部件。

（2）太阳能电池　在量子光伏器件中，光生激子的能量以电子和空穴的形式被收集，这些电子和空穴被收集并用于产生电流。量子点在太阳能电池领域的应用是一个充满潜力的研究领域，旨在提高太阳能电池的能量转换效率并降低生产成本。量子点可以通过调整其尺寸来调谐带隙，从而实现对太阳光谱中更宽波段的吸收。这意味着量子点太阳能电池能够吸收比传统硅基电池更宽范围的光谱，包括可见光和近红外光[22]。这种可调带隙特性还可以使得量子点太阳能电池能够根据太阳光谱进行优化设计，以最大化能量吸收和转换效率。除此之外，量子点具有独特的多光子激发能力，即一个高能光子可以同时激发出多个电子-空穴对，这种现象被称为多激子生成。这提高了量子点太阳能电池的理论最大能量转换效率，理论上可以超过传统太阳能电池的效率限制（约33%，肖克利-奎塞尔极限）。2023年诺贝尔化学奖的获得者 Moungi G. Bawendi，是一位钙钛矿太阳能电池专家。他曾在2019年创造了钙钛矿太阳能电池第10和第11个效率记录点[23]。其中，高质量的量子点制备为提高光伏电池光电转换效率铺平了道路。

（3）量子发光与显示器　量子点在 LED（发光二极管）和显示器领域的应用是当前量子点技术最为成熟和广泛商业化的领域之一。量子点 LED 是一种利用量子点发光材料的光电设备，其中量子点作为发光层，通过电流激发而发光。与传统 LED 相比，量子点 LED 的主要优势在于，量子点可以被设计成在特定波长发射光，从而可以更精确地调整颜色并提高效率。此外，LED 使用量子点发光，能够覆盖更广的可见光谱范围，使得 LED 设备能显示出更为广泛的颜色，其色域更宽。另外，通过精确控制发射光谱，量子点背光能够显著提升显示器的色域，使得颜色更加鲜艳和自然。当量子点被用作光活性材料时，吸收短波长的蓝光并重新发射出长波长的蓝光、绿光和红光。这消除了对单独颜色滤光片的需求，消除了颜色串扰，减少了设备堆叠中的层数，增强了视角，并提高了光输出和设备效率[24]。在基于量子点的发光结构中，量子点被用于转换背光单元发出的蓝光为红光和绿光，结合蓝光，通过液晶面板产生全彩图像。这样的配置相比传统的屏幕可以减少需要的光学层和其他组件。这种方法有助于减少屏幕厚度，增强动态范围，改善黑色呈现，以及提高视角和分辨率。量子点的应用大大提升了显示设备的颜色饱和度、亮度和能效。量子点技术通过提高色彩纯度和亮度，以及通过优化显示屏的结构和材料，实现了屏幕分辨率的提升和屏幕厚度的减小，为现代显示技术带来了革命性的改进[25]。随着量子点技术的不断发展，预计未来的显示设备将更加轻薄、高效和具有视觉冲击力。比如，量子点可以被整合到柔性材料中，这使得开发更薄、可弯曲甚至可卷曲的显示屏成为可能。

2. 生物医学领域

量子点在成像、生物传感和药物治疗等生物领域具有潜在的应用前景。在细胞染色、动物成像和肿瘤生物学研究中，经常使用量子点进行多色成像。量子点因其高亮度和长期稳定性，成为一种理想的荧光探针，用于各种生物成像技术。它们可以用来标记细胞、蛋白质和其他生物分子，进行活体内外的成像研究[26]。与传统的有机染料相比，量子点具有更宽的激发光谱、更窄的发射光谱和更高的光稳定性，这使得它们在长时间的成像过程中不容易发生光漂白。加上光生电荷载流子的良好迁移性，使它们成为生物传感器应用的基础。在具体的运用之中，量子点发出的荧光可以被用来标记特定的生物分子，如 DNA、RNA、蛋白质或细胞。当这些生物分子与目标分析物发生相互作用时，量子点的荧光特性可能发生变化（如荧光强度的增加或减少、发射波长的移动），这种变化可以被检测并用来定量或定性地分析目标分析物的存在和浓度。量子点也被研究作为药物递送系统中的载体，尤其是用于靶向递送和控制释放药物[27]。量子点的表面可以通过化学方法修饰，使其能够结合特定的药物分子，并通过改变环境条件（如 pH 值或温度）来控制药物的释放。量子点在生物成像、生物传感和药物治疗等领域的广泛运用，不仅能够促进疾病的早期诊断和有效治疗，还能够推动个性化医疗的发展，同时为基础生物学研究提供强大的工具。

3. 催化领域

通常而言，高效的光催化应用依赖于三个关键条件：迅速的激子生成、延长的激子寿命以及高速的表面反应过程。因此，精确调节光催化剂的结构、电子性质和表面特征是提高光催化性能的必要条件。量子尺寸效应在量子点光催化剂中的一个重要结果是，随着晶粒直径的缩小，比表面积增大，这直接影响了激子的性质，从而提高了到达反应位点的速度，从而使氧化还原反应过程更有效。另外，量子材料中离散的能级结构允许量子点在催化反应中作为有效的电子和空穴供体或受体，从而在更大程度上增加激子的能量，从而提高光催化性能促进电荷的转移和化学反应的进行[28]。除了尺寸和结构的调节外，量子点的尺寸减小导致其具有极高的表面积与体积比，意味着更多的原子位于量子点的表面。这些表面原子具有不同于体相材料的化学和物理性质,如未饱和的化学键,可以作为活性位点参与催化反应。量子点的高表面活性使其在催化过程中展现出高效率。表面改性对量子点的合成、性能、加工和应用也至关重要。量子点的表面配体显著影响其表面特征,从而通过量子点的表面功能化和控制电荷位移来增强其催化活性。量子点在催化领域的研究正处于迅猛发展之中,通过解决这些挑战,量子点催化剂有望在能源生产、环境保护和绿色合成等领域发挥重要作用。

4. 自旋电子学

自旋电子学由于具有提高传统电子学性能和降低能耗的潜力,作为未来电子学的一个有前途的领域受到了广泛的关注。基于量子点的自旋电子学的目标是利用量子点中电子的自旋自由度来创造新的电子器件。一个电子的自旋有"上"或"下"两个值,可以被认为是它的内在角动量。自旋电子学的目的是利用电荷自由度和自旋自由度来开发新的更有效的电子器件。自旋电子学有望提供许多优势,包括稳定的数据存储,更快、更节能的数据处理,更高的数据密度等。有效的自旋极化产生、输运、转移、操纵和检测是充分发挥其潜力的必要条件。这些要求都与材料属性密切相关,量子点可以通过使用静电学的量子限域效应来限制电荷,通过控制限域势能,可以调控量子点,并利用它们独特的电子和光学性质,如强库仑相互作用、高可调性以及快速切换时间[29]。自旋电子学的原理是除了控制电子的电荷外,还控制电子的自旋。电子既有电荷又有自旋。在自旋电子学中,电子的自旋被用来存储和处理信息。传统电子学仅使用电子电荷来存储和处理信息,与传统电子学不同,自旋电子学具有提供更多功能和更高数据存储容量的潜力。这促进了基于自旋的量子计算和新型自旋电子器件的发展,如自旋极化发光二极管、自旋场效应晶体管和自旋滤波器。

4.2 硅基纳米薄膜材料与器件

作为第一代半导体材料的代表,硅是现代微电子行业的基石,几乎所有的集成电路和半导体器件都是基于硅。由于其丰富的天然资源、良好的半导体属性、成熟的加工技术和优异的热稳定性,被广泛用来制作热敏电阻、晶体管、二极管、电子探测器等元件。随着"光伏效应"和"网络时代"的出现,硅因其较高的能量转换效率和稳定的晶体结构,在光伏领域和计算机存储、光纤通信技术方面扮演着重要角色。但是,硅是一种间接带隙半导体,这意味着其导带最低点和价带最高点在动量空间中不对齐(见图4-9)。这种间接带隙性质导致硅中的电子-空穴复合效率很低,因为这需要额外的动量来通过声子(晶格振动的量子)参与过程。硅的带隙宽度约为1.1eV,这意味着它主要在红外区域发光,而不是在可见光区域。这限制了硅在某些光电应用中的使用,特别是那些需要可见光发光的应用。

为了克服这些挑战,科学家们正在探索多种方法来提高硅的发光效率和扩展其应用范围。这包括使用硅纳米结构(如量子点、纳米线或多孔硅)中的量子限域效应来改善其光电性质等。硅基纳米薄膜的研究进展为将硅基材料应用于微电子、光伏和其他技术领域发光器件和光电集成电路打开了新的可能性。

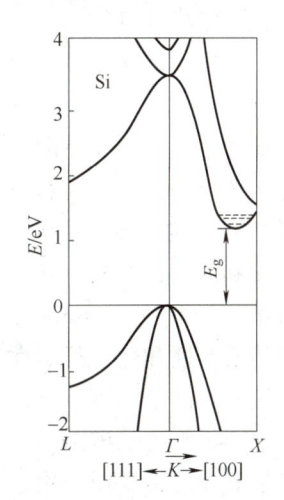

图 4-9 硅的能带结构

4.2.1 硅基纳米薄膜简介

1. 硅（Si）纳米薄膜简介

如图 4-10a 所示，Si 是一种具有钻石立方晶体结构的元素，属于 Fd-3m 空间群，这是面心立方晶系中的一种。每个硅原子都位于一个四面体的中心，与四个最近邻硅原子形成共价键，这些硅原子位于四面体的四个顶点（见图 4-10b）。这种排列方式使得硅晶体具有高度的对称性和紧密的原子排列，赋予了硅晶体及其稳定的半导体特性。作为间隙半导体，硅具有较高的表面反射率，在 30% 左右。而且单晶硅在红外波段的折射率为 3.5，但可以通过表面处理来降低折射率。硅晶体具有很高的弹性模量，抗拉应力大，在室温下没有延展性，是典型的脆性材料，这意味着在受到冲击或应力集中时，易于断裂。另外，硅的熔点较高且热膨胀系数低，这对于维持在不同温度变化下的尺寸稳定性非常重要。虽然硅材料不导电，但是通过将微量的其他元素（如硼、磷）掺入硅中，可以在硅中形成多余的自由电子（N 型）或空穴（P 型），大幅改变其电导性[31]。硅的结构与性质在硅纳米薄膜中也会以不同的形式体现，这些变化主要受到纳米尺度和低维特性的影响，如图 4-10c 所示的硅纳米片，后续会进行详细的说明。

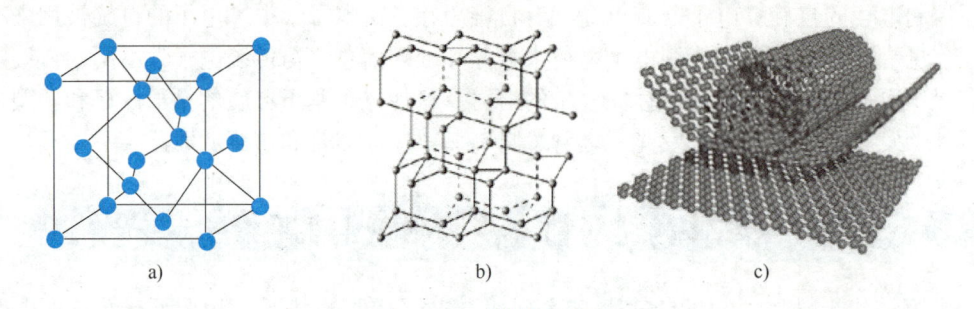

图 4-10 硅的基本性质
a）硅的晶体结构 b）硅的空间结构 c）硅纳米片

2. 硅氧化合物（SiO$_x$）纳米薄膜简介

二氧化硅（SiO$_2$），也被称为硅石，是自然界中最常见的化合物之一，广泛存在于石英、砂岩、玻璃以及其他材料中。二氧化硅具有多种不同的结构形式，如图 4-11 所示，包括 α-石英、β-石英、α-方石英、β-方石英以及高压变体（例如，柯石英和钛石英）[32]。尽管如此，大多数晶体的结构基元都是 SiO$_4$ 四面体。每个 Si 周围结合四个 O，Si 在中心，O 在四个顶角；许多这样的四面体又通过顶角的 O 相连接，每个 O 为两个四面体所共有，即每个 O 与两个 Si 相结合。由于 Si 的 sp^3 杂化致使四个 Si—O 键键能相同，Si-O 四面体没有极化和畸变，结构稳定。Si-O 四面体通过共用角顶的 O 连接，在空间形成三维网状结构。由于 Si 半径小、价态高，因此 Si—O 键能很高，同时兼具共价、离子性的特点，具有极强的热稳定性和化学稳定性。二氧化硅的折射率相对中等，为 1.45~1.55，在可见光和近红外区域具有高透明度，这使其成为制造窗户玻璃和光纤的理想材料。二氧化硅是一种硬且耐磨的材料，具有高电阻和低介电损耗特性，这一特性使得二氧化硅在微电子行业中作为耐磨绝缘层和涂层被广泛应用。

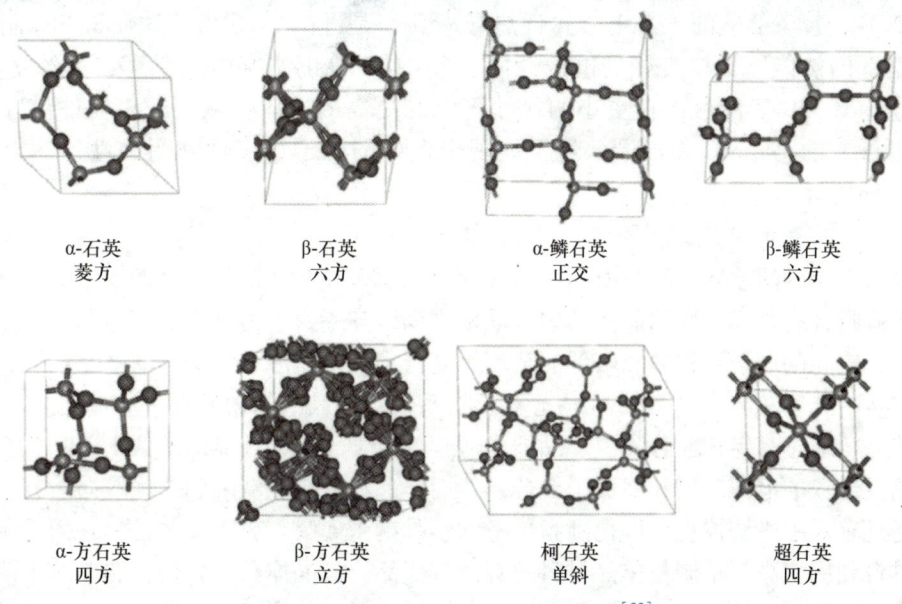

α-石英 菱方	β-石英 六方	α-鳞石英 正交	β-鳞石英 六方
α-方石英 四方	β-方石英 立方	柯石英 单斜	超石英 四方

图 4-11　几种常见的 SiO_2 晶体结构[32]

3. 碳化硅（SiC）纳米薄膜简介

碳化硅（SiC）作为第三代半导体材料，因其卓越的物理和化学性质而备受关注。随着半导体器件应用的不断发展，传统的第一代半导体（如 Si、Ge）和第二代半导体（如 GaAs 等）材料无法适应在高温、高压、高频及辐射环境下工作。SiC 具有更高的带隙宽度、更强的热导性、更高的击穿电场强度和更好的化学稳定性，特别适用于高功率和高频率的电子器件中[33]。SiC 具有多种晶体结构类型，其中较为成熟的主要包括 3C-SiC、4H-SiC 和 6H-SiC（见图 4-12）。3C-SiC 具有立方对称性，属于 F-43m 空间群，在这种结构中，每个硅原子被四个碳原子四面体配位，反之亦然。这种对称性和堆积方式导致 3C-SiC 具有很高的均匀性和密度。4H-SiC 和 6H-SiC 都属于六方晶系结构，每个硅原子仍然被四个碳原子四面体配位，每个碳原子也被四个硅原子配位，但层序排列形式不同[34]。SiC 的能带宽度

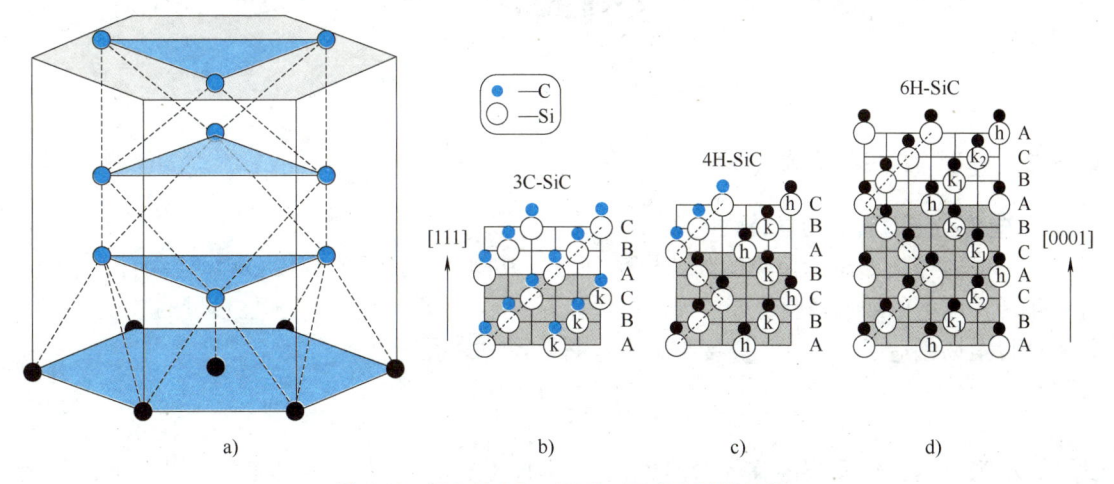

图 4-12　SiC 的 3C、4H 和 6H-SiC 晶体结构

约为 3.2eV，远高于硅的 1.1eV，并且热导率高，是硅的 3~5 倍，这使得 SiC 制成的器件在高温下仍然能够保持良好的电子性能。SiC 具有高的击穿电场强度，大约是硅的 10 倍，这意味着 SiC 器件可以在更小的尺寸下承受更高的电压，从而减小器件尺寸和提高能效。更重要的是，SiC 在极端环境下展现出良好的化学稳定性和耐蚀性，适合用于恶劣的工作环境。

4. 单晶、多晶和非晶纳米薄膜

根据组织结构的差异，纳米薄膜可以分为单晶、多晶和非晶纳米薄膜（见图 4-13）[35]。单晶纳米薄膜具有长程有序的晶体结构，晶格排列整齐一致。由于缺少晶界和缺陷，单晶纳米薄膜具有较高的电子迁移率和较低的载流子复合率，从而展现出优异的电学性能，并且制备技术成熟，纯度较高，具有较高的光学吸收系数；多晶纳米薄膜由许多小的单晶晶粒组成，这些晶粒通过晶界相互分隔。多晶纳米薄膜的电学和光学性能通常低于单晶材料，主要是由于晶界导致的电子散射和载流子复合。然而，晶粒大小、缺陷和择优取向对其性质影响很大，通过有效手段调控也可以得到高质量的多晶纳米薄膜。更重要的是，它们的制备成本较低，材料利用率高，是制备单晶材料的有效替代品。与晶体薄膜相比，非晶纳米薄膜具有长程无序、短程有序的结构特征。非晶纳米薄膜的电子迁移率相对较低，这是由于其无序结构导致的局部电子态和缺陷造成的。通过掺杂（比如添加 H 元素）可以有效地提高其电子迁移率，是目前非晶材料的主要研究热点[36]。在硅基纳米薄膜中，Si 纳米薄膜以高质量单晶和多晶形态为主；而在 SiO_2 纳米薄膜中，因为其生长难度大和成本高，所以主要以非晶的形式存在，即玻璃态 SiO_2，在自然界和工业应用中非常常见。

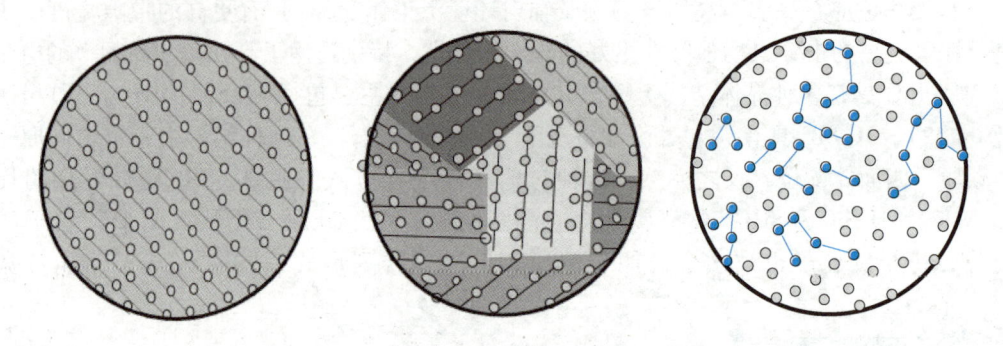

图 4-13 单晶、多晶、非晶纳米薄膜

4.2.2 硅基纳米薄膜的性质

1. 硅基纳米薄膜的力学特性

（1）弹性 硅基纳米薄膜的弹性模量是衡量其刚性的指标，直接影响薄膜的机械稳定性。纳米尺度上的纳米薄膜可能展现出与块体材料不同的弹性模量。弹性模量的减小为脆性材料变得柔韧创造了可能性。厚度与临界弯曲半径的关系为

$$r_c = \frac{t}{2\varepsilon_{failure}} \tag{4-1}$$

式中，r_c 为材料开始断裂的临界弯曲半径；t 为厚度；$\varepsilon_{failure}$ 为断裂应变。可以看出，厚度和临界弯曲半径成正比关系，这说明当 t 越小时，r_c 也会变得更小，材料越不容易断裂

（见图 4-14a）。从图 4-14b 可以看出，Si 的刚度从 1500nm 厚度的 10^5 GPa·μm^4 急剧下降到 7nm 厚度的 10^{-2} GPa·μm^4。与弯曲 1500nm 的 Si 纳米薄膜相比，弯曲 7nm 厚度的薄膜所需的力要小 10^7 倍。测试结果充分说明了 Si 纳米薄膜的抗弯刚度依赖于结构的厚度。

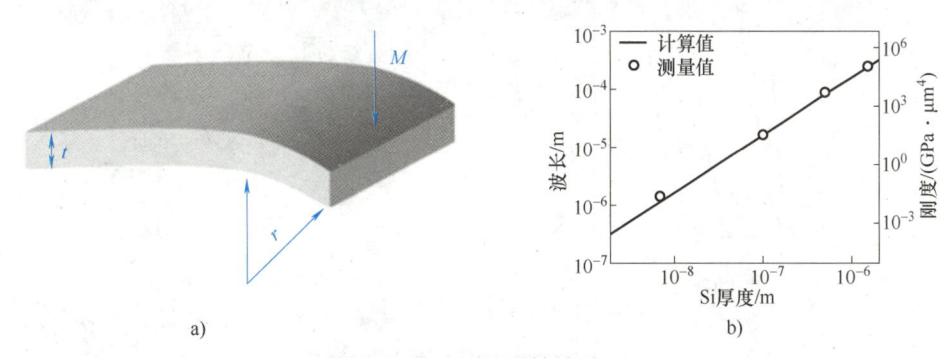

图 4-14 Si 的弹性性质
a) 厚度与薄膜弯曲应变的示意图 b) 压缩应变随 Si 厚度变化的函数关系[37]

（2）硬度 硅基纳米薄膜的硬度对材料系统的厚度有比较强烈的依赖性，位错塞积理论认为材料的硬度与微结构的特征尺寸之间具有近似的霍尔-佩奇（Hall-Petch）关系，即

$$\sigma = \sigma_0 + (A/A_0)^n$$

式中，σ_0 是强度；A_0 是厚度相关的常数；A 表示材料的厚度。由该公式可以得出，纳米厚度的薄膜可以提高材料的屈服强度和硬度[38]。因为位错是材料塑性形变的主要载体，材料尺寸越小，晶粒之间的晶界越多，从而阻碍位错的运动。

2. 硅基纳米薄膜的光学特性

（1）吸收、折射与反射 当薄膜的尺寸减小到与电子的德布罗意波长相当或更小时，电子和空穴的能级会受到限制，导致能带分裂成离散的能级。这种效应会增大材料的带隙，特别是对于半导体和绝缘体材料。在纳米薄膜中，这可以导致其光学吸收边向更高的能量（蓝光）移动，从而改变材料的颜色和光学性质。在纳米尺寸下，材料的电子极化行为会受到电子限域效应的影响，导致折射率的变化，如图 4-15a 所示。薄膜的微观结构，如晶粒大小和孔隙率，也会影响折射率。纳米薄膜的透射率和厚度，以及表面效应密切相关，表面粗糙和界面缺陷会导致光的散射增加，降低透射率。

硅的折射率为 3.42，但是纳米薄膜具有较宽的折射率范围（在 1.4~3.5 之间变化，取决于薄膜的厚度和具体结构），这使得它们在制作光学薄膜、反射镜和抗反射涂层中特别有用。另外，硅在可见光区域不透明，但当硅薄膜的厚度减小到纳米级别时，它们可以展现出一定程度的透明性，尤其是在近红外区域。前面已经提到，硅是一种间接带隙半导体，其带隙约为 1.1eV。这意味着硅纳米薄膜主要吸收红外光和近红外光，而在可见光区域的吸收较弱。纳米薄膜的厚度和尺寸可以影响其光学带隙，特别是当尺寸接近或小于载流子的波长时（<5nm，见图 4-15b），量子限域效应可以导致带隙变宽，使得硅纳米薄膜可以吸收可见光，甚至紫外光。比如，当硅厚度为 100nm 时，能量吸收边在 1.08eV 左右，与块体硅相似。但随着厚度的减小（<10nm），吸收边逐渐蓝移，使得硅的光子能量吸收在可见光范围内[39]。

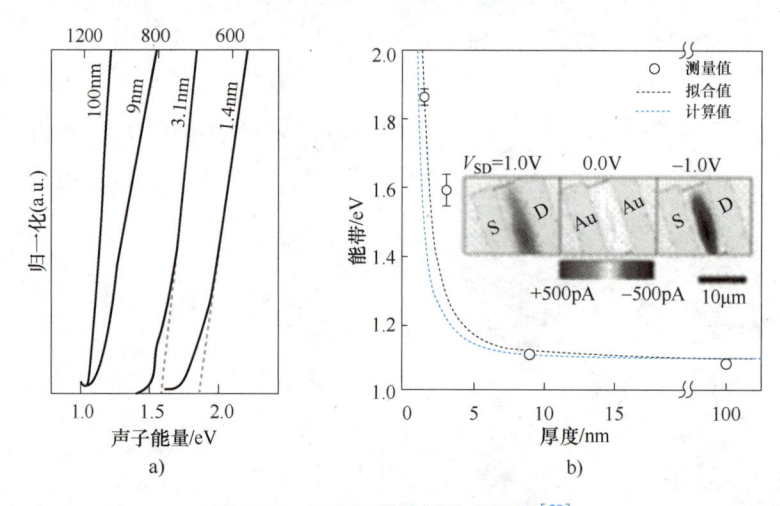

图 4-15 纳米硅薄膜的能带性质[39]

a) 硅纳米薄膜在不同厚度下的声子能量吸收边　b) 硅的带隙（eV）随硅薄膜厚度的变化

（2）光学非线性效应　一般情况下，介质的电极化强度与光波电场成正比。在纳米薄膜中，电子的运动会受到空间限制，导致能态分布发生改变，形成离散的能级，这不仅改变了电子的能态分布，还影响了电子与声子之间的相互作用，导致材料对外加电场的响应不再遵循线性关系，而是出现与外加电磁场的二次、三次乃至高次方成比例的项，即材料的极化率与光场强度非线性相关[40]。从激子跃迁的角度，如果当激发光的能量低于激子共振吸收能量，不会有光学非线性效应发生。当激发光能量大于激子共振吸收能量时，能隙中靠近导带的激子能级很可能被激子所占据，处于高激发态。纳米薄膜的厚度与激子的玻尔半径处于同一数量级时，在光照下，吸收谱上会出现激子吸收峰，激子浓度增大。这些激子十分不稳定，在落入低能态的过程中，由于声子与激子的交互作用，损失一部分能量，这是引起纳米材料光学非线性的一个原因[41]。硅基纳米薄膜因尺寸改变带来的光学非线性特性提供了在光通信、光信息处理、传感以及光学开关等领域的广泛应用的可能性。

3. 硅基纳米薄膜的电学特性

材料的电学特性是通过导电性能来反映，而导电性能与载流子浓度密切相关。当材料的厚度减小到纳米尺寸时，量子限制效应导致的能级分裂和带隙扩大，价带中电子的能量状态被抬高，而导带中电子的能量状态被降低，电子需要更多的能量（如光子或热能）才能从价带跃迁到导带，从而影响纳米薄膜的载流子行为。另外，在纳米尺度上，由于高表面积对体积比，表面和界面效应变得更加显著，表面缺陷、吸附的分子和表面粗糙度等都可能作为载流子的散射中心，影响薄膜的载流子寿命和载流子复合速率。在电子限域效应下，载流子会被限域在非常小的空间内，导致其动能量子化，这不仅改变了材料的电子态密度，而且还可能影响载流子的迁移率和扩散系数。然而，有研究表明（见图 4-16a 和图 4-16b），纳米结构的材料导电性可能会增加，主要是因为硅基纳米薄膜层具有较大的电容量，从而影响了电子和空穴的耦合强度，以及表面偶极子掺杂对载流子密度的调制作用，对其电荷传导性能影响较小[43]。当然，最有效的方式是通过向纳米硅中加入微量的其他元素（如磷、硼、砷等），可以引入额外的自由电子（N 型掺杂）或空穴（P 型掺杂），从而显著增加材料的导电性。

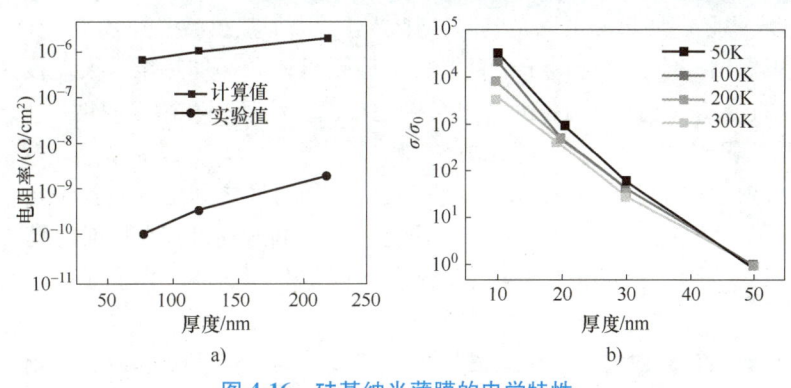

图 4-16 硅基纳米薄膜的电学特性

a）电阻率[42]　b）电导率[43]

4.2.3　硅基纳米薄膜的合成方法

1. 化学气相沉积（CVD）

化学气相沉积（Chemical Vapor Deposition，CVD）是一种常用的材料合成技术，广泛应用于半导体工业、纳米技术和材料科学领域。CVD 过程首先将含有 Si 的挥发性化合物［如硅烷（SiH_4）、二氯硅烷（$SiCl_2H_2$）等］以气体形式输送到反应室中。这些气体通常会与其他气体（如氢气、氮气或惰性气体）混合，以控制反应条件和薄膜的性质。进入反应室后，气体需要被激活以促进化学反应。激活方法可以是热激活（加热基板或使用热丝）、等离子体激活（使用射频或微波产生等离子体）、光激活（使用紫外线或激光）。激活过程会使挥发性硅化合物分解或产生活性物种，这些活性物种是形成硅基薄膜的关键。激活后的气体分子或活性物种会在基板表面吸附，然后发生一系列的表面化学反应。例如，在使用硅烷（SiH_4）作为硅源的过程中，硅烷分子在表面分解，释放出硅原子并形成薄膜。通过不断的表面反应，硅原子在基板上逐渐堆积形成纳米薄膜。薄膜的生长速率、结构和性质可以通过调节 CVD 过程的参数（如温度、气体流量、压力、反应时间等）来控制。CVD 技术根据激发条件不同，又可以分为热化学气相沉积（HWCVD）、金属有机气相沉积（MOCVD）、等离子体气相沉积（PECVD）、低压化学气相沉积（LPCVD）、激光化学气相沉积（LCVD）等[44]。

CVD 技术能够提供高质量、均匀且连续的薄膜，非常适用于制造半导体器件、光伏器件和各种纳米结构。通过选择不同的化学前体和调节 CVD 参数，可以合成多种不同组分和结构的硅基薄膜，展现出极高的灵活性和广泛的应用潜力。

2. 物理气相沉积（PVD）

PVD 是一种用于制备硅基纳米薄膜的常见技术，通过物理方法（加热或离子轰击）将硅在真空环境下从固态转化为蒸气或气态，蒸发或溅射的硅原子在衬底上冷凝，逐渐生长成连续的薄膜[45]。此过程影响薄膜合成的主要因素有：①衬底温度：通过控制衬底温度，可以影响薄膜的结晶度、形貌和附着力；②沉积速率：通过调节蒸发或溅射速率，可以控制薄膜的生长速率和最终厚度；③气体压力和成分：在溅射过程中，惰性气体的压力和成分会影响溅射效果和薄膜的性质。根据沉积手段的不同，PVD 又可以分为以下几种方式：

（1）蒸发沉积

1）热蒸发。通过加热硅材料至其蒸发温度，使硅原子或分子蒸发到真空室中，然后在衬底上凝结形成薄膜。加热源可以是电阻加热、电子束加热或激光加热。

2）电子束蒸发。使用高能电子束直接打击硅靶材，局部加热至蒸发温度，从而实现高效率和高纯度的蒸发。电子束蒸发允许更精确地控制沉积速率和薄膜厚度。

（2）溅射沉积

1）直流溅射。适用于导电靶材，通过在硅靶材和衬底之间建立直流电场，使惰性气体（如氩）离子化，离子被加速撞击靶材，从而将硅原子溅射到衬底上形成薄膜[46]。

2）射频溅射。通过射频电源产生等离子体，同样利用惰性气体离子撞击硅靶材，实现硅原子的溅射。

3）磁控溅射。在溅射过程中引入磁场，以增加等离子体密度和改善溅射效率。磁控溅射可提高薄膜的均匀性和附着力，是制备高质量硅基纳米薄膜的常用方法。

（3）分子束外延（MBE）　MBE 是一种高度精确的薄膜生长技术，常用于合成硅基纳米薄膜及其他半导体材料的高质量单晶薄膜。MBE 过程在超高真空环境中进行，以减少气体分子和杂质的影响，保证薄膜生长的高纯度。首先，硅被置于独立的加热容器（即效应器）中。通过加热，硅材料从固态升华成为原子或分子束，直接射向衬底。其次，硅原子束在衬底表面冷凝，逐层堆积形成单晶硅薄膜。由于超高真空环境，原子束在传输过程中几乎不与其他分子发生相互作用，使得沉积过程高度可控。

3. 液相沉积（LPD）

LPD 是一种在溶液中合成硅基纳米薄膜的方法。这种技术从溶液中直接在衬底表面沉积硅原子，通常是在较低的温度下进行[47]。在 LPD 过程中，首先需要准备含有硅源的溶液（硅酸盐、硅烷或其他可溶的硅化合物），溶液中还可能添加其他化学剂以调节 pH 值、溶液浓度和生长速率。随后将清洁的衬底浸泡在含硅溶液中。衬底的选择取决于最终应用，常见的有玻璃、塑料、金属或其他半导体材料。在适当的条件下（如温度、时间、pH 值等），硅源在衬底表面发生化学反应，逐渐沉积形成硅基纳米薄膜。生长过程可以通过控制溶液的化学成分和反应条件来精确控制。LPD 是一种成本效益高、操作简单且对环境友好的技术，特别适用于大面积薄膜的制备和温度敏感衬底的应用。

4. 溶胶-凝胶法

溶胶-凝胶法（Sol-Gel）是一种用于制备材料，尤其是制备氧化物纳米材料和薄膜的常见方法。这种方法以其低成本、简单和能够在较低温度下合成多种材料而受到青睐。对于硅基纳米薄膜的合成，溶胶-凝胶法特别适合制备 SiO_2 等硅氧化物薄膜，这些薄膜在电子、光学和保护涂层等领域有着广泛应用。

溶胶是一种稳定的胶体溶液，其中固体微粒均匀分散在溶剂中。对于硅基纳米薄膜的合成，首先需要选择合适的硅前驱体，如四乙氧基硅烷 [$Si(OC_2H_5)_4$] 或四甲氧基硅烷 [$Si(OCH_3)_4$]，并将其溶解在合适的溶剂中（如乙醇）。通过加入水和催化剂（通常是酸或碱），促进前驱体的水解和缩聚反应，形成硅氧烷键（Si—O—Si），生成硅溶胶。将溶胶涂布于所需的基板上，可以通过旋涂、浸渍、喷涂等方法。涂布后，溶剂会开始蒸发，溶胶中的硅氧烷单元逐渐聚集并形成一个三维的网络结构，即凝胶。凝胶的形成标志着从液态到固态的转变，其中微观孔隙和纳米尺度的固体框架共存。干燥过程中，溶剂和残留的反应产物继续被去除，凝胶网络逐渐收缩并强化，形成更加致密的薄膜。为了改善薄膜的物理和化学性能，通常会进行后续的热处理。热处理在更高的温度下进行，可以去除残余的有机物，提高薄膜的结晶性，以及增强薄膜的机械强度和稳定性。常见的硅基纳米薄膜合成方法如图 4-17 所示。

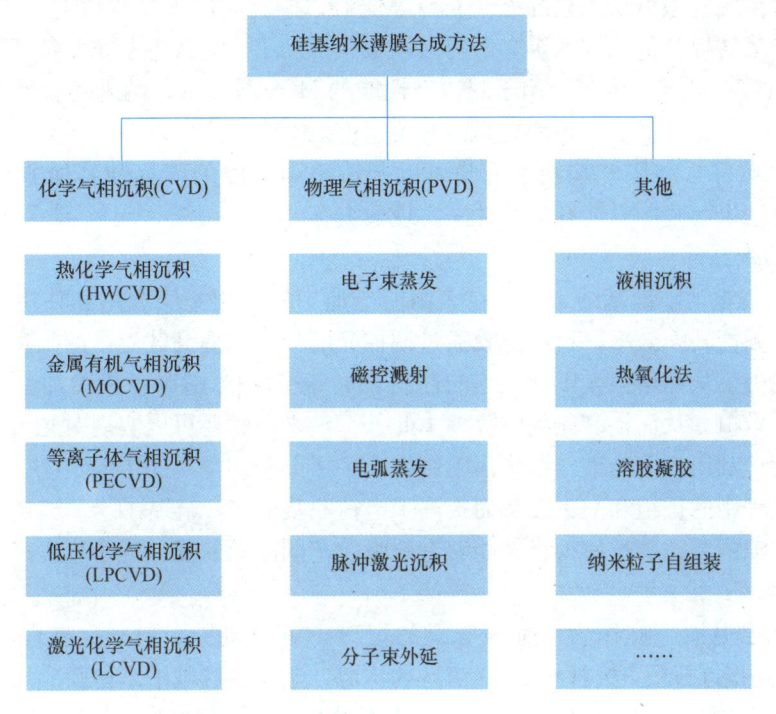

图 4-17　常见硅基纳米薄膜合成方法

4.2.4　硅基纳米薄膜器件

1. 微电子器件

硅基纳米薄膜是制造集成电路、晶体管、存储器件和微电机械系统（MEMS）的核心材料。如图 4-18 所示，它们用于制造微处理器、存储芯片和各种传感器，是现代电子设备不

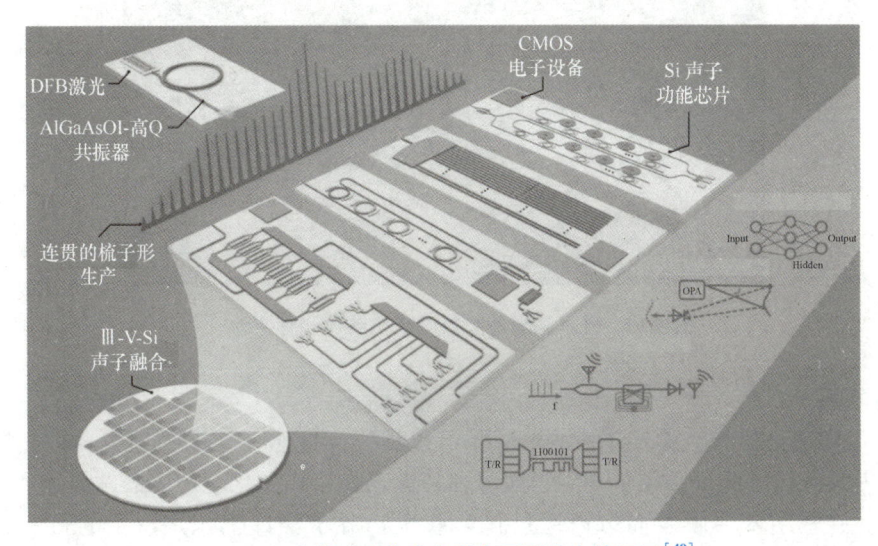

图 4-18　硅基纳米薄膜在微电子器件中的运用[49]

可或缺的组成部分。凭借其纳米尺度特有的电学与物理特性，实现了高度集成、低能耗、性能提升以及与传统硅微电子工艺的无缝兼容等优势，广泛应用于高速数据处理、高频通信、光电集成、能量转换及传感技术等多个前沿领域，推动了新一代电子技术革新[49]。

（1）晶体管　硅基纳米薄膜用于制造高性能的 MOS 晶体管，纳米薄膜作为栅介质，可以实现更小的尺寸、更低的功耗和更高的开关速度。

（2）存储器件　利用硅基纳米薄膜可以制造出高密度的闪存和其他非易失性存储器件，通过调节纳米薄膜的电荷存储特性来实现数据存储。

2. 能源结构器件

（1）太阳能电池　硅基纳米薄膜在太阳能电池中的应用主要利用其独特的光学和电子特性来提高太阳能转换效率。这些薄膜通过调控光的吸收、提高载流子的收集效率以及减少电荷的重组损失，从而增强太阳能电池的性能[50]。硅基纳米薄膜可以增加光的路径长度和光在材料内的散射，从而提高光的吸收率。此外，纳米薄膜还可以实现对光谱吸收范围的调控，以更有效地利用太阳光谱。纳米薄膜结构减小了电子和空穴的传输路径，有助于减少载流子在传输过程中的重组和散失，从而提高了电荷收集效率。硅基纳米薄膜通过量子限域效应可以实现带隙的调控，这使得材料能够有效吸收不同波长的光，进一步提高太阳能电池的光电转换效率。

（2）锂离子电池　硅作为一种高容量的锂离子电池负极材料，具有理论比容量高达 4200mA·h/g（接近石墨负极材料的 10 倍）的优势，这使得硅基纳米薄膜成为提高锂电池能量密度的有力候选材料。硅基纳米薄膜由于其高比表面积和短的锂离子扩散路径，能够提供较高的电化学反应活性。纳米薄膜形态的硅可以在一定程度上缓解体积膨胀带来的影响，通过提供足够的缓冲空间和改善的机械柔韧性来维持结构完整性（见图 4-19）[51]。同时，纳米薄膜的厚度减小有利于缩短锂离子在电极材料内的扩散路径，从而提高充放电速率。

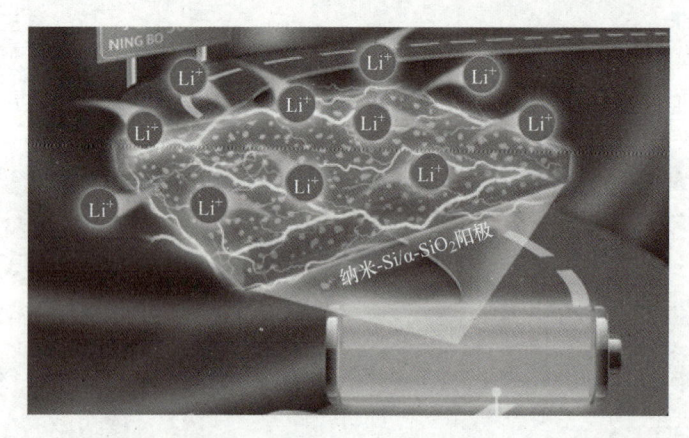

图 4-19　硅基纳米薄膜能源结构器件和锂电池[51]

3. 传感器

（1）生物和化学传感器　硅基纳米薄膜可以提供高度敏感、选择性强、响应快速的传感平台，因其独特的物理、化学和生物兼容性特性，在生物和化学传感器领域展现出巨大的应用潜力。硅基纳米薄膜表面可以通过化学或生物分子修饰来识别特定的目标物质，如 DNA、RNA、蛋白质、酶、细胞、离子和小分子等。而且，高表面积提供了更多的活性位点，增强了传感器对分析物的吸附能力,从而提高了传感器的灵敏度。硅基纳米薄膜在生物和化学传感领域的应用,为环境监测、疾病诊断、食品安全、药物开发等关键领域提供了高效、灵敏和可靠的检测手段。

(2) 光电探测器 硅基纳米薄膜在光电探测器领域的应用,利用了硅材料的半导体性质以及纳米尺度下的独特光学和电学特性,为制造高性能光电探测器提供了有力的技术支持。这些探测器能够将入射光信号转换为可读的电信号,广泛应用于通信、成像、监测和安全等多个领域。如图4-20所示,当光子入射到硅基纳米薄膜时,其能量被吸收,导致价带的电子被激发到导带,形成电子-空穴对。这些光生载流子随后被收集并转换为电信号。在纳米尺度下,硅的电子结构受到限制,导致能带结构发生变化,这可能影响光吸收特性和载流子动力学,从而改善光电转换效率。纳米薄膜表面和界面的电子状态可以通过化学修饰进行调控,从而影响载流子的复合和迁移,进一步优化光电响应。

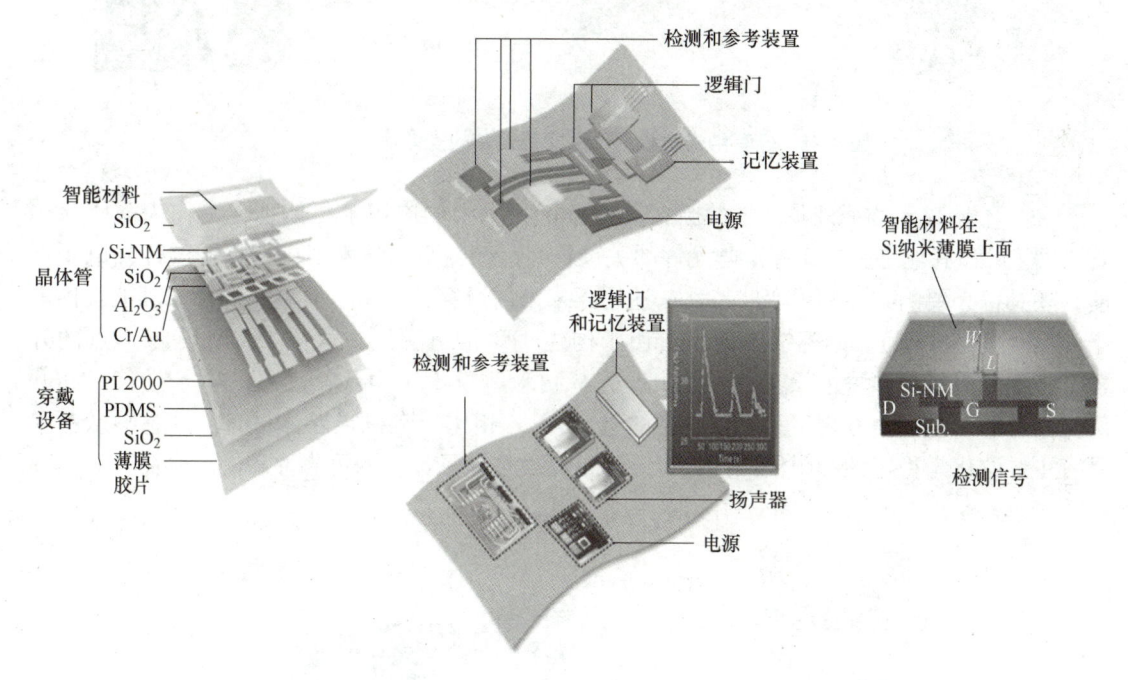

图4-20 硅基纳米薄膜探测器的结构以及电信号检测示意图[53]

4. 柔性电子器件

(1) 可穿戴设备 硅基纳米薄膜在柔性电子皮肤(E-skin)的应用,体现了将硅材料的半导体特性与柔性电子技术的结合,创建了能够模仿人类皮肤感觉功能的高度灵敏和可弯曲的电子系统。这些电子皮肤能够检测压力、温度、湿度、化学物质甚至更复杂的生物信号,广泛应用于可穿戴设备、健康监测、机器人感知和智能假肢等领域(见图4-21)。硅基纳米薄膜电子皮肤融合了众多传感功能,实现了机械形变感应压力、通过电阻率的变化来侦测温度,以及利用电学特性的变化来监测形变和运动[54]。此外,它还能通过对表面进行特殊修饰,来识别特定的化学和生物分子。这一系列先进特性让硅基纳米薄膜电子皮肤在灵敏度和功能性上都有出色表现,使其成为健康监控、人机互动以及智能穿戴设备等领域的理想选择。

硅基纳米薄膜电子皮肤凭借其极高的表面积与体积比展现出卓越的灵敏度,能够精准感测微小的物理或化学变化。其独特的柔性和伸缩性使其能够适应各种曲面和动态变形，而不损失功能性。此外，这种电子皮肤能够整合多种传感元件，实现对不同信号的综合监测，同时保持化学稳定性和生物兼容性，确保了长期穿戴的可靠性和安全性。

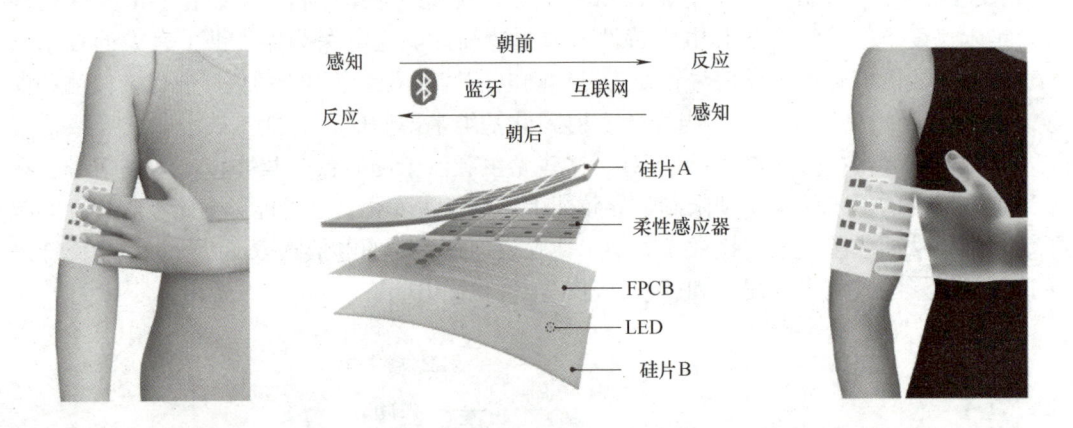

图 4-21　硅基纳米薄膜用于可穿戴设备的人体信号检测[54]

（2）**柔性显示器**　硅基纳米薄膜在柔性显示技术中的应用主要体现在其作为薄膜晶体管（TFT）和其他有源或无源矩阵元件的关键材料，使得显示技术不仅拥有硅的优异电子性能，还具备必要的柔性和可弯曲特性，适用于未来的可穿戴设备、可卷曲屏幕和其他柔性电子产品（见图 4-22）。硅基纳米薄膜可用于构建 TFT 的有源层，这些 TFT 作为像素点的开关，控制着显示屏中每个像素的光输出。硅基纳米薄膜 TFT 由于其良好的电子迁移率和开关特性，能够实现高分辨率和高刷新率的显示[55]。相比于有机半导体材料，硅基纳米薄膜具有更好的化学稳定性和耐侵蚀性，有助于提高柔性显示设备的可靠性和使用寿命。

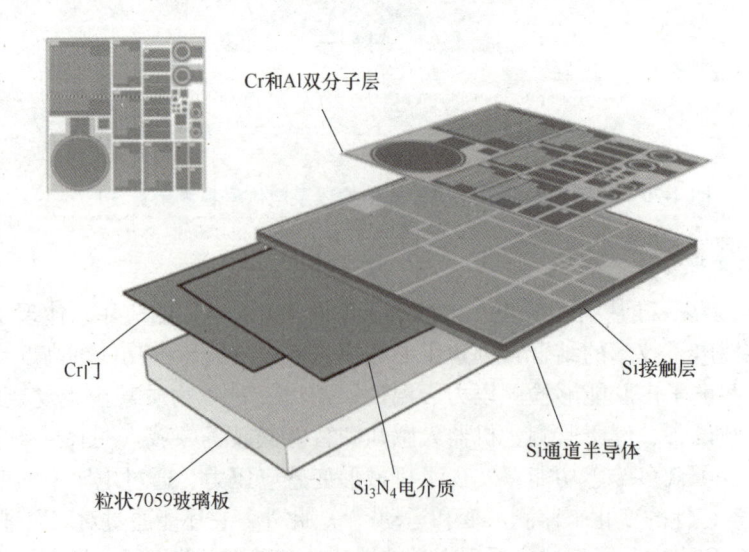

图 4-22　硅基纳米薄膜的 TFT 结构示意图[55]

4.3 锌基纳米薄膜及其性能

锌基纳米薄膜是一种由纳米级锌颗粒或其化合物（如锌氧化物）构成的超薄膜材料。但是纯锌纳米薄膜用途较少，因为其较易氧化，稳定性较差，主要以锌化合物为主，如氧化锌（ZnO）、硫化锌（ZnS）、硒化锌（ZnSe）等。锌基纳米薄膜以其优异的透光性和有效的紫外线吸收能力，在光电子器件领域尤为突出，特别是在透明导电薄膜和光伏装置的应用中。作为典型的 N 型半导体材料，锌基纳米薄膜如锌氧化物薄膜因其宽带隙和高电子迁移率而被广泛应用于各类半导体器件的制造。此外，锌基纳米材料因其出色的化学稳定性和生物兼容性，被认为是生物传感器和医疗应用的理想选择。纳米薄膜结构不仅赋予锌基薄膜卓越的柔韧性和机械稳定性，使其能够应用于可弯曲的电子器件，而且还保持了高电子迁移率和显著的机械柔韧性。这些综合性能使得锌基纳米薄膜在光电子器件、能量转换与存储系统、化学和生物传感器，以及生物医学领域中显示出巨大的应用潜力，为这些领域的技术进步和创新发展提供了强有力的材料基础。

4.3.1 锌基纳米薄膜简介

1. ZnO 纳米薄膜材料

ZnO 纳米薄膜通常表现出六方纤锌矿结构，这是 ZnO 最常见的晶体形态。在这种结构中，每个 Zn 原子被四个氧原子四面体配位围绕，而每个氧原子也被四个 Zn 原子四面体配位围绕，形成了一种典型的四面体结构。在纤锌矿晶体结构 ZnO 中，存在两个关键的晶格参数，即基面晶格常数 a 和垂直于基面的晶格常数 c，分别约为 0.325nm 和 0.52nm。每个 Zn 原子通过四面体配位与四个最近邻的 O 原子相连接（见图 4-23a）。ZnO 纳米薄膜具有独特的化学和物理性质，如具有较高的光稳定性、化学稳定性、顺磁性、辐射吸收范围广、电化学耦合系数高等特点[56]。由于其非对称中心，加上良好的机电耦合、强热释电和压电性能，ZnO 纳米薄膜被广泛用于压电探测器和机械执行器。此外，宽带隙（3.37eV）、高激子结合能（60meV）以及室温下的高热稳定性和机械稳定性，使 ZnO 纳米薄膜在电子学、光电子学和激光技术方面具有广阔的应用前景。此外，如图 4-23b 所示，ZnO 纳米薄膜具有比表面积大、毒性低、良好的生物相容性和生物降解性等优点，是生物医学和生物亲和系统的重要材料。ZnO 作为添加剂广泛应用于陶瓷、橡胶、水泥、润滑剂、玻璃、油漆、胶黏剂、软膏、塑料、颜料、密封剂、食品、铁氧体等产品和材料中。在高科技应用方面，ZnO 还用于电池和阻燃剂等，展现了其在当代科技和工业生产中不可或缺的地位[57]。

2. ZnS 纳米薄膜材料

ZnS 有两种同素异形体结构：具有闪锌矿结构的立方形，带隙为 3.5~3.7eV；具有纤锌矿结构的六方形，带隙为 3.7~3.8eV。在室温下，立方相是稳定的形式，而在高温下，六方相变得更加占优势（见图 4-24a 和图 4-24b）。ZnS 纳米薄膜凭借其卓越的电子迁移率、极性表面、宏观量子隧道效应和出色的电荷传输能力，成为太阳能转换、非线性光学、光电子学以及光催化等领域的重要材料。其高折射率和优异的热稳定性进一步拓宽了其在发光二极管、电致发光装置、高分辨率显示器和各种传感器中的应用。ZnS 的大带隙不仅有利于 UV 发光二极管的开发，还使其在太阳能选择性吸收涂层和平板显示技术中具有潜在优势。作为

纳米功能薄膜

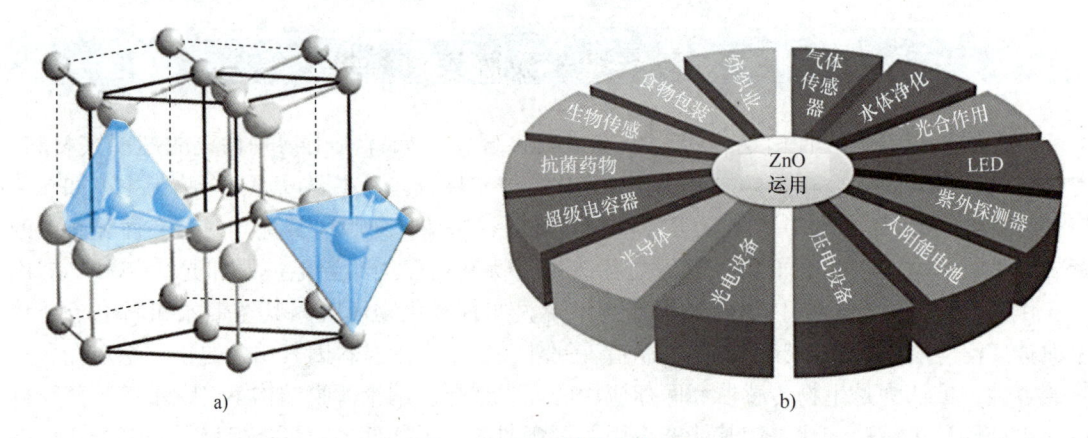

图 4-23　ZnO 的基本性质
a）ZnO 六方纤锌矿结构　b）应用领域[58]

一种具有高可见光透过率和光致发光性能的材料，ZnS 被视为一种理想的缓冲层材料，并在摩擦学和生物医学设备中找到了特殊应用。其无毒、资源丰富且成本效益高的特点，进一步增强了 ZnS 在当前和未来技术开发中的吸引力（见图 4-24c）[59]。

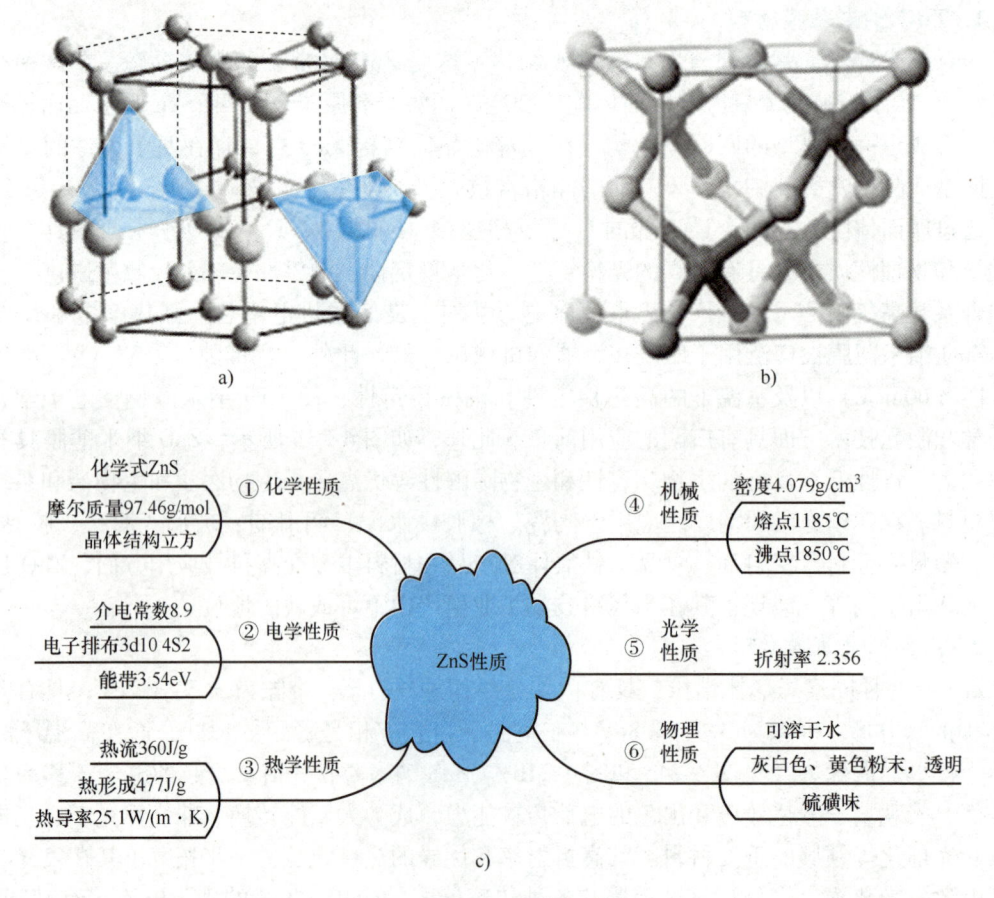

图 4-24　ZnS 的基本性质
a）ZnS 六方纤锌矿结构　b）ZnS 立方闪锌矿结构　c）ZnS 的基本性质[59]

4.3.2 锌基纳米薄膜的机械特性

尽管块体是脆性的，锌基纳米薄膜却能展现出一定程度的柔韧性和可弯曲性，特别是当它们被制备在柔性基底上时。这一特性使得锌基纳米薄膜适用于可弯曲和可折叠的电子设备，如柔性显示屏和可穿戴传感器。日本理化研究所 Kenjiro Fukuda、Keisuke Tajima 和 Takao Someya 等团队合作，发展了一种锌基于纳米图案化有机太阳能电池的自供能超柔性生物传感器，实现了对心率的实时精准监测（见图 4-25）。在 OPV 制造工艺中，引入纳米图案化的 ZnO 薄膜结构，研究发现，器件不仅可以应用在曲面上，还能被拉伸 2 倍长度而不造成电学性能损失。即便是 900 圈拉伸松弛循环测试之后，器件效率仍可保留 75%[60]。

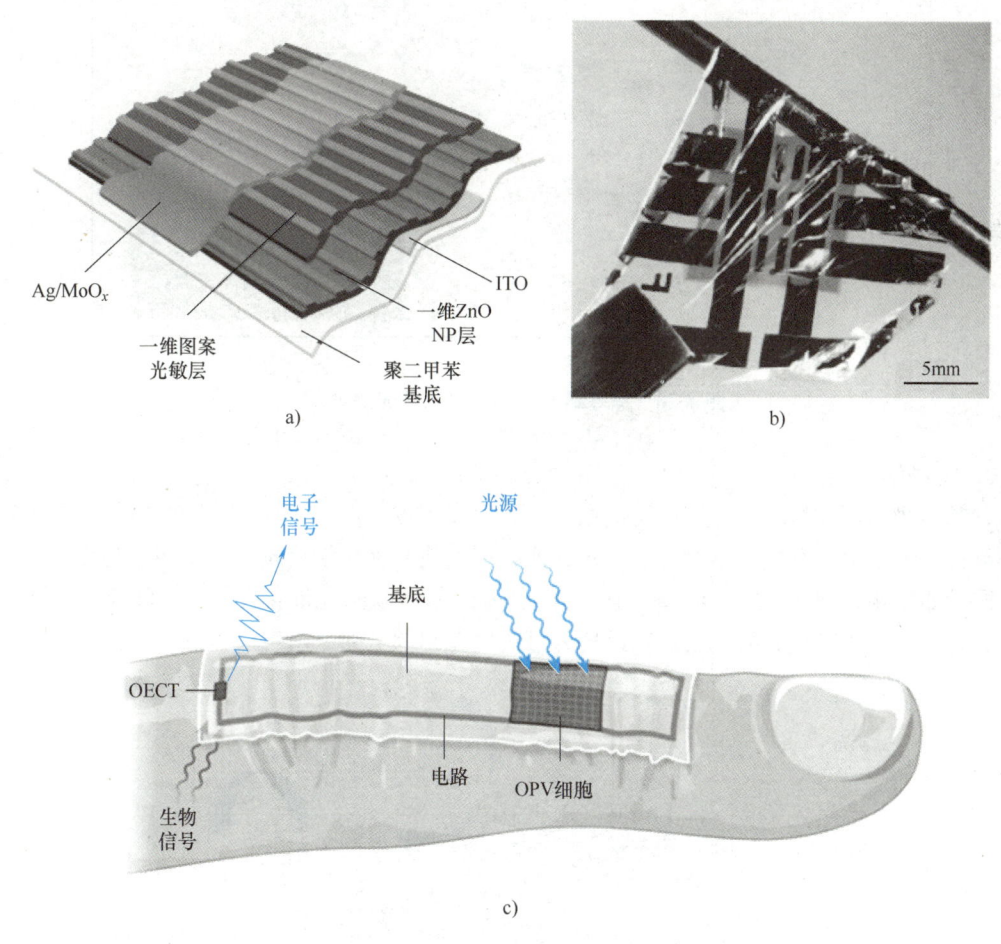

图 4-25 ZnO 薄膜材料

a）OPV 薄膜构成示意图[60]　b）传感器实物图[60]　c）传感器应用在曲面皮肤

4.3.3 锌基纳米薄膜的光学特性

1. 宽带隙

锌基纳米薄膜是一种宽带隙半导体（ZnO 带隙约为 3.37eV，ZnS 带隙约为 3.54eV），这意味着它能够吸收紫外光而对可见光几乎完全透明。这一特性使得锌基纳米薄膜非常适合用于紫外光探测器、紫外激光器、太阳能电池的窗口层以及作为透明导电膜。

2. 光致发光

锌基纳米薄膜在紫外区域显示出强烈的近带边发光,这是由于电子从导带跃迁到价带释放出的光子所致。除此之外,图4-26还可能观察到可见光区域的发光,通常与材料中的缺陷(如氧空位或锌间隙)相关[61]。这些发光特性使得锌基纳米薄膜在发光二极管(LED)、激光二极管光电子器件中具有潜在应用。

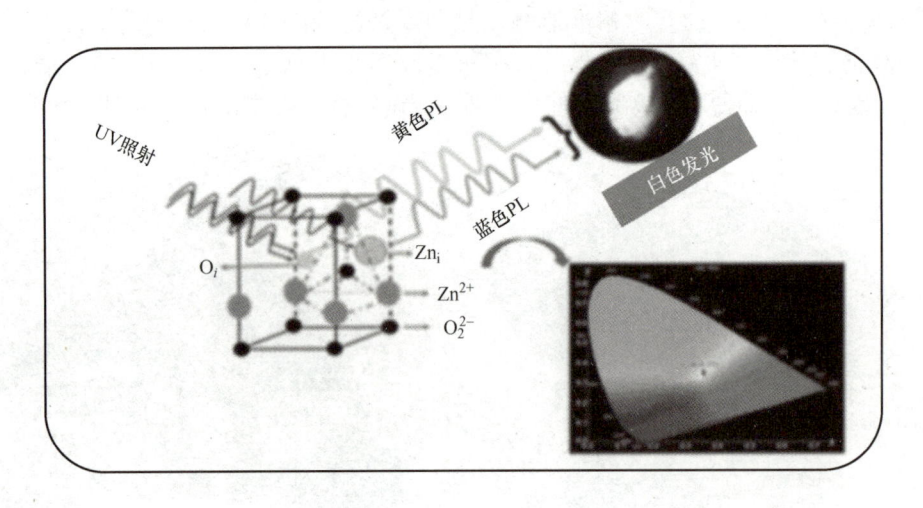

图4-26 锌基纳米薄膜的光致发光原理[61]

3. 光催化

锌基纳米薄膜在紫外光照射下可以激发产生电子-空穴对,其中产生的空穴具有强氧化性,能够氧化分解水中的有机污染物,如染料、油脂和其他有害化学物质,将其转化为无害的小分子物质,如图4-27所示的水和二氧化碳[62]。锌基纳米薄膜的光催化性能也可用于水的光解过程中,将水分解为氢气和氧气。这一过程为可再生能源领域的氢能生产提供了一种潜在途径。

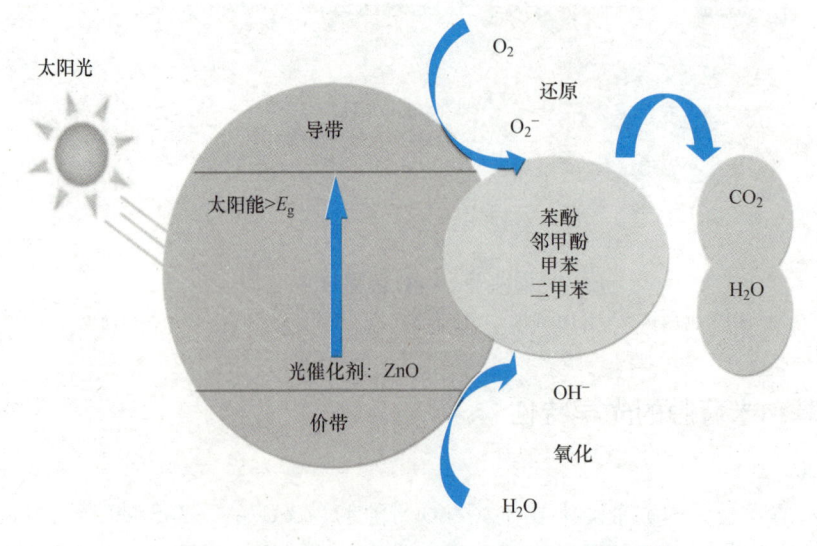

图4-27 锌基纳米薄膜的光催化化学物质原理[62]

4.3.4 锌基纳米薄膜的电学特性

1. 压电特性

压电效应是指在非中心对称晶体材料上施加机械应力时产生电荷的现象,这一特性使得锌基纳米薄膜在压电器件和微电子机械系统(MEMS)中具有重要应用。锌基纳米薄膜的压电特性源于其纤锌矿晶体结构,如图 4-28 所示,该结构的非中心对称性导致在施加机械应力时原子排列发生相对位移,从而在材料两侧产生电势差[63]。这一过程可以通过压电系数描述,压电系数量化了施加的机械应力与产生的电荷量之间的关系。

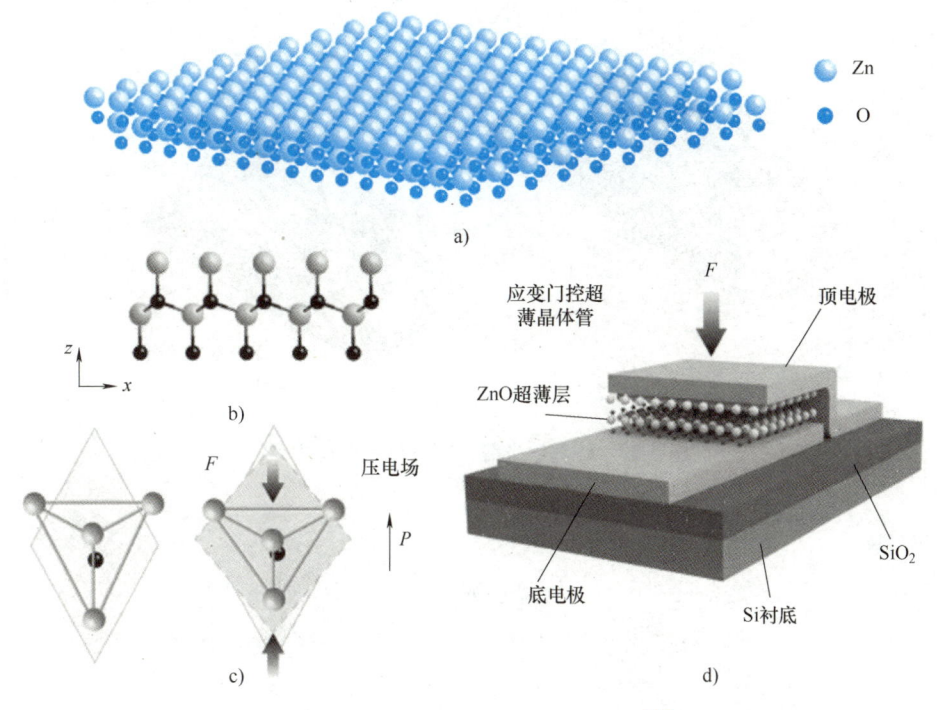

图 4-28 锌基纳米薄膜的压电原理[63]

2. 光电特性

锌基纳米薄膜的光电特性是指其在光照下表现出的电学性能,这些性质使得锌基纳米薄膜在光电子学和相关领域具有广泛的应用潜力。如图 4-29 所示,当锌基纳米薄膜受到能量等于或大于其带隙的光照时,价带中的电子能吸收光子能量,被激发至导带,从而在价带留下空穴。同时,在光照下,锌基纳米薄膜内部产生的额外光生载流子会增加其内部的自由电荷载流子浓度,导致材料的导电性增加。在锌基纳米薄膜中,光生电子和空穴可在内部电场(如 PN 结或异质结内部电场)的作用下分离,导致在材料两端形成电势差,从而生成光生电流[64]。

3. 热电特性

锌基纳米薄膜的热电特性主要涉及其在温度变化时所表现的电学性能,这一特性基于热电效应,即温度差在材料两端产生电势差的现象。塞贝克效应是热电效应的一种重要参数,当材料的两端存在温度差时,材料内部的载流子(电子或空穴)会从高温区向低温区扩散,形成电荷分布不均,进而在材料两端产生电压,这一效应是热电转换的基础(见图 4-30)。

纳米功能薄膜

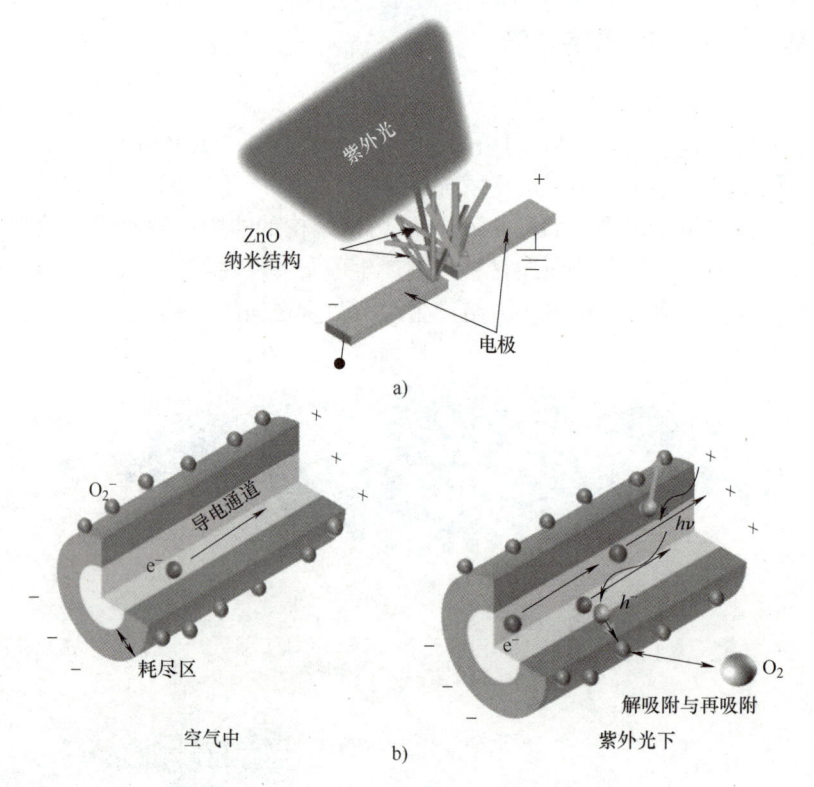

图 4-29 锌基纳米薄膜的光生电原理[64]

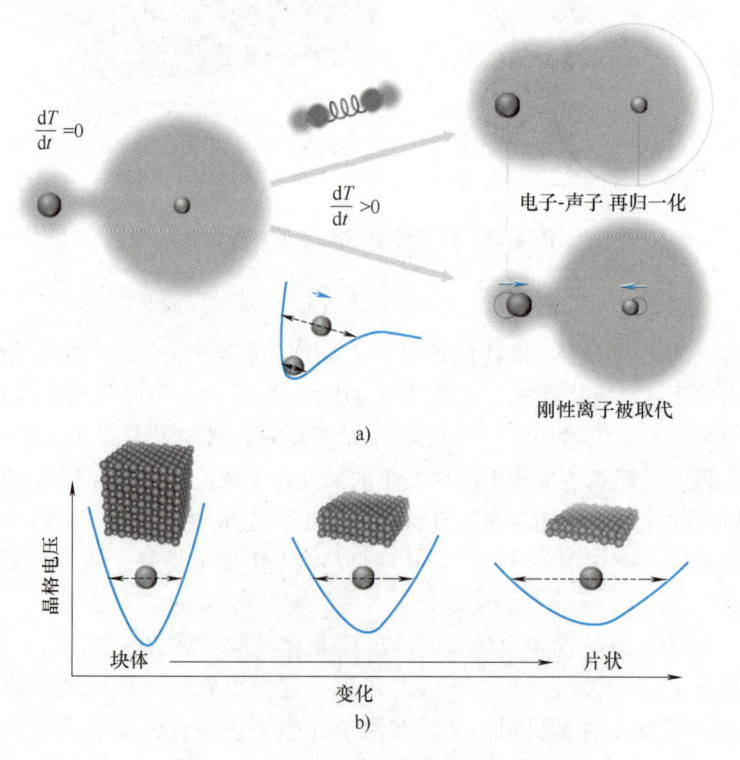

图 4-30 锌基纳米薄膜的热电原理[65]

对于锌基纳米薄膜来说，其热电特性取决于多种因素，包括材料的电子结构、载流子浓度、载流子迁移率以及材料的热导率。锌基作为一种宽带隙 N 型半导体，塞贝克系数受到材料内部载流子性质的影响，而纳米薄膜的形态进一步使这些特性与尺寸和界面效应关联[65]。

4.3.5 锌基纳米薄膜的气敏特性

锌基纳米薄膜的气敏特性主要基于其表面吸附和反应过程。如图 4-31 所示，当锌基纳米薄膜暴露于特定气体（如 CO、NO_2、NH_3、H_2S 等）时，这些气体分子会在薄膜表面吸附并与表面氧物种（如 O_2^-、O^- 等）发生相互作用，导致材料表面电荷载流子浓度的变化。这种变化会影响锌基纳米薄膜的电导率，从而实现对气体的敏感检测[66]。

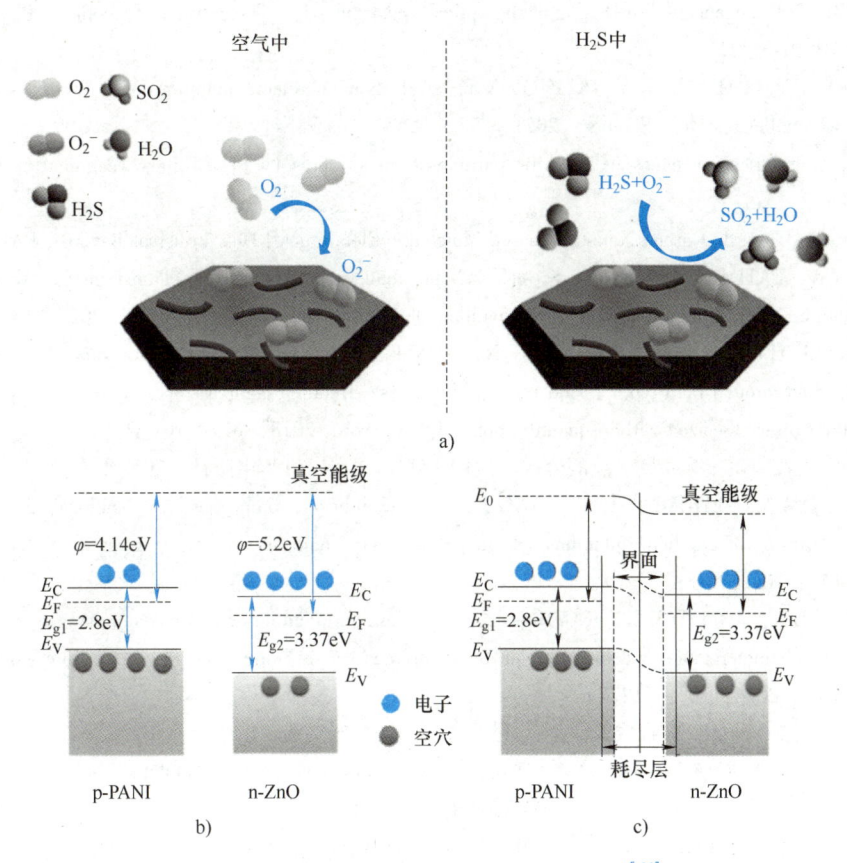

图 4-31 锌基纳米薄膜检测 H_2S 气体原理[66]

参 考 文 献

[1] YU K, SCHANZE K S. Commemorating The Nobel Prize in Chemistry 2023 for the Discovery and Synthesis of Quantum Dots [J]. ACS Central Science, 2023, 9 (11): 1989-1992.
[2] 张宇, 于伟泳. 胶体半导体量子点 [M]. 北京: 科学出版社, 2015.
[3] 程成, 程潇羽. 量子点纳米光子学及应用 [M]. 北京: 科学出版社, 2017.

[4] EFROS A L, BRUS L E. Nanocrystal Quantum Dots: From Discovery to Modern Development [J]. ACS Nano, 2021, 15 (4): 6192-6210.

[5] EKIMOV A I, ONUSHCHENKO A A. Quantum Size Effect in Three-Dimensional Microscopic Semiconductor Crystals [J]. JETP Letters, 2023, 118 (1): S15-S17.

[6] EFROS A L, EFROS A. Interband Light Absorption in Semiconductor Spheres [J]. Soviet physics Semiconductors, 1982, 16 (7): 772-775.

[7] BRUS L E. A simple model for the ionization potential, electron affinity, and aqueous redox potentials of small semiconductor crystallites [J]. The Journal of Chemical Physics, 1983, 79 (11): 5566-5571.

[8] 余金中. 半导体光子学 [M]. 北京: 科学出版社, 2015.

[9] ALIVISATOS A P, HARRIS A L, LEVINOS N J, et al. Electronic states of semiconductor clusters: Homogeneous and inhomogeneous broadening of the optical spectrum [J]. The Journal of Chemical Physics, 1988, 89 (7): 4001-4011.

[10] ARAKAWA Y, TALAPIN D V, KLIMOV V I, et al. Semiconductor quantum dots: Technological progress and future challenges [J]. Science, 2021, 373 (6555): eaaz8541.

[11] STOPIĆ S. Synthesis of nanosized metallic particles from an aerosol [J]. Military Technical Courier, 2013, 61: 99-112.

[12] CHIU P-W. Towards Carbon Nanotube-based Molecular Electronics [D]. Freistaat Bayern: FAU, 2003.

[13] ROMAN A, FATIMA T, WAKEEL S, et al. Nanochemistry: Exploring the Transformative World of Nanomaterials and Their Applications [J]. International Journal of Thermal Technologies, 2023, 13: 1-11.

[14] PILLAR-LITTLE T J, WANNINAYAKE N, NEASE L, et al. Superior photodynamic effect of carbon quantum dots through both type Ⅰ and type Ⅱ pathways: Detailed comparison study of top-down-synthesized and bottom-up-synthesized carbon quantum dots [J]. Carbon, 2018, 140: 616-623.

[15] 康振辉, 刘阳, 毛宝东. 量子点的合成与应用 [M]. 北京: 科学出版社, 2018.

[16] DANANJAYA V, MARIMUTHU S, YANG R, et al. Synthesis, properties, applications, 3D printing and machine learning of graphene quantum dots in polymer nanocomposites [J]. Progress in Materials Science, 2024, 144: 101282.

[17] KRISHNA S K, AHMED M K, KAMIL G K, et al. Carbon quantum dots: A comprehensive review of green Synthesis, characterization and investigation their applications in bioimaging [J]. Inorganic Chemistry Communications, 2024, 162: 112279.

[18] 栾伟玲. 量子点的微反应合成及应用 [M]. 上海: 华东理工大学出版社, 2020.

[19] KLIMOV V I, MIKHAILOVSKY A A, XU S, et al. Optical Gain and Stimulated Emission in Nanocrystal Quantum Dots [J]. Science, 2000, 290 (5490): 314-317.

[20] KLIMOV V I, MIKHAILOVSKY A A, MCBRANCH D W, et al. Quantization of Multiparticle Auger Rates in Semiconductor Quantum Dots [J]. Science, 2000, 287 (5455): 1011-1013.

[21] MCDONALD S A, KONSTANTATOS G, ZHANG S, et al. Solution-processed PbS quantum dot infrared photodetectors and photovoltaics [J]. Nature Materials, 2005, 4 (2): 138-142.

[22] GUR I, FROMER N A, GEIER M L, et al. Air-Stable All-Inorganic Nanocrystal Solar Cells Processed from Solution [J]. Science, 2005, 310 (5747): 462-465.

[23] YOO J J, WIEGHOLD S, SPONSELLER M C, et al. An interface stabilized perovskite solar cell with high stabilized efficiency and low voltage loss [J]. Energy & Environmental Science, 2019, 12 (7): 2192-2199.

[24] CHEN H, HE J, WU S T. Recent Advances on Quantum-Dot-Enhanced Liquid-Crystal Displays [J]. IEEE Journal of Selected Topics in Quantum Electronics, 2017, 23 (5): 1-11.

[25] HUANG B L, GUO T L, XU S, et al. Color Converting Film With Quantum-Dots for the Liquid Crystal Dis-

plays Based on Inkjet Printing [J]. IEEE Photonics Journal, 2019, 11 (3): 1-9.

[26] JAMIESON T, BAKHSHI R, PETROVA D, et al. Biological applications of quantum dots [J]. Biomaterials, 2007, 28 (31): 4717-4732.

[27] ZRAZHEVSKIY P, SENA M, GAO X. Designing multifunctional quantum dots for bioimaging, detection, and drug delivery [J]. Chemical Society Reviews, 2010, 39 (11): 4326-4354.

[28] WANG X, SUN G, LI N, et al. Quantum dots derived from two-dimensional materials and their applications for catalysis and energy [J]. Chemical Society Reviews, 2016, 45 (8): 2239-2262.

[29] BURKARD G, ENGEL H-A, LOSS D. Spintronics and Quantum Dots for Quantum Computing and Quantum Communication [J]. Fortschritte der Physik, 2000, 48 (9-11): 965-986.

[30] 贾子熙, 黄松, 进晓荣, 等. 飞秒激光过饱和掺杂硅材料的研究及发展 [J]. 光电工程, 2017, 44 (12): 1146-1159.

[31] JEON T-I, GRISCHKOWSKY D. Nature of Conduction in Doped Silicon [J]. Physical Review Letters, 1997, 78 (6): 1106-1109.

[32] JANKIEWICZ B, CHOMA J, JAMIOLA D, et al. Silica-metal nanostructures I. Synthesis and modification of silica nanoparticles [J]. Wiadomości Chemiczne, 2010, 64: 914-942.

[33] 季一勤, 刘华松. 二氧化硅光学薄膜材料 [M]. 北京: 国防工业出版社, 2018.

[34] XU M, GIRISH Y R, RAKESH K P, et al. Recent advances and challenges in silicon carbide (SiC) ceramic nanoarchitectures and their applications [J]. Materials Today Communications, 2021, 28: 102533.

[35] 邱美叶, 孔惠颖, 郑照轩, 等. 硅薄膜及其光学特性研究进展 [J]. 材料化学前沿, 2023, 11 (1): 18-31.

[36] LIU Q, POUMELLEC B, BLUM R, et al. Stability of electron-beam poling in N or Ge-doped H: SiO_2 films [J]. Applied Physics Letters, 2006, 88 (24): 241919.

[37] JANG H, DAS T, LEE W, et al. Transparent and Foldable Electronics Enabled by Si Nanomembranes [M]. Hoboken: John Wiley & Sons, Ltd, 2016: 57-88.

[38] 沈海军, 穆先才. 纳米薄膜的分类、特性、制备方法与应用 [D]. 南京: 南京航空航天大学, 2005.

[39] JANG H, LEE W, WON S M, et al. Quantum Confinement Effects in Transferrable Silicon Nanomembranes and Their Applications on Unusual Substrates [J]. Nano Letters, 2013, 13 (11): 5600-5607.

[40] HAUG H. Optical nonlinearities and instabilities in semiconductors [M]. Amsterdam: Elsevier, 2012.

[41] BANFI G, DEGIORGIO V, RICARD D. Nonlinear optical properties of semiconductor nanocrystals [J]. Advances in Physics, 1998, 47 (3): 447-510.

[42] PENG W, ZAMIRI M, SCOTT S A, et al. Electronic transport in hydrogen-terminated Si (001) nanomembranes [J]. Physical Review Applied, 2018, 9 (2): 024037.

[43] SONG E, GUO Z, LI G, et al. Thickness-Dependent Electronic Transport in Ultrathin, Single Crystalline Silicon Nanomembranes [J]. Advanced Electronic Materials, 2019, 5 (7): 1900232.

[44] 戴达煌, 代明江, 侯惠君. 功能薄膜及其沉积制备技术 [M]. 北京: 冶金工业出版社, 2013.

[45] 彭英才, 赵新为, 傅广生. 硅基纳米光电子技术 [M]. 保定: 河北大学出版社, 2009.

[46] 陈光华, 邓金祥. 纳米薄膜技术与应用 [M]. 北京: 化学工业出版社, 2004.

[47] WHITSITT E A, MOORE V C, SMALLEY R E, et al. LPD silica coating of individual single walled carbon nanotubes [J]. Journal of Materials Chemistry, 2005, 15 (44): 4678-4687.

[48] 朱冬生, 赵朝晖, 吴会军, 等. 溶胶-凝胶法制备纳米薄膜的研究进展 [J]. 材料导报, 2003, 17 (F09): 53-55.

[49] SHU H, CHANG L, TAO Y, et al. Microcomb-driven silicon photonic systems [J]. Nature, 2022, 605 (7910): 457-463.

［50］ ANDREANI L C, BOZZOLA A, KOWALCZEWSKI P, et al. Silicon solar cells: toward the efficiency limits ［J］. Advances in Physics: X, 2019, 4（1）: 1548305.

［51］ FU R, ZHANG K, ZACCARIA R P, et al. Two-dimensional silicon suboxides nanostructures with Si nanodomains confined in amorphous SiO_2 derived from siloxene as high performance anode for Li-ion batteries ［J］. Nano Energy, 2017, 39: 546-553.

［52］ HEMAJA V, PANDA D K. A comprehensive review on high electron mobility transistor (HEMT) Based biosensors: recent advances and future prospects and its comparison with Si-based biosensor ［J］. Silicon, 2022, 14（5）: 1873-1886.

［53］ LI G, MA Z, YOU C, et al. Silicon nanomembrane phototransistor flipped with multifunctional sensors toward smart digital dust ［J］. Science Advances, 2020, 6（18）: eaaz6511.

［54］ LI D, ZHOU J, YAO K, et al. Touch IoT enabled by wireless self-sensing and haptic-reproducing electronic skin ［J］. Science Advances, 2022, 8（51）: eade2450.

［55］ TIAN Y, FLEWITT A J, CANHAM L T, et al. In vitro dissolution behavior of hydrogenated amorphous silicon thin-film transistors ［J］. npj Materials Degradation, 2018, 2（1）: 41.

［56］ PARIHAR V, RAJA M M, PAULOSE R. A Brief Review of Structural, Electrical and Electrochemical Properties of Zinc Oxide Nanoparticles ［J］. Reviews on Advanced Materials Science, 2018, 53: 119-130.

［57］ BARZINJY D A, HAMAD S, AZEEZ H. Structure, synthesis and applications of ZnO nanoparticles: A review ［J］. Jordan Journal of Physics, 2020, 13（2）: 123-135.

［58］ GARTNER M, STROESCU H, MITREA D, et al. Various applications of ZnO thin films obtained by chemical routes in the last decade ［J］. Molecules, 2023, 28（12）: 4674.

［59］ SONAWANE H, DEORE J, RAJSHRI S, et al. Synthesis of ZnS Nanomaterials and Their Applications via Green Approaches: An Overview ［J］. BioNanoScience, 2023, 13（2）: 879-890.

［60］ PARK S, HEO S W, LEE W, et al. Self-powered ultra-flexible electronics via nano-grating-patterned organic photovoltaics ［J］. Nature, 2018, 561（7724）: 516-521.

［61］ DAS S, GHORAI U K, DEY R, et al. White light phosphorescence from ZnO nanoparticles for white LED applications ［J］. New Journal of Chemistry, 2022, 46（36）: 17585-17595.

［62］ EL GOLLI A, CONTRERAS S, DRIDI C. Bio-synthesized ZnO nanoparticles and sunlight-driven photocatalysis for environmentally-friendly and sustainable route of synthetic petroleum refinery wastewater treatment ［J］. Scientific Reports, 2023, 13（1）: 20809.

［63］ WANG L, LIU S, GAO G, et al. Ultrathin Piezotronic Transistors with 2nm Channel Lengths ［J］. ACS Nano, 2018, 12（5）: 4903-4908.

［64］ QIN L, MAWIGNON F J, HUSSAIN M, et al. Economic Friendly ZnO-Based UV Sensors Using Hydrothermal Growth: A Review ［J］. Materials, 2021, 14（15）: 4083.

［65］ JIANG J, ZHANG L, MING C, et al. Giant pyroelectricity in nanomembranes ［J］. Nature, 2022, 607（7919）: 480-485.

［66］ SUDHEEP C V, VERMA A, JASROTIA P, et al. Revolutionizing gas sensors: The role of composite materials with conducting polymers and transition metal oxides ［J］. Results in Chemistry, 2024, 7: 101255.

第 5 章

金属氧化物纳米薄膜

与纯金属相比,金属氧化物具有独特的性能和良好的稳定性。金属氧化物中,过渡金属氧化物表现出了尤其独特的功能特性。过渡金属元素由于其具有未被电子填充的 d 轨道,导致其体系中的晶格、电荷、轨道、自旋之间不再相互独立,有很强的耦合作用和复杂的耦合机制,为特殊功能的存在和调控提供了丰富的载体。随着薄膜制备工艺和表征技术的不断进步,金属氧化物纳米薄膜的相关研究蓬勃发展,其也展现出了多种新奇的性质,在电储能、高温超导、电子器件、信息存储、光催化等众多领域有着广阔的应用前景。本章首先介绍决定金属氧化物纳米薄膜性质的微结构,然后按照电学、磁学、光学的分类分别介绍金属氧化物纳米薄膜的多种特性。

5.1 金属氧化物纳米薄膜的微结构

金属氧化物纳米薄膜通常为单晶、多晶或非晶结构。薄膜的物理化学性质与其晶体结构以及其中的缺陷有着十分密切的关系。对金属氧化物的结构分析,能够解释它们所表现出的不同奇异性质;通过掺杂等不同的方式对晶体结构进行修饰,可以大大提高金属氧化物纳米薄膜的各项性能;通过构建界面异质结,能够带来如界面超导等新奇的物理现象。因此,了解金属氧化物纳米薄膜的微结构至关重要。

5.1.1 金属氧化物的晶体结构

金属氧化物的晶体结构取决于化学计量比和配位关系。如果用 M、A、B 代表金属元素,O 代表氧元素,典型的简单金属氧化物有 MO 型、MO_2 型、M_2O_3 型等。此外,还有由两种或两种以上简单金属氧化物结合产生的混合金属氧化物,如四氧化三铁(Fe_3O_4)是氧化铁(Fe_2O_3)和氧化亚铁(FeO)的混合氧化物,以及典型的复合金属氧化物 ABO_3 型、AB_2O_4 型等。紧密排列的氧阴离子与晶格中的金属阳离子一起构成金属氧化物结构。阴离子的密排一般为面心立方结构或六方密排结构。较小的金属阳离子常位于氧的四面体间隙(金属离子被 4 个氧包围)中或八面体间隙(金属离子被 6 个氧包围)中。具有四个相邻氧离子(离子半径约为 0.121nm)的四面体间隙可以容纳半径为 0.032nm 的金属阳离子而不产生晶格畸变;具有六个相邻氧离子的八面体间隙可以容纳半径为 0.058nm 的较大离子。因此,金属氧化物的结构受金属离子大小的影响。在密排晶格中,每个氧原子有两个四面体间隙和一个八面体间隙。

1. 二元金属氧化物

MO 型金属氧化物多数为立方岩盐（NaCl）结构，此外有少数为纤锌矿结构或闪锌矿结构[1,2]。立方岩盐结构为立方晶系，由阴离子和阳离子两个面心立方亚晶格嵌套而成，阴离子和阳离子的配位数均为 6，其晶胞结构如图 5-1a 所示。MgO、CaO、SrO、BaO 以及多数的过渡金属氧化物都具有 NaCl 型结构。过渡金属氧化物中，只有 ZnO 和 CoO 具有稳定的六方晶格结构。其中，六方 ZnO 的结构被称为纤锌矿结构，由阴离子和阳离子两个六方密排的亚晶格嵌套而成，阴离子和阳离子的配位数均为 4，每一类离子均处在另一类离子的四面体间隙中，其晶胞结构如图 5-1b 所示。除了 ZnO，还有 BeO 等少数金属氧化物属于纤锌矿晶体结构；此外，BeO 等极个别的 MO 型金属氧化物能够以闪锌矿（ZnS）结构存在。

MO_2 型金属氧化物常见的结构为萤石和金红石结构。萤石晶体结构为立方晶系，以金属阳离子形成的面心密排结构为基础，其四面体间隙位置由氧阴离子填充，阳离子的配位数为 8，阴离子的配位数为 4，其晶胞结构如图 5-1c 所示。ZrO_2、HfO_2、UO_2 等具有大尺寸四价阳离子的氧化物为萤石结构。而 Na_2O、K_2O 等碱金属氧化物为反萤石结构，即阳离子和阴离子占据与萤石结构中完全相反的位置。金红石结构属于四方晶系，其中氧阴离子近似为六方密堆积结构，金属阳离子填充在半数的八面体间隙中，阳离子的配位数为 6，阴离子的配位数为 3，其晶胞结构如图 5-1d 所示。TiO_2、NbO_2、TaO_2、WO_2、PbO_2、SnO_2、OsO_2、IrO_2 等多种四价金属氧化物具有金红石结构。此外，TiO_2 存在多种同素异构体，还存在锐钛矿（四方）或板钛矿（正交）等结构，这些结构都保留了两种离子的八面体配位关系，只是八面体的排列方式不同。总的来说，金红石结构是一种稳定的结构，其他结构可以转变为金红石，这是由于热力学辅助八面体旋转导致的结构转变，以获得最大的晶格密度。

M_2O_3 型金属氧化物中许多具有刚玉（$\alpha\text{-}Al_2O_3$）结构，如 Al_2O_3、Bi_2O_3、Cr_2O_3、V_2O_3 等。刚玉结构属于三方晶系，氧离子沿三次轴方向呈六方密堆积，金属离子填充在八面体间隙，阳离子的配位数为 6，阴离子的配位数为 4，其晶胞结构如图 5-1e 所示。此外还有少数 M_2O_3 型金属氧化物具有 $\gamma\text{-}Al_2O_3$ 结构或方铁锰矿结构；$\gamma\text{-}Al_2O_3$、$\gamma\text{-}Fe_2O_3$ 等的晶体结构是含有阳离子空位的尖晶石结构。

2. 复杂金属氧化物

AB_2O_4 型复合金属氧化物的典型晶体结构是尖晶石结构，氧离子在空间中按面心立方密堆方式进行排列，组成的面心立方格子中，存在四面体间隙位置和八面体间隙位置，而在尖晶石中这些间隙没有全部被填满，1/8 的四面体间隙被 A 离子占据，1/2 的八面体间隙被 B 离子占据。其晶胞结构如图 5-2 所示。整个晶胞由八个小立方体构成，且存在 α、β 两类小立方体。α 类小立方体体心有一个 A 离子，四条对角线上各有一个氧离子；β 类小立方体体心没有离子占据，四条对角线上除了各有一个氧离子外还各有一个 B 离子，两种小立方体交替排列，形成尖晶石的整个晶胞结构。其中，如果 A 是二价阳离子，B 是三价阳离子，则称为正尖晶石结构，有许多铬酸盐、铁酸盐、铝酸盐具有该类结构，如 $MgCr_2O_4$、$ZnFe_2O_4$、$MgAl_2O_4$；若 A 是三价阳离子，B 中一半为二价、另一半为三价阳离子，则被称为反尖晶石结构，包括 $TiMg_2O_4$、Fe_3O_4、$TiFe_2O_4$ 等。在尖晶石结构中，A、B 离子不只限于二价、三价的金属离子，重要的是要满足电中性条件，即晶胞内正离子电荷之和等于负离子电荷之和。至于是形成正尖晶石型结构还是反尖晶石型结构，或是介于二者之间的混合尖

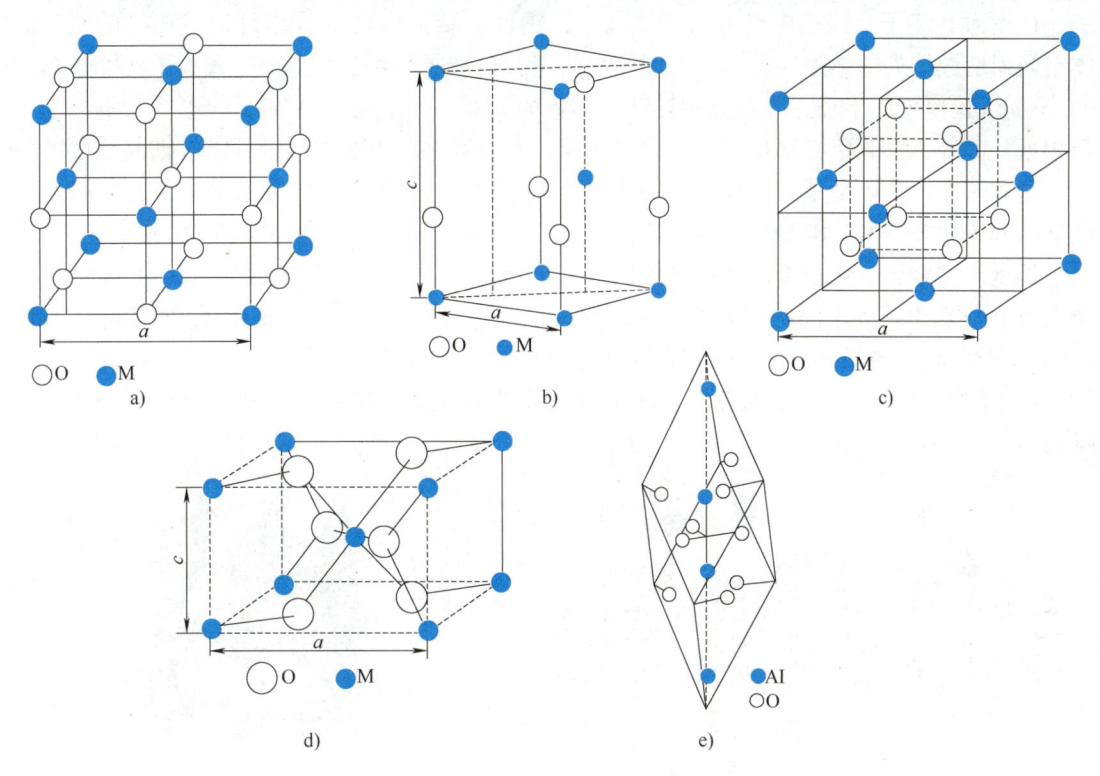

图 5-1 几种简单金属氧化物的晶胞结构

a）立方岩盐的晶胞结构　b）纤锌矿的晶胞结构　c）萤石的晶胞结构　d）金红石的晶胞结构　e）刚玉的晶胞结构

晶石，取决于阳离子在四面体间隙和八面体间隙中的晶体场稳定化能，该能量决定了阳离子的分布。尖晶石型结构的配位数 A：B：O 为 4：6：4。

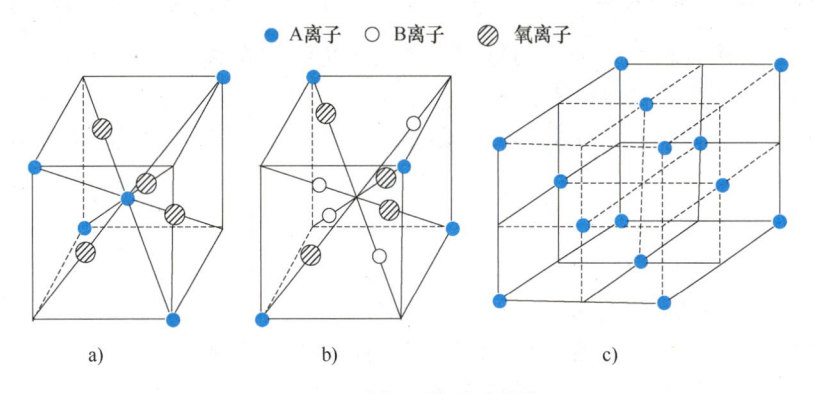

图 5-2 尖晶石的晶胞构成

a）α 类小立方体　b）β 类小立方体　c）尖晶石的晶胞结构

ABO$_3$ 型复合金属氧化物包括钙钛矿（CaTiO$_3$）、铁钛矿（FeTiO$_3$）和铌酸锂（LiNbO$_3$）结构。其中，钙钛矿型的金属氧化物因其组织和成分的可调性以及丰富的性能得到最为广泛的研究。钙钛矿结构的晶胞结构如图 5-3a 所示，晶胞中有一个位于体心的 B 离子，一个位于顶点的 A 离子以及三个位于面心的氧离子；另一种常见的形式是体心为 A 离

119

子、顶点为 B 离子、棱边中点为三个氧离子；钙钛矿结构也可以看作是顶点相连的氧八面体空间周期性排列的结果。A 离子的配位数为 12，B 离子的配位数为 6，氧离子的配位数为 6。不同位置离子的半径差异会导致钙钛矿结构的畸变，一般要求 A 离子的半径与氧离子半径相近，B 离子的半径与氧八面体间隙相匹配。不同氧化态的多种离子可以占据晶胞中的位点，这对调控钙钛矿型金属氧化物的性质具有重要意义。大量 ABO_3 型的复合氧化物具有钙钛矿结构，如 $SrTiO_3$、$BaTiO_3$、$Pb(Zr_xTi_{1-x})O_3$、$La(Sr_xCo_{1-x})O_3$ 等。

钙钛矿型金属氧化物可以根据其组成或晶体结构排列为双钙钛矿或层状钙钛矿。如果 A 位点或 B 位点由两种不同的阳离子组成，即 A′、A″或 B′、B″，则可以得到化学组成为 $A_2B'B''O_6$、$A'A''BO_6$、$A'A''B'B''O_6$ 的双钙钛矿。这些化合物保留了钙钛矿的基本结构，具有交替阳离子的周期性排列，例如图 5-3b 中的双钙钛矿结构具有 B′离子和 B″离子的周期性交替排列结构。

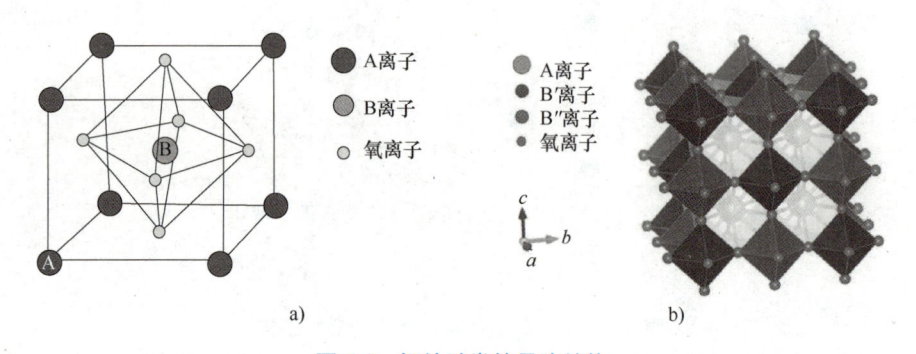

图 5-3 钙钛矿类的晶胞结构
a）钙钛矿的晶胞结构　b）双钙钛矿的晶胞结构

5.1.2 金属氧化物的缺陷

由于制备过程中各种复杂因素的影响，金属氧化物纳米薄膜中总是或多或少地存在缺陷。缺陷是一把双刃剑，既可能提升薄膜的性能，如催化材料；又可能给材料性质带来负面影响，如光学、电学性能。只有深入认识缺陷的成因与作用规律，才能正确地利用缺陷，使材料达到最佳的性能。金属氧化物纳米薄膜的缺陷主要包括点缺陷、线缺陷、面缺陷等。

1. 点缺陷

点缺陷是发生在晶体中一个或几个晶格常数范围内的缺陷，包括填隙原子、空位和杂质原子。为了精确地描述点缺陷的类型、性质和作用，研究者常使用克罗格-文克（Kröger-Vink）表示法描述点缺陷[3]。克罗格-文克点缺陷理论奠定了固体缺陷理论的基础，也因为点缺陷调控对于材料性质的重要作用，该理论被广泛应用在固体化学等领域。在克罗格-文克表示法中，每一个缺陷都可以用符号 A_a^b 来表示，其中 A 为缺陷所涉及原子的元素符号或空位 V；b 表示净电荷，"·"表示一个正电荷，"′"表示一个负电荷，"×"表示没有净电荷；a 表示该缺陷在原理想晶体中的位置，若为元素符号，则表示在该元素原子的位置，i 表示间隙原子的位置；此外，h 表示空穴，e 表示电子。

如果用 M^+X^- 表示某二元化合物，L^+ 和 S^- 表示外来的掺杂组分，则各种点缺陷可以用以下符号表示：①空位，M 和 X 位置的空位分别用 V_M 和 V_X 表示，下标 M 表示缺了一个 M 原子；②填隙原子，原子没有出现在正常晶格位置而是出现在间隙位置时用 M_i 和 X_i 表示；③错位原子，在某些化合物中 M 原子也有可能出现在 X 位置上，用 M_X 表示；④缔合中心，一种或多种晶格缺陷可能互相缔合（即集聚在一起），用缔合组分加括号表示，如 $(V_M V_X)$ 或 $(X_i X_M)$；⑤溶质（掺杂元素），L_M 和 S_X 分别表示溶质原子 L 在 M 位置上和溶质原子 S 在 X 位置上；⑥自由电子、电子空穴，某些电子可能不处于特定位置上，这些电子可以用 e' 表示，同样也可能缺少电子，可以用电子空穴 $h^·$ 表示，电子空穴也不局限于特定位置；⑦带电缺陷，在绝缘体或半导体金属氧化物中，常把有关物质看成离子，离子相关的缺陷可能带有电荷，例如 M^+ 离子的空位会伴随一个额外的电子，如果这个电子局限于该空位，则该缺陷用 V'_M 表示。利用上述符号能够清晰地展示材料中点缺陷的实质与变化。

点缺陷往往处在不断运动过程中。例如，在高于 0K 的晶体中，晶格内的原子吸收能量，在平衡位置附近不断地热振动，当热振动的原子获得的能量高于其脱离晶格点阵的势垒时，原子就可以挣脱周围原子的作用，迁移到其他位置，而在原来的平衡位置留下空位，其他迁移出的原子又可能占据这个空位，表现为空位的无规则运动。此外，间隙原子等点缺陷也存在无规则运动现象。点缺陷的运动是材料固态相变、离子输运等过程的重要基础。此外，点缺陷的存在会导致晶体性能的变化，例如使半导体的能带结构改变。

2. 线缺陷

线缺陷是晶体中沿某一方向附近的原子或离子的排列偏离了理想晶体的结构而形成的缺陷，也被称为一维缺陷。在晶体生长过程中，温度、浓度或应力等因素会导致晶体的排列变形、滑移，形成位错。位错可以分为刃型位错、螺型位错和混合位错。理想晶体是由一层层原子堆积而成的，如果在某一个原子面发生中断，仅存在半个多余的原子面，则在原子面的中断处就出现了一个位错，由于其如同一个刀刃插入晶体中，故被称为刃型位错。一个晶体的一部分相对于其余部分发生滑移，原子平面沿着一根轴线螺旋上升，每绕一周原子面就上升一个晶面间距，螺旋轴处的位错被称为螺型位错。上述两种位错同时存在时被称为混合位错。在离子晶体中，除了要考虑晶体结构，还需要保持局部电中性，因此其中的位错更加复杂。金属氧化物薄膜在外延生长的过程中，其晶格常数如果与基底的晶格常数存在一定差异，则在不共格的位置就会出现位错。

3. 面缺陷

晶体的表面和界面是晶体的面缺陷。表面是固体与气体或液体的分界面，而界面是固体与固体的分界面，包括晶界、孪晶界、层错和相界面等。纳米薄膜材料在厚度方向尺度很小，而有上下两个尺寸很大的表面或界面，具有许多不同于晶体内部的性质，其对于薄膜性质的影响至关重要。表面与光学、微电子学等方面的性能密切相关；而金属氧化物薄膜与基底的界面特性决定了外延生长薄膜的制备工艺条件，界面也可能蕴藏着诸如准二维超导的新奇物理现象[4,5]。

表面是晶体平移对称的终止处，性质与晶体内部不同。只有严格控制生长条件，在近似平衡态生长时，才能得到完美的低表面能的光滑界面。一般非平衡态生长的晶体，其表面可能偏离这些低表面能的晶面。稍许偏离低能面的表面被称为邻位面，远离低能面的表面被称为粗糙面。生长条件合适的情况下，表面通常为邻位面。如图 5-4a 所示，邻位面会发生小面化，该过程中表面上的一些原子离开其平衡位置，转移到其他位置上，形成新的属于平衡取向的小平面，最终使总表面能降低。表面原子的扩散使表面出现多种缺陷，包括平台、台阶和扭折，图 5-4b 所示为表面的平台-台阶-扭折（T-L-K）模型。平台是低能的密排低指数面，用台阶和在台阶处的扭折来实现表面对低指数面的偏离。在平台表面也存在如空位和附加原子等点缺陷。此外，由于表面破坏了晶体的周期性，表面处原子缺少了一侧近邻原子，受到的作用力与晶体内部原子不同，表面附近的几层原子可能会发生弛豫，达到新的平衡位置。表面弛豫可能仅导致一定的点阵畸变，也可能使表面晶格结构完全变化，即发生表面重构。

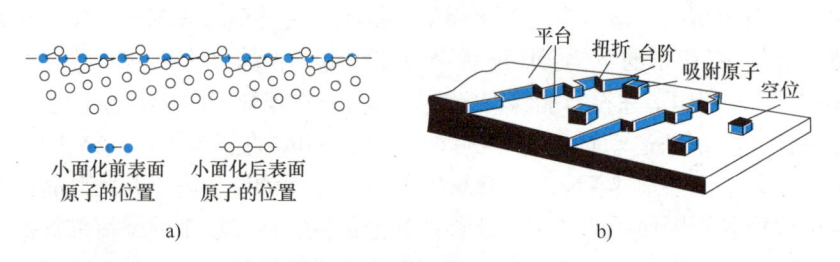

图 5-4 表面模型
a) 表面的小面化 b) 表面 T-L-K 模型[4]

多晶薄膜是由许多晶粒组成的，属于同一固相但是位向不同的晶粒之间的界面被称为晶界。按照晶界两侧的取向差不同，晶界可以分为小角度晶界和大角度晶界。取向差小于 10°的属于小角度晶界，取向差大于 10°的属于大角度晶界。晶界处原子排列不规律，点阵畸变大，存在晶界能，对多晶体的物理化学性质有重要影响，如晶体生长、扩散等。此外，有一种特殊的晶界是孪晶界，是指两个晶体（或严格晶体的两部分）沿一个公共晶面构成镜面对称的位向关系，这两个晶体就称为孪晶，公共晶面就是孪晶面。

具有不同结构的两相之间的分界面被称为相界面。由于相界面两侧相不同，其结构对称性、键合类型和晶格参数也可能不同，因此相界面的结构也更加复杂，表现出的性质也更丰富。相界面可以分为共格相界面、半共格相界面和非共格相界面。共格相界面上两相完全有序匹配，界面原子同时位于两相的晶格格点上。实际晶体的相界面极少是完全共格的，由于晶格常数等条件的微小差异会在相界面产生一定的弹性应变。当两相差距较大时，界面上晶格无法一一对应，于是界面上会产生一些位错，以降低界面的弹性应变能，这种界面被称为半共格相界面。半共格相界面错配的程度用错配度衡量。错配度的定义为

$$\delta = \frac{a_\alpha - a_\beta}{a_\alpha} \tag{5-1}$$

式中，a_α 和 a_β 分别表示相界面两侧的 α 相和 β 相的晶格常数，且 $a_\alpha > a_\beta$。此外，在单晶衬底上外延生长薄膜时，衬底中的位错会延伸到薄膜中，形成穿过位错，在有错配度的薄膜生长过程中，这些穿过位错可以引起界面上的错配位错的形成。当两相界面处原子排列相差很大时，只能形成非共格界面，可以看成是由原子不规则排列的过渡层构成的。

5.2 金属氧化物纳米薄膜的电学特性

金属氧化物纳米薄膜丰富而独特的电学特性为现代电子器件、能源转换和传感器等领域提供了前所未有的机遇，而电子器件的小型化、集成化与金属氧化物纳米薄膜电学特性研究

的快速发展有着密切的联系。金属氧化物丰富的结构和元素变化为其电学性能调控提供了大量空间,在电介质、导电体和超导体等众多领域都有广泛应用。本节从介电特性、铁电特性、半导体特性和高温超导特性四个方面对金属氧化物纳米薄膜的电学特性进行介绍。

5.2.1 介电特性

介电功能材料是以电极化为基本电学特征的功能材料,其内部电荷不能像导体一样自由移动,而主要以束缚电荷形式存在;电极化是指在电场作用下,正、负电荷中心相对移动从而出现电偶极矩的现象。金属氧化物纳米薄膜的介电特性的类型丰富,应用领域广阔,按照所应用的物理效应分类有电介质薄膜、压电薄膜、热释电薄膜、铁电薄膜等。本小节主要讨论电介质纳米薄膜的性质和特点,铁电薄膜相关的内容在 5.2.2 小节讨论。电介质薄膜按照主要用途来分类,可分为介电性应用和绝缘性应用,前者主要用于薄膜电容器和敏感电容元件,后者主要用于各种集成电路和半导体器件。以上应用要求薄膜具有优良的介电性能、足够的耐压温度、小的介质损耗和高的电阻率。

1. 介电性应用

电容器储能薄膜常用的体系有 ZrO_2、Ta_2O_5、$BaTiO_3$(BTO)、$BiFeO_3$(BFO)、$PbTiO_3$(PTO)、锆钛酸铅(PZT)等。电容储能的过程就是电介质沿电场方向建立介电极化的过程,微观上定向排列的电偶极矩使电极上的感应电荷增加,实现静电能的储存。而放电过程中,电介质的介电极化退去,电偶极矩消失或变成无规分布,电容器存储的电荷和静电能释放给外接负载。电位移-电场曲线能够很好地描述这一过程,如图 5-5 所示。定义电位移来描述电介质的极化程度:

$$D = \varepsilon_0 \varepsilon_r E = \varepsilon_0 E + P \tag{5-2}$$

式中,E 是外加电场;ε_0 是真空介电常数;ε_r 为相对介电常数;P 为极化强度,定义为单位体积内的总电偶极矩。因此,电介质存储的能量密度 U(即电场使单位体积电介质极化所做的功)可以表示为

$$U = \int D dE \tag{5-3}$$

电介质的储能密度可以通过图 5-5 的曲线计算得到。充电过程储存的能量密度为充电曲线相对纵轴的积分面积,放电过程释放的能量密度为放电曲线相对纵轴的积分面积。大部分情况下,由于介质的能量损耗,充电和放电过程的曲线无法重叠,形成回线,介电材料的储能效率 η 为

$$\eta = \frac{U_e}{U} \times 100\% \tag{5-4}$$

式中,U_e 为放电能量密度;U 为充电能量密度。因此,要实现高的储能密度,需要提升介电材料的极化强度、降低介电损耗、提升介电击穿强度。

根据极化和介电常数对电场的响应行为,可以将介电材料分为线性电介质和非线性电介质,而后者又

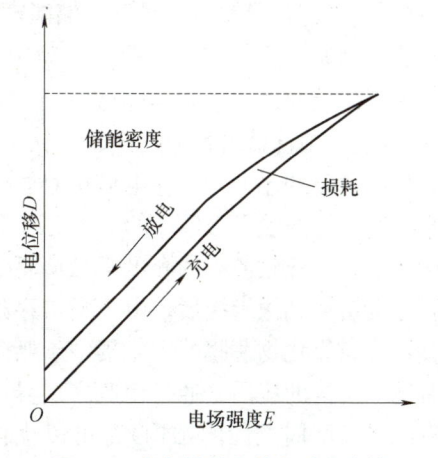

图 5-5 介电材料充放电过程中的电位移-电场曲线示意图

包括顺电体、铁电体、弛豫铁电体和反铁电体，它们的微观机制、极化-电场曲线以及介电常数随外电场的变化关系如图 5-6 所示。金属氧化物是介电储能领域常用的材料，具有高的介电常数以及较为成熟的制备工艺，并且包含上述各类电介质，具有不同的应用场景。

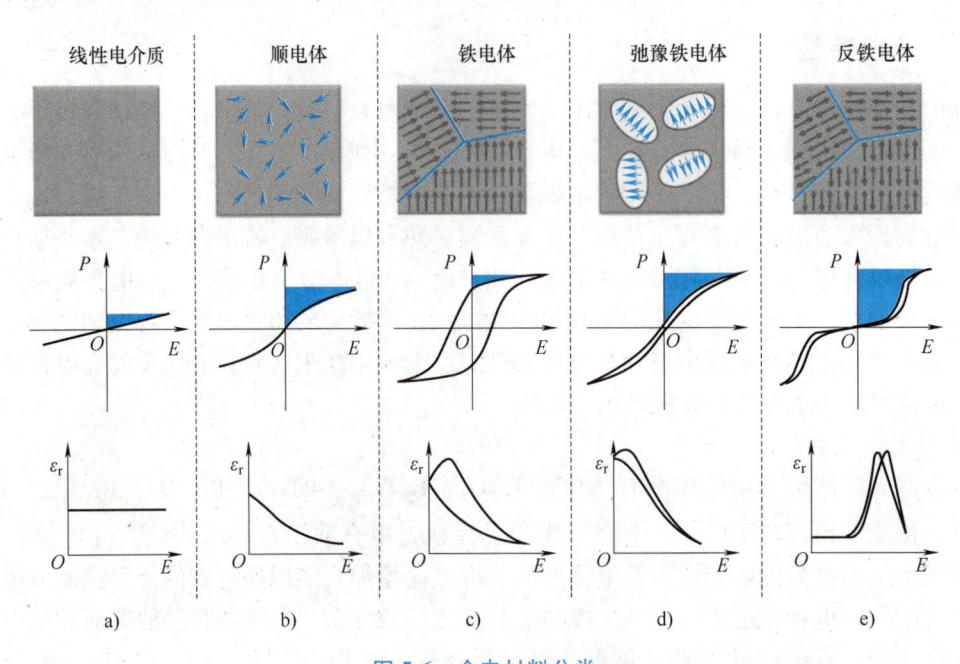

图 5-6 介电材料分类

a) 线性电介质 b) 顺电体 c) 铁电体 d) 弛豫铁电体 e) 反铁电体

线性电介质的介电常数较低，但具有极化滞后小、储能效率高的优点。Zhang 等[6]在 63nm 厚的 HfO$_2$ 薄膜中得到了较大的介电常数，得到的最大能量密度为 21.3J/cm^3。Liu 等通过磁控溅射法制备了厚度约 200nm 的无定形 TaO$_x$ 薄膜，在与 Al 电极的界面处形成了 AlO$_x$ 薄膜，得到了储能密度 27.6J/cm^3、击穿强度 5.07MV/cm 的性能。

顺电材料在外加电场显示出轻微的非线性极化响应，具有比线性材料更高的介电常数，但极化比反/弛豫铁电材料低，储能密度有限，往往需要通过掺杂、固溶、复合等手段改善性能。例如，在顺电体 SrTiO$_3$ 薄膜中，加入 Al$_2$O$_3$ 纳米颗粒能够促进铝电极在外电场下的阳极氧化反应，在介质/电极界面形成 AlO$_x$ 层，使薄膜的击穿强度提升了 117.6%[7]。

在反/弛豫铁电性薄膜中，钙钛矿型的氧化物薄膜往往在亚微米级厚度，这是因为金属氧化物薄膜的厚度对其介电储能性能有重要影响。薄膜与电极的界面处存在一个低介电常数、高损耗的纳米级厚度的薄层，被称为"死层"[8]。薄膜厚度越小，界面"死层"的比例增加，会导致薄膜的介电常数降低、损耗升高、击穿强度明显降低[9]。另一方面，当薄膜厚度增加到微米级后，由于电击穿和热击穿的加剧，其击穿强度也会有所下降。因此，大多数金属氧化物薄膜的工作集中于亚微米级薄膜的研究，但是在多层膜结构的介电薄膜中也有纳米结构的应用，通过构造多层异质结构或超晶格（将多种材料交替生长构建而成的具有纳米尺度周期性的结构），可以优化电场分布、改善极化行为、降低损耗、提升击穿强度，从而实现介电薄膜的性能提升。

1) 多层膜结构常用于优化薄膜中的电场分布。McMillen 等[10]在 400nm 的 BFO-STO 薄膜上沉积了约 6nm 的 Al_2O_3 低介电层，由于 Al_2O_3 的分压作用，BFO-STO 层中的有效电场降低，在更高的施加电压下才能达到极化饱和，从而在相同的极化下，储能密度得到 30% 的提升。进一步，Zhang 等[11]在 PZT 薄膜中插入一层 Al_2O_3，Al_2O_3 层不仅具有分压作用，还显著提升复合膜的击穿强度，达到 5.7MV/cm，从而实现了 $64J/cm^3$ 的高储能密度。此外，Liu 等[12]通过构造 BTO/（Pb，La，Ca）TiO_3/BTO "三明治"结构，有效降低了铁电薄膜的介电损耗，在储能密度达到约 $80J/cm^3$ 的同时储能效率约 86%。

2）在超晶格结构薄膜中，由于大量异质界面的存在和不同层之间的静电耦合作用，可以实现性能的精细调控、增强，甚至引入单一组分不具备的新性质。例如，以铁电体 $Ba_{0.7}Ca_{0.3}TiO_3$（BCT）和弛豫铁电 $BaZr_{0.2}Ti_{0.8}O_3$（BZT）为组分构建超晶格，随着周期长度的降低（总厚度相同为 100nm，周期数 N 的增加，见图 5-7a），其极化行为并不再是两组分的简单相加，损耗显著降低。同时由于界面对击穿的阻碍作用，超晶格薄膜的击穿强度显著提高（见图 5-7b）。两者协同作用实现了 $52J/cm^3$ 的高储能密度（见图 5-7c）[13]。而进一步研究表明，周期长度和周期数都对超晶格介电薄膜的储能性能有显著影响。

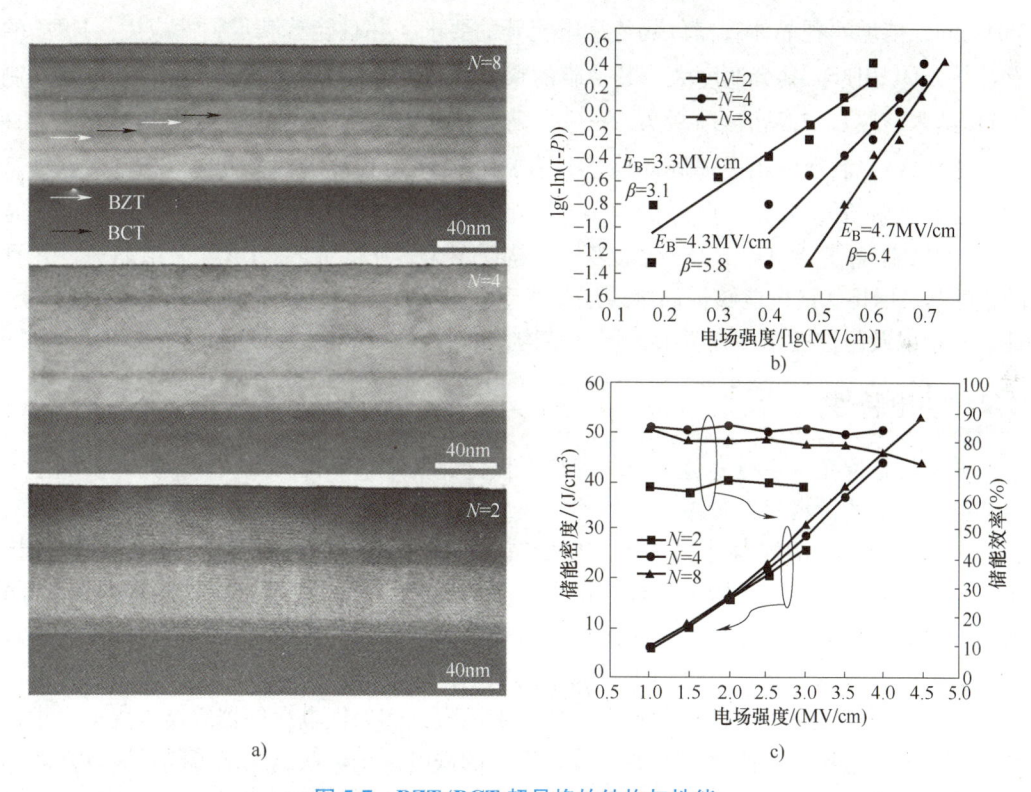

图 5-7 BZT/BCT 超晶格的结构与性能

a）BZT/BCT 超晶格结构透射电镜图　b）BZT/BCT 超晶格薄膜的击穿强度　c）BZT/BCT 超晶格薄膜储能性能

在此之外，反铁电性的掺杂 HfO_2 能够实现纳米尺度薄膜（约为 10nm）的介电储能应用，并且具有组成简单、与金属-氧化物-半导体（CMOS）工艺兼容等优势。掺杂浓度较低时 HfO_2 一般表现为铁电性，浓度进一步提高时有可能呈现反铁电性。反铁电体在低电场下表现出低介电损耗、低矫顽力和可忽略的滞后现象。Zr 掺杂 HfO_2 体系中，$Hf_{0.3}Zr_{0.7}O_2$ 薄膜具有最高的储能密度，约为42J/cm³，并且有较好的热稳定性和循环稳定性[14]。Al、La、Si等元素的掺杂也能够诱导反铁电性，Hoffmann等在掺杂5.6%Si的HfO₂薄膜（9nm）储能密度可达到40J/cm³；效率可达80%，并且随温度升高逐渐增加。

2. 绝缘性应用

绝缘薄膜常应用在薄膜器件中，例如薄膜晶体管；绝缘层的性能对薄膜器件的基本电学性能及稳定性至关重要。传统薄膜晶体管主要用 SiO_2 作为栅绝缘层材料，但随着电路的集成化和小型化，SiO_2 逐渐无法满足要求，研究者逐渐采用高介电常数材料取代 SiO_2。常用的绝缘薄膜有有机、无机、双电层电解质等，其中无机绝缘材料主要是金属氧化物纳米薄膜和亚微米级薄膜，如 ZrO_2、HfO_2、Al_2O_3 等，其具有电容大、缺陷小、耐高温等优点，但制备过程往往较为复杂，需要真空、高温等条件。

ZrO_2 具有介电常数高、禁带宽度大、化学性质稳定、热膨胀系数低、耐蚀性好等优点。Sarkar等[15]通过溶液旋涂法和光子固化法制备 ZrO_2 纳米薄膜（32~50nm），得到最佳 ZrO_2 薄膜的介电常数为16.7，面电容约为485nF/cm²，漏电流密度为10^{-4}A/cm²，击穿强度约为2.3MV/cm，能够实现晶体管器件隔绝漏电流等的要求，并且能够满足柔性应用。HfO_2 的介电常数与 ZrO_2 相近，禁带宽度大，其薄膜的致密性与绝缘性一般优于 ZrO_2。Yao 等[16]制备的 HfO_2 纳米薄膜具有高密度（9.7g/cm³）、高介电常数（28.5）以及很低的漏电流（20V下为5×10^{-9}A），制得的柔性薄膜晶体管具有良好的性能和稳定性。此外，Al_2O_3 也具有较高的禁带宽度和介电常数，良好的绝缘性，也是绝缘层的候选材料之一。Shi 等[17]通过ALD在150℃制备了 Al_2O_3/HfO_2 纳米多层结构，Al_2O_3 为非晶态，HfO_2 为结晶态，并且层间的铝酸盐 Al-Hf-O 键合能够提高绝缘层的稳定性。这些层间铝酸盐相具有更高的热力学稳定性、密度以及耐蚀性，存在类似的层状结构，如 Al_2O_3/ZrO_2、Al_2O_3/TiO_2 和 Al_2O_3/MgO。

5.2.2 铁电特性

铁电材料是指在一定温度范围内具有自发极化偶极矩，并且自发极化方向在外加电场的作用下可以改变的材料，自发极化与外加电场之间的关系曲线呈现非线性关系，称为电滞回线，如图5-6c所示。铁电体中另一个重要的特点是具有电畴结构，铁电体晶胞中的偶极矩很难沿着相同的方向排列，因为这样会产生很大的退极化能，电偶极矩往往排列杂乱无章，将取向一致的电偶极矩划分成一个小区域，这样的小区域被称为电畴。当材料的温度超过某个临界值时，材料内的自发极化消失，表现出顺电性。铁电相与顺电相的分界点温度被称为居里温度。居里温度是了解铁电材料性质的关键因素，例如铁电存储器等器件中，要求铁电材料具有高的居里温度，能够在室温下具有稳定的铁电极化。铁电纳米薄膜具有许多块体铁电材料所不具备的特性，常被用于非易失性存储器、场效应晶体管等领域；此外，纳米薄膜中的电畴结构能够表现出新奇的拓扑结构，为新一代纳米器件开发提供一个令人期待的新方向。

1. 纳米薄膜的铁电特性

钙钛矿（ABO_3）型金属氧化物是一类非常典型的铁电材料，也是研究最为广泛的铁电材料，其自发极化来源于其特殊的晶体结构，在居里温度以下，位于体心的B位离子会发生相对位移，使得晶胞内部正负电荷中心不重合，从而产生固有的净电偶极矩。此外，掺杂

HfO$_2$ 和 Bi 基层状氧化物等也是典型的铁电薄膜材料。HfO$_2$ 在室温下稳定相晶体结构高度对称，不具有铁电性，而 2011 年 Böscke 等人在 10nm 掺杂 Si 的 HfO$_2$ 薄膜中发现了铁电性，开启了 HfO$_2$ 基铁电薄膜的研究。不同元素的掺杂都能诱使 HfO$_2$ 薄膜产生铁电性，如 Zr、Y、Al、Gd、Sr、La 和 Ga 等，掺杂元素和掺杂比例都会对 HfO$_2$ 薄膜的铁电性能产生影响。Bi 基层状氧化物是一类具有高居里温度和良好抗疲劳性能的铁电材料，包括 SrBi$_2$Ta$_2$O$_9$、Bi$_4$Ti$_3$O$_{12}$ 等。近期，Yang 等[18]设计了一种具有氧化铋层状结构的薄膜［Bi$_{1.8}$Sm$_{0.2}$O$_3$（BSO）］，能够在 1nm 的厚度下稳定地保持铁电性。该薄膜可以在各种衬底上生长。厚度为 1～4.56nm 的薄膜表现出了相对较大的剩余极化（17～50μC/cm^2），在 10nm 量级的铁电体系薄膜中有较高的水平，如图 5-8 所示。

早期的研究发现，随着金属氧化物铁电薄膜尺寸的减小，顺电-铁电相变温度降低，铁电极化强度减小，铁电薄膜存在临界厚度，在临界厚度以下，铁电性将消失[19]。特别是当极化方向垂直于薄膜表面时，临界尺寸问题更加突出。例如，BaTiO$_3$ 薄膜中，实验观测到的临界厚度范围是 4～7u.c.（unit cell，晶胞）[20,21]。这是因为通常情况下，铁电器件是电容器"三明治"结构，铁电薄膜夹在两个导电电极之间，铁电薄膜上下表面的束缚电荷被导电电极中的自由载流子屏蔽。实际的电极材料中，由于存在有限的电荷屏蔽长度，束缚电荷不能被完全屏蔽掉。剩余的束缚电荷产生退极化场，其方向和铁电极化方向相反，从而抑制铁电薄膜中的有效极化大小[22]。实际的铁电电容器中总是存在退极化场，并且随着铁电薄膜的厚度减小，退极化效应逐渐增强。但是，在之后研究的超薄薄膜中发现了稳定存在的铁电极化[23]。这表明厚度并不是铁电薄膜中极化的本质影响因素，铁电极化的减弱实际来自于其他因素的影响，如薄膜表面效应、衬底的应力条件、界面组分和电学边界条件等。

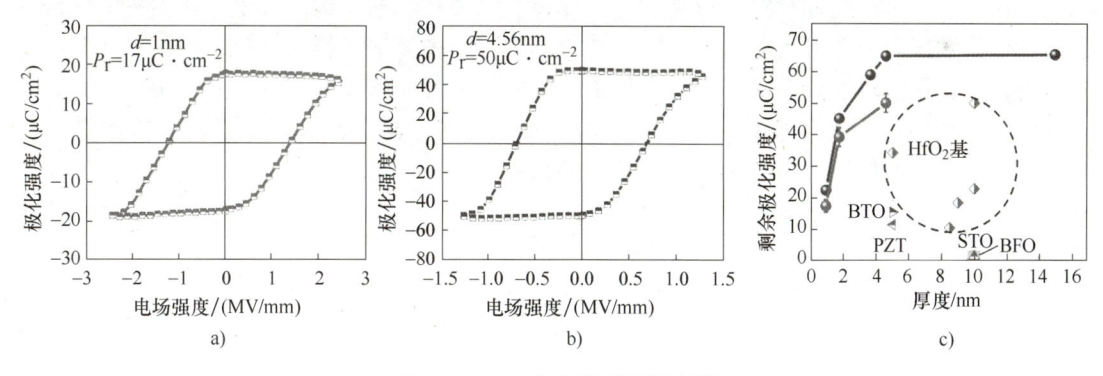

图 5-8 BSO 纳米薄膜的铁电性
a）厚度为 1nm 的 BSO 薄膜的电滞回线　b）厚度为 4.56nm 的 BSO 薄膜的电滞回线
c）几种铁电体系薄膜中剩余极化与薄膜厚度的关系

在纳米尺度的铁电薄膜中，这些在块体材料以及较厚薄膜中较弱或未显现的效应，可能会对铁电性能起到决定性的作用。

1）表面及界面效应。表面、界面处的极化性质与块体材料内部存在显著差异，存在极性不连续，会产生强大的电荷补偿，进而影响铁电稳定性。有许多研究通过构筑界面、异质结或超晶格结构，利用界面特点调控纳米薄膜的铁电极化。例如，Lu 等[24]通过在超薄膜 SrRuO$_3$/BaTiO$_3$/SrRuO$_3$ 异质结的界面处沉积一层很薄的 SrTiO$_3$（STO），能够消除界面的不

2) **应力条件**。在外延氧化物薄膜中，由于薄膜和单晶衬底之间存在晶格失配，薄膜中存在应力。当应力释放时，在厚度方向上将产生巨大的应力梯度，薄膜的性质将受到挠曲电效应的调控。挠曲电效应是指材料受到非均匀应变而产生电极化，挠曲电的大小与应变梯度呈正比，其大致原理如图 5-9 所示[25]。

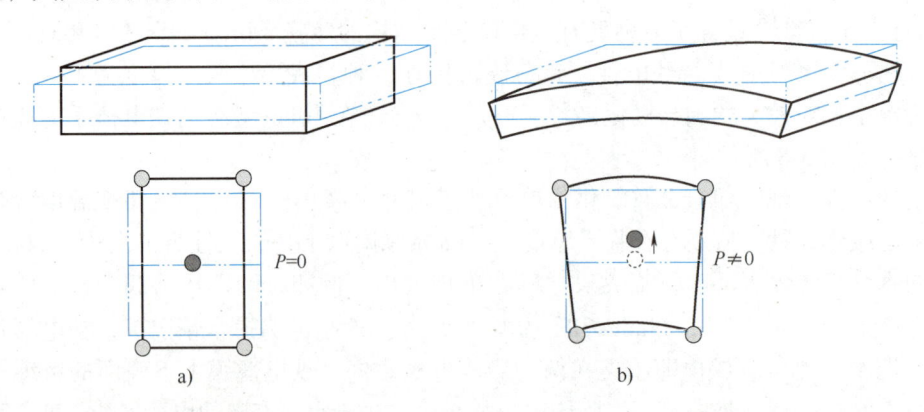

图 5-9 挠曲电产生机理示意图
a) 中心对称材料受到均匀应力作用，无极化产生　b) 中心对称材料受到非均匀应力作用，有极化产生

2. 铁电极性拓扑结构

铁电材料中存在电畴结构，在金属氧化物中电畴一般呈条状的规整排列，相邻畴之间极化的夹角常为 90°或 180°，而在特殊的边界条件下能够形成特殊的极性拓扑结构。从数学上说，拓扑是一种可以在连续的变形之后，仍保持其原有特性的结构。过去的几十年中，科学家们将拓扑学作为一种工具引入物理学，并将真实空间序参量组装成拓扑结构。较早的拓扑结构研究主要在铁磁性材料中开展，近年来铁电材料中极性拓扑结构的研究也快速发展，图 5-10 所示为铁性材料中典型的拓扑结构，如通量闭合畴、涡旋畴、反涡旋畴、泡泡畴、斯格明子等。新颖的拓扑结构带来了一些全新的物理性能，例如涡旋畴中的电导提升[26]和负电容[27]，因此大量研究集中于拓扑结构及其调控中。极性拓扑结构的发现大大拓宽了铁电材料的应用前景，尤其在高密度信息存储、逻辑元件等方面的应用引人关注。

纳米薄膜为构造极性拓扑结构提供了有利条件。一方面尺寸限制效应能够有效降低电荷屏蔽效应，另一方面通过超薄膜的外延应力或应用外加场在铁电薄膜中可以创建稳态极化拓扑畴结构。随着外延薄膜厚度的减小，来自基底的失配应力在薄膜内逐渐起主导作用，而自发形成特殊的畴结构，例如在 30nm 厚的 $Pb_xSr_{1-x}TiO_3$ 薄膜中观察到了自发形成微米尺度的极化通量闭合结构。单层薄膜中观察到的极性拓扑结构多数是零星分布的，而在铁电/介电多层膜或超晶格结构中，能够观察到密集排列的极性拓扑结构。Tang 等在 $GdScO_3$（GSO）衬底上外延生长了 PTO/STO 多层膜，在其截面上观察到了逆时针和顺时针交替排列分布的周期性全闭合阵列。在此之后，Yadav 等[29]在 PTO/STO 超晶格中观测到了顺时针、逆时针交替排列的周期性涡旋阵列，这得益于超晶格系统的静电能能够抵消涡旋核心的大梯度能，而且体系中的能量竞争受超晶格周期性厚度的影响。2019 年 Das 等[30]在 STO/PTO/STO 三层膜以及 PTO/STO 中发现了室温极性斯格明子结构。

除了异质外延生长的纳米薄膜与超晶格，自支撑薄膜利用界面特性也能够得到极性拓扑

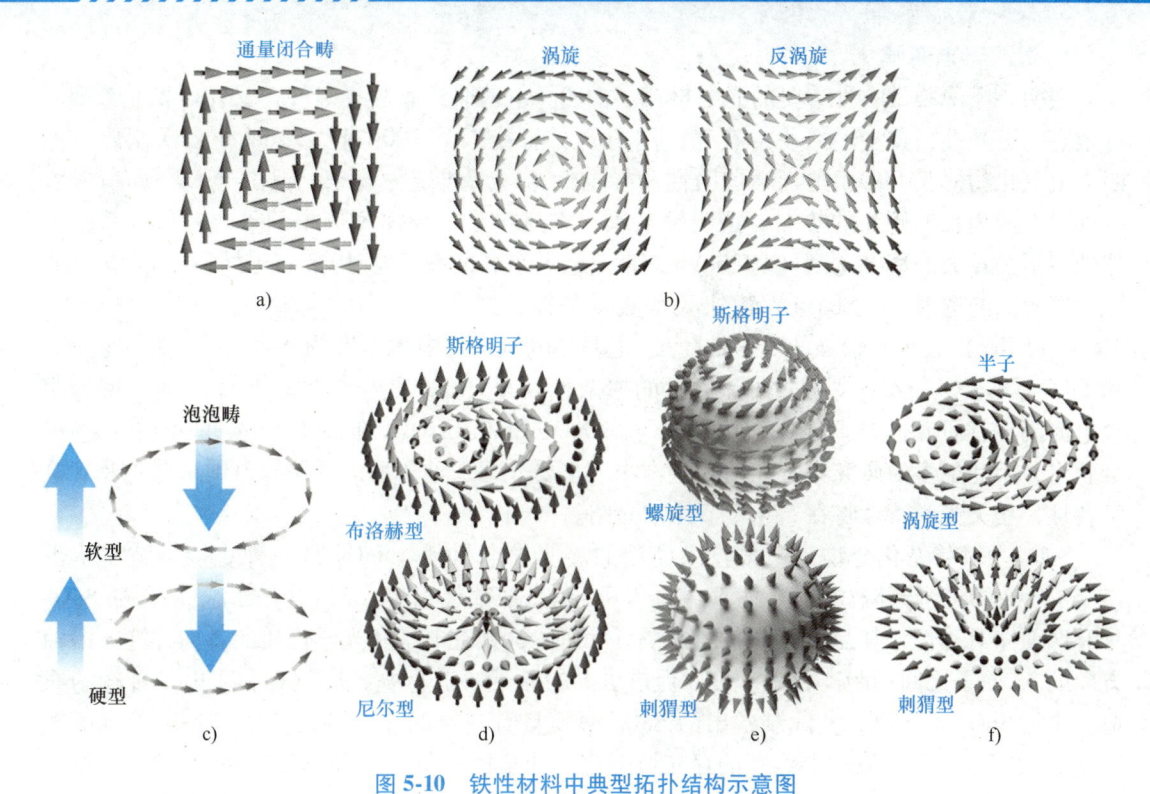

图 5-10 铁性材料中典型拓扑结构示意图

a）通量闭合畴　b）涡旋畴和反涡旋畴　c）泡泡畴　d）布洛赫型和尼尔型斯格明子
e）螺旋型和刺猬型斯格明子　f）半子
注：极化或磁化用箭头表示

结构。在两个独立 BTO 薄膜之间的界面处，通过施加一个扭转角度引起了横向应变调制，进而产生了显著的涡旋拓扑结构，并且结构可以通过调整扭转角度控制[31]。该工作通过在衬底上先生长一层牺牲层，之后通过化学去除的方法得到独立薄膜，这种方法为极性拓扑结构集成到电子器件中创造了可能性。

5.2.3 半导体特性

半导体是导电性能介于金属和绝缘体之间的一种材料。金属氧化物半导体种类繁多，大都具有较高的禁带宽度，主要有 ZnO、TiO_2、SnO_2、In_2O_3 等。金属氧化物半导体是功能材料和智能材料的基础，是制造功能器件的必需材料。金属氧化物的纳米半导体材料有着显著的表面效应和量子尺寸效应，在光电转换、气体传感器、光致发光等方面有着广泛的应用前景。氧化物半导体纳米材料作为光电材料构筑的光电子器件具有常规电子器件无法代替的优点：在应用环境中不易氧化、尺寸小、功耗小、反应灵敏等。由于氧化物半导体纳米薄膜奇特且广泛的特性，几乎覆盖了所有纳米材料科学与物理学的领域，有关氧化物的制备和性能研究已经成为当今世界材料研究的热点。通常人们主要采用的调控方法有形貌控制、尺寸控制、异质掺杂（包括缺陷）控制和外场作用控制等，以实现新功能和新特性。其他许多特性的介绍中也包含半导体纳米薄膜，本节中不再赘述，本节主要介绍金属氧化物纳米薄膜中的透明导电薄膜和半导体传感器。

1. 透明导电薄膜

透明导电薄膜是一种重要的光电材料。透明导电薄膜既有高导电性，又在可见光范围内有很高的透光性，在光电产业中有着广阔的应用前景[32]。1907 年，Badeker 首次制成了透明导电氧化物薄膜 CdO，把光学透明性和导电性这一矛盾统一起来，但由于 Cd 具有毒性，CdO 没有成为长期研究的热点。透明导电氧化物材料是半导体家族中的重要一员，其基本特性包括：较大的禁带宽度（>3.0eV），直流电阻率（N 型）达 $10^{-5} \sim 10^{-4} \Omega \cdot cm$，在可见光区有较高的透射率（80%），紫外区有截止特性，红外区有高的反射率，在短波频率下（6.5~13GHz）表现出较强的反射性[32]。透明导电氧化物中大多数为 N 型半导体，如 SnO_2 和 In_2O_3、Ga_2O_3、ZnO 等通过外来元素的掺杂可以大大提高其导电性。此外，对 P 型透明导电薄膜也有研究，如 $CuAlO_2$、$CuGaO_2$、$SrCuO_2$ 和 $ZnRh_2O_4$，但是 P 型透明导电氧化物很难获得，因此更多的研究集中在前者。本小节主要介绍几种典型的透明导电纳米薄膜及其电学特性，相关光学特性将在 5.4.2 节详细介绍。

SnO_2 及其掺杂化合物是最早投入商用的透明导电材料。SnO_2 是一种直接带隙宽禁带（3.5~4.0eV）半导体材料，折射率约为 2.0，消光系数趋于零。四方相金红石结构的 SnO_2 具有四面体对称性，其晶胞是体心四方平行六面体，具有电子和光学性质的各向异性，沿轴方向的 Sn 原子之间的距离较小，可以促进更高的原子轨道重叠，产生有利于电子传输的通道。本征 SnO_2 不导电，实际制备出的 SnO_2 薄膜具有一定的导电性，这主要是由于本征缺陷（如氧空位、锡间隙原子等）的存在引起化学计量比的偏移。SnO_2 中高浓度的氧空位在导带底附近形成浅施主能级，使 SnO_2 呈现 N 型半导体的特性，电阻率介于导体和半导体之间（$10^{-3} \sim 10^{-2} \Omega \cdot cm$），载流子浓度为 $10^{19} \sim 10^{20} cm^{-3}$，迁移率为 $5 \sim 30 cm^{-1} \cdot V^{-1} \cdot s^{-1}$。为了提高 SnO_2 薄膜的导电性，可对其进行元素掺杂。通过掺杂适当的杂质离子替位取代 SnO_2 晶格中的 O 或 Sn，可在薄膜中形成施主能级或受主能级，增加薄膜中载流子浓度。Bilgin 等[33]采用 F 对 SnO_2 薄膜进行掺杂，制备了多晶纳米薄膜，认为在一定量 F 掺杂情况下产生的具有高水平结晶度的纯相 Sn_3O_4 增加了薄膜的电导率，掺杂 3at%（原子分数）时具有最好的电学性能。

In_2O_3 具有方铁锰矿结构，其完整晶胞中包含 80 个原子，结构非常复杂。其光学测试得到的直接跃迁禁带宽度在 3.55~3.75eV 之间，属于 N 型半导体，一般用高价阳离子或低价阴离子掺杂的方法来提高 In_2O_3 薄膜的光电性能，其中 Sn 掺杂的氧化铟锡（ITO）薄膜具有优良的性能而被广泛研究。ITO 薄膜具有优异的光学性能，同时还具有高的硬度、耐磨性而且容易刻蚀成一定形状的电极图形等优点。In_2O_3 中掺入 Sn 后晶格结构没有改变，Sn 元素替代 In 元素以 SnO_2 的形式存在，并贡献一个电子到导带上，同时在缺氧条件下产生氧空位，提升了导电性。例如，Bok 等[34]在柔性基底上磁控溅射了 ITO 纳米薄膜，在提升柔性的同时也保持了较好的光、电性能，其方块电阻约为 70Ω/sq。

ZnO 的晶体结构有纤锌矿、闪锌矿和四方岩盐矿三种，光学禁带宽度为 3.3eV，在光、电、压电等领域研究广泛，同时 ZnO 与 In_2O_3 相比有原料储量大、价格低、无毒无害、稳定性高的优势。对于 ZnO 的掺杂研究同样十分广泛，可以掺入 B、Al、Ga、In、Si、Ge、Sn、Zr 等元素，其中掺 Ga、Al、In 的研究较为广泛，多种元素共掺杂的技术也有应用。

为了提高薄膜的电导率，除了进行纳米薄膜的元素掺杂，构造复合薄膜也是一种常用的方法，例如设计氧化物/金属/氧化物的夹层结构，或在氧化物基体中加入随机分布的金属纳米网络结构。例如,在两层 ZnO(35nm)之间夹入 14nm 的 Ag 层,夹层结构的电阻率和方块电阻降低了 6 个数量级[35]。由于银是室温下最好的金属导电材料,构造纳米网络结构常用的材料是银纳米线。银纳米线复合能够提升薄膜的电导率,并且复合薄膜在弯曲时电导变化率较小,符合柔性器件的需求,因此也有广泛的研究。

此外,薄膜的制备方法和工艺参数也会影响透明导电薄膜的电学特性。

1) 基底温度。基底温度对所有氧化物薄膜都有显著影响,在适当的范围内,升高温度可以产生过多的氧空位,因此具有低的电阻率。

2) 薄膜厚度。不同厚度下晶粒长大、结晶优化、存在表面氧等因素会影响薄膜的导电性。

3) 掺杂浓度。适当掺杂相关的元素,薄膜的导电性能会提高,这是因为掺杂相关元素提高了薄膜的载流子浓度,但由于掺杂固溶度存在上限,载流子浓度也存在有上限。另外,掺杂相关元素会增加薄膜散射中心和破坏晶格有序性,这些都限制了薄膜导电性的进一步提高。

2. 半导体传感器

半导体传感器包括气体传感器、pH 传感器等,是通过半导体材料与分子发生反应而导致感应元件电学性质发生变化,实现对目标气体或离子的定向识别和检测。氧化物半导体具有较宽的带隙、较好的温度稳定性、低成本、简单的制造工艺和优异的电子特性,因此,基于氧化物半导体纳米薄膜的传感器已经成为重要的研究方向之一。

气体传感器被广泛应用于工业生产、医疗、交通等众多领域,研制高性能、低成本、小型化的气体传感器至关重要,响应度、灵敏度、响应恢复时间、选择性、重复实用性、检测范围等是主要的评判指标。基于薄膜的平面式传感器具有易于批量化生产、器件一致性好、响应速度快等优势,对其研究具有重要意义。金属氧化物薄膜的气体传感机制还没有被完全明晰,主要的解释理论有吸附和解吸模型、体电阻控制机制等[36]。而提升传感性能的方式主要有暴露高能晶面、贵金属元素改性、替代原子掺杂、构造异质结等。例如,Pavithra 等[37]通过一步、无表面活性剂的水热反应法,制备了自支撑的 PdO 修饰的 SnO_2 薄膜(30nm)。该薄膜在 150℃下对 0.0006% H_2S(质量分数)显示出 25000%的超高响应,同时薄膜在其他干扰气体中对 H_2S 表现出高约 2 个数量级的响应幅度,这种高选择性归因于 SnO_2 表面发生的氧离子吸附和硫化反应的联合作用。Chen 等[38]通过在 NiO 薄膜(30nm)沉积 1nm 厚的 Pt 层,极大地提升了检测 NH_3 的性能,包括高传感响应比(1278%)、极低的检测限 $10×10^{-9}$(NH_3/空气)、高响应速度等。

5.2.4 高温超导特性

自从 1911 年 Onnes 发现了汞在 4.15K 温度以下的超导现象后,超导现象就成为凝聚态物理的热点领域。具有超导现象的材料有上千种,主要包括金属和金属氧化物[39,40]。当温度下降到某一值时材料的电阻突然消失,该温度就被称为超导转变温度。为了能够提高超导材料的应用价值,提高其超导转变温度一直是人们追求的目标。在 1986 年之前,发现的超导体主要为金属和金属间化合物,最高的超导转变温度也只有 23.2K;1986 年,Miller 和 Bednorz 发现了 LaBaCuO(LBCO)体系转变温度达到 35K 的高温超导性,在这之后高温超导金属氧化物快速发展,到 1993 年转变温度高达 135K 的 HgBaCaCuO 体系被发现,液氮条件下应用超导技术成为可能。

现代电子器件都是以薄膜为基础的，因此高质量、高性能的高温超导氧化物薄膜是超导电子器件的关键。溅射、激光沉积、分子束外延、金属有机化学气相沉积等技术都能够得到高质量的高温超导氧化物薄膜。金属氧化物高温超导体都是复杂的化合物，含有多种元素，各元素之间比例严格一定，而且还可能存在几种晶体结构不同的物相，因此薄膜制备的工艺必须保证组分和结构准确。此外，高温超导氧化物多为层状结构，具有高度各向异性，ab平面内的临界电流密度比沿 c 轴方向的要大 10~100 倍，因此需要使薄膜定向生长。薄膜生长通常使用晶格与高温超导薄膜匹配的单晶材料作为基片，并且要求其与薄膜不发生反应或扩散，或反应与扩散不明显，不显著影响超导性，常用的基片有 $SrTiO_3$、$LaAlO_3$（LAO）、YSZ、MgO 等。此外，氧化物薄膜的制备需要氧气氛，为得到目标晶格结构常需要高温，对薄膜生长的设备要求较高。综上所述，金属氧化物高温超导薄膜的制备是一个较为复杂的过程。

1. 高温超导薄膜

金属氧化物高温超导体系中，最主要的是铜氧基高温超导体，这其中最具代表性的是汞（Hg）系（简称 HBCCO）、铊（Tl）系（简称 TBCCO）、铋（Bi）系（简称 HBCCO）、钇（Y）系（简称 YBCO）为代表的稀土系（简称 REBCO）四大类；此外，镍酸盐类超导体也受到广泛关注。经过多年的研究，Bi 系和 Y 系的铜氧基超导体已经实现商业化，制备带材的长度达到千米量级，临界电流密度达到 $10^6 A/cm^2$ 量级（77K）；此外高温超导块材和薄膜也基本达到实际应用的水平。YBCO 高温超导体被发现的同一年，该体系的纳米薄膜就已经通过 PLD 方法制备得到，之后也有大量的研究在超导薄膜中开展。

铜氧基金属氧化物高温超导体具有相当复杂的晶体结构和丰富的结构性质，它们都属于钙钛矿结构的衍生物，呈层状结构，并且是可变的氧配位体形式[41]。Cu-O 既可以是完整的 $Cu-O_6$ 配位八面体，还可以是 $Cu-O_5$ 配位的金字塔，也可以是 $Cu-O_4$ 配位的平面，这几种结构中都包含 CuO_2 平面层。该准二维平面是公认的高温超导体的导电层，正常及超导态的电流都主要沿着 CuO_2 层流动。以最早发现的氧化物高温超导体（La，Ba）$_2CuO_4$ 为例，如图 5-11 所示，从晶体结构分层堆积的角度看，晶胞由 CuO_2 导电层和向导电层提供载流子的、绝缘性的 La（Ba）-O 电荷载流子库层组成，导电层被载流子库层所夹，形成"三明治"型堆积结构；通过在载流子库层进行掺杂可以为导电区提供更多的载流子。其在常温和低温下均为正交晶系，Cu 与周围的六个氧原子形成八面体配位，CuO_6 八面体顶角相连，形成钙钛矿型的层状结构。

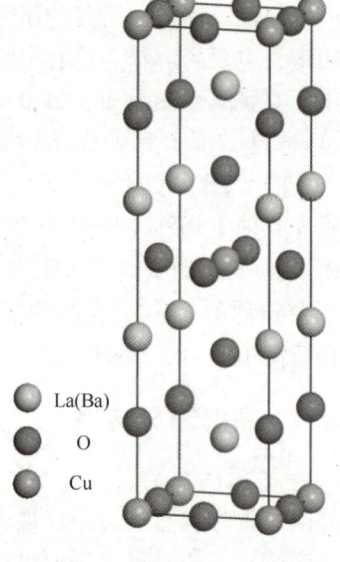

图 5-11 （La，Ba）$_2CuO_4$ 的晶胞结构

Y 系高温超导薄膜因其临界转变温度较高、原材料价格相对低廉、制备难度相对较低而得到了更为广泛的研究[42]。采用金属有机沉积法制备的大尺寸（30cm×10cm）外延 YBCO 薄膜的液氮温度临界电流密度最高达到 $3.4×10^6 A/cm^2$，平均临界电流密度达到 $2.6×10^6 A/cm^2$；采用溶胶-凝胶

法制备的 YBCO 薄膜的临界电流密度达到 $5×10^6 A/cm^2$。近年来，许多研究者致力于开发高性能的 REBCO 以替代 YBCO 材料，其中典型的体系是 NdBCO 和 SmBCO，其具有更高的临界转变温度和临界电流密度，且表面稳定性和结晶质量也更好。

Bi 系超导体中存在几个不同的结晶相，为 2201 相（$Bi_2Sr_2CuO_{6+δ}$）、2212 相（$Bi_2Sr_2CaCu_2O_{8+δ}$）和 2223 相（$Bi_2Sr_2Ca_2Cu_3O_{10+δ}$），2223 相的临界转变温度为 110K，2212 相临界转变温度为 80K，2201 相则只有 20K。Bi 系超导薄膜的制备可以通过多种方法实现，包括溶胶-凝胶法、CVD、MBE、PLD 等。例如，Qu 等[43]采用化学溶液法在 $LaAlO_3$ 单晶基底上制备了 100nm 厚的 2223 主相薄膜，Bi-2223 相含量超过 80%，具有良好的双轴织构和超导性能。上述方法各有优缺点，快速制备大面积、高质量薄膜的方法还需要进一步开发。

Tl 系高温超导薄膜具有结构稳定、临界转变温度高、防潮湿能力强的优点。Tl 系超导体主要包括 1212 相（$TlBa_2CaCu_2O_7$）、1223 相（$TlBa_2Ca_2Cu_3O_9$）、2212 相（$Tl_2Ba_2CaCu_2O_{8+y}$）、2223 相（$Tl_2Ba_2Ca_2Cu_3O_{10+y}$）等，实际应用中主要是 Tl-2212 和 Tl-2223 两种，2212 相薄膜的制备更容易，而 2223 相具有更高的临界转变温度，达到了 128K。但是，制备使用的 Ti_2O_3 有剧毒且易挥发，制备难度较大且安全性较差。

Hg 系高温超导薄膜的制备同样存在易挥发毒性原材料，具有安全隐患，且 Hg 系超导材料目前仍难以制备大面积薄膜，这都限制了在一些超导器件方面的推广应用。为了避免汞蒸气挥发，薄膜制备主要通过高压阻止或汞蒸气来平衡氧化汞的分解，常用方法是溅射、外延生长、激光熔蒸和离子注入。Ji 等[44]通过阳离子交换技术得到了临界转变温度为 132K 的 Hg-1223 薄膜（266nm），临界电流密度为 $2.5×10^5 A/cm^2$。

超导薄膜中，除了铜氧化物体系，研究者也在着力研究其他的氧化物超导体系，例如具有尖晶石结构的 $LiTi_2O_4$、$MgTi_2O_4$。该类体系的块体材料中存在晶界、元素不均匀等因素的影响，对超导现象的研究有较大阻碍，或在块体中无法实现超导；研究者通过 PLD 制备的该类体系薄膜中发现了超导现象，虽然超导临界温度只有 5K 左右[45,46]。此外，还有镍酸盐类的超导薄膜，在无限层结构的镍酸盐中发现了超导现象。无限层结构是指晶胞中包含无限多个超导层，层之间没有被绝缘的载流子库层所隔断，层间只有金属离子相隔。

2. 氧化物异质界面的准二维超导

氧化物薄膜界面处存在对称性破缺和晶格失配，并且氧化物存在晶格、轨道、自旋等多种自由度，这些因素的相互关联使界面处出现了多种新奇的物理现象。2007 年，Reyren 等[47]在 $LaAlO_3/SrTiO_3$（LAO/STO）异质界面处发现了界面超导现象，在这之后多种氧化物的界面都发现了超导现象，这给超导研究开辟了全新的领域[5]。

最早发现的 LAO/STO 绝缘体系中能够出现界面超导的原因是界面上可以形成金属性的二维电子气，超导临界温度为 0.2K，并且异质界面的超导厚度小于超导相干长度，表明了界面超导的准二维性。之后在 $LaTiO_3/SrTiO_3$（LTO/STO）异质界面也发现了界面超导，也存在准二维超导-绝缘体相变，并且能够通过电场和磁场对其进行调控，如图 5-12 所示[48]。此外，通过研究 LAO/STO 系统中 STO 的（001）、（110）和（111）等几种不同的取向对界面超导性能的影响，发现了界面超导临界温度与临界场的差异；不同晶格取向所带来的对称性差异会强烈影响氧化物的界面性质，这种影响可能来自界面电子轨道结构以及自旋-轨道相互作用的差异[49,50]。除了 STO 相关的体系，具有磁性的二维电子气中的超导性也被发现，在 KTaO₃（KTO）表面生长多晶 EuO 或非晶 LAO，界面均存在超导现象，且临界转变温度达到 2.2K，这可能是因为 KTO 比 STO 具有更强的自旋-轨道耦合作用[51]。此外，氧空位在二维电子气超导中也有很重要的作用，氧空位的存在会使 LAO 与 KTO 之间形成势阱，导致 LAO 上电子向 KTO 转移，从而形成二维电子气和超导现象。

除了绝缘体系，铜氧化物的准二维界面超导也备受关注。在两种铜氧化物，如 SrCuO₂ 与 BaCuO₂、BaCuO₂ 与 CaCuO₂ 构成的无限层结构超晶格中能够发现高温超导现象，内部存在较为复杂的超导机理。值得一提的是，2019 年，研究者在与铜氧化物相同的无限层超晶格结构的镍酸盐 LaAlO₃/LaNiO₃ 异质结构中也发现了超导现象，并且后续的研究将镍酸盐体系的超导临界转变温度提升到了近 80K[52,53]。除了无限层结构超晶格，在铜氧化物绝缘体中插入其他绝缘体层充当载流子库层也可以出现界面超导。界面超导现象为高温超导薄膜的研究提供了新思路，也为探究超导产生机理提供了新的视角。

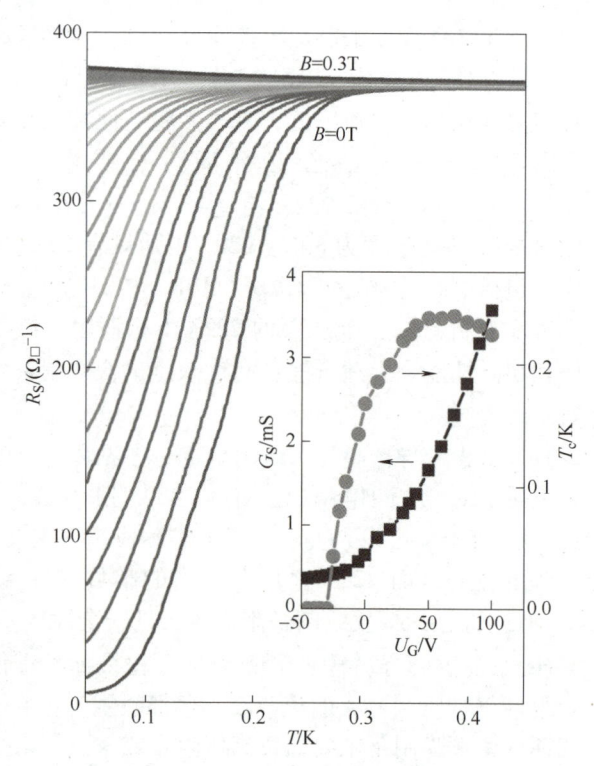

图 5-12 不同磁场下片电阻随温度的变化曲线
注：插图为临界温度和电导随电压的变化曲线

5.3 金属氧化物纳米薄膜的磁学特性

磁性薄膜被广泛应用于新型材料、存储器件、计算机、环保、生物医药等诸多领域，是现代工业发展的一个重要基础。信息技术的快速发展要求人们研发的磁性薄膜材料具有高性能、多功能和小型化等特点。随着薄膜生长工艺的改进和镀膜设备的升级，磁性薄膜的发展取得了长足进步，应用领域也不断拓宽。磁性薄膜的磁性结构复杂多变，甚至是与同物质的块体材料也有区别，并且影响磁性的因素有很多，先前的研究提出了多种理论机制，如双交换作用、超交换作用、RKKY 相互作用等。本节主要介绍金属氧化物纳米薄膜的多铁、庞磁电阻等几种特性，此外异质结、自旋、拓扑结构等也是研究的前沿热点。

5.3.1 多铁特性

多铁性是指材料中同时拥有两种或两种以上的铁性有序，包括铁电、铁磁、铁弹性等，并且这些序参量之间存在强的耦合性，即通过外场（如电场、磁场）可以调控序参量的极化和磁化而产生新效应和新现象。这些新效应为发展新一代低能耗、高存储密度、高读写速度器件创造了条件。其中，铁磁性是指构成物质的最小单元原子的核外电子由于自旋之间存在着相互作用，使得电子的自旋磁矩在没有外磁场的作用下（由量子固体理论可知，电子自旋只有按一定的规律排列才能使得能量最低，处于稳态）按一定的方向整齐排列，即自发磁化，对外表现出净磁矩而显现磁性。当前多铁性材料的研究主要集中于磁电多铁性材料。磁电耦合效应表示一种材料可以在磁场的作用下产生电极化，在电场的作用下同样可以产生磁化的现象，也就是说材料同时具有铁电有序和磁有序，并且两种序参量之间存在着耦合现象。磁电耦合效应通常可以表示为

$$P=\alpha H \text{ 或 } M=\alpha E \tag{5-5}$$

式中，P 和 M 分别为电极化强度和磁化强度；H 和 E 分别为外加磁场和电场；α 为磁电耦合系数，该系数越大，表明磁有序和铁有序之间的耦合性越强。材料中磁、电有序相互耦合的研究最早可追溯到 1894 年，从对称性层面 Curie 预测了自然界中存在磁电耦合效应。之后，Debye 将这种耦合效应定义为磁电体。1994 年，Schmid 在方硼石中第一次同时发现磁化和电极化有序，于是将同时存在磁有序和铁电自发极化的材料命名为多铁性材料。

多铁性材料按照类别可以分为单相多铁性材料和复合多铁性材料。在单相多铁性材料中，材料的铁电性和铁磁性的来源各有两类。就传统的铁电机制而言，一是以 BaTiO$_3$ 中的 Ti^{4+} 离子为代表的空外壳 d 电子（d^0-ness），二是以 PbTiO$_3$ 中 Pb^{2+} 离子或 GeTe 中 Ge^{2+} 离子为代表的孤对电子立体化学活性。磁性机制来源也包括两种，稀土离子上部分填充的局域态，以及过渡金属离子中部分占据的 d 能级[56]。多铁性材料以这四种机制为基础，组成了多铁族谱，如图 5-13 所示。

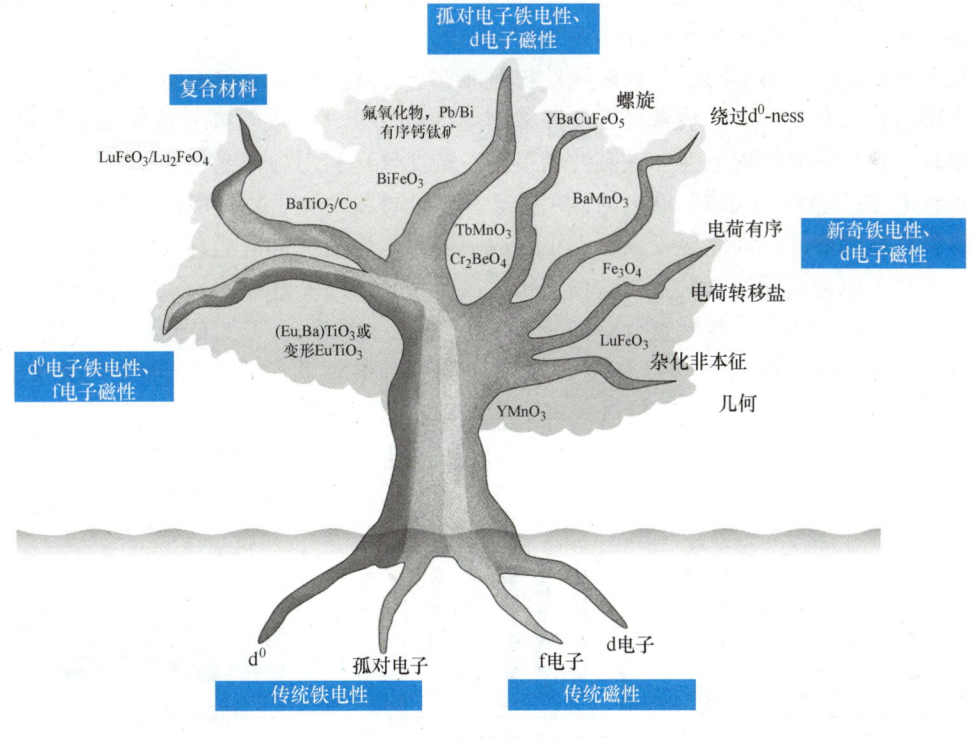

图 5-13 多铁材料的分类

一般具备本征磁电效应的多为单相多铁性材料，但过小的磁电耦合系数限制了其应用。BFO 是目前为数不多在室温下有多铁性的材料，具有高的居里温度和反铁磁奈尔温度，也

是研究最为广泛的材料。BFO 晶体并不是理想的钙钛矿结构，而是扭曲的菱形钙钛矿结构，室温下菱形角为 89.45°，其较为不稳定的钙钛矿结构便于外界离子对 Bi^{2+} 和 Fe^{3+} 部分取代，达到调控 BFO 晶体结构、改变铁磁性中的偶极矩和实现性能提升的目的。BFO 的铁电性归功于 A 位 Bi^{3+} 离子的 $6s^2$ 孤对电子与 O^{2-} 离子的 2p 电子之间的轨道杂化，这导致了 Bi^{3+} 离子从中心位置沿 [111] 方向的位移。在 BFO 薄膜、单晶和陶瓷中获得了 $50\sim100\mu C/cm^2$ 的高极化，这与 $PbTiO_3$ 的极化相媲美，并超过大多数其他无铅铁电材料。B 位 Fe^{3+} 离子的 d 电子轨道是 G 型反铁磁结构，在奈尔温度 643K 时发生磁性转变，低于这个温度表现弱的反铁磁，高于此温度则表现为顺磁相。BFO 的菱方钙钛矿结构是由完美立方钙钛矿沿 [111] 方向拉伸形成的，离子自旋沿 [110] 面排列成螺旋结构，表现为 G 型反铁磁耦合。由于受到自旋-轨道耦合作用的影响，BFO 材料中反铁磁磁矩以及 FeO_6 氧八面体的转动产生耦合，导致最近邻 Fe^{3+} 自旋，同时沿着垂直铁电极化的方向以及反铁磁磁矩方向产生了很小的偏转，从而形成了很小的偏转磁矩，因此 BFO 中存在着弱的铁磁性[57]。而且这一偏转形成了 62nm 为一个周期的摆线螺旋结构，这个周期使得 BFO 在一个周期内静磁矩为零，这也就解释了宏观上 BFO 为什么不表现出磁性。要提高 BFO 磁性的剩余极化强度，就必须破坏上述的 62nm 周期，在纳米尺度对晶粒尺寸进行调控可以达到增强铁磁性的目的。此外，BFO 基纳米材料最显著的特征是可能磁电耦合，它可以实现铁电和磁性能的共存和相互耦合。Zhao 等[58]首先在单相 600nm 厚的 BFO 薄膜中演示了反铁磁畴结构的电控制，表明在室温下两种类型的有序之间存在的耦合关系。但是单相 BFO 多铁薄膜的研究大多在亚微米厚度的薄膜中开展，通过元素掺杂、衬底调控等方式提升性能。

与单相多铁性材料不同，复合多铁性材料能够充分发挥各复合单元的优势，可以在纳米尺度上进行控制和调节，从纳米尺度上探索磁电耦合性能，实现较高的性能和室温可用性。复合多铁性材料需要将铁电性和铁磁性的单相多铁性材料利用物理或化学手段结合起来，构成一种铁电-铁磁或铁电-铁磁-铁电的人工复合多铁性材料，由于复合多铁性材料是由多种单相多铁性材料构成的，因此尽管属于人工合成，复合多铁性材料仍然具有磁电耦合现象。通过外加磁场可以使其发生电极化，这种结构可以产生较大的磁电效应。根据铁磁组分和铁电组分的维度，可以将多铁纳米复合薄膜分为以下三类：①0-3 型复合结构（磁性纳米颗粒分散在铁电相三维基体中）；②1-3 型复合结构（其中一维棒状磁性材料分散在铁电相三维基体中）；③2-2 型层状复合结构（二维的层状铁磁/铁电薄膜交替生长），如图 5-14 所示[59]。纳米复合多铁薄膜的磁电耦合主要通过应变耦合、界面电荷调制、磁交换偏置等机制实现。

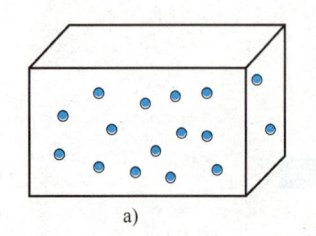

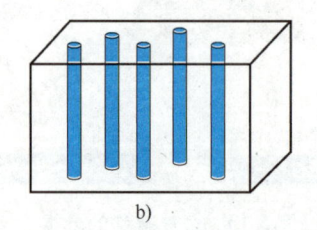

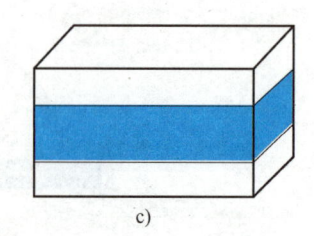

图 5-14 复合薄膜结构的种类
a) 0-3 型复合结构　b) 1-3 型复合结构　c) 2-2 型复合结构

应变耦合机制是将具有良好压电性的铁电材料与磁致伸缩效应明显的强铁磁材料按照特定的结构进行复合，利用磁、电两相间的应变作为媒介实现体系强耦合，具体为：磁致伸缩效应使磁性组分在外磁场下产生应变，该应变通过磁、电两相间应变耦合传递到另一压电组分中，进而逆压电效应使该应变输出为相应电压信号，实现磁电耦合效应。McDannald 等[60]在溶液法制备的 $CoFe_2O_4$（CFO）和 $PbZr_{0.52}Ti_{0.48}O_3$ 的 0-3 型纳米复合薄膜中实现了磁场控制的铁电畴翻转。0-3 型薄膜由于稳定性差、易产生较大漏电流、工艺复杂等原因没有得到广泛研究。1-3 纳米复合薄膜又称柱状磁电复合薄膜，Zheng 等[61]在 BTO 基体中嵌入自组装的直径为 20~30nm 的 CFO 纳米柱，发现在铁电居里温度处磁化强度的显著降低，其磁电耦合同样来自于弹性相互作用。2-2 型纳米复合薄膜的生长更易控制，并且两相比例易于控制，但同时基底的约束可能影响耦合效应。例如，Zhang 等[62]通过 PLD 技术制备了层状 BTO/CFO 纳米复合薄膜（CFO 厚度 20nm，BTO 厚度 70nm），并且观察到了很强的磁电耦合效应。应变耦合机制通过界面传递应变，因此大的界面面积和良好的界面结合是优良耦合性能的关键。

界面电荷调制是在铁电/超薄铁磁层异质结构中，外电场驱使自旋极化的电子、空穴在异质界面处聚集累积，进而使得界面处的磁性大小发生变化，产生磁电效应。Vaz 等[63]在 $PbZr_{0.2}Ti_{0.8}O_3/La_{0.8}Sr_{0.2}MnO_3$（PZT/LSMO）异质结（前者厚度 250nm，后者厚度 4nm）中，在 100K 下实现了外电场对磁化的部分翻转，如图 5-15 所示。外电场导致 PZT 层极化方向的改变，进而使得界面处累积的电荷发生变化，电荷密度的变化可能有利于 Mn 的非平行自旋排列或价态的变化，使得磁化发生变化。

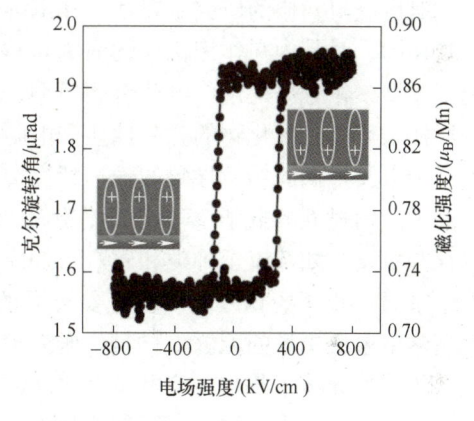

图 5-15 $PbZr_{0.2}Ti_{0.8}O_3/La_{0.8}Sr_{0.2}MnO_3$ 薄膜中电场翻转部分磁化

磁交换偏置效应是指铁磁/反铁磁由于界面处交换作用的耦合，使体系场冷的磁滞回线沿磁场某一方向发生偏移，而将该效应应用于多铁性纳米复合薄膜，就可能会产生磁电耦合效应。如将典型的反铁磁性多铁材料 BFO 与磁性材料 $Co_{0.9}Fe_{0.1}$ 复合形成 2-2 型复合薄膜（CoFe 厚度 2.5~20nm，BFO 厚度 50~200nm），通过 BFO 自身铁电-反铁磁的耦合，通过电场改变其反铁磁性，再通过交换偏置效应使相邻铁磁层磁性大小或方向改变，进而产生磁电效应[64]。

5.3.2 庞磁电阻效应

磁致电阻效应，是指材料在外加磁场的作用下，其电阻率发生改变的物理现象。磁电阻效应起源于外加磁场的作用，使得材料中的载流子受到洛伦兹力作用而产生。当达到稳定的状态时，某一速度下的载流子所受到的电场作用力与洛伦兹力相等，载流子将聚集在材料的两端并产生霍尔电场，比该载流子速度快的载流子将朝着洛伦兹力的作用方向偏转，而比该速度慢的载流子则朝着电场作用力的方向偏转，从而导致载流子的迁移路径增加。或者说，沿着外加电场方向运动的载流子数量将减少，最终导致电阻的增大。一般的磁致电阻效应普遍存在于多种金属、合金、半导体中，1988 年研究者在 Fe、Cr 交替的多层膜中发现了电阻变化率超过 50% 的磁致电阻，之后这种变化率超过 20% 的磁致电阻效应被称为巨磁电阻效应。而在金属氧化物体系，尤其是稀土锰氧化物体系中发现的大磁致电阻变化率现象被称为庞磁电阻效应。

庞磁电阻效应是指施加外磁场后观察到电阻值剧烈减小的现象。为了描述这一剧烈变化的效应，通常以 $\Delta R/R_H = (R_0 - R_H)/R_H$ 计算磁电阻比率，其中 R_0 表示零磁场下的样品电阻值，R_H 表示施加磁场后样品的电阻值。1993 年，Helmolt 等[65]在掺杂的锰氧化物 $La_{2/3}Ba_{1/3}MnO_3$ 薄膜样品中发现了庞磁电阻效应。在此之后，Jin 等[66]在 100～200nm 厚的 $La_{2/3}Ca_{1/3}MnO_x$ 外延薄膜中发现了磁电阻比率高达 127000% 的庞磁电阻效应（$T = 77K$，$H = 6T$），在室温下也可达 1300%。庞磁电阻材料由于在磁性读出磁头、磁传感器、磁性存储等方面有广泛的应用而成为研究热点。在 $La_{1-x}Ca_xMnO_3$ 中，随着二价碱土金属的引入，体系发生铁磁-顺磁相变，同时还伴随着金属-绝缘体的相变，$La_{1-x}Ca_xMnO_3$ 的电阻值在外加磁场下的庞大变化也是在居里温度附近发生，一旦偏离居里温度，无论升高还是降低温度，磁电阻效应都会迅速消失。

对庞磁阻效应的研究主要集中在电荷、自旋、晶格和轨道等多自由度相互作用呈现出的丰富相图，对其内在作用机理的研究也取得了很大的进展，如双交换作用模型、Jahn-Teller 畸变模型、相分离理论、电荷有序模型、自旋有序模型等[67]。双交换作用模型可以定性地解释掺杂稀土锰氧化物的磁学性质和电阻率随掺杂浓度和温度的变化，但是对于高温区的电阻行为以及外加磁场所导致的输运特性突变无法解释；Jahn-Teller 畸变模型在此基础上，对锰离子周围强烈的电子-声子相互作用以及晶格耦合进行了解释。总之，有很多理论问题仍然存在争议，如载流子种类和磁电阻效应起源机制等。此外，磁电阻最佳效应温区范围大都低于室温（小于 300K），并且需要较大的外磁场（5～7T），在应用中还有一定的困难。因而探索室温低磁场的庞磁阻材料是研究工作者的一项挑战。此外，随着自旋电子学器件的发展，传统半导体工艺与自旋电子学之间的兼容性成为今后需要解决的问题。

除了庞磁电阻效应，金属氧化物纳米薄膜中还存在一种磁电阻效应为各向异性磁电阻效应，是指材料电阻率随着外加磁场和电场之间的夹角改变而变化的现象。各向异性磁电阻效应十分依赖于材料的自发磁化方向，主要是由于材料中铁磁性的磁畴在外加磁场作用下运动的各向异性造成的。例如，Chen 等[68]对 $Sm_{0.5}Ca_{0.5}MnO_3$ 外延薄膜（约 60nm）的各向异性磁电阻效应的研究发现，当温度低于 80K、磁场为 13T 时，磁电阻效应随角度按正弦曲线规律变化；而当温度高于 120K 时，其又按余弦曲线规律变化。

5.3.3 半金属特性

半金属材料是另外一种被广为研究的自旋电子学材料。固体中电子具有的能量和动量可以用能带来表示，一般来说，每种自旋取向的电子都有自己的能带。对于硅等非磁性材料，两种自旋取向的电子的能带完全对称，总磁矩为零，自旋特性不明显，费米面处于价带和导带之间的带隙，表现出半导体行为。对于铁等磁性材料，两种自旋取向的电子的能带非对称，且不存在带隙，费米面上电子态密度连续。而半金属材料具有两个不同的自旋子能带：一种自旋取向的电子的能带结构呈现金属性，在费米面上有传导电子存在；另一种自旋取向的电子费米面落在价带和导带之间的能隙中，表现为绝缘体的性质。这种材料能隙恰好只在一个自旋方向的子能带中打开。因此，根据不同的自旋方向，在同一种材料中同时表现出金属和绝缘体的特性。由于半金属铁磁体的特殊能带结构，理论上可以获得 100% 的传导电子极化率，是一种理想的自旋电子注入材料，可以解决注入电子不匹配的问题，将在自旋阀、隧道结等磁电子器件中具有非常重要的应用价值[69]。其中，由于铁磁体中的电子在外加磁场下会自旋极化，从而由原来的简并态变为自旋向上和自旋向下的非简并态，自旋极化率定义为自旋向上与自旋向下电子之差与二者之和的比值，即

$$P = \frac{N_\uparrow(E) - N_\downarrow(E)}{N_\uparrow(E) + N_\downarrow(E)} \tag{5-6}$$

式中，$N_\uparrow(E)$ 与 $N_\downarrow(E)$ 分别为费米能级处自旋向上与自旋向下的电子数。

半金属氧化物主要包括 CrO_2、Fe_3O_4 和钙钛矿型氧化物（$La_{1-x}Ca_xMnO_3$ 等）三类。

CrO_2 具有金红石结构，Cr 原子形成体心四方晶格，并被由氧原子形成的扭曲八面体包围。CrO_2 的半金属特性来源很简单，其中 Cr 以 Cr^{4+} 形式存在，剩下的两个 d 电子占据多数自旋方向的 d 轨道，晶体场劈裂来源于略微变形的八面体，多数自旋方向价带被填充 2/3，因此为半金属特性。由于交换劈裂，少数自旋 d 态具有更加高的能量。由于这个原因，费米面落在填满的 O2p 态和空的 Cr 3d 态之间的带隙中。因此 CrO_2 的半金属特性基本上是 Cr 与其化合物的特性。只要晶体场劈裂变化不大，半金属特性将会保留，而且杂质的影响也不会很大。由于 CrO_2 在常压下为亚稳态，因此制备纯相的 CrO_2 薄膜较为困难，因此在薄膜生长方法上有众多研究，如高压分解、PLD、CVD 等，其中 CVD 是较为成功的技术。例如，Anguelouch 等通过 CVD 法分解 CrO_2Cl_2 制备了 CrO_2 纳米薄膜，并测得其在费米面处的自旋极化率接近于完美的半金属态。

Fe_3O_4 是自然界最广泛存在的氧化物之一，也是一种很古老的磁性材料。在室温下，Fe_3O_4 具有反尖晶石结构，氧四面体位置被 8 个 Fe^{3+} 占据，氧八面体位置被 8 个 Fe^{3+} 和 8 个 Fe^{2+} 占据；A 位和 B 位的 Fe^{3+} 自旋方向相反，它们的磁矩正好相互抵消，只剩下 B 位的 Fe^{2+} 贡献磁矩，因此 Fe_3O_4 具有铁磁性（见图 5-16）。Fe_3O_4 在 120K 左右会发生相变，当高于这个温度时 Fe_3O_4 是导体，而低于这个温度时电阻会以指数形式增加，进而变为绝缘体，该相变被称为 Verwey 相变。2002 年，Dedcov 等[71]用自旋-能量-角分辨光发射谱方法，对 Fe_3O_4 外延纳米薄膜在费米面附近室温下的电子极化率进行测量，得到了高达（80±5）%的电子极化率，费米面附近 1.5eV 的能带的自旋分辨发射谱与利用自旋劈裂能带密度函数的理论计算结果完全符合。此外，也有许多工作集中于 Fe_3O_4 薄膜的磁电阻效应。

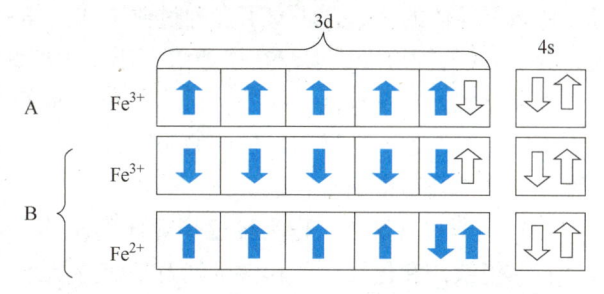

图 5-16 Fe_3O_4 中 Fe^{2+} 和 Fe^{3+} 离子的电子排布图

掺杂的钙钛矿锰氧化物是另一类广受关注的半金属材料，其中的磁有序是基于双交换作用的，电子输运与其磁结构相互联系。当 Mn 离子的局域磁矩平行排列时，扩展态电子才能在不同离子间巡游，在洪特规则作用下，巡游电子自旋与局域磁矩方向一致，从而导致传导电子完全极化，例如在 LSMO 薄膜中通过 Andreev 反射法测得了 78%的自旋极化率[72]。双钙钛矿型氧化物也是一种类似的半金属材料，其自旋向下的电子态与费米面交叉，表现出金属导电性，而自旋向上电子能带结构则在费米面能级处存在一

个带隙，表现出半导体或绝缘体性质。

5.3.4 稀磁半导体

稀磁半导体指的是在非磁性半导体中，部分原子被过渡金属元素取代后从而形成的磁性半导体。其中掺杂的金属元素含量比较低，磁性不强，因此被称为稀磁半导体。由于稀磁半导体同时具备半导体性能以及磁学性能，即同时兼具了电子电荷和自旋两种自由度，所以是研究新型电子器件的重要分支。稀磁半导体最为突出的特性就是材料所含磁子中自旋磁矩会与载流子发生一定的相互作用，因此，会出现奇异的霍尔效应、负磁阻效应以及隧穿磁电阻效应。稀磁半导体作为当今热门科研材料，由于同时利用电子电荷以及电子自旋，使其在信息加工处理以及信息存储方面拥有广阔的发展前景。目前，稀磁半导体的作用主要体现在以下两个方面：第一是其独特的光电性能，在制备光开关、发光材料以及光敏器件有着不可取代的作用；第二是可以应用稀磁半导体中电子电荷和电子自旋，研发新型自旋电子器件。稀磁半导体对实现电子学、光子学和磁学三者的有效融合有着非凡的意义，因此在科研领域的研究经久不衰。氧化物宽禁带稀磁半导体材料相比于研究历史更长的Ⅲ-Ⅴ族和Ⅱ-Ⅵ族稀磁半导体，有铁磁性在室温下稳定的优点，主要包括 In_2O_3、ZnO、TiO_2、SnO_2 等。

In_2O_3 基的稀磁半导体研究始于理论计算，预测 Mn 掺杂的 ITO 可以获得室温铁磁性，之后 Philip 等[73]在反应热蒸发制备的 Mn 掺杂 ITO 薄膜样品中证实了这一预测。目前，磁性过渡金属（Co、Fe、Ni 等）掺杂 In_2O_3 基稀磁半导体薄膜的制备工艺已经比较成熟，制备出的样品都能够表现出铁磁性，居里温度也在进一步提升，但是掺杂可能导致的金属单质或第二相会对体系的铁磁性来源产生干扰，对铁磁性研究造成困难。因此，也有许多研究着眼于非磁性元素，如 Mn、Cr 等，但是这类元素往往固溶度有限，很难获得较高的室温铁磁性，之后开发出了磁性元素与非磁性元素共掺杂的方法。

ZnO 是另一类广泛研究的稀磁半导体氧化物，其掺杂薄膜可以通过 PLD 等方法来制备，衬底通常采用蓝宝石，薄膜与衬底之间有较低的失配度。Ueda 等[74]最早开展了 PLD 制备 ZnO 稀磁半导体的研究，研究了多种过渡金属元素（Co、Mn、Cr、Ni）掺杂的 ZnO 纳米薄膜，其中 Co 的固溶度最大，在掺杂浓度小于 10%的 Co-ZnO 薄膜呈现室温铁磁性。但是其磁性以及形貌重现率较低。此外，衬底种类、制备工艺等因素对于 ZnO 薄膜的性质也存在较大影响。对于这一类稀磁半导体的研究很多，但结果相差很多，且对于铁磁性来源于本征因素或是非本征因素仍有争论。

TiO_2 同样也常被用来作为稀磁半导体的基体。TiO_2 可以以很多不同的形式存在，例如金红石、锐钛矿和板钛矿。其中金红石是四方晶体，禁带宽度为 3eV，锐钛矿也是四方晶体结构，禁带宽度为 3.2eV。锐钛矿为亚稳态，通常情况下，难以块状的形式存在，但是可以利用 PLD 或者外延沉积的方法在（100）的 $LaAlO_3$ 衬底上以叠层的形式生长，也可以利用外延生长在（111）的 $SrTiO_3$ 衬底上获得外延的金红石薄膜。Matsumoto 等[75]首次利用 PLD 技术将 Co 掺入锐钛矿 TiO_2 薄膜中，在薄膜中观察到了长程有序的室温铁磁性。掺杂元素在 TiO_2 母体中的分布与生长过程有很大的关系，例如，一定条件下，富含 Co 的锐钛矿中的 Co 会在锐钛矿外延层中聚集形核，极端条件下，几乎所有的 Co 都以团簇的形式相互隔离，产生纳米尺度的铁磁性相，而在 Co 均匀分布的情况下则不会产生铁磁性[69]。

5.4 金属氧化物纳米薄膜的光学特性

光学薄膜是一类重要的光学元件，广泛应用于现代光学、光电子学等相关科学技术领域，在光的传输、调制、光谱和能量的分割与合成以及光与其他能态的转换过程中起着不可替代的作用。传统的光学薄膜是一类被动的、线性的光学元件，随着一些光学性能可调控的主动薄膜材料被引入到光学薄膜的设计和应用中，功能性光学薄膜的范畴和应用不断扩大。金属氧化物因其独特的半导体性质而被应用于光学和光与其他能态转换的领域。本节就几种金属氧化物纳米薄膜的特殊光学性质进行介绍。

5.4.1 场致变色特性

场致变色是指在施加合适的外界场（光、电、热等）条件下材料的光谱特性发生稳定可逆的变化，直观地体现为颜色和透明度的转变。场致变色材料主要包括电致变色材料、光致变色材料、热致变色材料等。以金属氧化物为代表的无机电致变色材料具有制备工艺简单、化学稳定性好、光学调制能力强以及可规模化制备等优点。受益于丰富的组分和结构多样性以及优异的性能，近年来基于过渡金属氧化物的场致变色材料成为研究的热点，在光电领域有着广泛的应用前景。

1. 电致变色

在过渡金属区域，构成其氧化物中的金属离子的电子层在结构上并不是十分稳定，这也就使得这些金属离子在一定条件下有可能得到或者失去电子，从而其离子价态发生变化，这样便使得材料中各种价态的离子共同存在，形成混合态。而在薄膜材料中，当离子的价态发生改变之后，随之而发生的就是颜色的改变。按照氧化还原反应的不同，金属氧化物电致变色材料还可以分为阴极电致变色材料（如 WO_3、TiO_2、V_2O_5 等）和阳极电致变色材料（如 NiO、IrO_2、CoO_2 等）。下面就两种典型的电致变色氧化物进行介绍。

WO_3 是被用于电致变色应用研究最广泛的过渡金属氧化物，是一种间接带隙半导体，当受到外部电压驱动时，一些小金属离子（H^+、Li^+、Na^+、K^+）表现出向其中插入和脱出的特性，从而产生电致变色响应。WO_3 在负电压作用下可由原始的淡黄色或淡绿色转变为深蓝色，其变色过程可用以下反应式描述[76]，即

$$WO_3(透明) + xM^+ + xe^- \longleftrightarrow M_xWO_3 \tag{5-7}$$

式中，M 为电解质中的小金属离子；x 为发生反应的电子数。当受到负电压作用时，WO_3 被阴极极化，外电路的电子会注入至 WO_3 结构中，并伴随着电解质中阳离子的迁入以平衡电荷，完成还原反应，实现薄膜往深蓝色的转变；反之，当被阳极极化时，阳离子和电子从 WO_3 中脱出，WO_3 被氧化，实现褪色的可逆转变。通常，室温下采用磁控溅射法、阳极氧化方法合成的 WO_3 薄膜为非晶态，经退火处理后可转变为晶态。无论是非晶态还是晶态 WO_3 薄膜均可发生电致变色现象，但由于两种晶型的差异，使其在循环稳定性和响应速度等方面具有不同优势。例如，非晶态 WO_3 因其疏松的微结构而具备更大的比表面积，为离子反应提供更多的反应位点，从而表现出更好的响应速度和光学调制能力，但是同样由于晶面的无序排布，导致其在电化学反应中极易被电解液腐蚀，所以循环稳定性不如晶态 WO_3。而晶态 WO_3 薄膜因其有序的离子通道表现出较高的循环稳定性，但是也降低了离子传输。

因此，也有许多研究通过制备纳米颗粒薄膜、纳米多孔薄膜或纳米复合薄膜以改善 WO$_3$ 的电致变色特性。

NiO 是一种典型的阳极电致变色材料，其晶体属于立方晶系的 NaCl 结构，是一种禁带宽度约为 4eV 的 P 型半导体，NiO 通常在碱性电解液中经过氧化还原过程而在无色和棕黑色之间可逆转变。部分研究者认为电致变色现象是 NiO 与 NiOOH 之间的可逆转变引发的；另一部分研究者则认为 NiO 不会直接转化为 NiOOH，而是要先转化成 Ni(OH)$_2$，再发生向 NiOOH 的可逆转化。常规的 NiO 薄膜低的电导率和小的晶格间距往往导致电致变色过程中慢的转换速度和低的着色效率。为了提升离子扩散的效率，许多工作着眼于构建薄膜中的纳米结构，Wu 等[77]通过电化学沉积方法在 ITO 上合成了 NiO 薄膜，具有交错的纳米片与多孔的结构，其在 550nm 波长处的光学调制可达 80%。Bo 等[78]结合溶剂热和水热技术制备了结构新颖的 NiO/TiO$_2$ 复合薄膜。其中，NiO 生长在由 TiO$_2$ 纳米棒结构组成的三维框架上，TiO$_2$ 纳米棒和 NiO 纳米颗粒形成互穿结构。受益于 NiO/TiO$_2$ 特殊结构提供充分的电荷转移和离子传输路径，该薄膜展现出 71% 的光学调制和高达 147.6cm^2/C 的着色效率。

2. 光致变色

光致变色现象是指一个化合物 A 在受一定波长的光照射时，可发生特定的化学或者物理反应，变为产物 B，结构改变导致可见光区域的吸收光谱也发生相应变化，而在另一波长的光照射或者热作用下，产物 B 的颜色又能回到化合物 A 的状态，通常这一过程还会伴随着折射率等性质的变化。无机体系中光致变色现象的产生，主要是由于当带有一定能量的特定激光照射时，能给价带中的电子提供跃迁所需能量，促使电子能够跨越过禁带区域，从而跃迁停留到导带中，且在价带留下带正电的空穴，而这个过程产生的光生电子空穴对具有很强的氧化还原性，可使材料内部发生可逆的氧化-还原反应，从而使得材料在特定激光照射下表现出不同的状态。具有光致变色特性的金属氧化物有 WO$_3$、V$_2$O$_5$、MoO$_3$、ZnO、TiO$_2$ 等。

金属氧化物纳米结构薄膜或纳米复合薄膜是光致变色薄膜常见的形式，纳米结构能够获得较大的比表面积，增加光子的散射，提高光子吸收率；金属纳米粒子的加入能够调整其光电特性；而且，一些有序的纳米结构能极大减少具有强氧化还原能力的电子-空穴的复合概率，从而具有较好的光学活性。例如，无定形态的 TiO$_2$ 纳米管阵列薄膜，能够实现对紫外光的光致变色响应，薄膜的表面颜色会从浅黄色变为深棕色，这种变色是因为紫外光照射后薄膜中出现了 Ti^{3+} 离子[79]。对于 WO$_3$ 而言，其本征光致变色存在颜色变化小、显色效率慢等问题，通过构建纳米结构或复合薄膜能够提高其光致变色性能[80]。He 等[81]用金纳米颗粒对 WO$_3$ 薄膜表面进行修饰，可以大大提高 WO$_3$ 薄膜的光致变色性能。在 WO$_3$/Au 界面处形成的肖特基势垒可以促进光生载流子的分离，从而抑制有害的复合过程；此外，由于纳米颗粒的高吸附性，表面改性后吸附水的数量明显增加，使得质子的形成更多，有利于式(5-7) 的过程发生，从而提高了紫外光的光显色性。

5.4.2 透明导电薄膜的光学特性

透明导电薄膜在不同波段范围内具有不同的光学特性，并且强烈依赖于沉积参数、薄膜的微观结构、掺杂水平及生长工艺。本小节主要介绍透明导电薄膜的光学常数、光学性能和影响因素等。透明导电氧化物薄膜的光学特性主要包括吸收率、反射率、透过率等。

光作为一种电磁波，在通过介质时会有吸收、反射、折射和散射等作用，透过率可以由以下表达式决定：

$$T=(1-r)^2\exp(-(a+s)d) \tag{5-8}$$

式中，T 为透过率；r 为反射率；a 为吸收系数；s 为散射系数；d 为薄膜厚度。

影响透明导电氧化物纳米薄膜的吸收系数主要有以下几种形式：薄膜的本征吸收、激子吸收、杂质吸收、载流子吸收和晶格吸收。其中杂质吸收是由于电子或空穴（杂质能级上）吸收外界进入的光子，使得自由电子跃迁到导带或价带；多数杂质能级较浅，吸收峰在远红外。晶格吸收指的是晶格振动产生的电偶极子，高、低能态的跃迁使得光子能量转化为晶格振动；实际上红外范围离子晶格振动吸收显著。因此，主要影响薄膜吸收系数的是本征吸收和载流子吸收。其中载流子吸收（FCA）可以用以下公式计算：

$$\mathrm{FCA}=\frac{\lambda^2 e^3 N_{opt} d}{4\pi\varepsilon_0 c^3 nm^{*2}\mu_{opt}} \tag{5-9}$$

式中，λ 为波长；c 为光速；d 为膜厚；ε_0 为真空介电常数；m^* 为电子有效质量；N_{opt} 为光电子密度；μ_{opt} 为光电子迁移率。

可以看出，透明导电薄膜的光学和电学性能存在一定矛盾。影响散射系数的主要是薄膜中存在不均匀结构，使得入射光偏离入射方向，降低薄膜的透过率。因此，为了制备高透过率的薄膜需要提高薄膜的结构均匀性。

SnO_2 薄膜具有可见光区高透过、红外光区高反射等优异的光学特性。理论和计算研究表明，锡间隙和氧空位具有非常低的形成能和强的相互吸引作用，解释了 SnO_2 薄膜中非化学计量比自然存在的原因。这些本征缺陷稳定存在的原因与锡的多种价态的特性有关。这些缺陷在不增加光学带间吸收的情况下，将电子贡献给导带，解释了 SnO_2 薄膜透明性与导电性共存的原因。

ITO 薄膜的性能包括：优异的光学性能，在 550nm 波长处对可见光的透过率可达 85% 以上；低的电阻率（$10^{-5}\sim 10^{-3}\Omega\cdot cm$）；红外反射率大于 80%；紫外吸收率大于 85%。紫外光区产生禁带的励起吸收阈值为 3.75eV，相当于 330nm 的波长，因此紫外光区 ITO 薄膜的光透过率极低。同时近红外区由于载流子的等离子体振动现象而产生反射，所以近红外区 ITO 薄膜的光透过率也是很低的，但可见光区 ITO 薄膜的透过率非常好，由于材料本身特定的物理化学性能，ITO 薄膜具有良好的导电性和可见光区较高的光透过率。

ZnO 薄膜的可见光波长范围内的光学透过率可以达到 80%~90%。掺杂一定浓度的 Al 对薄膜的光学透过率不会产生很大的影响。许多研究表明，通过掺入 Al 等元素可以对 ZnO 薄膜的禁带宽度加以调节。由于 Al^{3+} 对 Zn^{2+} 的取代，使得薄膜中的自由电子的浓度大大增加，这些增加的自由电子可以移动到导带中较低的能级中去，使得薄膜的吸收限向短波长方向发生移动。此外，在紫外光照射下，ZnO 薄膜在可见光范围内的透过率基本没有变化，说明 ZnO 薄膜有着优良的耐辐照特性。正因为如此，ZnO 薄膜常被用来做太阳能电池的透明电极。

5.4.3 光催化特性

人类社会的快速发展带来了能源和环境方面的问题，如何利用清洁能源成为一大挑战。光催化技术是利用太阳能的一大途径，能够有效利用太阳能进行可持续的能源转换和环境治理，是一种将光能转换为化学能的技术，能够进行光解水产氢、二氧化碳还原、降解污染物等。半导体光催化的机制为：当半导体光催化剂受到一定能量的光照射时，电子受到激发发生跃迁，形成光生电子和空穴对，然后与催化剂表面的物质发生相应的氧化还原反应。具有光催化性能的金属氧化物材料主要是具有 d^0（Ti^{4+}、Zr^{4+}、V^{5+}、Nb^{5+}、Ta^{5+}）和 d^{10}（In^{3+}、Ga^{3+}、Ge^{4+}、Sb^{5+}）电子组态的材料。本小节以 TiO_2 为例进行介绍。

简单金属氧化物中最具代表性的光催化材料是 TiO_2。非均相光催化反应一般发生于半导体表面。由于 TiO_2 是电子型半导体，当受到光能大于或等于其禁带宽度的光能辐射后，处在价带的电子接收能量后，便开始向导带进行跃迁，而在价带会相应地产生空穴，形成电子空穴对。而在电场的作用下电子空穴对会发生分离，此时空穴迁移到半导体表面，同溶液中的羟基—OH 反应生成具有更高活性的羟基自由基·OH，羟基自由基是比直接生成的空穴具有更强氧化性的一类基团，一般情况下可以将绝大部分高分子有机化合物降解为 H_2O、CO_2 等小分子无机物。当然仍会有一部分光激发产生的电子空穴反应前就在半导体内或者表面发生复合，无法对分解反应做出贡献，降低反应效率，反应机理如图 5-17 所示。影响 TiO_2 光催化活性的因素有以下几方面。

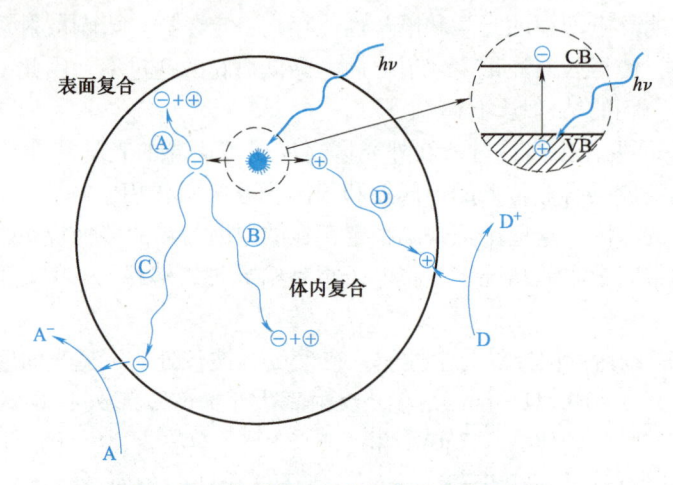

图 5-17 非均相二氧化钛光催化反应机理

1）晶型。锐钛矿型晶格受其结构的影响，会存在更多的位错和缺陷，存在更多氧空位，有利于捕获电子，而金红石型的稳定结构缺陷少，电子空穴容易复合，影响催化效率，因此锐钛矿型 TiO_2 具有更高的催化活性。

2）能带位置。半导体对光吸收的强度受到它自身带隙宽度的影响，其吸光波长范围由到禁带宽度和本身价带导带位置所决定；此外，半导体导带和价带各自的氧化还原电位对光催化性能改变也很大，导带底越负，电子还原能力越强，价带顶端越正，其空穴的氧化能力越强。离域性好的导带和价带，光激发产生的电荷迁移就会越快。TiO_2 的禁带宽度相较而言是偏宽的，但是价带和导带的位置会让电子和空穴有更好的催化效果。

3）粒径。粒子越小，单位质量的粒子数量越多，比表面积越大，就会拥有更大的反应面积，促进催化反应的进行，反应速率和效率也会提高；当粒子半径缩小到 10nm 以内的量级时，会拥有量子尺寸效应，此时带隙宽度会发生明显改变，光催化活性根据导带价带位置的改变而显著增加。

TiO₂ 纳米薄膜的制备方法多种多样，下面举例说明。Kim 等[82]通过 ALD 方法，使用 Ti（O-i-Pr）₄和 H₂O 交替反应沉积出厚度精确可控的多晶 TiO₂ 纳米薄膜，由于生成的薄膜均匀性非常好，广泛应用于纳米结构包覆、光催化分解水产氢等领域。与之类似的，气相方法还有 PVD，例如，Li 等[83]利用电子束蒸发技术，使用 TiO₂ 颗粒为原料，蒸镀出 TiO₂ 纳米棒阵列薄膜，比表面积的增加大幅提升了其光催化性能。除了气相法外，液相法也能够获得 TiO₂ 纳米薄膜。例如，使用溶胶-凝胶法能够得到纯度高、一次性合成、形貌差异小的纳米薄膜，也可以形成形状特殊的 TiO₂ 或 Au-TiO₂ 纳米薄膜，表现出典型的光催化活性[84]。此外，还有电化学阳极氧化法、水热法等方式能够得到 TiO₂ 纳米薄膜。

参 考 文 献

[1] 徐毓龙. 氧化物与化合物半导体基础［M］. 西安：西安电子科技大学出版社，1991.

[2] KUMAR V，AYOUB I，SHARMA V，et. al. An Introduction to Metal Oxides［M］. Singapore：Springer Nature Singapore，2023：1-34.

[3] 韩喜江. 固体化学简明教程［M］. 北京：科学出版社，2023.

[4] 余永宁. 材料科学基础［M］. 北京：高等教育出版社，2006.

[5] 冉峰，梁艳，张坚地. 氧化物异质界面上的准二维超导［J］. 物理学报，2023，72（9）：164-184.

[6] ZHANG L，LIU M，REN W，et al. ALD preparation of high-k HfO₂ thin films with enhanced energy density and efficient electrostatic energy storage［J］. RSC Advances，2017，7（14）：8388-8393.

[7] PENG Y，YAO M，YAO X. Interfacial origin of enhanced energy density in SrTiO₃-based nanocomposite films［J］. Ceramics International，2018，44（3）：3032-3039.

[8] STENGEL M，SPALDIN N A. Origin of the dielectric dead layer in nanoscale capacitors［J］. Nature，2006，443（7112）：679-682.

[9] LIANG Z，LIU M，MA C，et al. High-performance BaZr$_{0.35}$Ti$_{0.65}$O₃ thin film capacitors with ultrahigh energy storage density and excellent thermal stability［J］. Journal of Materials Chemistry A，2018，6（26）：12291-12297.

[10] MCMILLEN M，DOUGLAS A M，CORREIA T M，et al. Increasing recoverable energy storage in electroceramic capacitors using "dead-layer" engineering［J］. Applied Physics Letters，2012，101（24）：242909.

[11] ZHANG T，LI W，ZHAO Y，et al. High Energy Storage Performance of Opposite Double-Heterojunction Ferroelectricity-Insulators［J］. Advanced Functional Materials，2018，28（10）：1706211.

[12] LIU J，WANG Y，ZHU H，et al. Synergically improved energy storage performance and stability in sol-gel processed BaTiO₃/（Pb，La，Ca）TiO₃/BaTiO₃ tri-layer films with a crystalline engineered sandwich structure［J］. Journal of Advanced Ceramics，2023，12（12）：2300-2314.

[13] SUN Z，MA C，LIU M，et al. Ultrahigh Energy Storage Performance of Lead-Free Oxide Multilayer Film Capacitors via Interface Engineering［J］. Advanced Materials，2017，29（5）：1604427.

[14] PARK M H，KIM H J，KIM Y J，et al. Thin Hf$_x$Zr$_{1-x}$O₂ Films：A New Lead-Free System for Electrostatic Supercapacitors with Large Energy Storage Density and Robust Thermal Stability［J］. Advanced Energy Materials，2014，4（16）：1400610.

[15] SARKAR S K，MAJI D，KHAN J A，et al. Photonic Cured Metal Oxides for Low-Cost，High-Performance，Low-Voltage，Flexible，and Transparent Thin-Film Transistors［J］. ACS Applied Electronic Materials，

2022, 4 (5): 2442-2454.

[16] YAO R, ZHENG Z, XIONG M, et al. Low-temperature fabrication of sputtered high-k HfO$_2$ gate dielectric for flexible a-IGZO thin film transistors [J]. Applied Physics Letters, 2018, 112 (10): 103503.1-103503.5.

[17] SHI Q, AZIZ I, CIOU J-H, et al. Al$_2$O$_3$/HfO$_2$ Nanolaminate Dielectric Boosting IGZO-Based Flexible Thin-Film Transistors [J]. Nano-Micro Letters, 2022, 14 (1): 195.

[18] YANG Q, HU J, FANG Y-W, et al. Ferroelectricity in layered bismuth oxide down to 1 nanometer [J]. Science, 2023, 379 (6638): 1218-1224.

[19] JUNQUERA J, GHOSEZ P. Critical thickness for ferroelectricity in perovskite ultrathin films [J]. Nature, 2003, 422 (6931): 506-509.

[20] TENNE D A, TURNER P, SCHMIDT J D, et al. Ferroelectricity in Ultrathin BaTiO$_3$ Films: Probing the Size Effect by Ultraviolet Raman Spectroscopy [J]. Physical Review Letters, 2009, 103 (17): 177601.

[21] WEN Z, LI C, WU D, et al. Ferroelectric-field-effect-enhanced electroresistance in metal/ferroelectric/semiconductor tunnel junctions [J]. Nature Materials, 2013, 12 (7): 617-621.

[22] MEHTA R R, SILVERMAN B D, JACOBS J T. Depolarization fields in thin ferroelectric films [J]. Journal of Applied Physics, 1973, 44 (8): 3379-3385.

[23] LEE D, LU H, GU Y, et al. Emergence of room-temperature ferroelectricity at reduced dimensions [J]. Science, 2015, 349 (6254): 1314-1317.

[24] LU H, LIU X, BURTON J D, et al. Enhancement of Ferroelectric Polarization Stability by Interface Engineering [J]. Advanced Materials, 2012, 24 (9): 1209-1216.

[25] ZUBKO P, CATALAN G, TAGANTSEV A K. Flexoelectric Effect in Solids [J]. Annual Review of Materials Research, 2013, 43: 387-421.

[26] BALKE N, WINCHESTER B, REN W, et al. Enhanced electric conductivity at ferroelectric vortex cores in BiFeO$_3$ [J]. Nature Physics, 2012, 8 (1): 81-88.

[27] YADAV A K, NGUYEN K X, HONG Z, et al. Spatially resolved steady-state negative capacitance [J]. Nature, 2019, 565 (7740): 468-471.

[28] TANG Y L, ZHU Y L, MA X L, et al. Observation of a periodic array of flux-closure quadrants in strained ferroelectric PbTiO$_3$ films [J]. Science, 2015, 348 (6234): 547-551.

[29] YADAV A K, NELSON C T, HSU S L, et al. Observation of polar vortices in oxide superlattices [J]. Nature, 2016, 530 (7589): 198-201.

[30] DAS S, TANG Y L, HONG Z, et al. Observation of room-temperature polar skyrmions [J]. Nature, 2019, 568 (7752): 368-372.

[31] SÁNCHEZ-SANTOLINO G, ROUCO V, PUEBLA S, et al. A 2D ferroelectric vortex pattern in twisted BaTiO$_3$ freestanding layers [J]. Nature, 2024, 626 (7999): 529-534.

[32] 姜辛, 孙超, 洪瑞江, 等. 透明导电氧化物薄膜 [M]. 北京: 高等教育出版社, 2008.

[33] BILGIN V, AKYUZ I, KETENCI E, et al. Electrical, structural and surface properties of fluorine doped tin oxide films [J]. Applied Surface Science, 2010, 256 (22): 6586-6591.

[34] BOK S, SEOK H J, KIM Y A, et al. Transparent Molecular Adhesive Enabling Mechanically Stable ITO Thin Films [J]. ACS Applied Materials & Interfaces, 2021, 13 (2): 3463-3470.

[35] HAN H, THEODORE N D, ALFORD T L. Improved conductivity and mechanism of carrier transport in zinc oxide with embedded silver layer [J]. Journal of Applied Physics, 2008, 103 (1): 013708.

[36] JI H, ZENG W, LI Y. Gas sensing mechanisms of metal oxide semiconductors: a focus review [J]. NANOSCALE, 2019, 11 (47): 22664-22684.

[37] BELLARE P, SAKHUJA N, KUNDU S, et al. Self-Assembled Nanostructured Tin Oxide Thin Films at the Air-Water Interface for Selective H$_2$S Detection [J]. ACS Applied Nano Materials, 2020, 3（4）：3730-3740.

[38] CHEN H-I, HSIAO C-Y, CHEN W-C, et al. Characteristics of a Pt/NiO thin film-based ammonia gas sensor [J]. Sensors and Actuators B：Chemical, 2018, 256：962-967.

[39] 陈光华, 邓金祥. 新型电子薄膜材料 [M]. 2 版. 北京：化学工业出版社, 2012.

[40] 曲喜新, 杨邦朝, 姜节俭, 等. 电子薄膜材料 [M]. 北京：科学出版社, 1996.

[41] 马衍伟. 超导材料科学与技术 [M]. 北京：科学出版社, 2022.

[42] 金建勋. 高温超导技术与应用原理 [M]. 成都：电子科技大学出版社, 2015.

[43] QU T, LIN G, FENG F, et al. Biaxially textured (Bi, Pb)$_2$Sr$_2$Ca$_2$Cu$_3$O$_x$ thin films on LaAlO$_3$ substrates fabricated via the chemical solution deposition method [J]. Superconductor Science and Technology, 2019, 32（4）：045006.

[44] JI L, YAN S, WU J Z. Superconductivity of 132K in HgBa$_2$Ca$_2$Cu$_3$O$_{8+\delta}$ thin films fabricated using a cation exchange method [J]. Superconductor Science and Technology, 2014, 27（1）：15007-15013.

[45] CHOPDEKAR R V, WONG F J, TAKAMURA Y, et al. Growth and characterization of superconducting spinel oxide LiTi$_2$O$_4$ thin films [J]. Physica C：Superconductivity, 2009, 469（21）：1885-1891.

[46] HU W, FENG Z, GONG B C, et al. Emergent superconductivity in single-crystalline MgTi$_2$O$_4$ films via structural engineering [J]. Physical Review B, 2020, 101（22）：220510.

[47] REYREN N, THIEL S, CAVIGLIA A D, et al. Superconducting Interfaces Between Insulating Oxides [J]. Science, 2007, 317（5842）：1196-1199.

[48] BISCARAS J, BERGEAL N, HURAND S, et al. Multiple quantum criticality in a two-dimensional superconductor [J]. Nature Materials, 2013, 12（6）：542-548.

[49] HERRANZ G, SINGH G, BERGEAL N, et al. Engineering two-dimensional superconductivity and Rashba spin-orbit coupling in LaAlO$_3$/SrTiO$_3$ quantum wells by selective orbital occupancy [J]. Nature Communications, 2015, 6（1）：6028.

[50] MONTEIRO A M R V L, GROENENDIJK D J, GROEN I, et al. Two-dimensional superconductivity at the (111) LaAlO$_3$/SrTiO$_3$ interface [J]. Physical Review B, 2017, 96（2）：020504.

[51] LIU C, YAN X, JIN D, et al. Two-dimensional superconductivity and anisotropic transport at KTaO$_3$ (111) interfaces [J]. Science, 2021, 371（6530）：716-721.

[52] LI D, LEE K, WANG B Y, et al. Superconductivity in an infinite-layer nickelate [J]. NATURE, 2019, 572（7771）：624-627.

[53] SUN H, HUO M, HU X, et al. Signatures of superconductivity near 80K in a nickelate under high pressure [J]. Nature, 2023, 621（7979）：493-498.

[54] EERENSTEIN W, MATHUR N D, SCOTT J F. Multiferroic and magnetoelectric materials [J]. Nature, 2006, 442（7104）：759-765.

[55] SCHMID H. Multi-ferroic magnetoelectrics [J]. Ferroelectrics, 1994, 162（1）：317-338.

[56] SPALDIN N A, RAMESH R. Advances in magnetoelectric multiferroics [J]. Nature Materials, 2019, 18（3）：203-212.

[57] 赵世峰, 白玉龙, 陈介煜. 无铅基铋系钙钛矿铁性薄膜 [M]. 北京：科学出版社, 2018.

[58] ZHAO T, SCHOLL A, ZAVALICHE F, et al. Electrical control of antiferromagnetic domains in multiferroic BiFeO$_3$ films at room temperature [J]. Nature Materials, 2006, 5（10）：823-829.

[59] ZHANG W, RAMESH R, MACMANUS-DRISCOLL J L, et al. Multifunctional, self-assembled oxide nanocomposite thin films and devices [J]. MRS Bulletin, 2015, 40（9）：736-745.

[60] MCDANNALD A, YE L, CANTONI C, et al. Switchable 3-0 magnetoelectric nanocomposite thin film with high coupling [J]. Nanoscale, 2017, 9 (9): 3246-3251.

[61] ZHENG H, WANG J, LOFLAND S E, et al. Multiferroic $BaTiO_3$-$CoFe_2O_4$ Nanostructures [J]. Science, 2004, 303 (5658): 661-663.

[62] ZHANG Y, DENG C, MA J, et al. Enhancement in magnetoelectric response in $CoFe_2O_4$-$BaTiO_3$ heterostructure [J]. Applied Physics Letters, 2008, 92 (6): 062911.

[63] MOLEGRAAF H J A, HOFFMAN J, VAZ C A F, et al. Magnetoelectric Effects in Complex Oxides with Competing Ground States [J]. Advanced Materials, 2009, 21 (34): 3470-3474.

[64] CHU Y-H, MARTIN L W, HOLCOMB M B, et al. Electric-field control of local ferromagnetism using a magnetoelectric multiferroic [J]. Nature Materials, 2008, 7 (6): 478-482.

[65] VON H R, WECKER J, HOLZAPFEL B, et al. Giant negative magnetoresistance in perovskitelike $La_{2/3}Ba_{1/3}MnO_x$ ferromagnetic films [J]. Physical Review Letters, 1993, 71 (14): 2331-2333.

[66] JIN S, TIEFEL T H, MCCORMACK M, et al. Thousandfold Change in Resistivity in Magnetoresistive La-Ca-Mn-O Films [J]. Science, 1994, 264 (5157): 413-415.

[67] 张永宏. 现代薄膜材料与技术 [M]. 西安: 西北工业大学出版社, 2016.

[68] CHEN Y Z, SUN J R, ZHAO T Y, et al. Crossover of angular dependent magnetoresistance with the metal-insulator transition in colossal magnetoresistive manganite films [J]. Applied Physics Letters, 2009, 95 (13): 132506.

[69] 严密, 彭晓领. 磁学基础与磁性材料 [M]. 2版. 杭州: 浙江大学出版社, 2019.

[70] ANGUELOUCH A, GUPTA A, XIAO G, et al. Near-complete spin polarization in atomically-smooth chromium-dioxide epitaxial films prepared using a CVD liquid precursor [J]. Physical Review B, 2001, 64 (18): 180408.

[71] DEDKOV Y S, RÜDIGER U, GÜNTHERODT G. Evidence for the half-metallic ferromagnetic state of Fe_3O_4 by spin-resolved photoelectron spectroscopy [J]. Physical Review B, 2002, 65 (6): 064417.

[72] SOULEN R J, BYERS J M, OSOFSKY M S, et al. Measuring the Spin Polarization of a Metal with a Superconducting Point Contact [J]. Science, 1998, 282 (5386): 85-88.

[73] PHILIP J, THEODOROPOULOU N, BERERA G, et al. High-temperature ferromagnetism in manganese-doped indium-tin oxide films [J]. Applied Physics Letters, 2004, 85 (5): 777-779.

[74] UEDA K, TABATA H, KAWAI T. Magnetic and electric properties of transition-metal doped ZnO films [J]. Applied Physics Letters, 2001, 79 (7): 988-990.

[75] MATSUMOTO Y, MURAKAMI M, Shono T, et al. Room-Temperature Ferromagnetism in Transparent Transition Metal-Doped Titanium Dioxide [J]. Science, 2001, 291 (5505): 854-856.

[76] FAUGHNAN B W, CRANDALL R S, LAMPERT M A. Model for the bleaching of WO_3 electrochromic films by an electric field [J]. Applied Physics Letters, 1975, 27 (5): 275-277.

[77] WU M S, YANG C H. Electrochromic properties of intercrossing nickel oxide nanoflakes synthesized by electrochemically anodic deposition [J]. Applied Physics Letters, 2007, 91 (3): 033109.

[78] BO G, WANG X, WANG K, et al. Preparation and electrochromic performance of NiO/TiO_2 nanorod composite film [J]. Journal of Alloys and Compounds, 2017, 728: 878-886.

[79] WANG X, CHEN X, ZHANG D, et al. UV Radiation Cumulative Recording Based on Amorphous TiO_2 Nanotubes [J]. ACS Sensors, 2019, 4 (9): 2429-2434.

[80] WEI J, JIAO X, WANG T, et al. The fast and reversible intrinsic photochromic response of hydrated tungsten oxide nanosheets [J]. Journal of Materials Chemistry C, 2015, 3 (29): 7597-7603.

[81] HE T, MA Y, CAO Y-A, et al. Improved photochromism of WO_3 thin films by addition of Au nanoparticles

[J]. Physical Chemistry Chemical Physics, 2002, 4 (9): 1637-1639.

[82] KIM S K, HOFFMANN-EIFERT S, REINERS M, et al. Relation Between Enhancement in Growth and Thickness-Dependent Crystallization in ALD TiO$_2$ Thin Films [J]. Journal of The Electrochemical Society, 2011, 158 (1): D6.

[83] LI Z, ZHU Y, ZHOU Q, et al. Photocatalytic properties of TiO$_2$ thin films obtained by glancing angle deposition [J]. Applied Surface Science, 2012, 258 (7): 2766-2770.

[84] LI X, PENG J, KANG J-H, et al. One step route to the fabrication of arrays of TiO$_2$ nanobowls via a complementary block copolymer templating and sol-gel process [J]. Soft Matter, 2008, 4 (3): 515-521.

第 6 章

聚合物基纳米薄膜

近代以来，随着材料科学的发展和完善，高分子材料作为一种重要的材料类别，已经得到广泛应用。施陶丁格（Staudinger）在 1920 年首次提出了高分子材料的概念，从而开启了高分子材料研究的新纪元。高分子材料也被称为聚合物材料，聚合物材料经历了一个多世纪的蓬勃发展，成为现代社会不可或缺的基础材料之一。在 19 世纪中期，人们开始对天然高分子进行大规模的化学改性，例如，对天然橡胶进行硫化、对皮革进行鞣制等。1870 年，美国发明家约翰·W·海斯（John Wesley Hyatt）用硝化纤维和樟脑合成了新型塑料赛璐珞（Celluloid）塑料，这一成就开创了合成塑料的先河。20 世纪初，酚醛树脂的成功合成标志着人类历史上第一次完全通过人工合成方式制备聚合物材料，开启了合成聚合物材料的新篇章，为后来的高分子化学研究和应用奠定了基础。随后，许多其他类型的合成树脂和塑料材料相继问世，塑料工业也在 20 世纪中叶迅速发展成为一项重要的工业。高分子合成材料、钢铁、木材和水泥已经成为现代社会的四大基础材料，是工业、农业、信息、能源、交通运输、航空、航天等领域不可或缺的新型材料。[1,2]

聚合物材料具有多样化的结构和独特的性质。它们由许多重复单元通过共价键连接而成，形成了长链状的分子结构，赋予了其特有的物理、化学和电学性质。高分子材料具有高分子量、可调性、可塑性、耐蚀性和生物相容性等特性，使其在工业、科研、医学和生活等方面得到广泛应用。

随着纳米技术的快速发展，对纳米尺度下材料的研究和应用越来越受到重视。聚合物材料在纳米尺度下展现出了许多新的特性和潜力，聚合物基纳米薄膜是一种在纳米尺度下制备的薄膜材料，其主要成分为高分子。这些薄膜具有纳米级别的厚度，通常在几纳米到几百纳米之间，并且具有特定的结构和性质。通过精确控制高分子材料的结构和形态，可以实现纳米级别的功能化和定向组装，从而推动其在纳米器件和纳米材料领域的广泛应用。聚合物基纳米复合薄膜是一种特殊类型的聚合物基纳米薄膜，其在聚合物基质中掺杂了纳米尺度的填料，以改善薄膜的性能或赋予其特定的功能。

随着制备技术的不断创新和进步，纳米薄膜的制备技术也在不断完善和发展。新的制备方法和工艺的出现，使得高分子纳米薄膜的制备变得更加可行和高效。通过进一步研究和开发，聚合物基纳米薄膜有望在光电子器件、生物医学、传感器、涂层技术等领域发挥重要作用，为科学研究和工程技术的进步带来新机遇。

6.1 聚合物基纳米薄膜概述

聚合物基纳米薄膜种类繁多，应用广泛。下面简要介绍聚合物基纳米薄膜的成分组成、制备方法以及薄膜结构。

6.1.1 成分组成

不同聚合物基纳米薄膜成分有所不同，其成分包括聚合物基体、功能性添加剂、表面修饰剂和纳米填料等。

1. 聚合物基体

聚合物基体是聚合物基纳米薄膜的主要组成部分，直接影响薄膜的力学性能、化学稳定性和加工性能。常见的聚合物包括聚乙烯（PE）、聚丙烯（PP）、聚苯乙烯（PS）、聚醚砜（PES）、聚酰胺（PA）、聚碳酸酯（PC）、聚醋酸乙烯（PVAc）等，每种聚合物都有其特定的物化性质和应用特点。例如，聚乙烯（PE）具有良好的耐蚀性和柔韧性，适用于包装和涂料等领域；而聚碳酸酯（PC）具有优异的透明度和耐热性，适用于光学材料和电子器件。

除了基础的聚合物基体材料外，还可以采用或者共混其他功能性聚合物，例如，聚四氟乙烯（PTFE）、聚偏氟乙烯（PVDF），以实现特定的性能要求，例如增加耐磨性、增强抗拉强度、提高耐蚀性、改善热稳定性、改善介电性能。选择合适的功能性聚合物可以满足薄膜在特定应用中的性能要求。

2. 功能性添加剂

功能性添加剂可以调节薄膜的特定性能，例如增塑剂、抗氧化剂、阻燃剂、增强剂等。增塑剂可以提高薄膜的柔韧性和延展性，抗氧化剂可以延长薄膜的使用寿命，阻燃剂可以提高薄膜的阻燃性能，增强剂可以增强薄膜的机械强度。

功能性添加剂的种类和含量会影响薄膜的特性。例如，选择适当的抗氧化剂可以延长薄膜的使用寿命，但过量使用可能会影响薄膜的透明度或力学性能。

3. 表面修饰剂

表面修饰剂被用于改善薄膜的表面性质，例如增加亲水性或疏水性、提高抗污染性能等。

常见的表面修饰剂是硅烷化合物，例如十八烷基三甲氧基硅烷（OTS）。这种化合物具有长链烷基基团和硅烷基团，可以通过硅烷基团与聚合物基薄膜表面发生化学键的方式，将烷基链与薄膜表面连接起来，形成一层覆盖层。OTS 修饰层可以使薄膜表面具有疏水性，从而改善其防水性能，并且能够减少薄膜与水、油等液体之间的摩擦力，提高其表面的滑动性。此外，OTS 修饰层还可以减少表面的黏附性，使其对粉尘、污垢等的附着减少，从而提高薄膜的抗污染性能。因此，在一些应用场景中，将 OTS 作为表面修饰剂添加到聚合物基纳米薄膜中，可以改善其表面特性，提高其在防水、防污染等方面的性能。

4. 纳米填料

纳米填料是添加到聚合物基体中的纳米级颗粒或纳米材料，以改善薄膜的性能。聚合物基质与纳米填料构成的复合材料薄膜被称为聚合物基纳米复合薄膜。尽管薄膜的厚度可能超过 1μm，但纳米填料的加入使得薄膜呈现纳米尺度的结构或特性，故称为纳米复合薄膜。纳米填料可以是零维（如纳米颗粒）、一维（如纳米纤维或纳米管）或二维（如纳米片）的。不同维度和性能的纳米填料对聚合物基体的性质改变作用各异，例如增强强度、硬度、导热性等，或赋予其特殊的光学、电学、磁学等性质。聚合物基纳米复合薄膜在各种领域中具有重要应用，如储能电介质材料、传感器、生物医学材料等。通过设计复合薄膜的成分和结构，可以实现特定功能和性能，满足不同领域的需求。

作为聚合物基纳米薄膜研究的一个重要分支，目前，聚合物纳米复合薄膜研究火热，诸多研究者探究如何调控纳米填料的形貌、尺寸、分布以及调控并表征纳米填料与聚合物基质之间的相互作用，以实现对薄膜性能的精确控制和优化，调节薄膜的力学性能、光学性能、电学性能等。

关于聚合物基纳米复合薄膜的具体介绍将在 6.3 展开。

6.1.2 制备方法

聚合物基纳米薄膜的制备方法多种多样，每种方法都有其特定的应用场景和优势。聚合物基纳米薄膜的制备方法部分和无机纳米薄膜制备方法相似，但需要根据聚合物性能调整参数。此外，部分聚合物往往能够溶解在特定的溶剂里，可以采用溶液法制备薄膜，然后使得溶剂挥发即可得到聚合物基纳米薄膜，因此有一些独特的制备方法。下面介绍一些常见的聚合物薄膜制备方法。

1. 溶液浇铸法

溶液浇铸法是一种简单而广泛使用的方法，适用于制备多种聚合物基薄膜。制备过程包括将聚合物溶解在合适的溶剂中，形成溶液，然后将溶液倒入平板或模具中，通过溶剂挥发或凝固，得到聚合物基薄膜。这种方法的优点是适用于多种聚合物，可以控制薄膜的厚度和形状，并且适用于大规模生产。但溶液浇铸法难以精确控制薄膜的厚度，通常需要通过试错来调整涂布参数。这种方法的缺点是溶剂挥发是一个比较耗时的过程，且需要考虑挥发过程中可能导致的薄膜表面不均匀溶剂挥发过程中易产生表面不均匀性，对环境要求较高，溶剂挥发不彻底，可能影响聚合物基纳米薄膜性能。此外，溶液浇铸法中使用的溶剂可能对环境造成污染，需要考虑溶剂的选择和处理。

2. 溶液旋涂法

溶液旋涂法常用于制备均匀薄膜，特别是用于涂覆在平坦的硅衬底上，利用离心力将聚合物溶液均匀涂布在旋转的基板上。通过调整旋转速度和溶液浓度，可以控制薄膜的厚度和均匀性。溶液旋涂法的缺点是只适用于小尺寸平面基板，不适用于大尺寸或不规则形状的基板。溶液旋涂法的优点是制备速度快，可以获得均匀厚度的薄膜，适合用于制备光学薄膜、薄膜传感器、生物传感器等需要高均匀性的薄膜。

由于溶液旋涂法形成的薄膜表面平整、质量较高，常用于实验室研究聚合物基纳米薄膜微观性质。例如，常采用溶液旋涂法制备的薄膜进行聚合物的铁电性质的研究。清华大学团队[3]在铁电聚合物聚偏氟乙烯-三氟乙烯共聚物 P（VDF-TrFE）纳米薄膜中发现了拓扑涡旋畴结构，这是首次在铁电聚合物中发现螺旋极性拓扑结构，这种结构能够对红外辐射进行选择性吸收和对太赫兹辐射进行操纵，可用于实现高分辨率太赫兹光栅和空间光调制器，这一发现为探索和利用聚合物材料提供了新的方向。研究团队将 P（VDF-TrFE）溶液以5000r/min的转速旋涂到 Si 基片上，并在真空烘箱中干燥后，在 200℃退火 10min，得到贴附于基片上的 P（VDF-TrFE）纳米薄膜，通过原子力显微镜测量其膜厚约为 100nm，通过改变溶液浓度可获得其他厚度的 P（VDF-TrFE）纳米薄膜。该共聚物倾向于结晶成伪六边形晶格，具有大的纵横比片晶，其高分子链平行于层状法线，因而存在位于面内方向的自发极化，这些偶极子可以在面内进行翻转，而这在氧化物等无机铁电材料中，由于晶格的限制，无法获得的额外自由度。

如图 6-1 所示，虚线矩形中的插图为取向聚合物链和晶格结构，聚合物片晶竖直排布，垂直于基片，而自发极化位于薄膜的面内方向，平行于基片。箭头表示自发偶极矩的方向，表现为极性螺旋拓扑畴结构。这些极性螺旋可以通过施加电场或机械应力进行旋转，实现非破坏性、非易失性和连续旋转，这可能对宏观介电特性产生影响，并且有望应用于多态存储器和神经形态系统。[4]

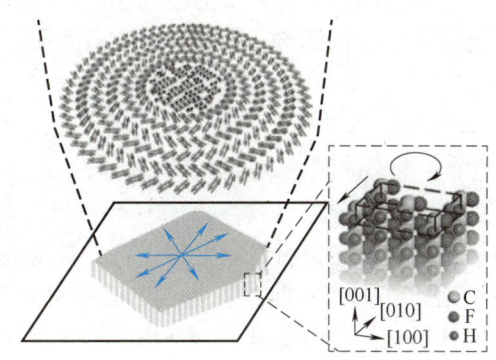

图 6-1　P（VDF-TrFE）薄片中极性拓扑涡旋畴示意图

3. 喷涂法

喷涂法通过将聚合物溶液或悬浮液喷涂在基板上，形成薄膜。喷涂法适用于大面积、不规则形状的基板，并且可实现薄膜的快速制备。喷涂法也常用于在柔性基板上制备薄膜，例如在柔性电子器件的制备过程中，用于制备大面积覆盖的薄膜、涂层或涂覆剂。喷涂法的缺点是薄膜厚度和均匀性受喷涂参数影响较大，需要调试。

目前常用的喷涂法是超声喷涂。超声喷涂是一种利用超声波辅助喷涂技术，用于涂覆材料在基板表面形成均匀薄膜的方法。它结合了超声波的机械振动作用和喷涂技术的原理，能够在液体喷射的同时产生微观尺度的振动，从而实现更加均匀、致密的薄膜涂覆过程，其工作原理如下。

首先，超声波振荡器产生高频率的机械振动，通常在 20~100kHz 之间。这些超声波通过振动器传递到液体中；在超声波的作用下，液体被注入超声波振动器中，并且在喷嘴处以喷射形式喷出。超声波的振动作用使液体形成高频微小的喷射雾粒。其次，液体雾粒在喷射时受到超声波的作用，其运动状态更加均匀，从而在基板表面形成均匀薄膜。超声波的作用可以提高液体颗粒在喷射过程中的分散性和覆盖性，使得薄膜的涂覆更加均匀。最后，溶剂挥发去除，形成聚合物基纳米薄膜。

超声波的作用能够使液体颗粒在喷射过程中更加均匀地分布在基板表面，从而实现更加均匀的涂覆，从而提高了纳米薄膜的质量和性能。

4. 自组装法

自组装法是一种常用于制备聚合物基纳米薄膜的方法，其原理是利用聚合物分子间的相互作用力以及表面张力等物理化学原理，使得聚合物分子在溶液中自发地组装成有序结构，从而形成具有特定功能和结构的薄膜。

自组装法的原理基于聚合物分子间的相互作用力，主要包括范德华力、氢键、疏水/亲水作用。范德华力可以吸引聚合物链之间的非共价作用力，使得聚合物链在溶液中趋于聚集；在一些聚合物中，氢键的形成可以导致聚合物分子之间的特定排列，有助于形成有序结构；聚合物链的亲水/疏水性质会影响其在溶液中的排列，从而影响自组装结构的形成。

自组装法常用于制备功能性薄膜，例如超疏水表面、分子筛膜和生物传感器等需要特殊结构和性质的薄膜。

自组装法的优点是简单易行，即制备过程相对简单，不需要复杂的设备和工艺条件，并且成本低。自组装法的缺点是制备时间长，可能需要几小时甚至几天才能形成稳定的自组装薄膜，由于自组装过程受到多种因素的影响，适用范围相对受限，不适用于所有类型的聚合物和应用场景。

5. 纺丝热压法

纺丝热压法是一种快速非平衡态的制备聚合物基纳米薄膜的新方法，它结合了纺丝技术和热压技术，通过将聚合物溶液纺丝成纤维，然后利用热压将纤维熔融并压制成薄膜的方法。

首先，将聚合物溶液通过纺丝设备进行纺丝处理，将其转变成纤维形态。纺丝的方式可以是静电纺丝、喷丝纺丝、熔体纺丝等。将纺丝得到的聚合物纤维收集在基板或者收集器上，形成一层均匀的纤维网状结构。将收集到的聚合物纤维置于热压设备中，在高温和一定的压力下，聚合物纤维熔融并与周围纤维结合，形成致密的薄膜结构。

图 6-2 为调节聚合物基体中纳米粒子分布和取向的纺丝热压法工艺。并且，将静电纺丝工艺与热压成型工艺相结合，可实现无表面改性下填料在聚合物基体内的均匀分散，所制备的薄膜致密、高度均一。在接收滚筒高速旋转的情况下，纤维在收集滚筒上取向排列，如果纤维中含有一维填料，则会在聚合物基体中定向排列。[5]

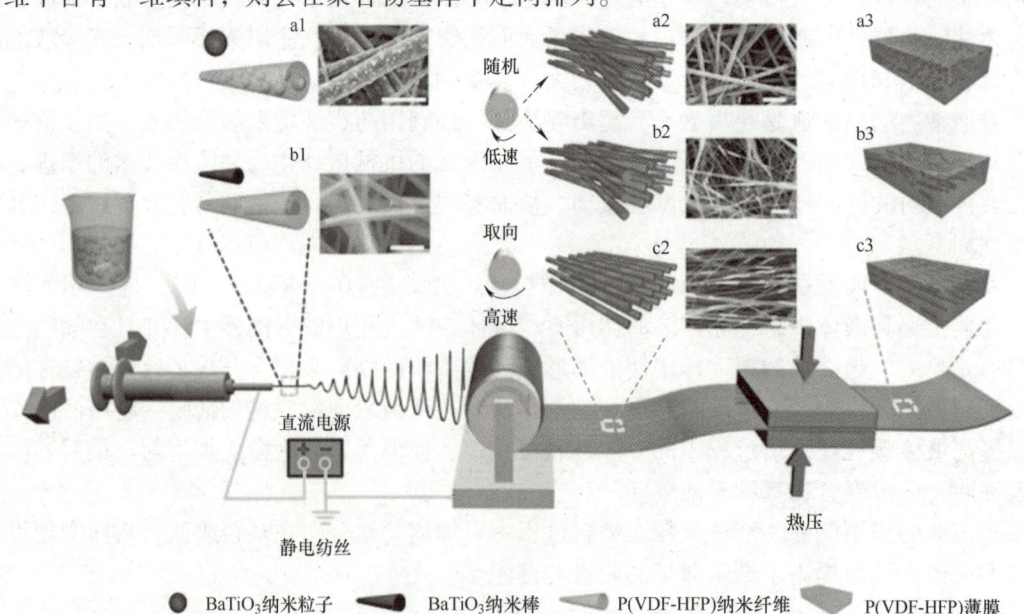

图 6-2 调节聚合物基体中纳米粒子分布和取向的纺丝热压法工艺图

纺丝热压法的优点是简单快捷、制备过程相对简单，可以进行工业连续化生产。并且制备的纳米薄膜比较致密，纺丝的过程中纤维比表面积较大，纤维中溶剂快速挥发，可以减少聚合物基薄膜中的溶剂残留。但纺丝热压法工艺条件受到限制，需要控制好纺丝和热压的工艺参数，才能获得高质量的纳米薄膜。

6.1.3 薄膜结构

聚合物基纳米薄膜按照结构可以分成两大类，即聚合物基纳米尺度薄膜与聚合物基纳米复合薄膜。聚合物基纳米尺度薄膜又可以划分为薄膜型、纤维型与多孔型。聚合物基纳米尺度薄膜部分将在 6.2 节展开介绍，聚合物基纳米复合薄膜部分将在 6.3 节展开介绍。

1. 薄膜型聚合物基纳米薄膜

薄膜型聚合物基纳米薄膜是指厚度在几纳米到几十纳米之间的致密薄膜。这种类型的纳米薄膜通常具有平坦的表面、均匀的厚度和纳米级别的尺寸特征。这种类型的纳米薄膜在光学薄膜、生物传感器、薄膜电容器等领域具有广泛应用，其平坦的表面和可控的厚度使其在光学和电学设备中具有重要作用。

2. 纤维型聚合物基纳米薄膜

纤维型聚合物基纳米薄膜是由纳米级聚合物纤维构成的薄膜，通常是由纤维形成连续的纳米纤维网络或者网状结构，制备这种类型的纳米薄膜通常使用电纺丝等方法。纤维型聚合物基纳米薄膜通常具有高度的孔隙度和大的比表面积，因此在分离、过滤、催化和生物医学领域有广泛的应用。纳米纤维堆积形成的薄膜具有优异的力学性能，例如高强度、柔韧性和可拉伸性，可用于柔性电子、纳米传感器等领域。

3. 多孔型聚合物基纳米薄膜

多孔型聚合物基纳米薄膜是一种具有纳米级孔隙结构的薄膜，由聚合物材料构成。这种薄膜的特点是具有纳米级别的孔径，通常为 1~100nm。这些孔道可以是连通的，也可以是分散的，构成了具有大量微观孔隙的结构。

这种多孔型聚合物基纳米薄膜在分离、过滤、催化、生物医学等领域具有广泛的应用。由于其孔隙结构，多孔型聚合物基纳米薄膜可用于分离与过滤领域，例如水处理、气体分离、生物分离等。纳米薄膜中的大量微观孔隙提供了大量的活性表面积，可用于催化反应的载体或催化剂支撑材料。并且，孔隙结构与生物组织的尺度相近，可用于药物传输、细胞培养、组织工程和生物传感器等领域。

4. 聚合物基纳米复合薄膜

聚合物基纳米复合薄膜是在聚合物基体中掺杂了纳米级别的填料而形成的复合薄膜。纳米尺度的填料包括零维纳米填料、一维纳米填料与二维纳米填料，填料可以增强薄膜基体的原有性能或者赋予薄膜新的功能。

6.2 聚合物基纳米尺度薄膜

聚合物基纳米尺度薄膜具有广泛的应用。它们凭借独特的物理和化学性质，在众多领域中都发挥着重要作用。下面将介绍几类典型的聚合物基纳米尺度薄膜。

6.2.1 PLED 中的聚合物基纳米薄膜

PLED 中的聚合物材料通常以薄膜的形式存在。

1. PLED 背景

有机发光二极管 OLED（Organic Light Emitting Diode）指的是一类利用有机材料作为发光层的发光二极管技术。OLED 中的有机材料可以是有机小分子或聚合物。聚合物发光二极管 PLED 是 OLED 的一个子类，特指使用聚合物作为发光层的 OLED 设备。但在某些特定情况下，OLED 特指有机小分子发光材料的有机电致发光二极管。

PLED 中的聚合物材料通常以薄膜的形式存在。在 PLED 设备中，这些聚合物材料通常以不同的加工技术（例如溅射、喷墨打印、旋涂等）形成薄膜。这些薄膜可以作为发光层、载流子传输层或其他功能性层，以实现 PLED 设备所需的功能。由于喷墨打印等制造技术成本更低、制备条件更简单，而小分子 OLED 制造通常需要真空沉积等更复杂的工艺。因而在制备成本方面，PLED 比小分子 OLED 更具优势。

目前性能上，小分子 OLED 在电子传输速度、效率上可能更有优势，PLED 技术相对较新，尚未像传统 OLED 那样成熟，因此在性能和可靠性方面可能还存在一些挑战。PLED 技术目前处于研发阶段。

2. PLED 原理

PLED 是一种双载流子注入器件，当电压施加到电极上时，空穴从透明的正极注入导电聚合物的最高占据分子轨道（HOMO），电子从阴极注入聚合物的最低未占据分子轨道（LUMO），电子与空穴在聚合物薄膜中发生复合，释放能量并激发其他电子。这些激发的电子在向基态跃迁的过程中会释放光子，从而产生发光效应，如图 6-3 所示。

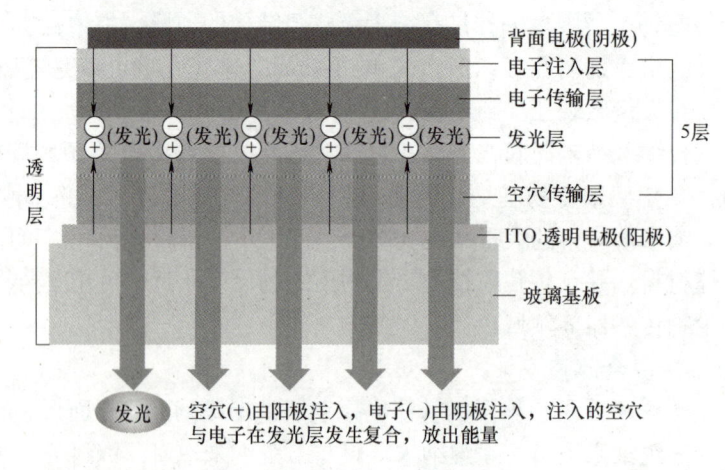

图 6-3 PLED 的结构与工作原理

PLED 技术面临发光效率、寿命和颜色稳定性等方面的挑战。但 PLED 也有其显著的优势，这种技术的制备工艺灵活、可塑性强，并且适合大规模生产，这些优势使 PLED 技术在柔性电子器件方面具有巨大的应用潜力，有望未来在可穿戴设备上发挥重要作用。[7]

6.2.2 太阳能电池中的聚合物基纳米薄膜

1. 太阳能电池的发展

自工业革命以来，全球能源消耗量不断增长，然而传统的化石燃料面临着日益严峻的枯竭和环境污染问题。因此，开发清洁高效的新能源迫在眉睫，太阳能因其取之不尽、用之不竭的特性而备受瞩目。

光伏发电技术作为最具前景的领域之一，有超过 100 年的发展历史。从 1839 年 Edmond Becquerel 发现光生伏打效应，到 1954 年贝尔实验室制备出第一个硅光伏电池，光伏技术不断进步。随着对太阳能电池的不断探究，目前主要有三代太阳能电池，第一代太阳能电池以单晶硅和多晶硅为主，单晶硅和多晶硅太阳能电池在商业上已经得到广泛应用，它们的制备成本相对较高，但具有相对较高的效率和稳定性；第二代太阳能电池主要是薄膜太阳能电池，采用的材料包括非晶硅、铜铟镓硒、碲硫化镉等，薄膜太阳能电池具有制备成本较低、灵活性高、重量轻等优点，但其转换效率通常比第一代太阳能电池低；第三代太阳能电池在薄膜太阳能电池基础上延伸发展，朝着低成本、高效率有机薄膜太阳能电池和集光型超高效率多串结化合物半导体太阳能电池的方向发展。尽管目前有机薄膜太阳能电池转换效率低于实际应用需求，相较于第一代硅基太阳能电池，有机薄膜太阳能电池具有轻量化和柔性的特质，这些特性使得它在特定应用场景中具有无可比拟的优势。有机薄膜太阳能电池可分为高分子系、低分子系有机薄膜太阳能电池，高分子系有机薄膜太阳能电池即为聚合物薄膜太阳能电池。

2. 聚合物薄膜太阳能电池的原理

聚合物薄膜太阳能电池是一种基于聚合物半导体的太阳能电池。异质结有机光伏器件是目前主流的聚合物太阳能电池器件结构。根据电子/空穴传输层和活性层位置关系的不同，可进一步细分为正向器件结构和反向器件结构。如图 6-4 所示，正向器件结构从下到上分别是基板、阳极、空穴传输层、活性层、电子传输层和阴极；反向器件结构按顺序依次是基板、阴极、电子传输层、活性层、空穴传输层和阳极。

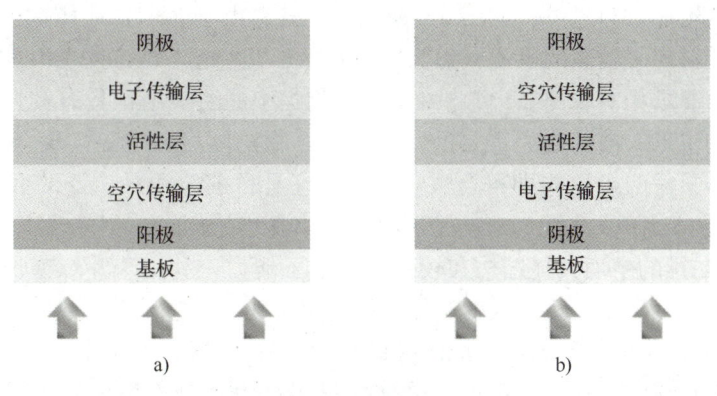

图 6-4 聚合物薄膜太阳能电池的结构[8]

a) 正向器件结构　b) 反向器件结构

在聚合物薄膜太阳能电池中，光电转换过程如图 6-5 所示，主要包含三个步骤。

(1) 激子的产生　在光照条件下，受体材料吸收入射光子，使得前线轨道电子从最高占据轨道（HOMO）跃迁至最低未占据轨道（LUMO），从而形成受库仑力束缚的空穴-电子对，即激子。激子的产生效率取决于受体材料对光子的吸收能力。

(2) **激子的扩散和解离** 光生激子会扩散到给/受体界面，受到给/受体能级差的驱动，激子最终解离为自由的电子和空穴。激子扩散距离与给/受体相界面的匹配性决定了激子是否能够扩散到界面并解离。当激子扩散长度小于相界面宽度时，激子会在达到界面前发生复合而湮灭。有机半导体材料的激子扩散长度约为10nm。因此，通过优化活性层形貌，形成与激子扩散长度匹配的相分离尺寸，能够有效降低复合并提升器件的短路电流。激子在给/受体界面解离的驱动力取决于给/受体材料间的能级差，而该驱动力的大小直接影响激子解离的效率。因此，合适的给/受体材料能级配对是激子解离的重要因素之一。

(3) **载流子的传输与收集** 激子解离后的自由空穴和电子分别在给体相与受体相中进行传输，并最终被对应的电极收集。连续高效载流子传输网络能够有效减少传输过程中的载流子复合损失。此外，为了实现高效的载流子传输，活性层与界面层（电子传输层、空穴传输层）之间需要形成良好的欧姆接触。[8]

聚合物薄膜太阳能电池转换效率仅约为5%，而目前商业化的硅基太阳能电池的能量转换效率通常为15%~25%。聚合物薄膜太阳能电池的光电转换效率相对较低，这主要是由于聚合物材料的吸光系数较低，聚合物薄膜太阳能电池的光谱响应范围通常较窄，只能吸收可见光范围内的光子，而对于红外光和紫外光的吸收率较低。光电子传输效率不高、载流子迁移率低。

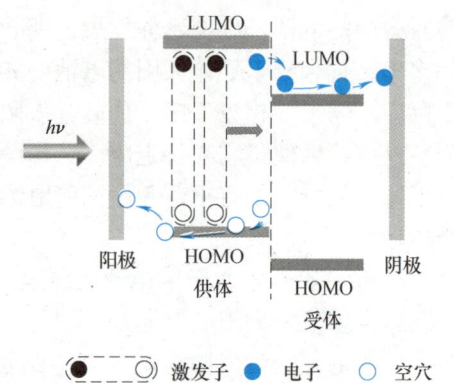

图 6-5 聚合物薄膜太阳能电池中光电转换示意图

聚合物给体材料主要包括聚噻吩类、喹啉及其衍生物类、苯并二噻吩类等。聚噻吩类中，均聚物聚（3-己基噻吩）[Poly (3-hexylthiophene)，P3HT]由于其简单的结构和便利的合成而被认为是工业化应用最有前景的给体材料之一，如图6-6所示。此外，由于P3HT的HOMO能级较低，当与小分子结合时能够产生较高的电压。然而，P3HT在可见光区域的吸收相对较低，这使得对受体材料的吸收要求相对较高。[9]喹啉及其衍生物类中的醌式结构具有较强的共轭性和较多易于修饰的结构位点，使其成为重要的宽带隙聚合物给体材料之一。聚合物PTQ10原料易得，反应简单，只需两步反应即可合成。因此，它是目前应用最广泛的低成本给体材料之一。与小分子受体IDIC共混时，可获得高达12.70%的光电转换效率。[10]苯并二噻吩（BDT）类具有二维的平面共轭结构和较强的给电子能力，利用苯并二噻吩（BDT）类作为聚合物给体单元开发出了许多高效的给体受体型聚合物，通过苯并二噻吩（BDT）与苯并二噻吩-二酮（BDD）共聚制备的明星给体材料PBDB-T，与富勒烯受体$PC_{61}BM$结合，其光电转换效率达到6.67%。有机太阳能电池受体材料多是由小分子构成的，例如，富勒烯及其衍生物因具有较高的电子迁移率常被广泛用作受体材料。

聚合物薄膜太阳能电池中界面层包括阴极界面层和阳极界面层。阴极界面层材料由不同的极性官能团如磺酸盐、胺、季铵、两性离子基和四苯基溴化铵等修饰，可以在界面上形成偶极层，使电极的功函数发生变化。其中，由于苝二亚胺和萘二亚胺具有良好的电子传递性

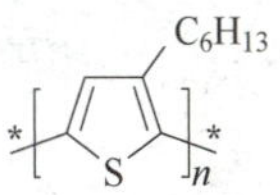

图 6-6 三种聚合物给体材料的结构式

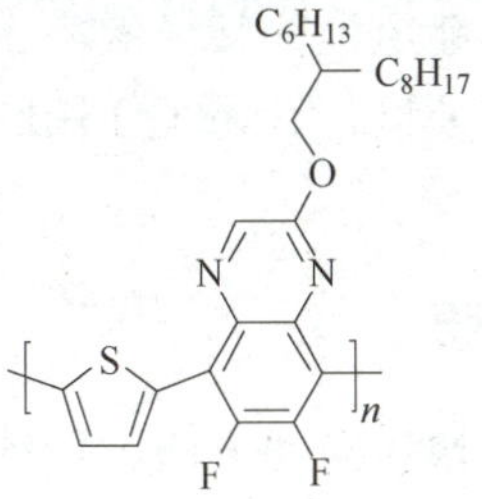

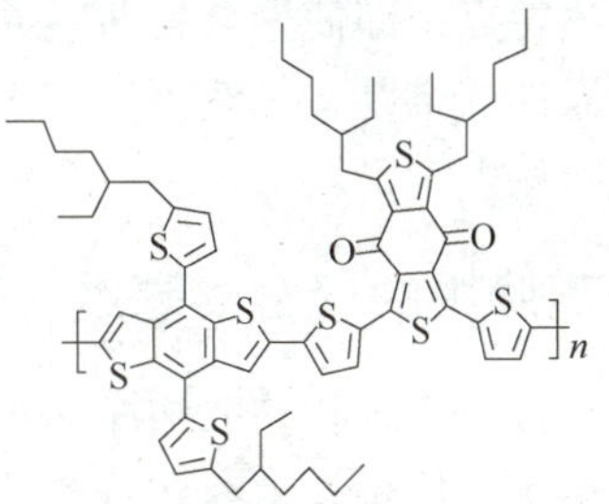

能，研究者发现一系列的小分子，如 PDIN、PDINO、PDINN，除了小分子外，聚电解质也是重要的阴极界面层材料。对于阳极界面层材料，聚（3，4-乙撑二氧噻吩）：聚苯乙烯磺酸（PEDOT：PSS）是一种导电性能极佳的导电聚合物，如图 6-7 所示，具有可导电、透光率高等优点，并且可以通过溶液法制备，具备良好的柔韧性。PEDOT：PSS 是目前聚合物薄膜太阳能电池中最常用的阳极界面层。

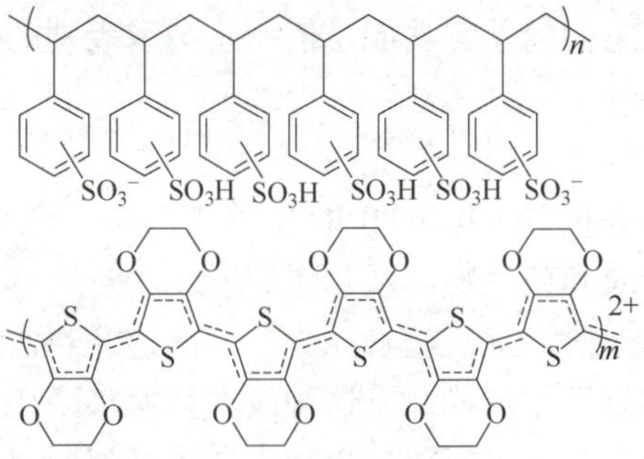

图 6-7 聚合物薄膜太阳能电池中阳极界面层 PEDOT：PSS 的化学结构示意图

3. 聚合物薄膜太阳能电池的特点

由于聚合物薄膜太阳能电池中以有机成分为主，因此具有如下特点。

（1）**轻量、薄形、外形可变** 聚合物薄膜太阳能电池具有轻薄的特点，可以制成多层结构的膜片状太阳能电池，有望实现大面积化。硅太阳能电池设备往往重量更重，难以轻薄化，需要安装重型设备在屋顶上；而聚合物薄膜太阳能电池仅需采用较薄的膜片，可以安装在外壁和窗户等建筑材料上，可以增加太阳能的接收面积，有望收集更多的太阳能。

（2）**不受资源制约，环境友好** 聚合物薄膜太阳能电池主要采用聚合物材料，不使用 As、In、Cd、Te 等稀缺资源，并且，聚合物在废弃后更容易进行处理，可以减少环境负担。

（3）**制作耗能低，便于量产** 太阳能电池用单晶硅一般需要采用拉拔法，首先将高纯度的硅砂加热至熔融状态，然后将晶种缓慢地从熔体中拉出，使得硅原子依次沉积在晶种表面，从而形成一个单晶硅棒。对比单晶硅制备困难，聚合物薄膜可以采用卷对卷（Roll to Roll）连续制程，使得聚合物薄膜太阳能电池生产过程变得高效率且低能耗，具有较短的能量回收周期。

（4）**产品设计自由度高，适应面广** 由于聚合物薄膜太阳能电池设计灵活，有望应用于车船外壳、建筑外墙、可携带电子设备、可穿戴器件等多种场景，满足多样性的需求。

基于上述特点，即使聚合物薄膜太阳能电池的转换效率小于硅基太阳能电池，如果能够解决使用可靠性的难题，仍然可以作为方便携带、易于使用的可充电电源，在能源领域占据一定的应用市场。

6.2.3 分离膜中的聚合物基纳米薄膜

人类一直致力于寻找获取洁净淡水的快速简便方法。传统的水处理技术包括物理、化学与生物处理法等。传统技术存在分离效率低、耗时长、能耗大和二次污染等问题。膜分离技术作为新兴手段，通过利用薄膜的选择性渗透作用，能够分离气体或液体混合物等不同介质。膜分离技术利用薄膜微孔结构进行机械筛分，在受到压力、浓度和电势差等因素驱动下，能够将不同粒径的物质进行有效分离、纯化、精制和浓缩。通过在压差的作用下利用薄膜对传质的选择性，实现多组分流体物质的分离、分类、提纯和富集。在纯水制备、食品消毒和水污染治理中，膜分离技术发挥着关键作用，降低了水处理成本，提高了水资源利用效率，缓解了水资源紧张。[11,12]

膜分离技术所使用的聚合物基纳米薄膜的种类繁多，主要包括纳滤膜、反渗透膜、气体分离膜、离子交换膜。每种分离膜都有其特定的孔径、选择性和应用领域。尽管这些分离膜的厚度可能在微米级别，但它们的关键功能是依赖于纳米级别的孔隙结构，因此在功能上可以被归类为纳米薄膜。

1. 反渗透（RO）膜

反渗透膜（Reverse Osmosis Membrane）的孔径非常小，通常在纳米级别以下，能够过滤掉水中的几乎所有溶解物质和微生物。反渗透膜利用半透膜的特性，允许水分子通过而阻止溶解在水中的大多数溶质通过，通过施加压力，反渗透膜将水从含有高浓度溶质的一侧转移到低浓度的一侧，从而实现了水的净化。这种技术在海水淡化、饮用水处理、工业废水处理等领域具有广泛的应用，为解决水资源短缺和水质污染问题提供了可靠的解决方案。

纳米反渗透膜的研发始于美国加州大学的埃里克团队，这种膜采用一种创新的高分子交叉连接矩阵网结合纳米粒子的制备方法。在制备过程中，纳米粒子通过自组装的方式分布在高分子膜上，从而形成一种特殊的复合纳米反渗透膜。这种膜不仅能允许较小的水分子通过，还能有效阻挡盐离子和其他大分子杂质。由于其纳米级的结构和出色的盐离子阻挡能力，纳米反渗透膜在海水淡化领域的应用前景广阔。

加州大学亨利·萨缪里工程和应用科学学院成功研发出一种新型的纳米复合材料反渗透膜。这种膜在海水淡化和废水回收领域具有广泛应用前景，并且有望显著降低相关成本。相较于传统的反渗透膜，新型膜允许水溶液中的水在较低压力下通过，有效节省能源。此外，由于其独特的性质，新型膜能够排斥杂质，防止杂质在膜表面附着，因此其堵塞速度远低于传统膜。总地来说，新型纳米复合材料反渗透膜不仅具备与传统膜相同的净水功能，而且更加节能和耐用，因而更加环保、高效。[14] 反渗透膜通常与滤膜联用。

2. 纳滤（NF）膜

纳滤膜（Nanofiltration Membrane）的孔径范围通常在 1~10nm 之间，是一种重要的聚合物基纳米尺度薄膜，可以有效地去除水中的溶解性有机物、重金属离子等微小分子，同时也能够去除部分大分子有机物。纳滤膜广泛应用于饮用水净化、废水处理、海水淡化等领域。

微滤膜（Microfiltration Membrane）的孔径范围通常在 0.1~10μm 之间，主要用于去除水中的悬浮物、胶体、细菌和部分大分子有机物，但无法去除溶解在水中的小分子物质。微滤膜常用于饮用水处理、食品加工中的液体清洁、药品制造中的微生物分离等领域。超滤膜（Ultrafiltration Membrane）的孔径通常在 10~100nm 之间，介于纳滤膜和微滤膜之间，能够有效地分离水中的大分子溶质、悬浮物和微生物，同时保留溶解在水中的小分子物质。超滤膜常用于废水处理、饮用水净化、生物工艺中的细胞分离等领域。

由于海水溶解大量硫酸钙，在海水淡化过程中常常面临着结垢问题，因此需要对原料海水进行适当的预处理。然而，传统的预处理方法在除垢方面并不令人满意，导致水的回收率通常只有 30%~40%。为了提高淡化水回收率、降低能耗和成本，开发新型海水预处理系统至关重要。海水净化方面，微滤（MF）、超滤（UF）和纳滤（NF）等新型预处理过程得到了广泛关注，与反渗透法相结合，可以形成集成膜系统。微滤和超滤技术采用连续微滤（CMF）或连续超滤（CUF）可以有效去除海水中的有机物、细菌和藻类等，减轻对反渗透膜的污染压力，但并不能去除成垢离子。

而纳滤膜通常具有荷电性质，能与水中的离子产生静电相互作用，因此对二价离子具有较高的截留率。纳滤膜技术在给水处理、化学化工、食品医药等工业过程中逐渐推广应用，其在海水淡化方面也有所应用。通过利用纳滤膜有选择性地去除海水中的二价离子，可以软化海水并作为反渗透法的进料，从而有效预防后续海水淡化过程中结垢的发生，显著提高反渗透法的水回收率。同时，纳滤膜还能截留小分子量的有机物，有助于预防反渗透膜的污染，因此利用纳滤法软化的海水淡化集成技术被认为是解决海水淡化成本问题的有效途径之一。

采用超滤-纳滤集成膜已被验证可以有效地对胶州湾海水进行淡化，为海水淡化提供技术基础。[15]

图 6-8 为基于过滤膜和反渗透膜的净化水处理系统。首先，废水进入传统的活性污泥处理系统，这一步主要去除废水中的大部分有机物质。其次，超滤膜可以进一步减少废水中的溶解固体，纳滤膜去除海水中的二价离子与小分子有机物，使反渗透系统在运行时受到的污染显著减少。反渗透系统用作产品水中污染物的最终屏障，进一步去除废水中的溶解物质和胶体物质。最后，经过反渗透系统处理的废水进行紫外线消毒（或可见光处理），可以产生可直接或间接饮用的水。

图 6-8 基于过滤膜和反渗透膜的净化水处理系统

中国沿海地区日益严重的水危机受到了人们的重视。城市自来水价格不断上涨，推动海水淡化水走向市场成为可能。尽管我国海水淡化在某些核心技术和关键设备上与世界先进水平仍存在差距，同时海水淡化产业在发展过程中也面临着诸多挑战，但是作为中国水资源的战略储备，我们对未来产业发展仍持有适度乐观的态度。经过多年的科技研发和攻关，我国已经在蒸馏法、反渗透法等主流海水淡化关键技术上取得了突破，先后完成了一批标志性示范工程。在天津等沿海城市，涌现出一批具有相当实力和竞争能力的国内海水淡化工程和设备制造企业。例如，天津市北疆发电厂利用蒸馏法技术生产淡化水；另一家企业天津大港新泉海水淡化有限公司则采用反渗透法淡化海水。尽管天津市海水淡化技术走在了全国前列，但生产出来的海水淡化水主要用于工业，仅有少量进入城市供水管网。海水淡化在国内大规模普及和产业化仍面临以下几个问题：一是技术问题，工业用水和饮用水的处理技术存在差异；二是进入供水管网的问题，海水淡化水价格普遍高于市政供水价格，需要政府补贴，但目前缺乏具体的补贴标准和监管机制；三是淡化海水进入城市供水管网的监管问题后，涉及公共饮水安全和公共安全隐患，但目前监管责任和机制尚未明确。只有解决技术、标准和监管等多方面的问题后，海水淡化水才能实现大规模普及和产业化。[16,17] 聚合物薄膜将在净化水产业中发挥不可或缺的作用。

6.3 聚合物基纳米复合薄膜

6.3.1 概述

1. 纳米复合材料

纳米复合材料是由两种或更多种不同的材料组成，其中至少一种材料的尺寸在纳米尺度（通常是 1~100nm）范围内。这些材料通常被称为纳米填料，而另一种材料则被称为基体材料。这些纳米填料可以是各种形式，如纳米颗粒、纳米管、纳米片等，纳米尺度的材料在很多方面表现出与宏观材料不同的特性，如量子尺寸效应、表面效应等，它们的加入可以赋予复合材料一系列独特的性能。

纳米复合材料的制备通常涉及将纳米填料与基体材料混合在一起，形成一种新的复合材料体系，其中，纳米填料和基体本身的性质与纳米填料和基体材料之间的相互作用，决定了纳米复合材料的整体性能。相较于复合材料基体，部分纳米复合材料具备优异的力学性能，纳米填料的加入可以显著提高复合材料的强度、硬度和韧性，使其在结构材料领域具有广泛应用。部分纳米复合材料具备优异的导电性和导热性，纳米填料的高表面积和较大比表面积可以使得导电性和导热性得到改善，适用于需要良好导电或导热性能的应用。总而言之，纳米复合材料具有多功能性，由于可以选择不同种类、形状和大小的纳米颗粒，并与不同的基体材料相结合，因此纳米复合材料具有多种功能，可用于满足不同应用的需求。

2. 聚合物基纳米复合薄膜分类

聚合物基纳米复合薄膜是由聚合物基质和纳米填料组成的复合材料薄膜，尽管薄膜的厚度可能超过 1μm，但纳米填料的加入使得复合材料局部呈现纳米尺度的结构或特性，因此称为纳米复合薄膜。聚合物基纳米复合薄膜的制备方法较为简单，一般通过溶液旋涂、喷涂、浸渍等方法将聚合物、溶剂、填料的混合物涂布到基材表面，最后通过干燥、固化等工艺制备成薄膜。

通过精细控制填料的尺寸、形态和分布，以及聚合物基质的选择和配比，可以实现对薄膜性能的定制化调控，以满足各种应用场景的需求。总地来说，聚合物基纳米复合薄膜具有制备简单、性能可调、应用广泛等优点。

聚合物基纳米复合薄膜的分类方式丰富多样，以下是其中的几种主要分类方法。

（1）按填料来源分类　聚合物基纳米复合薄膜可以分为天然纳米填料复合薄膜和合成纳米填料复合薄膜。

（2）按填料与聚合物基体间的相互作用分类　聚合物基纳米复合薄膜可以分为物理共混复合薄膜和化学键合复合薄膜。填料与聚合物基体之间可以仅仅通过物理相互作用结合，例如范德华力、氢键等；而填料与聚合物基体之间也可以通过化学反应形成化学键，实现更紧密的结合。不同的结合方式会显著影响复合界面的性质。

（3）按填料在聚合物基体中的分散状态分类　聚合物基纳米复合薄膜可以分为均匀分散复合薄膜和非均匀分散复合薄膜。非均匀分散可能是由于填料团聚、相分离、沉降作用，或者是由外场调控填料取向或分布导致的。

（4）按照填料维数分类　聚合物基纳米复合薄膜可以分为聚合物基零维纳米填料复合薄膜、聚合物基一维纳米填料复合薄膜、聚合物基二维纳米填料复合薄膜。

在接下来的三个小节中，将按照填料的维数进行分类，详细探讨三种不同维度的纳米填料与聚合物基质复合形成的聚合物基纳米复合薄膜的特点和应用。

6.3.2　零维纳米结构/聚合物基复合薄膜

1. 零维纳米填料

零维纳米材料，指的是在三个维度上均达到纳米尺度的材料，包括纳米颗粒和原子团簇等，因其独特的尺寸和量子效应，展现出与常规宏观材料截然不同的性质。这种独特性使得零维纳米材料在电子学、光学乃至生物学等多个领域展现出巨大的应用潜力。

常见的零维纳米填料有金属纳米颗粒、氧化物纳米颗粒以及量子点等。这些纳米填料因其独特的物理和化学特性，在复合材料的制备中发挥着重要作用。零维纳米填料的纳米级尺寸使其具备极高的表面积与体积比，这种特性使得纳米填料在复合材料中界面占比更大，填料与基体之间的界面相互作用可以有效地改变复合材料的整体性能。

2. 聚合物基零维纳米材料复合薄膜

（1）纳米陶瓷颗粒复合聚合物基介电材料　直流电缆在使用过程中，电荷会不断注入绝缘层，长期累积的电荷会导致局部电场畸变，从而加速绝缘层的老化和破坏。然而，一些纳米填料，如氧化铝（Al_2O_3）纳米颗粒，具有较低的能级，能够有效地捕获载流子，避免材料发生电击穿。[18]研究表明，向低密度聚乙烯薄膜中加入少量的氧化铝纳米粒子，可以显著增加材料内的载流子陷阱数量，进而提高材料的绝缘性能。研究表明，当对低密度聚乙烯薄膜施加外加电场时，由杂质电离导致电荷的积累量会随着加压时间的增加而变大，导致电极附近的电场畸变愈发明显，从而增加电击穿的风险。然而，在氧化铝纳米粒子复合低密度聚乙烯薄膜中，随着氧化铝纳米颗粒的引入，大量的陷阱被引入材料中，使得游离的电荷被陷阱吸附，从而减少了自由电荷的数量，电极附近的电场畸变得到了有效抑制。[19-21]因此，氧化铝纳米颗粒的添加能够减少低密度聚乙烯薄膜中的电荷积聚，有效减小材料中的电场畸变，从而增强材料的绝缘性能。纳米复合对于提高直流电缆的绝缘性能具有重要意义，有助于延长电缆的使用寿命和保障电力系统的稳定运行。

浙江大学团队[22]通过表面羟基化和原位聚合法成功制备了核壳结构的 $BaTiO_3$@PANI 纳米粒子，并成功将其与 P（VDF-HFP）基体制备成纳米复合薄膜。与单独的 $BaTiO_3$ 粒子相比，使用 BaTiO$_3$@PANI 制备的复合膜展现出了显著增强的介电性能。在填料体积分数为 20% 的条件下，该复合膜在 1Hz 时的相对介电常数高达 99.1，这一数值是相同含量 BaTiO$_3$ 复合膜相对介电常数（16.1）的 6.2 倍，更是原始 P（VDF-HFP）膜介电常数（10.3）的 9.6 倍。介电常数的显著提升主要归因于界面极化和 BaTiO$_3$@PANI 核壳纳米粒子所产生的微电容效应。这两种效应的共同作用极大地增强了复合材料的介电性能。值得注意的是，即使在 1Hz 的频率下，该纳米复合薄膜依然能维持 0.21 的低介电损耗。研究展示了 BaTiO$_3$@PANI 纳米粒子在介电复合材料中的巨大潜力，同时也为制备具有高介电常数和低介电损耗的先进电子器件提供了一条有效途径。

（2）复合薄膜储能材料　基于介电材料的静电电容器在现代电气和电子系统中扮演关键角色，得益于其超高功率密度和宽温度窗口。然而，这些电容器的性能受限于其较低的放电能量密度（U_d）。根据电滞回线（D-E Loop），复合电介质的放电能量密度为 $U_d = \int_{D_r}^{D_m} E dD$，对于线性电介质，储能密度为 $U_d = \frac{1}{2}\varepsilon E_b^2$，$\varepsilon$ 为介电常数，E_b 为击穿场强。提高材料的介电常数与提高材料的击穿场强都有利于提高材料的储能密度。随着电网调频、脉冲功率系统以及新能源发电等领域的快速发展，对具备高功率密度和耐受电压能力的聚合物薄膜电容器的需求日益增长。

聚合物电介质因其固有的高击穿场强 E_b、充放电效率（η）、低成本、优异的可加工性和良好的柔韧性而得到广泛研究。聚合物的击穿是一个复杂的机电耦合过程，涉及击穿路径的传播和载流子（多数情况下为电子）的传输。因此，需要综合考虑机械强化和电荷俘获两个方面，以阻止电介质击穿并减少能量损失，从而提高击穿场强和放电能量密度。

聚丙烯（PP）作为目前商用薄膜电容器的主要电介质材料，虽然拥有高电气强度、低介质损耗和良好力学性能等优点，但其低储能密度限制了电容器向大容量、小型化方向的发展。向聚合物中添加纳米填料是调控聚合物储能特性的有效方法，有望克服这一瓶颈。[23] 西安交通大学电力设备电气绝缘国家重点实验室[24]采用聚丙烯作为基体，锆钛酸钡纳米颗粒作为无机填料，同时引入马来酸酐接枝聚丙烯（PP-g-MAH）作为相容剂，对锆钛酸钡的改性流程如图 6-9 所示。首先将硅烷偶联剂 KH550 与羟基化的锆钛酸钡纳米粒子混合，使其与颗粒的表面—OH 发生键合反应，成功包覆在锆钛酸钡纳米颗粒表面，然后再将硅烷偶联剂 KH550 中的氨基和马来酸酐发生键合反应。马来酸酐接枝聚丙烯（PP-g-MAH）可以显著提高纳米颗粒与 PP 基体的相容性，通过共价键作用有效地避免规模化制备纳米复合介质过程中的纳米颗粒团聚现象。

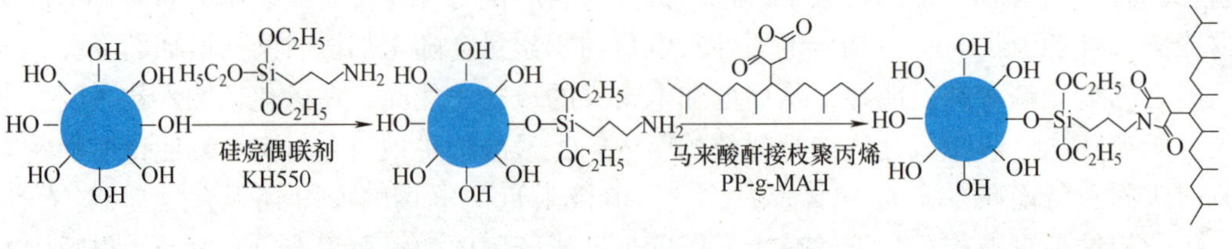

图 6-9　马来酸酐接枝聚丙烯与锆钛酸钡纳米颗粒键合示意图

添加锆钛酸钡纳米颗粒可以大幅提高聚丙烯的介电常数，并且介电损耗没有出现明显增加，仍然维持在较低水平，同时复合介质薄膜的电气强度可以维持在 350MV/m 以上的较高水平。对介电常数与电气强度的平衡调控，锆钛酸钡/聚丙烯复合介质因其高介电常数而展现出了卓越的储能特性。特别是当锆钛酸钡纳米颗粒的质量分数为5%时，复合介质实现了2.008J/cm³的最大储能密度，相较于纯聚丙烯（1.775J/cm³）提升了13.1%。

随着研究的不断深入，聚合物纳米复合材料在储能领域的应用日益受到关注。通过纳米颗粒的引入和纳米尺度复合技术的持续优化，研究者们正逐步实现了聚合物纳米复合材料储能密度的显著提升。这一领域的探索与创新，为未来的储能技术发展开辟了新的道路，并有望为电容器等电子器件带来更高效、更可靠的储能解决方案。

6.3.3 一维纳米结构/聚合物基复合薄膜

1. 一维纳米填料

一维纳米材料是指在三维空间中，有两个维度处于纳米尺度范围的材料，而第三个维度（如长度）可能相对较大。一维纳米材料常见的例子包括纳米线、纳米棒、纳米管和纳米纤维等。

碳纳米管（Carbon Nanotube）是一个典型的一维纳米材料。碳纳米管是由碳原子以六角形排列形成的管状结构。1991年，日本理化学研究所的研究者首次发现碳纳米管的存在。[25]这一发现开启了对碳纳米管以及一维纳米材料的研究，是纳米科学与纳米技术领域的重要里程碑之一。碳纳米管因其独特的结构和优异的性能，如良好的导电性、机械强度和热导性，因此在纳米技术中有着广泛的应用，例如纳米电子学、纳米传感器和纳米材料增强等领域，成为纳米科技领域的研究热点。[26]

2. 聚合物基一维纳米材料复合薄膜

（1）碳纳米管改性聚乙烯　碳纳米管具有优异的力学性能、导电性与导热性，有望通过复合使得聚合物材料满足应用中的力学、热学、电学等方面的需求。

聚合物材料高密度聚乙烯（High Density Polyethylene，HDPE）具有化学稳定性高、加工成型容易和价格低廉等优点，因此被广泛应用于管道、薄膜以及包装领域。然而，高密度聚乙烯存在一些缺陷，如拉伸强度低、耐热稳定性差和硬度小等，这些限制了其在某些领域的应用。

碳纳米管有望对高密度聚乙烯进行复合改性，但是碳纳米管分散性较差，与聚合物基体的相互作用弱。因此，研究者致力于将碳纳米管进行改性，将改性后的碳纳米管掺入高密度聚乙烯等聚合物基体形成复合材料。

华东交通大学研究者[27]对碳纳米管（CNT）进行乙烯基硅烷的接枝得到改性的VCNT（Vinyl Silane Grafted Carbon Nanotube），然后将VCNT与聚乳酸/高密度聚乙烯（PLA/HDPE）进行共混，如图6-10所示，所得的PLA/HDPE/VCNT共混纳米复合材料表现出较强的界面相互作用，如图6-11所示，在小含量范围内，拉伸强度随着VCNT含量的增加呈现明显的增加趋势。

共价化虽然能够有效改善碳纳米管的分散性，但也会破坏表面的sp^2杂化结构，降低碳纳米管的力学和电学性能。因此，根据对于复合材料的功能需求对碳纳米管进行共价修饰是必要的。

（2）碳纳米管复合滤膜　碳纳米管的独特结构使其成为用于分离膜和滤膜的材料，可以在水处理、气体分离、生物分离等领域发挥重要作用。其内孔独特，可以作为原子级光滑的纳米通道，流体流经碳纳米管内孔时的流动速率比相同条件下其他纳米通道要快3~4个

纳米功能薄膜

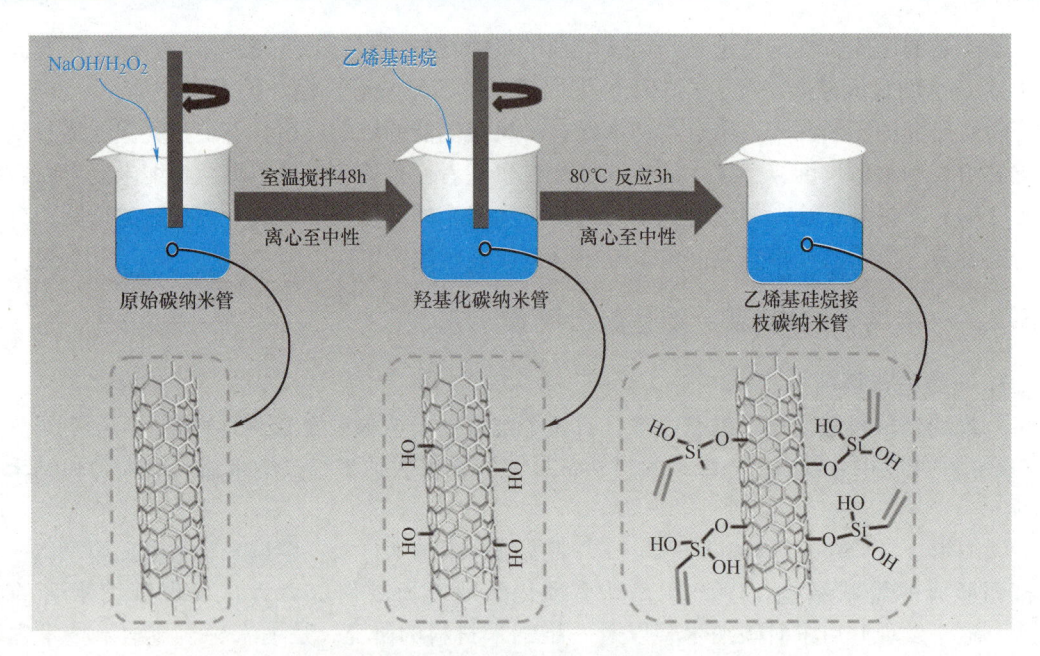

图 6-10 乙烯基硅烷的接枝改性碳纳米管过程示意图

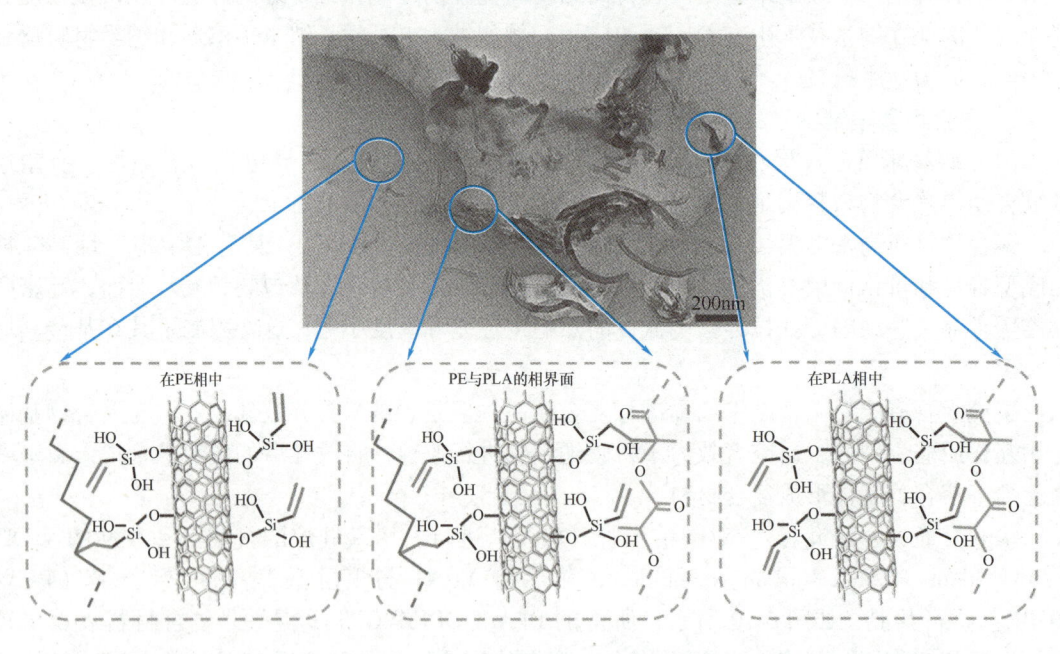

图 6-11 纳米复合材料中 VCNT、PLA 链和 HDPE 链间界面相互作用的示意图

数量级。这使得以碳纳米管内孔为传输通道的复合膜在膜分离领域具有良好的应用前景。传统的碳纳米管复合滤膜采用共混方法制备，碳纳米管之间互相缠绕堆积，随机取向，传统方法所形成的孔道主要是碳纳米管与聚合物之间的纳米孔道及聚合物自身的纳米孔道，而非碳纳米管内孔，导致无法充分利用碳纳米管的内孔高速输运特性。

南京大学团队发明了一种基于碳纳米管内孔性质的高通量滤膜，该滤膜由碳纳米管和聚合物组成，研究者利用碳纳米管（CNT）对电场响应取向的性质，通过外加垂直电场调控碳纳米管在膜基体中的方向性排列。制备操作上，取分散好的碳纳米管-聚合物溶液，将其置于浅口无底的玻璃圈中。然后，通过上下极板对该混合液施加垂直电场，并结合加热烘干处理，使得碳纳米管定向排列。形成了以聚合物为膜基体，碳纳米管在膜基体中定向排列的纳米复合膜。[28]

可以利用碳纳米管内孔作为流体输运通道，因此，这种滤膜与传统纳米滤膜相比，具有更快的流速、更高的通量、不易出现膜污染的情况，具有广阔的应用前景。

（3）陶瓷纳米纤维复合电卡材料 电卡效应是指在电场作用下，介电材料因极化状态改变而产生的可逆温变。

尽管聚合物铁电材料具备较高的介电强度，但其极化性能和介电常数普遍偏低。相对而言，陶瓷材料在铁电相变附近展现出超高的介电常数和极化能力，但其介电强度普遍较低，限制了其在电卡效应中的应用。因此，通过结合聚合物和陶瓷材料的优势，即利用聚合物的高介电强度与陶瓷材料的高极化性能，可以显著提升材料的电卡性能。P（VDF-TrFE-CFE）作为聚偏氟乙烯（PVDF）的一种三元共聚物，通过引入三氟乙烯（TrFE）和氯氟乙烯（CFE）单元，展现出显著的电卡效应，在电卡制冷领域具有潜在的应用前景。

研究者已对P（VDF-TrFE-CFE）的电卡性能进行了深入研究，并通过纳米复合等手段进一步提升了其性能。清华大学陶瓷国家重点实验室[29]通过将弛豫铁电材料锆钛酸钡[$Ba(Zr_{0.21}Ti_{0.79})O_3$，BZT]纳米纤维与P（VDF-TrFE-CFE）复合，提升了材料的介电性能，并且显著增强了其电卡效应。为了深入理解这一增强机制，研究者进行了相场模拟。复合了体积分数为10% BZT 纳米纤维的复合材料模型如图6-12所示，并引入了代表界面的第三相，以模拟界面极化对总极化的贡献。模拟结果显示，在存在界面相的情况下，复合材料的模拟电位移矢量值显著高于不存在界面相的情况。并且，考虑界面极化后，模拟结果与实验结果相一致，结果表明，界面效应在提供更大的介电响应和电卡效应中起着关键作用。由于纳米材料具有更大的表面积，因此形成的纳米复合材料具有更大的界面。有机-无机界面之间的麦克斯韦界面极化使得纳米复合材料的介电响应和电卡系数显著提高。

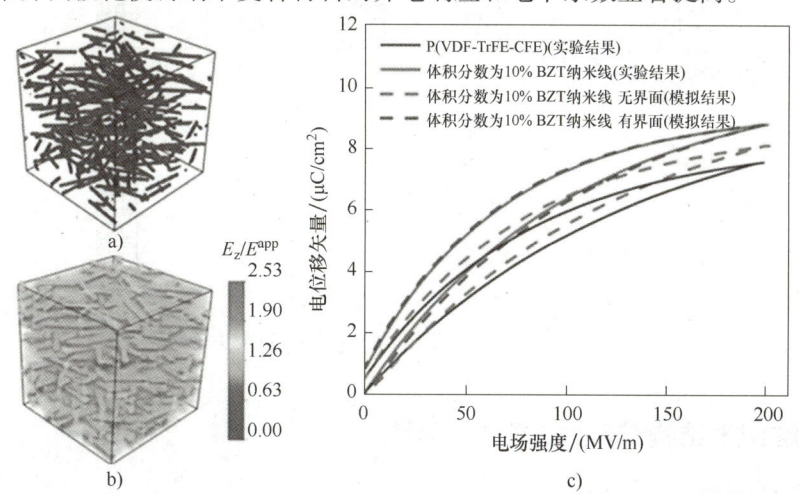

图 6-12 体积分数为 10% BZT 纳米复合材料模型及极化率的相场模拟结果
a) 计算机生成的三元共聚物基质中 BZT NFS 的分布 b) 纳米复合材料中模拟的三维相对电场分布
c) 纳米复合材料的单极 D-E 回路模拟结果与实验结果对比图

宾夕法尼亚州立大学团队[30]成功制备了以P（VDF-TrFE-CFE）为基体、纳米级钛酸锶钡（$Ba_{0.67}Sr_{0.33}TiO_3$，BST）为填料的复合材料，并深入研究了不同形态的纳米填料结构对材料性能的影响。BST纳米填料的引入显著改善了材料的极化性能及其随温度的变化关系。通过陶瓷填料与聚合物基体的复合，该材料在低电场和高电场下均展现出优越的电卡性能。其中，纳米填料的几何形态对材料的电卡性能具有显著影响。研究对比了球形、方形、棒状（长径比约为10）及纤维状（长径比约为80）的纳米填料。结果表明，相较于纳米颗粒，BST纳米纤维具有更大的晶格常数c值，从而导致更大的晶格体积和c/a比值，增强了极化位移。此外，纤维填料的复合材料展现出更高的弹性模量，相应提高了介电强度。由于纳米纤维具有更大的长径比，提供了更大的界面面积，因此在提高基体结晶度、降低晶粒尺寸方面表现出更佳的效果，进而实现了更出色的电卡性能。在电场强度为150MV/m的条件下，BST纳米纤维复合材料展现出了优异的电卡性能，电卡系数（ΔS）达到272.8kJ/m^3·K，电致温变（ΔT）为32℃，而电卡强度（Q）则高达84.2MJ/m^3。这一发现证明了一维纳米填料在提升材料性能中的重要性。以P（VDF-TrFE-CFE）为基体，体积分数为10% BST纳米粒子（NP）、纳米块（NC）、纳米棒（NR）与纳米纤维（NW），在100MV/m电场强度下的电卡强度（Q）、温度变化（ΔT）、电卡系数（ΔS）测试结果对比图，如图6-13所示。

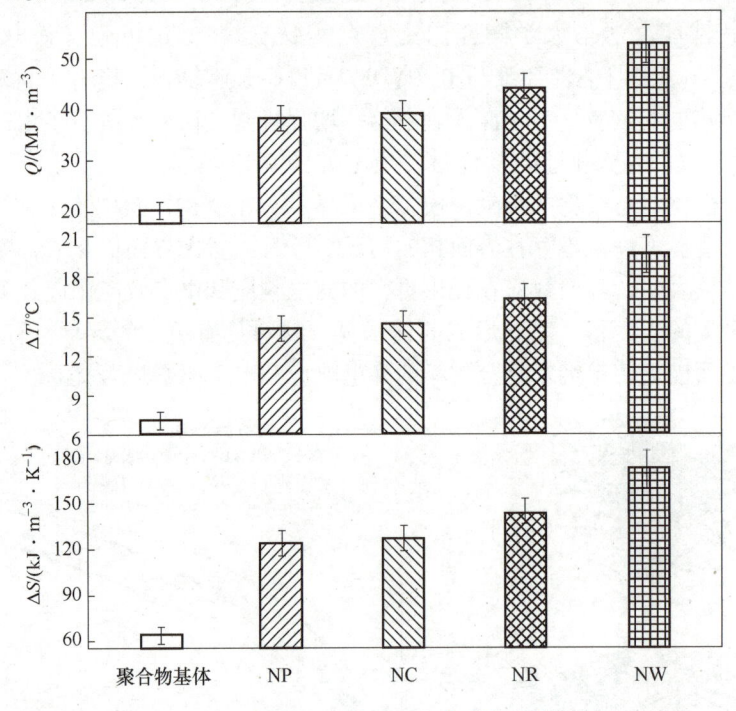

图6-13 不同维度纳米填料复合薄膜电卡性能对比

6.3.4 二维纳米结构/聚合物基复合薄膜

1. 二维纳米填料

二维纳米材料是指在两个空间方向上具有宏观尺度，但在第三个方向上具有纳米尺度的材料。它们通常以薄片或层状结构存在，具有大面积的表面积和独特的物理、化学和电学性质。最常见的二维纳米材料包括石墨烯、二维过渡金属硫化物、氧化物、硒化物等。

第一个被发现的二维材料是石墨烯（Graphene）。石墨烯是由碳原子以六角形排列形成的单层薄片，2004 年，英国曼彻斯特大学的安德烈·盖姆（Andre Geim）和康斯坦丁·诺沃肖洛夫（Konstantin Novoselov）首次成功剥离出石墨烯单层，并且探究了其独特的电场效应，获得了 2010 年诺贝尔物理学奖。[31]

石墨烯由于其单层结构具有优异的力学、电学、热学性质，如高强度、高柔韧性、高透光率、高导热率和高导电性，如图 6-14 所示。石墨烯具有许多独特的物理性质，如无质量狄拉克费米子、量子霍尔效应、极高的电子迁移率等。这些性质使得石墨烯成为研究相对论量子力学和凝聚态物理的理想平台，为物理学家们提供了新的研究方向和实验材料。[32]

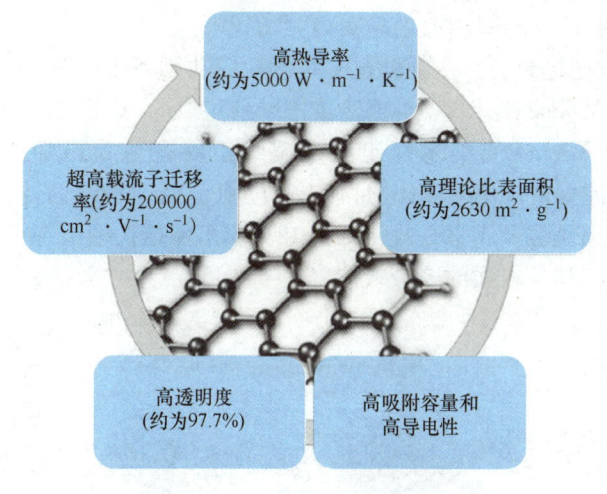

图 6-14　石墨烯结构示意图及特点

石墨烯的发现开启了二维材料研究的新时代。在石墨烯被发现之前，大多数物理学家认为，由于热力学涨落的影响，二维晶体在有限温度下是不可能稳定存在的。然而，石墨烯的成功获取和稳定存在，打破了这一理论限制，为二维材料的研究开辟了新的道路。目前已有多种二维材料，如过渡金属硫化合物（二硫化钼）、金属卤化物（碘化铅）、金属氢氧化物（氢氧化镍）和 MXene 材料等。六方氮化硼（h-BN）与石墨烯结构相似，由硼和氮原子组成，具有良好的绝缘性、高热导率和高热稳定性，可用于高温电子器件和复合材料等领域。

由于其纳米级别的尺寸，石墨烯等二维纳米材料的研究和应用对于深入理解纳米尺度下的物理和化学现象至关重要，为纳米材料、纳米器件和纳米技术的发展奠定了坚实基础。随着科技的不断进步，二维纳米材料在多个领域的应用潜力日益凸显，有望为人类社会的发展带来革命性的变革。

2. 聚合物基二维纳米材料复合薄膜

通过将二维纳米填料与聚合物材料复合，可以利用二维填料的优异性能来改善聚合物的性能。例如，石墨烯作为导电材料可以提高聚合物的电导率；二维纳米片填料（如硼氮化硅）可以增强聚合物的机械强度和硬度。二维填料具有多种特殊的物理和化学性质，与聚合物相结合可以赋予聚合物新的功能，例如，石墨烯的高表面积可以提高聚合物的吸附性能。通过合理设计复合材料的组成和结构，可以实现多功能性。二维填料通常具有较大的比表面积，可以在较小填料添加量的情况下对聚合物基体材料造成影响，从而降低材料的成本和对环境的影响。

二维填料与聚合物材料复合可以实现性能改善、功能增强、多功能性、应用拓展和环境友好等多重意义，对于材料科学和工程领域具有重要意义。

(1) 聚合物基 MXene 纳米片复合材料　MXene 是 2011 年发现的一种新型二维材料，由过渡金属碳化物、氮化物或碳氮化物组成，具有出色的导电性、力学性能和多功能化学特性，是一种独特的二维材料。[33] MXene 纳米片之间不需要任何其他的化学修饰就能够与氢键、离子键和共价键之间构建出界面相互作用，因此常被用作纳米复合材料的填料相。其表面富含羟基、氧和氟官能团，赋予其卓越的导电性和亲水性，易于加工与设计，可以用来组装制备成不同的薄膜材料和三维多孔材料，有望具有优越的电磁屏蔽性能，在能源、传感器、电磁屏蔽等领域有广泛的应用前景。

郑州大学团队[34]通过交替真空辅助过滤技术，成功制备了一种独特的交替多层纤维素纳米纤维（CNF）和 MXene 纳米复合薄膜，如图 6-15 所示。CNF 层在薄膜中起到了机械框架的作用，可以避免 MXene 层纳米片出现的裂纹扩展在薄膜之中，因此制备的 CNF@MXene 交替多层膜与纯 MXene 薄膜相比拥有更高的机械强度和柔韧性，并且多层薄膜中叠加的 MXene 纳米片显著增强了薄膜的电导率，在薄膜多层结构中出现了"反射-吸收-多重反射"的电磁屏蔽机制，具备较强的屏蔽效能。

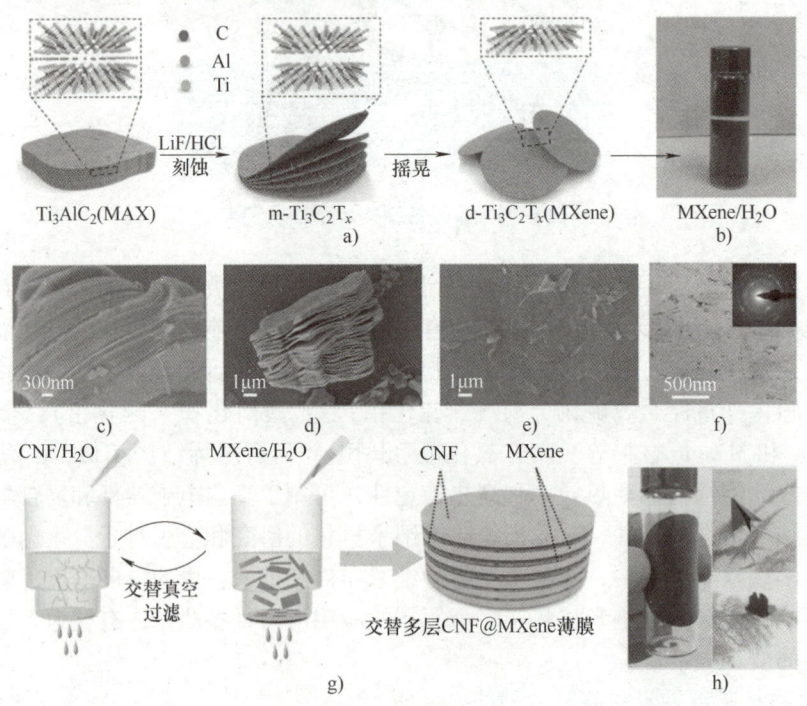

图 6-15　交替多层纤维素纳米纤维（CNF）和 MXene 纳米复合薄膜

(2) 聚合物基氮化硼纳米片复合材料　氮化硼（BN）材料根据不同的晶体结构，可分为一维、二维和零维氮化硼材料，如图 6-16 所示。其中，一维氮化硼材料主要包括氮化硼纳米管、氮化硼纳米纤维、氮化硼纳米线和氮化硼纳米棒。[35,36]

六方氮化硼（h-BN）是一种白色粉末状材料，也被称为"白石墨"。它的晶体结构与石墨非常相似,由氮和硼原子组成的六角网状层面互相重叠构成。这种结构与石墨的结构相似,使得六方氮化硼具有与石墨相近的晶体参数和物理化学性质。六方氮化硼是一种具有出色热传导性能的材料。其面内热导率极高,介于200~600W/(m·K)之间。在理论上,单层六方氮化硼的热导率甚至可以达到惊人的1700~2000W/(m·K)。在室温条件下,六方氮化硼的热导率也可达到300W/(m·K),这一数值已经与许多金属材料的导热性能相当。除了出色的导热性能,六方氮化硼还是一种优秀的电绝缘材料,因此将六方氮化硼用作聚合物电介质中的导热填料时,不会形成导电通路,可以保持材料的绝缘性。

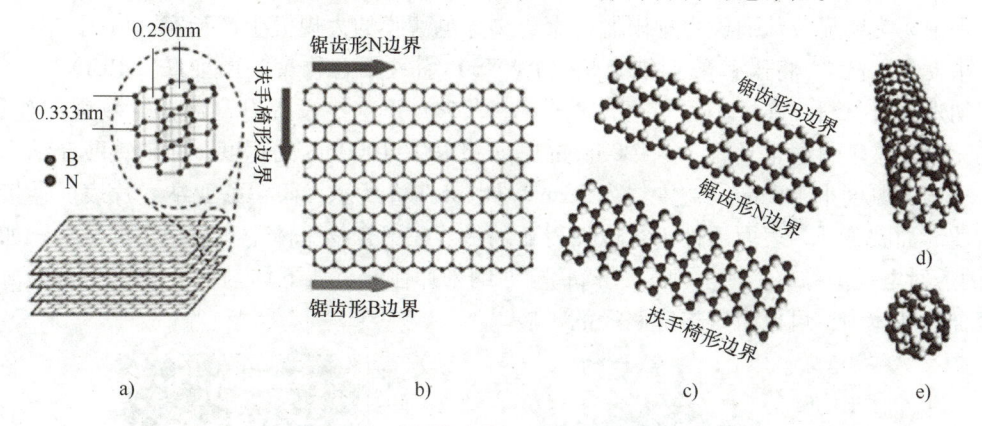

图 6-16 不同维度的六方氮化硼结构示意图
a) 多层氮化硼　b) 单层氮化硼　c) 氮化硼纳米带　d) 氮化硼纳米管　e) 氮化硼富勒烯

例如,聚酰亚胺(PI)具有低介电常数和损耗正切,同时有高热稳定性和储能模量。聚酰亚胺薄膜作为绝缘材料在电子工业中的应用非常广泛。然而,聚酰亚胺的导热性能相对较弱,其本征热导率仅为0.1~0.4W/(m·K),这限制了它在某些高导热需求的应用场景中的使用。为了弥补这一缺陷,研究者致力于制备出导热性能更佳的聚酰亚胺复合材料,填充导热填料是提高聚合物导热性能的有效途径。[37]

西北工业大学团队[38]采用简便的方法——结合球磨、高压压缩和低温烧结成功制备出了一种性能卓越的各向异性高导热聚酰亚胺/六方氮化硼复合材料。当六方氮化硼的质量分数达到30%时,聚酰亚胺复合材料的面内热导率显著提升,高达2.81W/(m·K);相比之下,面外热导率为0.73W/(m·K)。这一显著的热导率提升主要归因于六方氮化硼纳米片在平面内的有序排列,这种排列方式构建了高度连通的导热路径。与面外方向相比,面内方向的导热六方氮化硼网络更为密集、连续,因此更利于热量的传递。

(3) 聚合物基纳米片复合储能材料　二维纳米片的高纵横比和大比表面积使其在聚合物基体中具有出色的分散性和界面相互作用,这为改善复合材料的储能性能提供了基础。二维无机纳米片可有效地阻碍电介质击穿路径的传播。由于其超薄的片层结构,二维纳米片能够在聚合物基体中形成致密的网络结构,从而显著增加了击穿路径的曲折度和长度。这种增加的路径长度意味着电子在穿越电介质时需要经过更多的路程,从而减少了电子积累并降低了击穿的风险。

中国地质大学团队[39]采用水热法制备了二维氧化铝纳米片,将氧化铝纳米片与聚酰亚胺(PI)复合,不仅提高了聚酰亚胺基复合材料击穿强度的同时还提高了其可靠性和稳定性，进而提升了聚酰亚胺基复合材料的储能密度。在较高温度下，二维氧化铝纳米片复合聚酰亚胺材料依然具有稳定的介电性能，在150℃下，二维氧化铝纳米片复合聚酰亚胺材料的击穿场强为436MV/m，在纯聚酰亚胺的击穿场强314MV/m的基础上大幅度提升。二维氧化铝纳米片复合聚酰亚胺材料的最高储能密度相对聚酰亚胺基体提高225.6%。

尽管纳米片的加入可以显著提高聚合物薄膜的储能密度，然而，要达到显著的增强效果，通常需要添加体积分数高达10%的无机纳米填料。然而，这一高浓度的添加量往往导致纳米填料的显著聚集和填料与基体之间的界面缺陷增多。这些问题在工业化的卷对卷批量生产过程中尤为明显，从而极大地限制了聚合物介电薄膜的大规模生产和实际应用。

清华大学团队[40]将磷钨酸亚纳米片（PWNS）引入聚合物聚醚酰亚胺（PEI）中，以形成亚纳米复合材料，在极小含量（质量分数0.2%）下产生了提升高温击穿场强的作用。传统的无机二维填料通常具有10~100nm的厚度和100~1000nm的宽度，而磷钨酸亚纳米片更薄、更宽，厚度小于1nm，宽度约为3μm。如图6-17a所示，磷钨酸亚纳米片表面连接了表面活性剂油胺分子，表面活性剂可以使得亚纳米片在聚合物基体中实现稳定的分散。如图6-17b的透射电镜图像（TEM）所示，磷钨酸亚纳米片在低负载下均匀地分散在制备的薄膜中的聚合物基体中，可以阻碍击穿路径的扩展。

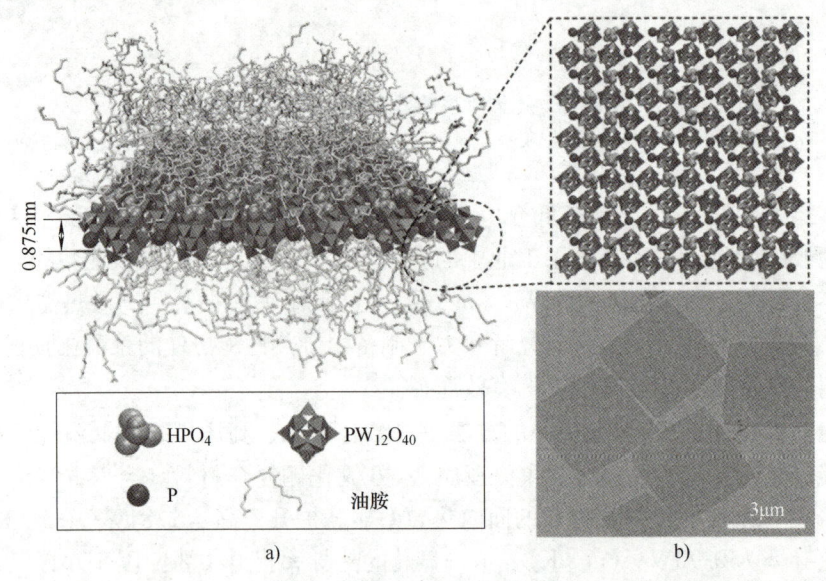

图 6-17 亚纳米复合材料
a）磷钨酸亚纳米片与油胺示意图　b）聚醚酰亚胺基磷钨酸亚纳米片复合薄膜的 TEM 图像

磷钨酸亚纳米片中的金属氧酸盐团簇形成的带正电荷的无机骨架可以吸引电荷，并且接枝的表面活性剂分子也有助于捕获电荷，更多的载流子被捕获可以有效地提升击穿场强与储能效率。此外，小含量范围磷钨酸亚纳米片对纳米复合材料具有机械强化作用，可以避免机械击穿。在200℃下，该纳米复合薄膜的储能密度可以达到 7.2J/cm^3，充放电效率达90%，充放电高达 $5×10^5$ 个循环保持稳定。

图 6-18 为工业上卷对卷溶液铸造生产线成功生产聚醚酰亚胺基磷钨酸亚纳米复合薄膜，说明纳米复合薄膜具备大规模应用的潜力，图 6-19 为长度为 100m 的聚醚酰亚胺基磷钨酸亚纳米复合薄膜。

图 6-18　卷对卷溶液铸造生产线成功生产聚醚酰亚胺基磷钨酸亚纳米复合薄膜

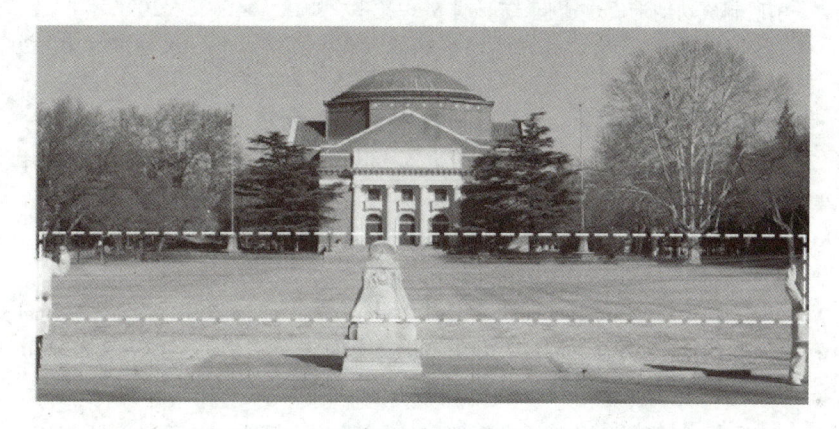

图 6-19　工业生产的聚醚酰亚胺基磷钨酸亚纳米复合薄膜

参 考 文 献

[1] 潘祖仁. 高分子化学 [M]. 5 版. 北京：化学工业出版社，2011.

[2] 华幼卿，金日光. 高分子物理 [M]. 5 版. 北京：化学工业出版社，2019.

[3] GUO M, GUO C, HAN J, et al. Toroidal polar topology in strained ferroelectric polymer [J]. Science, 2021, 371 (6533)：1050-1056.

[4] GUO M, XU E, HUANG H, et al. Electrically and mechanically driven rotation of polar spirals in a relaxor ferroelectric polymer [J]. Nature Communications, 2024, 15 (1)：348.

[5] ZHANG X, JIANG J, SHEN Z, et al. Polymer Nanocomposites with Ultrahigh Energy Density and High Discharge Efficiency by Modulating their Nanostructures in Three Dimensions [J]. Advanced Materials, 2018, 30 (16)：1707269.

[6] KUIK M, WETZELAER G A H, NICOLAI H T, et al. 25th Anniversary Article：Charge Transport and Recombination in Polymer Light-Emitting Diodes [J]. Advanced Materials, 2014, 26 (4)：512-531.

[7] 田民波，李正操. 薄膜技术与薄膜材料 [M]. 北京：清华大学出版社，2011.

[8] 冷石峰．柔性有机太阳能电池印刷制备研究［D/OL］．上海：上海交通大学，2022．［2024-2-29］．https：//kns. cnki. net/kcms2/article/abstract? v＝IILC1c-FiAF4oUjim6RdWPVMcafkRcFzL＿＿nk9MXFMsn-5j-wzwPZ2nsT3Huqo70n5TDzmyHb5Nl4VosJCsVm2＿CyitHfcCWi2dGI7TBgHMSQ411y3otSxg＝＝&uniplat form＝NZKPT&language＝gb.

[9] GUO X，CUI C，ZHANG M，et al. High efficiency polymer solar cells based on poly（3-hexylthiophene）/indene-C70 bisadduct with solvent additive［J］. Energy & Environmental Science，2012，5（7）：7943-7949.

[10] SUN C，PAN F，BIN H，et al. A low cost and high performance polymer donor material for polymer solar cells［J］. Nature Communications，2018，9（1）：743.

[11] 尚光旭，刘媛，柴蔚舒．水处理膜技术的发展现状及趋势［J］．中国环保产业，2016（12）：54-56.

[12] 黄英，王利．水处理中膜分离技术的应用［J］．工业水处理，2005，25（4）：8-11.

[13] 梅林强，杨龙允，孔伟进，等．纳米反渗透膜用于海水淡化的发展现状及前景［J］．南方农机，2017，48（16）：96.

[14] 曹淳佳．美国研制成功纳米反渗透膜［J］．水处理技术，2018，44（2）：108.

[15] 苏保卫，王玉红，李晓明，等．胶州湾海水纳滤软化的研究［J］．水处理技术，2007（2）：64-66，85.

[16] 阮国岭．海水淡化产业的中国特色［J］．高科技与产业化，2011（11）：40-43.

[17] 潘献辉，阮国岭，赵河立，等．天津反渗透海水淡化示范工程（1000m^3/d）［J］．中国给水排水，2009，25（2）：73-77.

[18] GENENKO Y A. Space-charge mechanism of aging in ferroelectrics：An analytically solvable two-dimensional model［J］. Physical Review B，2008，78（21）：214103.

[19] WANG W，LI S，LIN J，et al. Thermomechanical performances of polyethylene/alumina nanodielectrics by molecular motion in interface［C/OL］//IEEE International Conference on Dielectrics. 2016，1：116-119［2024-02-29］. https：//ieeexplore. ieee. org/abstract/document/7547557.

[20] HUANG X，LIU F，JIANG P. Effect of nanoparticle surface treatment on morphology，electrical and water treeing behavior of LLDPE composites［J］. IEEE Transactions on Dielectrics and Electrical Insulation，2010，17（6）：1697-1704.

[21] 王思蛟，查俊伟，王俊甫，等．纳米 Al$_2$O$_3$ 对低密度聚乙烯高压直流电缆绝缘材料性能影响研究［J］．中国电机工程学报，2016，36（24）：6613-6618，6913.

[22] ZHANG Q，JIANG Y，YU E，et al. Significantly enhanced dielectric properties of P（VDF-HFP）composite films filled with core-shell BaTiO$_3$@PANI nanoparticles［J］. Surface and Coatings Technology，2019，358：293-298.

[23] 程相英，尹训茜．聚合物基复合电介质材料的研究进展［J］．绝缘材料，2019，52（3）：7-11.

[24] 张子琦，刘宏博，马宇威，等．锆钛酸钡/聚丙烯纳米复合介质的电学性能及储能特性研究［J］．绝缘材料，2022，55（12）：61-68.

[25] IIJIMA S. Helical microtubules of graphitic carbon［J］. Nature，1991，354（6348）：56-58.

[26] JIANG K，LI Q，FAN S. Spinning continuous carbon nanotube yarns［J］. Nature，2002，419（6909）：801.

[27] WANG B，ZHENG Q，LI M，et al. Enhancing interfacial interactions of cocontinuous poly（lactic acid）/polyethylene blends using vinylsilane grafted carbon nanotubes as generic reactive compatibilizers［J］. Express Polymer Letters，2022，16（5）：524-539.

[28] 高冠道，任志远，潘丙丁，等．一种基于碳纳米管内孔性质的高通量复合滤膜及制备方法：CN201810343211. 3［P］. 2018-04-17.

[29] QIAN J, PENG R, SHEN Z, et al. Interfacial Coupling Boosts Giant Electrocaloric Effects in Relaxor Polymer Nanocomposites: In Situ Characterization and Phase-Field Simulation [J]. Advanced Materials, 2019, 31 (5): 1801949.

[30] ZHANG G, ZHANG X, YANG T, et al. Colossal Room-Temperature Electrocaloric Effect in Ferroelectric Polymer Nanocomposites Using Nanostructured Barium Strontium Titanates [J]. ACS Nano, 2015, 9 (7): 7164-7174.

[31] NOVOSELOV K S, GEIM A K, MOROZOV S V, et al. Electric Field Effect in Atomically Thin Carbon Films [J]. Science, 2004, 306 (5696): 666-669.

[32] LI X, YU J, WAGEH S, et al. Graphene in Photocatalysis: A Review [J]. Small, 2016, 12 (48): 6640-6696.

[33] AGHAMOHAMMADI H, AMOUSA N, ESLAMI-FARSANI R. Recent advances in developing the MXene/polymer nanocomposites with multiple properties: A review study [J]. Synthetic Metals, 2021, 273: 116695.

[34] ZHOU B, ZHANG Z, LI Y, et al. Flexible, Robust, and Multifunctional Electromagnetic Interference Shielding Film with Alternating Cellulose Nanofiber and MXene Layers [J]. ACS Applied Materials & Interfaces, 2020, 12 (4): 4895-4905.

[35] STAGI L, REN J, INNOCENZI P. From 2-D to 0-D Boron Nitride Materials, The Next Challenge [J]. Materials, 2019, 12 (23): 3905.

[36] VATANPOUR V, NAZIRI MEHRABANI S A, KESKIN B, et al. A Comprehensive Review on the Applications of Boron Nitride Nanomaterials in Membrane Fabrication and Modification [J]. Industrial & Engineering Chemistry Research, 2021, 60 (37): 13391-13424.

[37] GUO Y, XU G, YANG X, et al. Significantly enhanced and precisely modeled thermal conductivity in polyimide nanocomposites with chemically modified graphene via in situ polymerization and electrospinning-hot press technology [J]. Journal of Materials Chemistry C, 2018, 6 (12): 3004-3015.

[38] WANG H, DING D, LIU Q, et al. Highly anisotropic thermally conductive polyimide composites via the alignment of boron nitride platelets [J]. Composites Part B: Engineering, 2019, 158: 311-318.

[39] 艾玎. 聚酰亚胺基纳米复合材料的制备及高温电容储能性质的研究 [D/OL]. 北京: 中国地质大学, 2021. [2024-2-29] https: //kns.cnki.net/kcms2/article/abstract? v = N5T8oFSaxGH07dRCOMAN71AKzoi-XGXbcO3pFiglrh64jSrMTtKQ _ ROetRFiwHHga _ L485d7KAT4acVbSGjvrD-HvQgcnbnQMKo720FG9vEVhKQ5-OTYAN3z1ub5UoTlEe&uniplatform=NZKPT&language=gb.

[40] YANG M, LI H, WANG J, et al. Roll-to-roll fabricated polymer composites filled with subnanosheets exhibiting high energy density and cyclic stability at 200℃ [J]. Nature Energy, 2024, 9 (2): 143-153.

第 7 章

纳米薄膜的典型应用

当前，纳米材料特别是纳米薄膜材料因尺寸面积的急剧减小（尺寸通常在纳米级别，即 1~100nm）而具备与传统材料不同的物理、化学以及生物学特性，例如高比表面积、高强度、良好的热稳定性和生物相容性等，并且这些性能可以通过对纳米材料的大小和形状进行调整来进一步调控。因此，通过在纳米尺度上研究材料的上述特性，使得其能够应用于可再生能源、医学、生物学、成像、计算、印刷、催化、材料科学等诸多领域。由前述可知，具有纳米结构的纳米薄膜主要分为两类，一类是含有纳米颗粒与原子团簇的基质薄膜，另一类则是具有纳米尺寸厚度的薄膜。其中前者主要利用纳米粒子所具备的光、电、磁、力学等方面的特性，从而通过复合使基体材料具备不同的特殊功能，而后者则主要利用其显著的量子特性和统计特性，来应用于新型功能器件的组装方面。此外，通过将一种或几种材料交替沉积来形成结构成分交替变化的纳米多层薄膜，也往往具备优异的特性。本章将从纳米薄膜材料具备的几种典型功能特性出发，如电学特性、光学特性、磁阻效应等，阐述其应用机理并介绍相关领域材料的应用案例与研究进展，为纳米薄膜材料的器件设计与领域应用提供更多思路。

7.1 纳米薄膜铁电功能应用

铁电现象最早被发现在 1920 年，通过将罗息盐置于外电场中可以观察到其极化方向随之反转。通过与铁磁性进行类比，定义铁电性为材料在一定温度范围内具有自发极化，且自发极化方向可以因外电场方向反向而反向，临界温度定义为居里温度 T_c，且材料在 T_c 以上时为无自发极化的顺电相，T_c 以下时为具备自发极化的铁电相。材料在 T_c 附近具有临界特性，表现为介电、弹性、热学和光学等性质出现反常现象。此外，铁电材料的一个重要特征是具备铁电畴，且每个畴均具有自己的极化方向。畴结构的形成是为了使晶体的总自由能最小而使得偶极子在不同方向排列。通常采用 P-E 电滞回线来证明材料是否具备铁电性，如图 7-1 所示，其中 P_r 为残余极化，P_s 为饱和极化，E_c 为矫顽场，

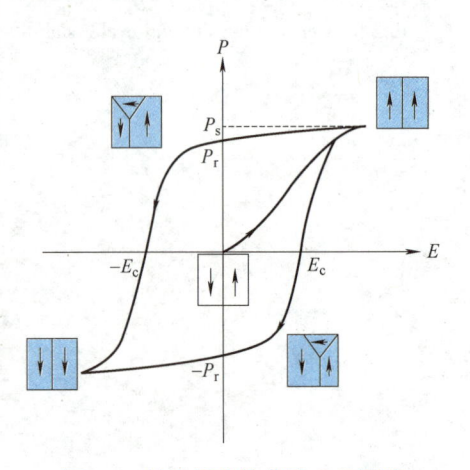

图 7-1 铁电晶体的典型 *P-E* 回线

材料在矫顽场处可以切换极化方向。

图 7-1 中相应极化对应的畴结构，随着电场强度的增大，极化方向不利的畴中其偶极子会开始向电场方向切换。

如图 7-2 所示，铁电体的范围更广，即铁电体同时包含热释电体、压电体和介电体，但后三者不一定为铁电体。因此铁电体所具备的热释电、压电和介电性能也同时赋予其相应领域的应用潜力。其中，热释电性是自发极化的一种温度依赖关系，随着温度的变化，铁电体表面会出现与自发极化方向变化相对应的电荷，从而将温度变化转化为电能或其他形式的能量。压电性是由于铁电体在受到外界机械应变作用时导致极化方向改变，从而在表面产生电荷和电压，将机械能转变为电能或其他形式的能量。对于介电材料，其内部通常存在三种极化类型，即电子云畸变产生的电子位移极化、离子运动产生的离子位移极化和偶极子重新定向产生的转向极化。由于铁电体中存在大量具备自发极化的偶极子，因此其存在大量的转向极化，从而导致电位移的显著变化。铁电体具备较高的介电常数，非常有利于能量的存储和利用。

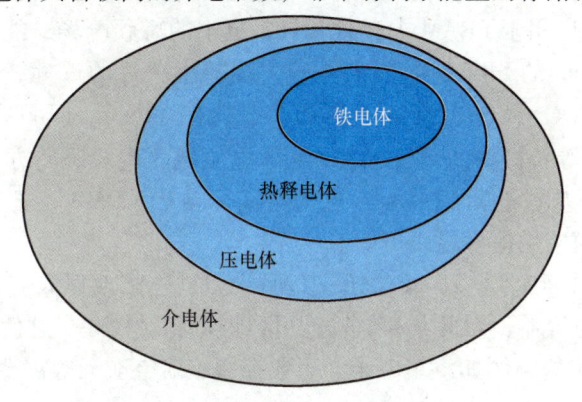

图 7-2 铁电性、热释电性、压电性和介电性之间的关系[1]

铁电薄膜是指具有铁电性且厚度尺寸为数纳米到数微米的薄膜材料。相较于铁电体材料，铁电薄膜不仅具备基本的铁电性、热释电性、压电性等，还具备极高的介电常数、高的电容率和极化强度、良好的稳定性和可调性，同时有机铁电薄膜更具有柔性好、韧性高、易加工等特点，因此在换能器、传感器、非易失性存储器等方面都具有较大的应用潜力，并且在不同应用领域中其发挥的相应性能各不相同。

7.1.1 铁电体功能应用

1. 铁电随机存取存储器（FRAM）

在智能系统如机器人、自动化、通信系统以及人工智能等应用领域中，存储器往往发挥举足轻重的作用。其中，铁电存储器是一种在断电时不会发生信息丢失的非易失存储器，具有高速度、高密度、低功耗和抗辐射等优点，其存储原理主要是基于铁电薄膜的剩余极化[2]——由于外加电场和极化强度之间存在非线性关系，当外加电场作用在由两个金属电极和铁电层夹在一起形成的类似电容结构的叠层存储器上时，在其极化方向相反的方向上施加适当的电场即可使自发极化发生反转，并且当外电场撤去后仍存在剩余极化电荷，即铁电存储单元不需要外加电场的维持仍能保持原有的极化信息。因此二进制数据"0"和"1"可以根据极化方向进行写入和存储。

铁电随机存取存储器（FRAM）是一种非易失性存储器，其非易失性主要是通过充当介电层的铁电薄膜发生的铁电极化来实现的，且铁电薄膜的正负剩余极化分别代表"0"和"1"态。FRAM 保存数据主要是通过对铁电晶体中心原子的位置进行记录——当在存储单元电容上施加一已知电场时，若铁电体原中心原子的位置与所施加电场方向一致，即自发极化方向与外加电场方向一致，剩余极化为负时，中心原子不会移动，存储单元处于"0"态；若外加电场与自发极化方向相反，剩余极化为正时，则中心原子将越过中间层的高能势垒到达另一位置，即在充电波形上生成尖峰，存储单元处于"1"态。[3] 图 7-3 为 1T FRAM 示意图，其中栅极材料为介电常数较高的铁电薄膜材料。由于铁电薄膜的铁电极化，其形成的表面电荷会导致场效应晶体管（FET）的 ON/OFF 阈值电压发生偏移，从而呈现一个记忆窗口。

早期 FRAM 的研究主要采用 PZT 铁电薄膜，目的为利用其相较于 BTO 和 PTO 更大的剩余极化。其中 Ramtron 公司在 1989 年便推出了 256bit 的非易失性 FRAM。但 PZT 薄膜存在严重的疲劳问题，即在 10^8 次极化反转后铁电性会明显减弱，因此具备更高使用周期的 $SrBi_2Ta_2O_9$（SBT）被应用于 FRAM 中，且其具备更小的矫顽电场，能够在较低的电压下进行工作，厚度小于 10nm 的 SBT 超微铁电电容大幅减小裸片的尺寸，工作电压仅为 1.1V，疲劳周期可达到 10^{11} 次。此外，具有更高剩余极化的 $BiFeO_3$（BFO）、$Bi_4Ti_3O_{12}$（BIT）、$Bi_{4-x}La_xTi_3O_{12}$（BLT）等新材料的研发，也成为铁电领域的重要研究方向[4]。通过掺杂等方式产生的铁电性 HfO_2 基铁电薄膜材料，也为与实际生产 COMS 工艺相匹配提供基础，为 FRAM 的改进与大规模应用提供更多可能。

FRAM 的优点包括高速读写、低功耗、高耐受力、防窜改以及抗辐射等。此外，由于 FRAM 的存储单元是电容器，因此其存储密度可以做得相对较高。这使得 FRAM 在某些特定应用领域具有独特的优势，例如汽车电子、工业控制、航空航天等需要高速、低功耗和非易失性存储的场合。

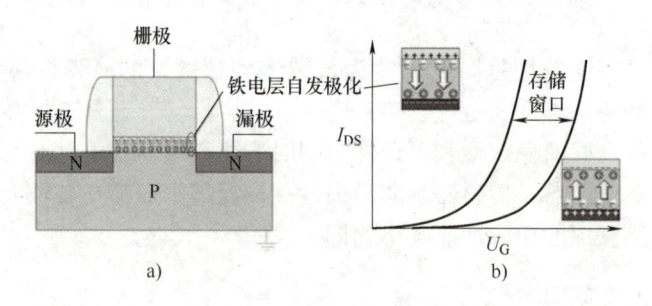

图 7-3　1T FRAM 示意图
a）基于铁电栅介质场效应晶体管的结构示意图　b）铁电极化引起的表面电荷改变了 FET 的阈值电压，导致"0"和"1"状态

2. 铁电隧道非易失性存储器

铁电隧道结（FTJ）的概念最早在 1971 年被 Esaki 提出，其主要由两个不同的金属电极和夹在其中间的一层铁电超薄膜组成，其中铁电超薄膜主要作为隧道的屏障。由量子力学可知，当势垒足够薄时，载流子即使能量低于势垒高度也可以隧穿势垒，且量子隧道效应取决于势垒高度，隧穿概率与势垒高度成正比。而对于铁电薄膜，其厚度、带隙和极化决定了 FTJ 中势垒的高度。在 FTJ 中，其对于数据的存储主要取决于电阻状态，且电阻变化也取决

于铁电极化。图 7-4 为两个不同金属电极（M_1 和 M_2）与铁电薄膜组成的简单模型示意图。由于铁电薄膜具有自发极化，因此其表面产生的极化电荷会排斥或吸引铁电层旁边的电子，同时这些界面电荷还会形成电场，在界面处产生额外的静电势，进而诱导势垒分布的不对称调制。当势垒高度较低时，施加外电压，更多的载流子可以通过，此时铁电隧道结的隧穿电阻较小，为"ON"状态。当铁电薄膜在外电场作用下发生极化反转时，势垒高度变高，通过的载流子减少，隧穿电阻变大，为"OFF"状态。因此，基于两种状态隧穿电阻的变化，可以用作二进制存储单元的"0"和"1"，对信息进行存储。

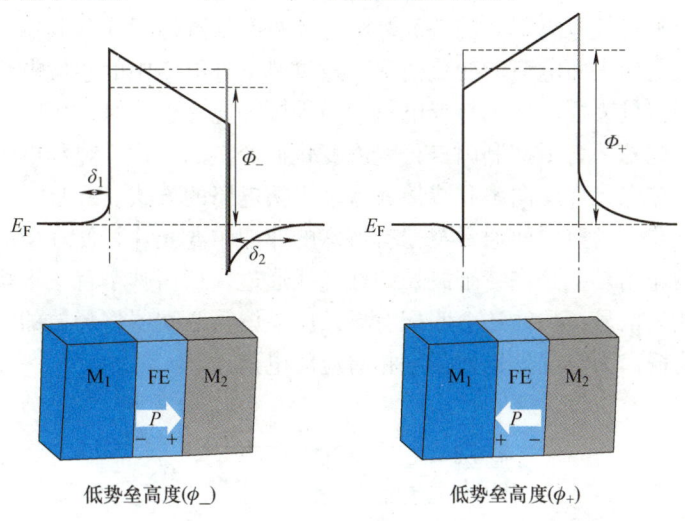

图 7-4 铁电隧道结的能带图

两个相反方向的极化产生两个平均势垒高度，从而产生两个电阻状态。当铁电体是非极化状态时，假设有一个矩形势垒，用虚线表示，如图 7-4 所示。

铁电隧道非易失性存储器是一种基于铁电隧道结量子隧穿效应而研发的存储器。它具有亚纳秒信息写入速度、超低功耗、高密度、长寿命、耐高温等优异特性，被认为是目前综合性能最好的非易失存储器之一。例如，Garcia 在室温下得到 BTO 薄膜的电阻效应随铁电膜的厚度呈指数级增长，在厚度为 3nm 时可以达到 75000%[5]。除了传统简单的金属-铁电-金属结构（MFM）外，通过将一个金属电极替代为半导体制备的金属-铁电-半导体异质结构（MFS），成为新的材料研究方向。在"ON"状态下铁电/半导体界面处铁电薄膜中产生的正束缚电荷在 N 型半导体表面堆积，类似于 MFM 铁电隧道结；而在"OFF"状态下铁电薄膜中的负束缚电荷必须在半导体表面的耗尽区被离子供体所屏蔽，同时电子也因为该区域的存在而必须克服铁电场效应引起的更高更宽的能量势垒，因此电阻变化更为明显[6]。此外，铁电隧道结非易失存储器还由于铁电隧穿层中畴的可连续翻转特性实现电阻的连续调节，即通过控制铁电畴的形核和生长来对电阻进行调节。这一忆阻特性可用于构建超快的人工突触器件即铁电隧道式忆阻器，从而用于开发超快人工神经网络存算一体系统。

7.1.2 热释电体功能应用

铁电薄膜的热释电特性可用于红外传感器的实际应用中。热释电特性是指材料的自发极化强度随着外界温度的变化而产生电荷移动，从而在温度变化时材料能够表现出电荷释放现象。铁电薄膜通常具备负热释电系数,即温度升高会导致自发极化减小,并且当温度达到居里温度以上时,自发极化会突然降到 0。因此,铁电薄膜在以红外辐射的形式受热时会产生表面电荷,从而通过电流计等可以对温度变化进行测量。热释电红外传感器就是基于该原理检测红外能量的变化,并将其转化成电信号,以电压或电流形式输出,通过功率放大器将信号放大,达到控制电路的目的[7]。但由于热释电传感元件在温度变化时只能产生极化变化引起的电荷,因此在稳定的温度下不会产生响应。

热释电传感器由热释电材料和金属电极组成,其中铁电材料应进行极化且使极化方向垂直于电极板,形成平行板电容器。图 7-5 为真实红外探测器的照片及其内部结构。图 7-6 为热辐射前后材料极化和表面电荷的变化情况。通过测量外电路中的感应电流,对极化的变化即温度的变化进行定量表征。如果热释电材料与周围环境完全绝缘,表面电荷最终会被电路中的电荷流中和。此外,为了抑制因自身温度变化而产生的干扰,热释电红外传感器通常采用两个特征一致的热电元件反向串联或接成差动平衡电路的方式。并且,为了仅对人体的红外辐射敏感,传感器的辐射照面通常覆盖有特殊的菲涅尔滤光片,使环境的干扰得到明显的控制。该滤光片的作用是只允许特定波长的红外线通过,从而减小背景干扰。同时,为了进一步收集电荷并放大信号,往往还会匹配有场效应晶体管匹配器将释放的电荷经放大器转换为电压输出,最终输出为与红外辐射强度相对应的电信号。

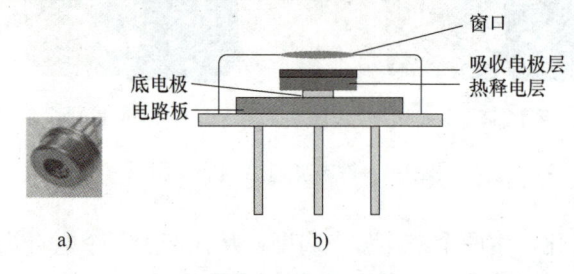

图 7-5 红外探测器

a) 实物照片 b) 内部结构图

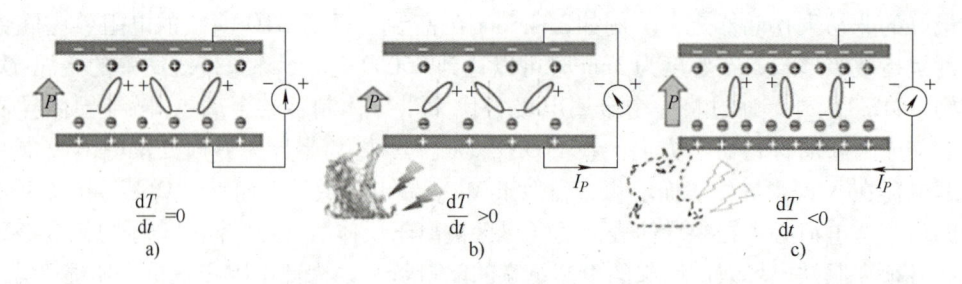

图 7-6 热释电红外传感器

a) 原理示意图 b) 热辐射开启时表面电荷的极化和变化减小 c) 热辐射关闭时表面电荷的极化和变化增大

当前,热释电红外传感器中使用的铁电薄膜主要有高热释电系数的锆钛酸铅系陶瓷、钽酸锂、硫酸三甘肽等材料,其中 PZT 的热释电系数可达到 330μC/(m² · K)。除单质材料外,PMN-PT 单晶也具有优异的热释电性能,热释电系数可达到 1530μC/(m² · K),使其成为高性能非制冷红外探测器和热成像的理想候选材料,其热释电系数比 PZT 陶瓷等经典铁电材料要大,并且 Mn 元素的掺杂会对性能进行进一步提升,即热释电系数随成分和晶体取向而变化。根据实际应用选择铁电薄膜的晶体取向来获得最大的热释电响应,成为研究领域的一大方向。

热释电红外传感器具有结构简单、坚固、技术性能稳定等优点,被广泛应用于防盗报警、红外遥控、光谱分析等领域。同时,由于其探测范围通常覆盖人体发射的红外线波长,因此被广泛应用于人体红外探测和安防领域[8]。此外,由于热释电红外传感器本身不发任何类型的辐射,因此不会干扰其他电子设备,也不会被其他电子设备所干扰。但是,热释电红外传感器也存在一些缺点,例如容易受到各种热源、光源的干扰,需要选择合适的滤光片和电路设计来减小干扰。该传感器具有广泛的应用前景和发展空间,随着科技的进步和应用需求的增加,其性能和应用领域将会得到不断提升和拓展。

7.1.3 压电体功能应用

1. 压电式超声波换能器

压电效应是指在机械应力作用下产生电荷或电压或在外加电场下产生应变,其中前者为正压电效应,后者为逆压电效应。逆压电效应的产生主要是由于铁电薄膜在电场作用下会导致极化反转和畴壁运动,因而会产生应变。在利用压电效应设置器件时,应当对压电材料的各类参数如压电常数、介电常数、机电耦合因子、机械质量因子以及材料的形状、尺寸、取向等综合考虑,来满足实际应用需求。

声波换能器是将电能转化为声能的装置,工作频率在超声波范围内的换能器称为超声波或超声波换能器。超声波换能器大多由压电材料制成有源元件,故称为压电式超声波换能器。图7-7a所示为超声波换能器的基本结构,其中有源元件主要应用到薄膜材料的压电特性。当对其两极施加交变电压时,压电振子会发生伸缩变形,从而驱动与其相连的介质(如水或空气)产生超声波,即压电式超声波换能器是利用逆压电效应,将电能转换为机械振动能,进而产生超声波的装置。当前常用的材料包括PZT陶瓷或弛豫铁电单晶以及其他压电材料,如PVDF、LiNbO$_3$和无铅压电材料等。例如,PVDF具有高度的柔韧性、低密度和低声阻抗(4 MRayl),有助于与水和生物组织等介质的阻抗匹配。用这种材料制成的换能器通常非常宽频。由PMN-PT和PZN-PT单晶制成的高频(30~60MHz)传感器具有40%~60%的双向带宽,插入损耗高达-8dB。单晶Pb(Yb$_{1/2}$Nb$_{1/2}$)O$_3$-PbTiO$_3$(PYbN-PT)可以达到居里温度和d_{33}分别高达360℃和2500pC/N[9]。同时,为了进一步增加器件的超声成像分辨率,科研人员旨在通过调控纳米薄膜的厚度,进一步将换能器的频率提高到100MHz以上,甚至达到GHz。这些非常高频($f>$100MHz)的换能器不仅具有潜在的应用前景,可作为临床工具,用于检查眼睛前段、皮肤和血管内成像,还可用于双分子成像和研究。图7-7b所示为一种基于压电微型超声换能器(PMUT)制得的手机指纹识别系统,该器件可以获得具有一定深度的指纹三维图像。

综上,压电式超声波换能器具有许多优点,如结构简单、转换效率高、频率稳定、可靠性高。这些优点使得压电式超声波换能器在超声波清洗、超声波焊接、超声波切割、超声波检测等领域得到广泛应用。例如,在超声波清洗中,压电式超声波换能器产生的超声波可以有效地去除物体表面的污垢和油脂;在超声波焊接中,超声波能量可以使两个接触面之间产生摩擦热,从而实现材料的焊接;在环保领域,超声波可以用于处理废水、降解有机污染物等;在军事领域,超声波可以用于探测和识别目标等;在医用领域,治疗性超声波还可以

纳米功能薄膜

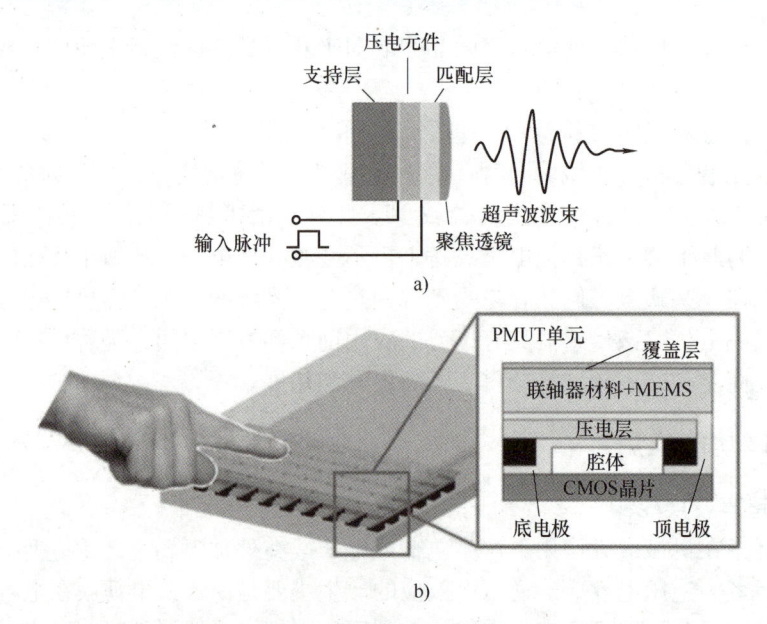

图 7-7 超声波换能器的结构

a）超声波换能器的基本结构 b）基于互补金属氧化物半导体微机电系统（CMOS-MEMS）技术的超声换能器指纹识别系统

产生足够的热量来燃烧癌细胞。

此外，在军事领域，被喻为"水下雷达"的声呐系统便是超声波换能器得以应用的实例。声呐装置一般由基阵、电子机柜和辅助设备三部分组成。基阵由水声换能器以一定几何图形排列组合而成，其外形通常为球形、柱形、平板形或线列形，有接收基阵、发射基阵或收发合一基阵之分。电子机柜一般有发射、接收、显示和控制等分系统。辅助设备包括电源设备、连接电缆、水下接线箱和增音机，与声呐基阵的传动控制相配套的升降、回转、俯仰、收放、拖曳、吊放、投放等装置，以及声呐导流罩等。其中换能器是声呐中的重要器件，它是声能与其他形式的能，如机械能、电能、磁能等相互转换的装置，其工作原理便是利用某些材料在电场的作用下发生伸缩的压电效应。中国自主研制的可用于布设海底声呐阵的光纤声呐如图7-8所示。

图 7-8 军海运用声呐工作的原理示意图与中国自主研制的可用于布设海底声呐阵的光纤声呐

2. 超声电机

超声电机是一种利用压电陶瓷的逆压电效应和超声振动来产生运动和力矩的新型电机，是由在超声电机介质内部传播的行波驱动的。行波是一种机械波，由振动的物体产生，随后在介质中传播，在介质中传播涉及粒子相互作用，导致相邻粒子按顺序发生位移。与传统的电磁电机不同，超声电机不需要利用电磁的交叉力来获得其运动和力矩，而是将材料的微观变形通过机械共振放大和摩擦耦合转换成转子的宏观运动。超声电机的能量转换分为两个阶段。第一阶段是利用压电材料的压电转换将电能转化为机械能，其中横向振动模态引起弯曲波。在能量转换的第二阶段，定子的高频振荡通过转子和定子表面之间的摩擦耦合驱动转子运动[10]。定子和转子之间的运动示意图如图 7-9 所示。

  超声电机的基本结构通常由压电陶瓷振子、摩擦驱动机构和转子组成。压电陶瓷振子作为电机的核心部件，在施加交变电压时，能够产生高频振动。这种振动通过摩擦驱动机构传递给转子，进而驱动转子进行旋转或直线运动。作为超声电机的核心，压电材料往往需要满足具备高的机械品质因数、低的介电损耗、高的功率密度和机械强度、尽可能高的机电耦合系数和高的压电系数，来实现低电压驱动下较大的转矩输出、较高的居里温度来扩大工作温度区间等。目前，硬性 PZT 系压电陶瓷和 PCM 系压电陶瓷已成为美国和日本企业采用的主要压电材料[11]。此外，为进一步满足超声电机所要求的性能，各类改进陶瓷薄膜也在不断研究制备过程中。Chen 等在 PMMN-PZT 陶瓷体系基础上掺入 CeO_2，其压电系数 d_{33} 可达到 307pC/N，机电耦合系数为 0.55，机械品质因数为 2379，极大满足于超声电机的应用[12]。同时为满足超声电机低温环境的服役要求，PMN-PT 和 PZN-PT 等弛豫铁电单晶被使用于超声电机的应用中，其能够工作在 -200℃ 环境中，工作频率仍能保持与常态环境下一致[13]。通过将铁电薄膜直接在给定的金属基体上沉积，制备得到的超声电机定子直径可达到 214mm，长 10mm，最大转速 650r/min，最大输出力矩 0.22mN·m，输入电压 100V，驱动频率 85kHz[14]。更多根据超声电机实际应用需求来制备的压电材料正在应用于其生产，不断满足更轻、更精、更可靠的驱动要求。

  超声电机具有许多独特的优点，使得它在一些特定场合具有广泛的应用前景。首先，超声电机的结构紧凑、体积小、重量轻，非常适合用于微型化和轻量化的设备中。其次，超声电机的响应速度快，能够实现快速起动和停止，以及精确的位置和速度控制。此外，超声电机还具有无电磁干扰、低噪声、低功耗等优点，使得它在医疗器械、航空航天、精密仪器等领域得到广泛应用。例如，在医疗器械中，超声电机可以用于精确控制手术器械的运动；在航空航天领域，超声电机可以用于实现微小卫星的姿态控制和稳定；在精密仪器中，超声电机可以用于实现高精度的定位和测量。

3. 声表面波器件

  声表面波器件（SAW）是一种广泛应用于移动电话、光通信系统等通信系统中作为频率滤波器或谐振器的电子元件。它具有体积小、稳定性好、频率特性好等优点，是现代通信系统中的关键器件之一。图 7-10 所示为声表面波器件的基本构造图[15]。其基本结构通常包括压电薄膜、叉指换能器（IDT）和反射栅等部分。IDT 是由一系列交替的金属指条组成的

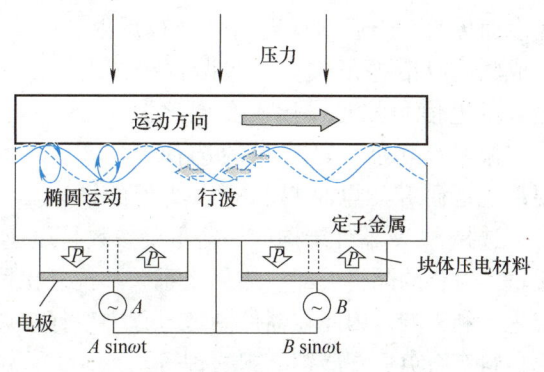

图 7-9　定子与转子之间的运动示意图

电极结构，用于将电信号转换为表面声波或将表面声波转换为电信号。反射栅则是由一系列周期性排列的反射条组成的结构，用于反射表面声波，实现声波在器件中的传播和控制。声表面波器件的工作原理主要利用压电薄膜的逆压电效应和声表面波传播的物理特性——当在叉指换能器上施加交变电压时，压电基片会产生与外加信号频率相同的机械振动波，即表面声波。表面声波在压电基片表面传播，当遇到反射栅时会被反射，形成驻波或谐振模式。这些谐振模式与输入的电信号相互作用，实现滤波、延迟、振荡等功能。在材料的选择上，需要系统地研究压电材料和衬底所需的性能。选择 SAW 器件结构的一些重要参数是声速、机电耦合系数、膜形态，以及结构和界面质量。材料的晶格失配、热膨胀系数和抗氧化性将直接影响薄膜的结构，最终对器件的性能产生不利影响。因此在器件制造过程中，仔细调查和材料选择是必不可少的。常用的压电薄膜材料有石英、铌酸锂、钽酸锂等。

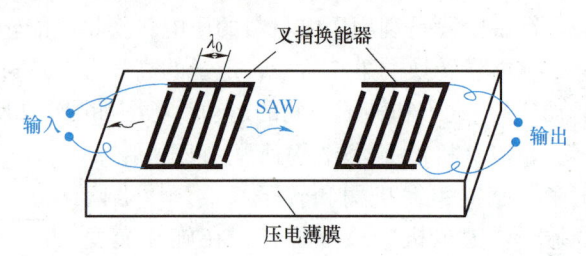

图 7-10 声表面波器件的基本构造图

LiNbO$_3$ 作为铁电晶体，在低于居里温度 T_c（1210℃）时具备自发极化，其中 Li$^+$ 和 Nb^{2+} 的位移是导致自发极化的原因。对 LiNbO$_3$/Diamond 结构进行计算得到其可同时获得 12600m/s 的高声速、16% 的高机械耦合系数和 25×10^{-6}/℃ 的较小温度系数[15]。基于 IDT/AlN/Diamond/Si 结构制备的 SAW 器件中心频率在 5GHz 左右，机电耦合系数为 1.36%，声速可达到 9.4km/s[16]。此外，选择薄膜和衬底组合可以控制耦合效率，实现低传播损耗，调节延迟温度系数，增加基频和减少杂散信号。通过将 LiNbO$_3$ 沉积在衬底上，并与 AlN 或 ZnO 压电层相结合，可以进一步提高 SAW 器件的性能。

声表面波器件具有许多优点，如体积小、重量轻、功耗低、稳定性好、可靠性高等，并且声表面波的传播速度比电磁波的速度约小 10 万倍，这使得它们在某些应用中具有优势。例如，在移动通信中，表面声学波滤波器被用于实现频率选择和信道分离；在生物医学中，表面声学波传感器被用于实现生物分子的检测和识别。

7.2 纳米薄膜光电功能应用

纳米薄膜的光电性能是指其同时具有光学和电子学的特性，能够实现光与电之间的转换[17]。当材料受到具有一定能量的光子轰击时，材料中的电子会吸收光子能量而发生相应的电效应（如电阻率变化、发射电子或产生电动势）等。光电效应分为内、外光电效应。内光电效应是指物体吸收光能之后产生新的载流子，即满带中有空穴出现，导带中有电子出现，这将增大电导率；在界面势垒电场存在时，可以实现光生电子-空穴对的有效分离。这对于高效太阳能电池和光催化器件的设计及光电导都是基本的原理。纳米薄膜由于尺寸的减小，具有较大的比表面积，并且其光学和电子学性质会发生显著变化，如量子尺寸效应、表面效应和宏观量子隧道效应等。这些效应使得纳米薄膜在光电转换过程中具有更高的效率和更广泛的应用范围。同时，纳米薄膜的光电性能可以通过对其形貌、结构和组成进行调控来优化。例如，通过控制纳米薄膜的厚度、表面粗糙度和折射率等光学性质，可以实现对光的透射、反射和散射等行为的调控。同时，通过调控纳米薄膜的组成和结构，如引入杂质、形成合金或复合结构等，可以进一步调控其光电性能。因此，纳米薄膜在光电领域具有广泛的应用前景，其光电性能也成为研究的热点之一。

7.2.1 光电储能应用

1. 无机太阳能电池

自1839年贝克勒尔发现光伏效应即入射太阳光能在电解液中的电极上产生光电压，实现太阳能和光能之间的转化以来，太阳能电池成为储能领域的一大研究内容。截至目前，根据材料和技术的不同，太阳能电池可以分为三代，图7-11所示为根据块体和薄膜吸收材料对太阳能电池的分类。其中，以薄膜吸收材料为基础的太阳能电池技术属于第二代太阳能电池。吸收材料主要是化合物半导体，除α-Si外，以CdTe和CIGS为主。第二代太阳能电池中吸收剂的主要选择标准是原材料成本低，与体硅相比用量少，带隙接近最优的1.4eV，基本吸收边附近的吸收系数高。

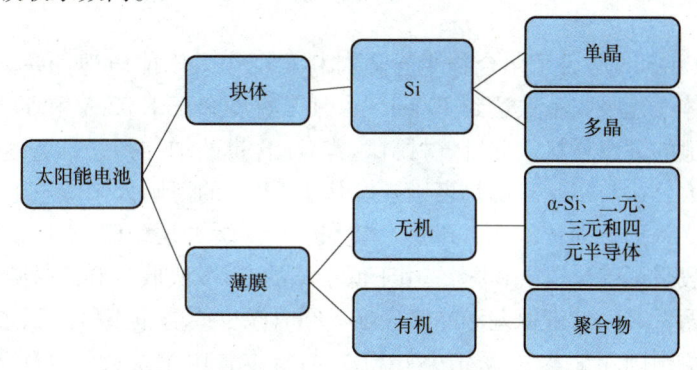

图7-11 太阳能电池的分类

太阳能电池光生伏特效应的原理如图7-12所示。当入射光子能量大于非均质半导体（PN结等）带隙的能量时，将发生内光电效应，大量电子-空穴对在PN结两侧形成，从而产生光生载流子。同时，由于PN结内存在较强的内建电场，由N区指向P区，由此导致P区电子向N区运动的同时，N区空穴向P区运动，最终P区电势不断升高，N区电势不断降低，PN结两侧电荷不断积累产生光生电场，并且一部分与相反的内建电场抵消，另一部分则形成光生电动势产生光生伏特效应。

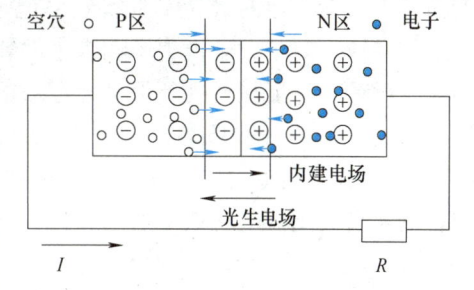

图7-12 太阳能电池光生伏特效应原理图

纳米薄膜材料发挥光电效应作用通常是作为太阳能电池的吸收层。例如，非晶硅薄膜太阳能电池在1976年便被美国RCA实验室成功研发，共有PIN结构和NIP结构两种，其中P型非晶硅均分布在靠近受光面一侧，仅仅是因衬底材料的不同而使得沉积顺序不同。PIN结构（见图7-13）的太阳能电池效率可达2.4%，并且非晶硅的吸收系数可以比单晶硅高出一个数量级，禁带宽度（1.5~2.0eV）也要大于晶体硅。当前该类太阳能电池主要用于计算器等便携式电子设备的应用中。但非晶硅薄膜电池存在光致衰减效应，即氢化非晶硅层会存在光诱导降解现象，因此器件容易出现寿命缩短的问题。为避免该类问题，更多的薄膜材料被应用于吸收层的应用中。

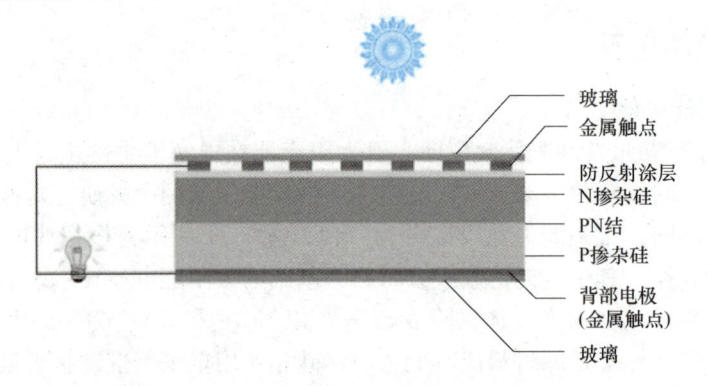

图 7-13　PIN 结构非晶硅太阳能电池示意图

铜铟镓硒（CIGS）是四元化合物半导体材料。用作太阳能电池的一般为黄铜矿结构，为直接带隙半导体，光吸收系数达到 $10^5 cm^{-1}$，禁带宽度介于 1.02eV 和 1.68eV 之间，是制备薄膜太阳能电池的理想材料，并且该材料随着 Ga 含量的增加，禁带宽度也不断增大。当前世界各地的几大公司与实验室都热衷于开发基于 CIGS 的薄膜太阳能电池，其示意图如图 7-14 所示，沿着光入射方向依次为：ZnO 窗口层、CdS 缓冲层、CIGS 吸收层、钼背电极和衬底。缓冲层一般采用硫化镉（CdS），用于低带隙的 CIGS 吸收层和高带隙的 ZnO 层之间形成过渡，以减少两者之间的带隙差和晶格失配，同时减少或防止溅射沉积 ZnO 时对 CIGS 表面结构的破坏。美国国家能源实验室（NREL）与日本青山学院大学合作研制的无镉 CIGS 电池效率达到 18.6%。日本的 Showa Shell 采用 Zn(O，S，OH)作为缓冲层，3456cm² 的组件效率达到 13.4%[19]。太阳能和氢研究中心（ZSW）公司在玻璃基板上制造的基于 CIGS 的薄膜太阳能电池的最高实验室效率记录约为 20.8%，有效面积为 0.5cm²。但由于铟和镓越来越稀缺，对于大规模生产和未来部署的 CIGS 来说非常昂贵。当前人们正在寻找可替代的吸收材料，保证材料既环保又无毒。铜锌锡硫（CZTS）薄膜太阳能电池与 CIGS 太阳能电池一致，分为 ZnO/CdS 缓冲层/CZTS 吸收层/钼电极/衬底。到目前为止，在玻璃衬底上的 CZTS 薄膜太阳能电池的最高实验室效率为 10.1%[21]。普渡大学的小组采用 CZTS 颗粒沉积制备的薄膜太阳能电池效率达 7.2%。

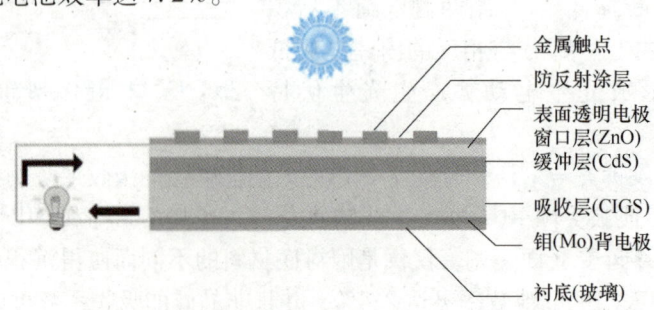

图 7-14　CIGS 基太阳能电池示意图

2. 有机太阳能电池

相较于无机太阳能电池，有机太阳能电池（OSC）具备材料合成多样性、制备流程简单及易于实现柔性大面积器件等优点，并且目前其光电转化效率已从最初的1%提升到18%，接近市场化要求，更高性能、高稳定性且低成本的有机太阳能电池已成为未来的发展目标。

有机太阳能电池主要由三种功能层构成，首先是吸收光子并将其转化为载流子的活性层，这也是有机太阳能电池工作的核心部分；其次是分布在活性层两端用于提取并传输载流子的传输层，或者也称为缓冲层，主要是起到传输电子或者空穴的作用；最后是电极，用于收集载流子并导向电路。这三种功能层合在一起组成完整的有机太阳能电池器件，发挥将太阳光转换为电能的功效。图 7-15 为有机太阳能电池运作的基本过程。在该体系中，由给体和受体组成的异质结活性层吸收光子而产生激发子，激发子在外场作用下分离并分别向正极和负极跃迁，形成光电流。整个过程分别对应于光吸收、激发、激发子产生、激发子扩散、激发子解离和电荷的传输与收集六个阶段。有机太阳能电池从材料的分类出发可以分为三种：聚合物-小分子有机太阳能电池、全小分子有机太阳能电池和全聚合物有机太阳能电池。

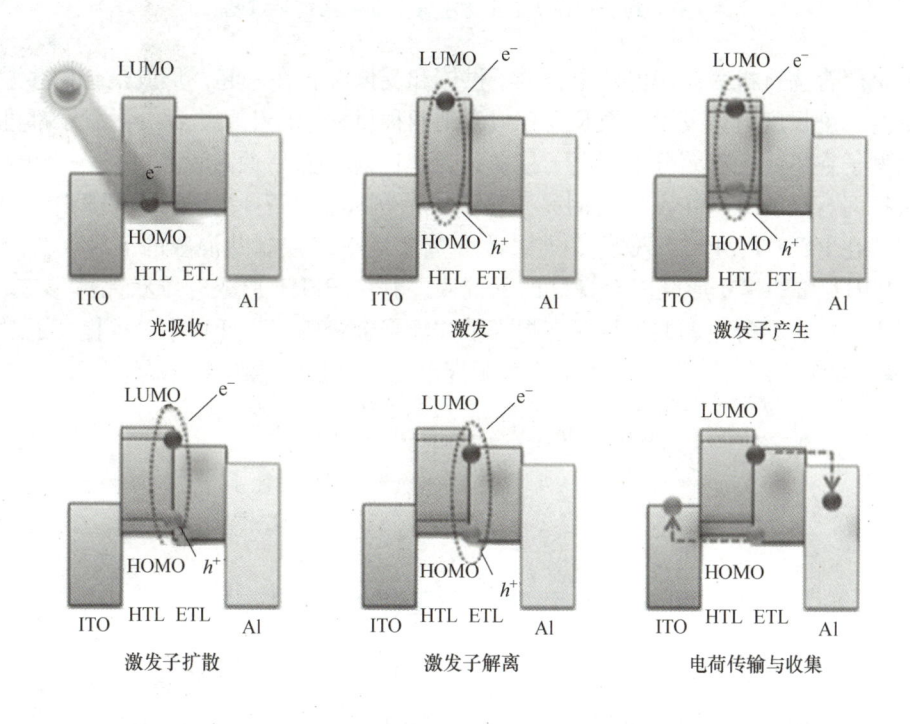

图 7-15 有机太阳能电池运作基本过程

目前应用最普遍的是使用聚合物作为给体和有机小分子作为受体构建活性层的聚合物-小分子有机太阳能电池，图 7-16 为常用的富勒烯衍生物小分子受体，该类衍生物特殊的球形构型形成的完全共轭结构能够提供很强的电子接收能力和各向同性的电子输送能力，并促进给-受体界面上的电子离域。同时该类小分子还可以与聚合物形成很好的分子排序，提升载流子的传输效率。全小分子有机太阳能电池具有分子量确定、提纯流程简单、合成路线明确的优点，有利于实现稳定的大批量生产。通过 $CuPc/C_{60}$ 构筑的 PIN/PIN 积层结构其转换效率达到了全小分子体系的最高，为 5.7%。

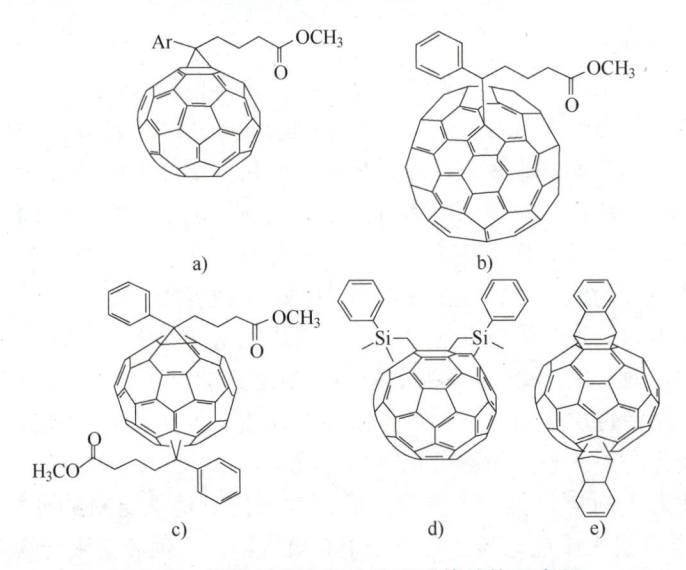

图 7-16 富勒烯衍生物小分子受体结构示意图

而在全聚合物有机太阳能电池中，电子供体和受体混合在一起，形成聚合物共混物。如果混合物的长度尺度与激发子扩散长度相似，则两种材料中产生的大部分激发子都可能到达界面，激发子在界面上有效分解。电子移动到受体区域，然后通过设备并被一个电极收集，而空穴被拉向相反的方向并在设备的另一侧收集。例如，图 7-17 中，将 P3HT 和 PCBM 共混溶液浇铸在 PEDOT：PSS/ITO 上，通过改变蒸发速率来控制共混膜的形貌。在溶剂退火过程中，P3HT 和 PCBM 形成混合良好的共混膜，其中 P3HT 形成纤维状晶体形态，PCBM 聚集体嵌入。这种相分离的共混层形态提高了共轭聚合物的空穴迁移率，也提高了对纤维状 P3HT 聚集体的吸收效率。优化后的混合太阳能电池的最佳性能为 4.4%[22]。

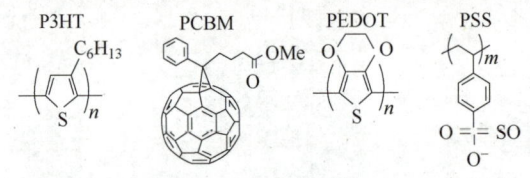

图 7-17 全聚合物有机太阳能电池常见聚合物

在有机太阳能电池中，纳米薄膜还可以作为电极缓冲层或修饰夹层用来提高电池的稳定性和性能。电极缓冲层是指在电子和电子给体或受体层之间插入一层薄的有机或无机化合物，从而改善性能。例如，对于阴极电极缓冲层（激发子阻挡层 EBL）来说，其主要起到的作用有：保护电子受体材料，避免受到热沉积阴极时产生的破坏；有效地将电子受体材料中的电子输运到阴极；阻挡有源区与电极金属的接触，避免激子与阴极金属接触产生猝灭；最好可以同时作为空间光场的调节层，使得光强最大位于有源区 D/A 界面处，从而进一步提高电池的光电转化效率。阳极缓冲层的主要作用则有：减小电荷的注入和提取势垒、修饰电极的表面和形貌、作为光学间隔层调节整个器件的光场分布，以及抑制电极和有机材料的扩散和反应。阴极缓冲层通常使用宽带隙的有机绝缘体材料，如 BCP 等，而阳极缓冲层选用的材料需要满足功函数比电子给体材料的 HOMO 能级要高或相近，具有强的传输空穴的能力、阻挡电子的能力,以及在正置电池中要有高的透光性,如 MoO_3、PEDOT:PPS 等。

例如,通过在 C_{60} 和 Ag 电极之间引入红菲绕啉作为阴极缓冲层,可以使 $CuPc/C_{60}$ 太阳能电池的能量转化效率从 0.87% 提高至 2.25%。而引入 1,3,5-三(1-苯基-1H-苯并咪唑-2-基)苯(TPBI)作为阴极缓冲层,可以使效率达到 2.23%。引入宽带隙的浴铜灵(BCP)能够有效阻挡激发子向阴极的扩散,来避免载流子复合,同时保护 C_{60} 层,避免其在被 Al 原子沉积过程中受到损害。此外,$F_{16}CuPc$ 是有机场效应晶体管领域常用的 N 型材料,具有高的电子迁移率 $0.11cm^2/(V \cdot s)$、宽的光谱吸收(550~850nm)和良好的热稳定性,其引入到 $CuPc/C_{60}$ 太阳能电池中作为阳极缓冲层,能够改善 CuPc 的结晶度,提高空穴迁移率,并在 $F_{16}CuPc/CuPc$ 界面处形成偶极层,改善空穴输出效率,光电转化效率可达到 1.49%[24],如图 7-18 所示。

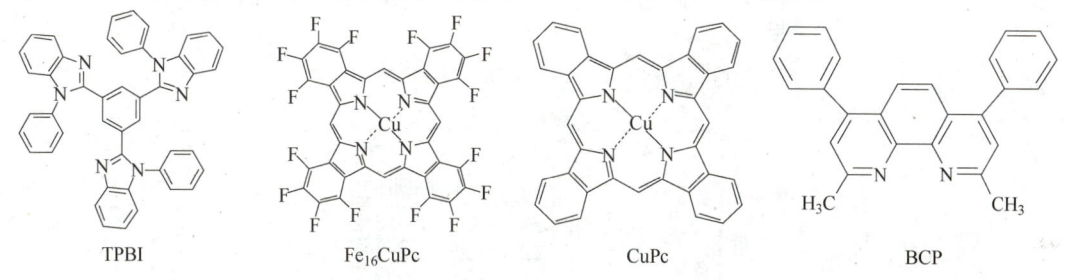

图 7-18 阴极/阳极缓冲层常用有机分子材料

有机太阳能电池的主要优势在于其低成本、轻质、可柔性以及制备工艺的简单性。与无机太阳能电池相比,有机太阳能电池可以采用卷对卷印刷等低成本制造技术,使其在大面积和柔性器件方面具有独特的优势。此外,由于有机物的大量制备具有相对较低的成本,有机太阳能电池在光伏应用方面具有很大的潜力。然而,有机太阳能电池也面临一些挑战,如能量转换效率相对较低、稳定性差和强度较低等。这些问题限制了其在商业化应用中的进一步发展。尽管如此,随着科技的不断进步和新材料的开发,有机太阳能电池的性能仍在不断提升,并有望在未来实现更广泛的应用。

3. 色素增感(染料敏化)太阳能电池

色素增感(染料敏化)太阳能电池(DDSC)是一种模仿光合作用原理研制出来的新型太阳能电池,其是由氧化物半导体与吸收可见光的色素分子(光敏染料)组合形成电极,与采用含有氧化还原离子的电解液共同构成的湿式太阳能电池。例如,纳米二氧化钛和光敏染料为常用的材料,其中吸附染料的纳米多孔二氧化钛薄膜作为光阳极,镀铂的导电玻璃作为光阴极。该类电池的构造与工作原理如图 7-19 所示。当太阳光照射到电池表面时,镶嵌在纳米二氧化钛薄膜表面的光敏染料吸收光子,染料分子受到激发由基态跃迁到激发态,产生的电子注入二氧化钛的导带中,此时染料自身转变为二氧化钛的正离子。接着,染料正离子接受电解质溶液中的电子给体得到电子,自身恢复为还原态,使染料分子再生。电子在对电极表面得到电子,被还原,从而完成循环。在整个过程中,光能转化成了电能。

由工作原理可知,吸附在半导体薄膜上的光敏染料发挥的光电效应是该类太阳能电池发挥作用的核心。光敏染料必须具备几种特征:具备合适的 HOMO-LUMO 能级,具备足够的驱动力将电子注入氧化物半导体如 TiO_2 中(高 250~300mV),并保证染料可再生(高 100~150mV);分子结构含有锚定基团(如—COOH、—Si(OR)$_3$ 等)能够与 TiO_2 键合保证电

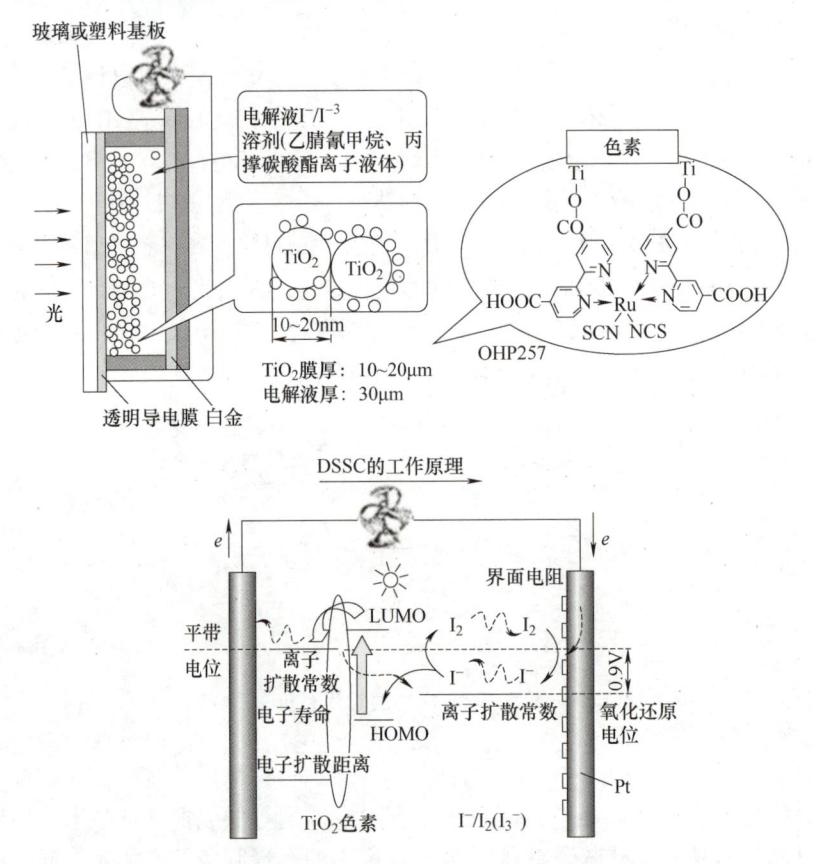

图 7-19　色素增感太阳能电池的构造与工作原理示意图

子注入；分子的紫外-可见吸收光谱较宽，具备较高的摩尔消光系数；分子具备足够的化学稳定性和热稳定性，能够在器件使用过程中多次循环利用。例如，当前主要使用的光敏染料有金属配合物光敏染料和全有机光敏染料两种。如图 7-20 所示，联吡啶钌配合物和锌卟啉类配合物是两类常用的金属配合物染料，其中 N719 染料吸附在 TiO_2 薄膜上后会提高其导带能级，进而提高开路电压，光电转化效率达到 11.18%。卟啉类染料都具有宽光谱响应且对光的捕获能力较强，强吸电子基团苯并噻二唑引入合成的 SM315 紫外-可见吸收光谱拓宽到 800nm，光电转化效率达到 13%。全有机染料主要是供体-Π 桥-受体形成的 D-Π-A 结构，以三苯胺和茚并二噻吩为基础合成的 LD350 构成的器件，其开路电压大于 1.1V，光电转化效率可达 11.2%。此外，引入辅助受体 A 形成的 D-A-Π-A 结构也成为新的研究方向，辅助受体能够有效降低染料的带隙，拓宽吸收光谱，增强光利用率，提高光电性能。采用苯并噻二唑为辅助受体合成的 ZL003 制备的器件，其光电转化效率可达 13.6%[25]。

染料敏化太阳能电池有许多优势，例如其寿命长，可达 15~20 年；结构简单、易于制造，生产工艺简单，易于大规模工业化生产；制备电池耗能较少，能源回收周期短；生产成本较低，仅为硅太阳能电池的 1/5~1/10；同时，生产过程中无毒无污染。然而，染料敏化太阳能电池也面临一些挑战，例如染料敏化剂需要吸附在纳米半导体薄膜上从而形成光阳极吸收太阳光，所以其在纳米半导体薄膜上的吸附是一个重要问题。尽管目前染料敏化剂的吸附一般都采用人工或简易的设备进行，但吸附的均匀性和自动化程度都很低。但是由于其大

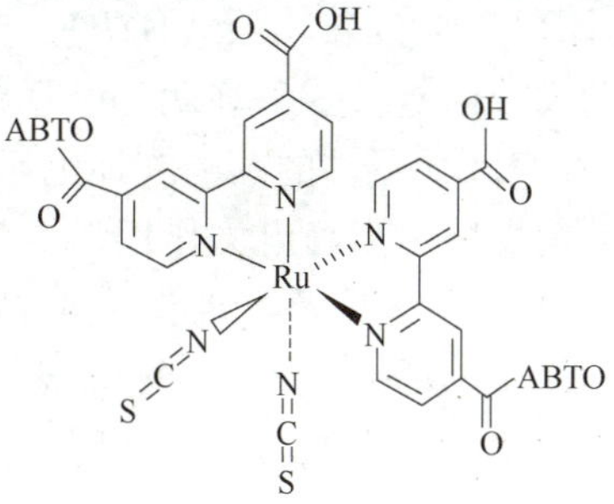

N719

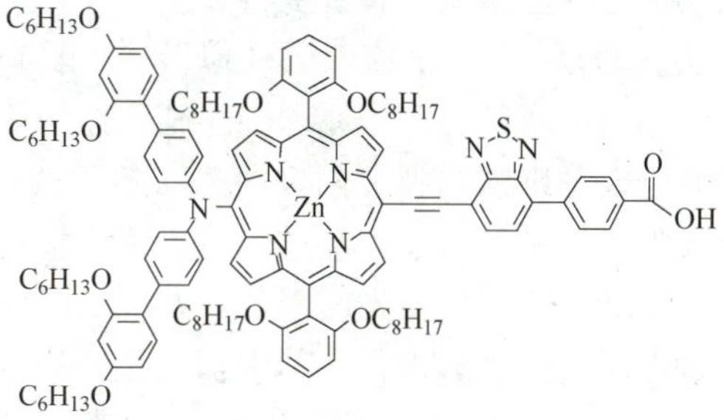

SM315

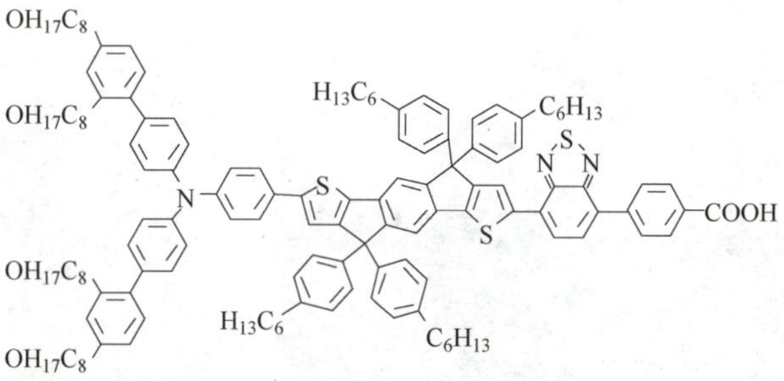

LD350

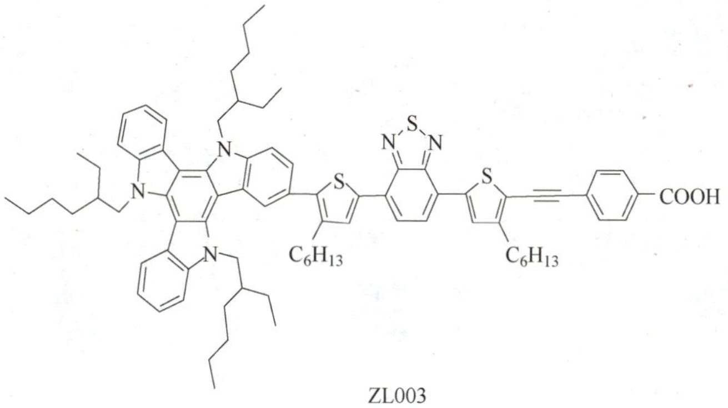

ZL003

图 7-20 典型光敏染料的结构式

幅度低格化的优势，非常有理由相信其能够成为下一代太阳能电池的强烈候补之一，在未来也将会不断有更高效率、高耐久性的染料敏化太阳能电池被不断研发。

7.2.2 光电显示应用

1. 有机发光二极管（OLED）

有机发光二极管是一种利用有机半导体材料在电场作用下发光的器件，即电致发光——电流在通过有机材料后产生发光的现象。OLED 器件的基本结构通常包括阳极、有机发光层和阴极三个部分。阳极通常采用高功函数的透明导电材料，如 ITO（氧化铟锡）；有机发光层（EML）是 OLED 器件的核心部分，由有机发光材料组成，能够产生可见光；阴极则采用低功函数的金属或金属合金材料。此外，空穴注入层（HIL）、空穴传输层（HTL）、电子传输层（ETL）和电子注入层（EIT）等也可在基础上辅助改善性能。图 7-21 为 OLED 器件的不同结构示意图与工作原理图。其工作原理主要为：当在 OLED 器件的两端施加电压时，电子和空穴分别从阴极和阳极注入有机发光层中，在有机发光层中因静电力作用形成激发子，激发子向基态跃迁，经过能量传递和辐射发光过程，最终产生可见光。纳米薄膜材料主要用于 OLED 的有机发光层制备。处于不同激发态的激发子在向基态跃迁时会通过辐射跃迁和非辐射跃迁的方式进行，其中辐射跃迁的过程会伴随不同的发光现象，从 S_1 态跃迁至基态 S_0 会发射荧光，而从 T_1 态跃迁至基态 S_0 则会发射磷光。因此可以将发光材料分为荧光材料、磷光材料和 TADF 发光材料，如图 7-22 所示。

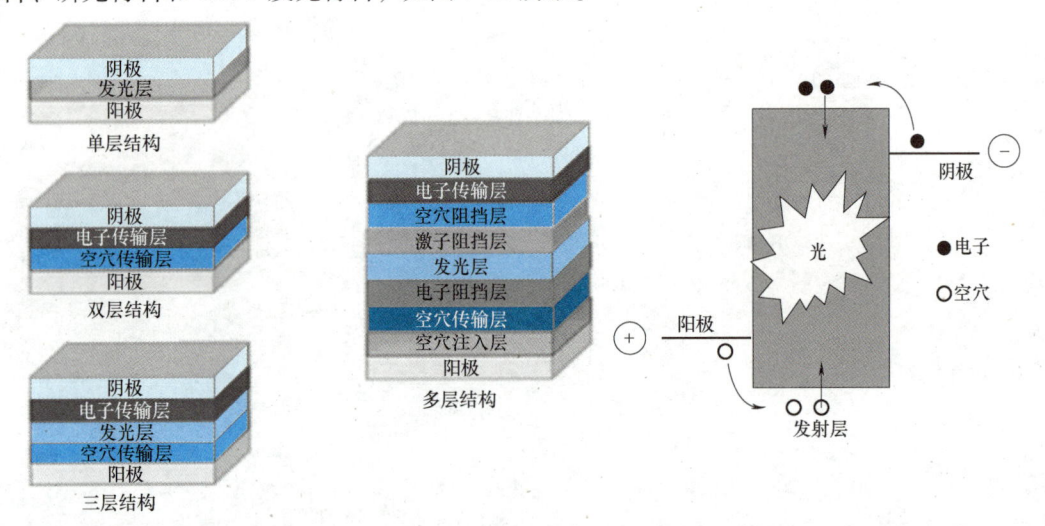

图 7-21　OLED 器件的不同结构示意图与工作原理图

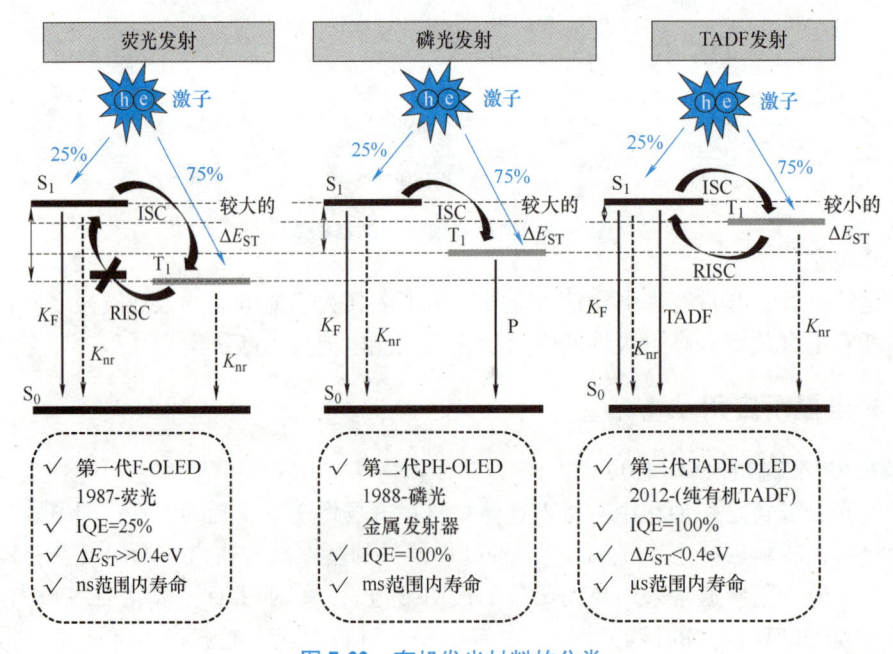

图 7-22　有机发光材料的分类

在外场作用下电子和空穴的复合往往能够形成25%的S_1态激发子和75%的T_1态激发子，因而传统荧光材料制备的OLED往往具备较低的内量子效率（IQE），仅为25%，且理论极限效率不超过5%的外量子效率（EQE），不利于应用在高效节能的现代显示与照明器件中。当前磷光材料主要是含有Ir、Pt、Os的金属配合物材料，该类材料制得的OLED往往具备较高的效率，但其较高的造价成本往往难以大规模生产，并且该类材料过度依赖于贵金属配位中心的存在，容易诱发配位键不稳定的问题。因此为进一步提高T_1态激发子利用率，热活化延迟荧光材料TADF被广泛研究。该类材料中，T_1态激发子能够在热活化能的帮助下，通过反向系间窜越（RISC）转换到S_1态，从而捕获所有的激发子进行发光，极大提高了IQE和器件性能[26]。

除了使用单一组分构筑发光层利用其荧光、磷光、TADF效应外，当前，大多数OLED发光层都是基于主-客体系进行制备的，即将发光材料均匀地分散在主体材料中，使得电子在不同的有机功能层之间不断地跳跃传输。单组分的发光层材料激发子在高电压下极不稳定，并且当浓度过高时容易发生猝灭，影响器件性能，因此主-客体系被广泛研究以降低激发子猝灭[27]。例如，通过使用TADF材料作为主体，该材料在稀释激发子的同时能够将激发子能量传递给荧光客体，使得器件的IQE达到理论值100%。另外，在TADF主体基础上，增加一常规主体构建三组分敏化体系——第一常规主体在调控载流子传输平衡的同时稀释激发子，进而减少猝灭；第二主体则能够复合激发子进行能量传递，从而使得器件性能大幅度提高。当前，对于主体材料往往要求其具备较高的T态能级，以利于主客体间的能量传递，同时还要求其具备双极传输特性，控制载流子的传输平衡以及较好的热稳定性和形貌稳定性，保证器件稳定性。

根据发光层材料成分的不同，主要分为小分子OLED（SMOLED）和聚合物OLED。当前商用OLED都是基于小分子材料，通过在高真空条件下真空蒸发制备。而在聚合物OLED中，共轭聚合物被用作有源发光层，聚对苯乙炔（PPV）、聚芴和聚对苯撑（PPP）是当前广泛使用的共轭聚合物。此外，为了提高器件性能，对发光层进行结构设计，提高载流子复合、降低Dexter能量损失以提高激发子利用率也成为新的研究方向，例如添加阻挡层、中间层、交替沉积、空间分离等。其中，电子、空穴阻挡层的主要目的是防止电子、空穴与电极接触，从而将激发子限制在发光层范围内，提高其复合。通过在发光层和空穴传输层之间添加阻挡层mCBP，TADF器件EQE可以从19.3%提高至24.0%。中间层主要添加在白光器件中，通过插入相邻主体材料混合的CBP∶TPBi使得界面模糊化，有利于降低注入势垒和载流子的迁移，在1000cd/m²亮度下CE可达到34cd/A。图7-23为插入阻挡层和中间层的示意图。交替沉积主要应用于主体和客体材料的沉积顺序上，多个界面结构能够降低激发子的猝灭，提高器件EQE。空间分离主要区别于传统的界面和混合掺杂方法，通过在主体TAPC和客体TmPyTZ之间插入mCBP，构建激发子长距离耦合的主客体空间分离结构，以降低器件在高电流下的效率滚降问题，器件EQE可达到14.8%[29]。图7-24为沉积交替法和空间分离法的示意图。

OLED显示技术具有许多优点，如高亮度、高对比度、快速响应、低功耗、视角广、柔性显示等，因此在显示领域具有广泛的应用前景。目前，OLED显示技术已经应用于手机、电视、计算机显示器、可穿戴设备等多个领域。为固态照明设计的WOLED的效率已经超过了传统的白炽灯和紧凑型荧光灯，并且与无机同类产品相当。然而，OLED显示技术也存在

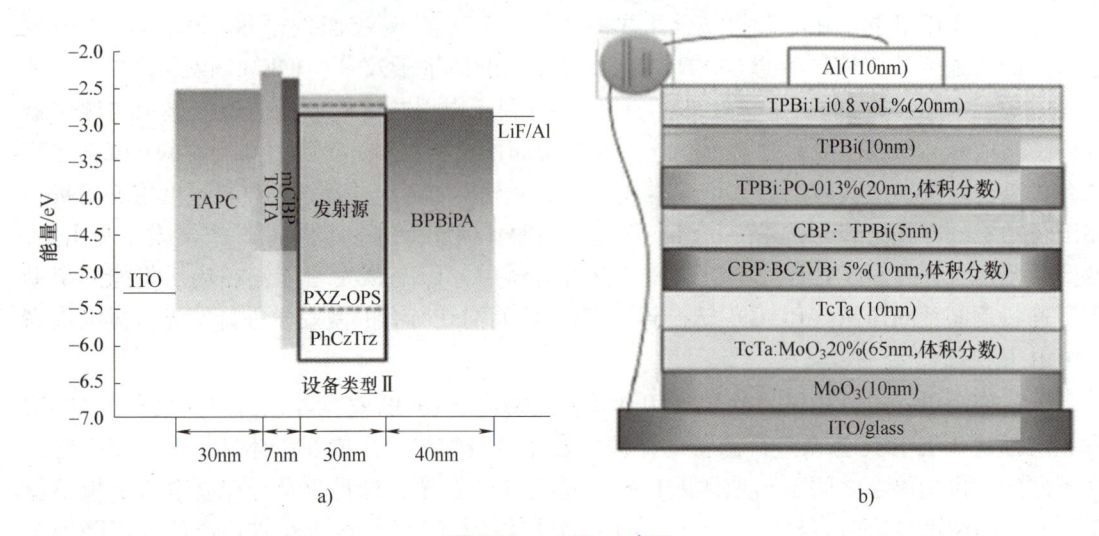

图 7-23　EML 示意图

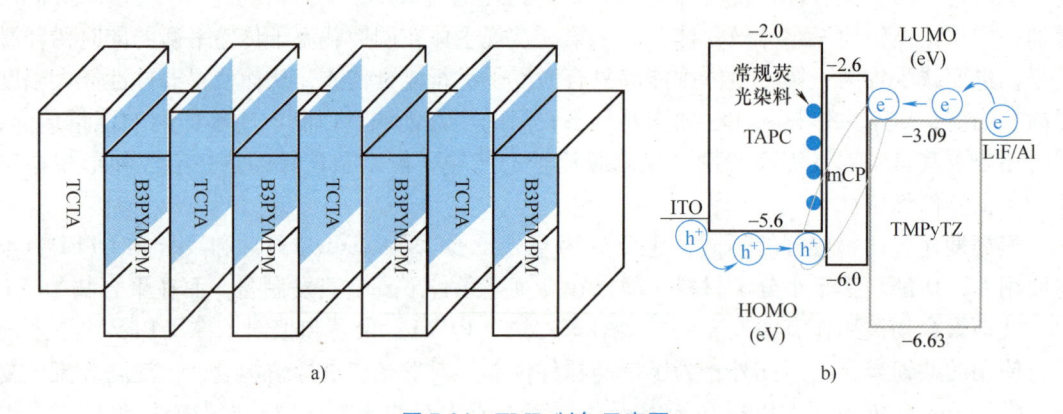

a）阻挡层　b）中间层

图 7-24　EML 制备示意图

a）沉积交替法　b）空间分离法

一些挑战，如生产成本高、寿命短、色彩还原度不高等问题。此外，OLED 器件的发光效率、稳定性和可靠性等方面也需要进一步提高。因此，未来 OLED 显示技术的发展需要不断克服这些挑战，以实现更高效、更稳定、更可靠的生产和应用。

2. 薄膜显示器

场发射显示器（FED）由阴极场发射器组成，其中阴极场发射器发射电子，然后将电子加速到产生光的荧光粉屏幕。薄膜电致发光显示器（TEEL）采用双层绝缘结构，在两者之间夹一层薄薄的荧光粉层，以金属薄膜（铝膜）为上电极，透明导电薄膜为后电极。其工作原理为，在电子的照射下，薄膜荧光粉产生电致发光，从而产生光。在过去，荧光粉主要还是以无机荧光粉为主，例如稀土金属离子和过渡金属离子，它们在激发时产生光子或电子，激活离子通常被这些光子或电子直接激发，并负责发光。但是传统的无机荧光粉寿命较短，并且 ZnO 或 $ZnSO_4$ 等非发光层容易被生成的电子轰击而使得性能下降，从而使亮度下降，因而薄膜荧光粉成为新的研究方向。

薄膜荧光粉是厚度从几纳米到几微米不等的材料。与粉末荧光粉相比，薄膜荧光粉具有较好的热稳定性，对表面污染不敏感，放气速率较低，与固体表面的附着力更好。在电子束轰击下，薄膜荧光粉可以脱 CO、CO_2、H_2，且脱气速率明显小于粉末荧光粉。表 7-1 所示为粉末荧光粉和薄膜荧光粉的性能对比。在结构上，薄膜荧光粉通常是通过特定的工艺将荧光粉材料涂覆或沉积在基底材料上而形成的薄膜材料，如等离子体沉积、溅射沉积、电子束沉积、金属-有机化学气相沉积、喷雾热解、溶胶-凝胶法等。这个基底材料可以是玻璃、塑料、金属等多种材料，具体选择取决于应用需求。

表 7-1 粉末荧光粉和薄膜荧光粉的性能对比

性　能	薄膜荧光粉	粉末荧光粉
效率	较差	优异
分辨率	<1μm	5～10μm
屏幕对比度	优异	较好
寿命	较好	较差
机械稳定性	优异	较好
热稳定性	优异	较好

典型的薄膜交流电致发光器件是如图 7-25 所示的双层绝缘层状结构。该结构一般由透明导电层、绝缘体和薄膜荧光粉组成，薄膜荧光粉一般为半导体、绝缘体和金属电极。薄膜荧光粉通过在主体中掺杂作为激发剂的发光中心组成，其中主体材料应具有足够大的带隙，以发射可见光而不吸收，如大带隙半导体（>2.5eV）和绝缘体，并为高能量（>2eV）电子的有效转移提供介质，例如硫化物 ZnS、CaS、SrS 等均满足。最经典的稳定掺杂剂是 Mn、Tb、Eu、Ce 和 Pr。Ga_2O_3：Eu 已被发现是一种亮红色的电致发光荧光粉，效率为 0.38lm/W，因此被发现是多色 TFEL 器件的有吸引力的 EL 荧光粉[30]。ZnS：Mn/SrS：Ce 器件在 60Hz 频率、244V 激励电压的相同工作条件下，过滤后的红色和绿色的亮度分别为 97cd/m² 和 220cd/m²，而过滤后的蓝色的亮度仅为 11cd/m²[31]。带隙为 3.9eV 的铝酸锌（$ZnAl_2O_4$）在掺杂 Mn 的情况下产生了效率为 0.78lm/W 的亮绿色电致发光。

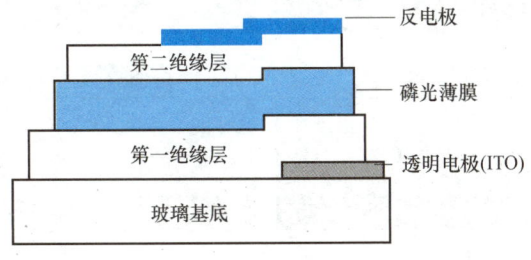

图 7-25 典型薄膜交流电致发光器件示意图

薄膜电致发光器件的组成部分是在强电场下发光的薄膜荧光粉。它由具有活化离子的主体材料组成，活化离子充当发光中心。全彩色薄膜 EL 显示器需要有效的荧光粉来显示红、蓝、绿等原色。当前几种氧化物主要用作红色和绿色材料的研发，硫化物主要用于高效的蓝色薄膜荧光粉。除了主体材料外，掺杂离子和辅掺杂剂的引入，在实现不同应用所需的理想发射波长方面同样起着重要作用。在未来，将不断探索新的宿主基质以及激活离子组合，以获得更高效、可靠和稳定的薄膜电致发光显示器。

7.2.3 光电电子元件应用

1. 有机光电晶体管

有机薄膜晶体管（OTFT）是一种利用有机材料作为半导体层的薄膜晶体管，其工作原理是基于有机半导体材料的电荷传输特性。当在 OTFT 的栅电极上施加电压时，会在有机半导体层中形成电场，从而控制源电极和漏电极之间的电流。这种电流控制特性使得 OTFT 在电路中起到开关和放大信号的作用。此外，当有机材料具备光电响应时，能够将吸收的光子通量转换为电子-空穴对，这些载流子在电场的作用下被分离并输运到源电极和漏电极，从而产生光电流。通过测量这个光电流的大小，就可以得知光照的强度和波长等信息，实现对光信号的检测，从而制备有机光电晶体管（OPT）。这种光电响应的实现主要依赖于半导体材料对相应波段光的吸收与转化。典型的有机薄膜晶体管由四个基本部分组成：半导体层、介电层、源/漏电极和栅电极，如图 7-26 所示。其中有机光电晶体管的半导体层不仅需要具备较高的载流子迁移率，还需要具备较好的吸光性质。顶栅型结构是指栅极位于器件最上端，同时介电层位于半导体层上方，能够较好地封装有机材料，避免外界水分和氧气对材料的破坏，适合制备对空气不稳定的 N 型和双极性光电晶体管。而底栅型结构是指栅极和介电层位于半导体层下方，材料暴露在外界环境中，适用于空气稳定性较好的光电活性材料。顶接触是指先在介电层之上沉积半导体有源层，再沉积源、漏电极，即源、漏电极位于光电活性层之上，而底接触是指在源、漏电极直接沉积在介电层上，而活性层材料位于源、漏电极上方。针对不同性质的有机光电材料，往往会采用不同类型的器件结构。一般而言，顶接触结构可以有效降低有机半导体层和源、漏电极之间的接触电阻，从而降低电荷的注入势垒，提高传输效率。而底接触结构使得电荷传输层与介电层之间往往存在较大的接触电阻，因而会降低器件性能。

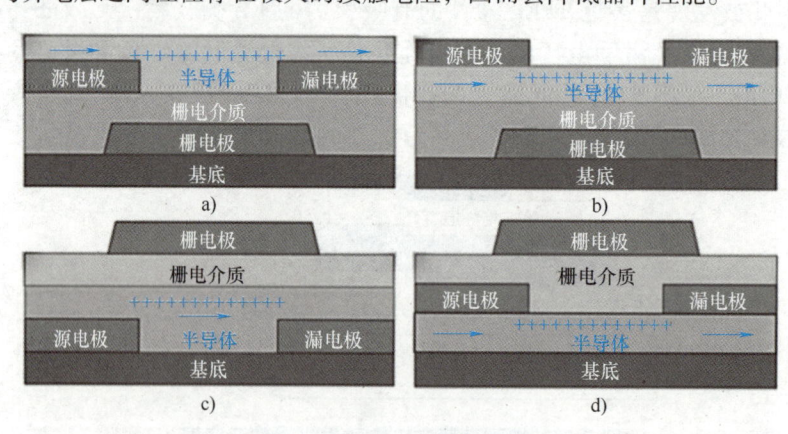

图 7-26 OTFT 结构示意图
a) 底栅底接触结构（BGTC） b) 底栅顶接触结构（BGBC）
c) 顶栅底接触结构（TGBC） d) 顶栅顶接触结构（TGTC）

光电晶体管中的半导体活性层在光照条件下发生的光电响应会经历两个阶段，例如对于

P型半导体而言,通过给栅极施加负栅压,当栅压低于阈值电压时,光伏效应占主导,当栅压高于阈值电压时,光导电效应占主导,此时源、漏电流随光功率增大而增大。有机半导体材料可以根据结构分为有机小分子和聚合物两种,它们都可以通过图案化或印刷的方式实现大面积和柔性光电器件的制备。其中,有机共轭半导体作为一种新兴材料,因其具有高迁移率和高响应度的特性,吸引了众多研究者的关注。例如,通过溶液法制备的基于BPE-PTCDI N型有机小分子纳米线活性层的高性能光电晶体管,器件的载流子迁移率高达 $1.2cm^2 \cdot V^{-1} \cdot s^{-1}$,并且在红单色光下表现出的最大光响应强度高达 $1.4 \times 10^3 A/W$,最大光生电流/无光照电流比为 $4.96 \times 10^{3[32]}$。基于双噻唑-噻唑并噻唑(PTz)的供体-受体(D-A)共轭聚合物制备的纳米线形成的光电晶体管,表现出高达 2531A/W 的光响应强度和高达 1.7×10^4 的光敏性[33]。此外,有机体异质结作为典型的双组分活性层,不仅具有好的光谱吸收能力和激发子分离效率,而且还具有较高的载流子迁移率,满足了有机光电晶体管中对活性层的性能要求。基于 PTB_7:P(NDI_2OD-T_2)全聚合物有机异质结光电晶体管,在深红光(675nm)的入射光强度下表现出逐渐增加的光电流,测得最大光响应强度高达 14A/W。将 TiO_2 纳米粒子引入到 P_3HT 活性层中,制备的基于 P_3HT/TiO_2 纳米粒子光电晶体管在光照下具有超快的反应速度,并且由于 TiO_2 纳米粒子在混合活性层起到的电荷捕获作用,使得晶体管还展现出较强的弱光检测能力,并且对于紫外光和可见光都表现出较强的光响应性质[34]。

有机光电晶体管具有许多独特的优势和应用前景。首先,由于使用有机材料,器件的制备成本相对较低,且可以通过溶液加工等方法实现大面积和柔性制备。其次,有机光电晶体管具有较宽的光谱响应范围和较高的光电转换效率,能够实现对不同波长的光信号进行检测和转换。例如,根据半导体材料对不同波长的光敏性质的不同,可分别制备出对紫外光、可见光、近红外、中红外等不同波长范围内光源具有辨别检测能力的光电探测器[35]。此外,由于有机材料的柔性特性,有机光电晶体管还可以应用于可穿戴设备、柔性显示屏等领域。使用 PCDTBT:$PC_{78}BM$ 混合本体异质结为光敏层,DNTT 为晶体管活性层,能够构筑动态范围高达 $10^3 dB$ 的光晶体管柔性图像传感器[36]。纳米功能薄膜光电应用如图 7-27。

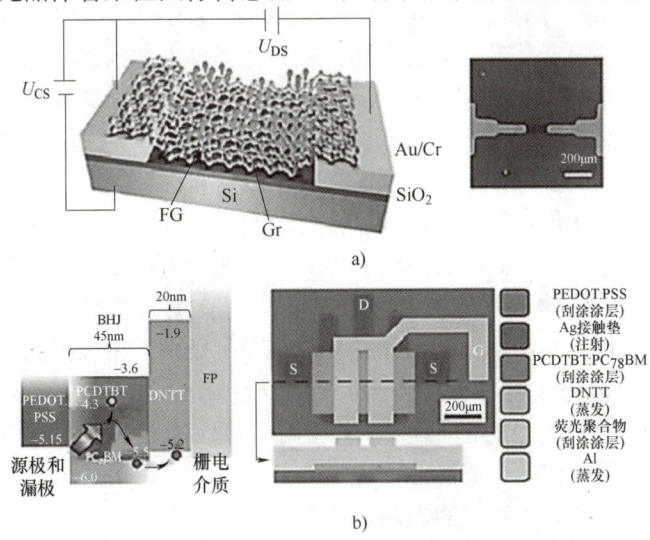

图 7-27 纳米功能薄膜光电应用

a)宽光谱氟化石墨烯光电探测器 b)用于宽动态范围图像传感器的有机异质结光电晶体管

2. 透明电极

透明电极是一种特殊的电子器件，兼具高透光性和高导电性，因此被广泛应用于光电子器件中。透明电极的透光性主要与材料中的电子运动有关。当入射光光子频率与材料等离子体频率相当时，导带中的自由电子会产生谐振振动而吸收入射光，同时价带中的电子在经过带隙跃迁时也能够吸收光子。导电性主要来自于材料内部的自由电子。当等离子体频率得到提高时，电子电导率可以得到增强，但相应的会不利于透光性。透明电极材料需要同时满足透光性和导电性这两个互相矛盾的性能要求，因此其研究和开发一直是光电子领域的热点之一。当前，透明电极的制备材料很大部分为纳米结构导电薄膜，例如透明导电氧化物薄膜（TCO）、随机银纳米线薄膜、金属薄膜和有机物薄膜等。当前这一市场主要由透明导电氧化物，尤其是ITO（氧化铟锡）所占领。

透明电极的光电效应是其重要的应用原理——当光照射在透明电极上时，光子与电极材料中的电子相互作用，导致电子从束缚态跃迁到自由态，产生光生载流子（电子-空穴对）。这些光生载流子在外加电场的作用下会发生定向移动，从而形成光电流。为了实现高效的光电转换，透明电极材料需要具备一些特殊的电子结构特性，如较窄的禁带宽度、较高的载流子迁移率等。这些特性有利于光生载流子的产生和传输，从而提高光电转换效率。ITO是目前商业上可获得的电阻率最低的TCO材料，其电阻率可低至$(1\sim2)\times10^{-4}\Omega\cdot cm$。研究表明，当锡的掺杂质量分数为10%，即铟的质量分数接近75%时，ITO具有最优异的光电性能，原因主要是Sn^{4+}置换In^{3+}后俘获的一个电子，以及还原处理ITO时In_2O_3中的部分O^{2-}脱离原晶格留下的电子，能够使得In^{3+}还原成In^+，即$In^{3+}\cdot2e$，这些电子都是弱束缚的，容易形成自由载流子。但ITO成本较高且资源有限，并且其脆性和易被腐蚀性都会限制其在柔性电子领域等方面的应用，因此更多体系的透明电极正在不断开发。SnO_2：X（X=F，Te）和ZnO：X（X=Al）的电阻率分别可以达到$5\times10^{-4}\Omega\cdot cm$和$(2\sim4)\times10^{-4}\Omega\cdot cm$，目前已分别用于薄膜太阳能电池的透明电极和接触层制作[37]。此外，一些导电聚合物也进入人们的视野，但由于其导电性（$10^{-10}\sim10^{-5}S/cm$）较差，因此通常通过掺杂后才能进入导电的范围（$1\sim10^4 S/cm$）。例如，PEDOT中掺入PPS，带负电荷的PPS既能够使PEDOT分散到水溶液中，还能够稳定其带正电的作用，最优性能可以达到900S/cm，并且其功函数为$5\sim5.2eV$，可用于OLED的空穴输入层制备[38]。对于金属薄膜，当其厚度足够薄（<10nm）时，便具有较高的可见光透过率而能够用作透明电极。为了进一步增大其透过率，当前科研人员在其上面开出窗口，制备金属网络，实现透光性和导电性的同时满足，其最终的光电性能和网格线的设计包括线宽、厚度、密度以及图案等。例如，通过以静电纺丝得到的聚合物纤维网络为模板，沉积上金属薄膜后再溶解掉聚合物纤维，得到了大面积的方块电阻为$2\Omega/\square$、透射率为90%的透明电极，并且其具有优良的抗拉伸和抗弯折性能[39]，如图7-28所示。但该方法得到的金属网格的线宽一般在微米级别，很难得到更细的网格线。

为了获得廉价而光电性能优异的透明电极，随机银纳米线被用于制备，最终得到了透射率为86%、方块电阻为$16\Omega/\square$的随机银纳米线网络。该类透明电极具有一些显著的特点——不仅银纳米线可以用化学合成的方法大量得到，而且也可用全溶液法将银纳米线制备成透明导电网络，更重要的是，得到的银纳米线网络的光电性能优异；虽然也有金纳米线，可成本太贵；铜纳米线成本低廉，但铜极易氧化，氧化物导电性很差，使得整个网络的性能氧化后急剧恶化；而大块银是导电性最好的金属，电阻率低至$1.5\mu\Omega\cdot cm$，载流子浓度和

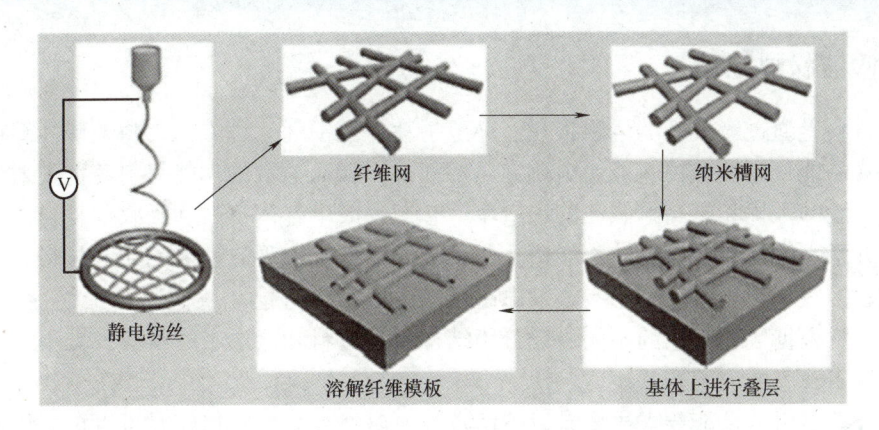

图7-28　基于静电纺丝的随机金属网格透明电极制备流程

迁移率分别达到 $5.8\times10^{22}\mathrm{cm}^{-3}$ 和 $72\mathrm{cm}^2\cdot\mathrm{V}^{-1}\cdot\mathrm{s}^{-1}$，性能优异[40]。同时，银离子等离子波长为 140nm，在紫外波段，使得其对可见光的吸收不算很强，并且氧化银也具有不错的导电性，使得银纳米线网络的导电性受氧化影响不像铜那么大。当前，随机 Ag NW 网络在以透明电极为关键部件的各个领域均获得了广泛应用，主要集中在光伏、OLED 和透明薄膜加热器，也涉及智能窗户和显示、触摸屏和电磁防护，还有新出现的能量存储或收集、柔性传感器或健康监测领域[41]。透明电极作为光电子器件中的关键元件，其研究和发展对于推动光电子学领域的发展具有重要意义。随着科技的进步和新材料的发现，未来有望出现更多性能更优异的透明电极材料，为光电子器件的应用带来更广阔的前景。

7.3　纳米薄膜电磁功能应用

电磁波作为一种物质波，在传递过程中会不断地向环境中辐射能量，但它在信息传递过程中发挥着举足轻重的作用，尤其是随着电子科技的迅速发展，电子元件的集成化和电子设备的微型化取得了突出成就。21 世纪是通信技术蓬勃发展的黄金时期，正是这些电子电器设备的广泛应用，使得电磁波与商用、民营和军事领域密不可分。然而电磁波在带来极大便利的同时，也对人类的生产生活造成不利影响，其在传播过程中往往伴随有电磁干扰、电磁不兼容以及大量电磁辐射，危害操作人员安全等问题，因此对电磁污染的控制和抑制成为重要的发展目标。其中电磁干扰（EMI）是指有害电磁波使电子器件的正常功能受到干扰和障碍的现象，其往往不可避免，可由自然界的闪电等以及人为制备的各类电子器件产生，同时长期影响下会对人的身心健康带来极大不利影响。电磁兼容（EMC）是指在一个系统中各个电子设备可以不因为电磁干扰相互影响而正常工作的现象，但随着电子仪器规模、结构的复杂化，该类现象往往难以满足，因此电磁波屏蔽材料和电磁波吸收材料应运而生。此外，世界范围内正在进行一场军事革命，信息技术在军事打击中占据重要地位，其不仅在预警探测和引导打击中发挥作用，更为武器反制与隐身技术研发提供重大需求。其中隐身技术的实现主要依靠吸波材料，也与材料的电磁性能密切相关。因此，对于电磁波的吸收、屏蔽性能等电磁性能成为材料研发的新方向。

7.3.1 吸波材料应用

吸波材料是通过吸波剂的电阻损耗、介电损耗、磁损耗三种方式，将电磁能转换成热能或其他形式的能量而耗散掉，或使电磁波因散射或干涉而消散的功能材料。这类材料通常用于减少电磁波的干扰和提高电磁波的透过率。它们一般由基体材料和吸收剂复合而成，通过小的极性分子吸收消耗掉电磁波的能量。其中吸收剂是提供吸波性能的功能材料，而基体材料则提供黏接或承载作用。其中吸收剂电磁性能中的吸波性能是决定材料最终性能的核心。当前吸波材料根据成型工艺的不同可以分为结构吸波材料和涂层吸波材料，其中涂层吸波材料主要与纳米薄膜的应用有关。

对于吸波材料的性能要求主要有以下两点：电磁波在与材料接触时可以更多地进入材料内部被材料吸收，而不是在材料表面被强烈反射耗散，即满足阻抗匹配特性；进入材料内部的电磁波能够被有效地转化为热能或其他形式的能量，即满足损耗特性。吸波材料需要同时满足这两种特性，以使电磁波能够进入材料内部并顺利损耗。吸波剂的制备与研发极大决定了材料是否能够满足吸波特性。例如，通过将 CoNi 合金和 SiC 沉积在基体上制备出超薄的电磁波吸收夹层材料，再将这些夹层薄膜粉碎为纳米级碎屑作为吸收剂，再与有机黏合剂复合后成功制备了一种宽频毫米波吸波涂层，其电阻率可达 $5\Omega \cdot cm$，在 $0.05 \sim 50GHz$ 频率范围具有良好的吸波性能[42]。但随着科技发展，新时代的吸波材料已不仅需要满足"薄（厚度）、轻（质量）、宽（频带）、强（吸收）"，还需要有一定的承载能力，且能适应各种恶劣环境，更多种类的吸波剂在不断研发中。

根据损耗特性的不同，吸波材料主要可以分为电阻损耗型、介电损耗型和磁损耗型三大类。电阻损耗型主要是针对导电聚合物、碳纳米管、石墨等电阻较小的材料，当电磁波入射到这些材料时，其能量主要是因为材料的电阻引起衰减，材料内部的自由电子在电磁场作用下做定向移动，在移动过程中受到内部缺陷或杂质等引起摩擦，将电磁能转化为热能而耗散掉。在该类损耗中电导率的增大会引起电能损耗的增强，使得电磁波转化率提高。介电损耗型主要是针对 SiC、BTO 等介电材料，电磁波的吸收主要是由于介电极化导致的弛豫损耗而引起，将电磁能转化为热能或其他形式的能量。一般来说，电磁波所属的高频作用下电介质中的极化方式主要以界面极化和偶极子极化为主：界面极化在杂质、缺陷或晶区、非晶区界面上都可能产生，界面处空间电荷的积累和不均匀分布产生宏观偶极子，从而消耗入射电磁场中的电场能量；当偶极子反转无法对高频电场做出快速响应时，产生的滞后效应和弛豫也会导致电磁波能量的损耗。磁损耗型主要是针对铁氧体、羰基铁、多晶铁纤维等铁磁材料，其损耗可以分为磁滞损耗、涡流损耗、畴壁位移、畴壁共振、铁磁共振和磁畴转向等。磁损耗主要是纳米材料与电磁波磁场相互作用的结果。此外，这三类损耗类型还可以通过材料复合等方法同时发挥作用。因此，对于吸波剂的划分方法有很多，可根据不同标准进行分类。

铁氧体是一类重要的磁性材料，其饱和磁化强度和居里温度（$500 \sim 800K$）均较低，介电常数较高，电阻率相较于金属较大，为 $10^8 \sim 10^{11} \Omega \cdot cm$，因而其适用于交变磁场，特别是高频和超高频交变电磁场应用[44]。在实际高频弱场对电磁波的吸收应用中，铁氧体主要依靠自然共振和畴壁共振来发挥作用。自然共振主要指外加高频交变磁场会导致磁导率虚部和频率的变化曲线变为一共振曲线，当外加磁场频率与材料磁矩振动的固有频率一致时，磁导率虚部会达到极大值，能量消耗最大。而畴壁共振主要指畴壁在外加交变磁场作用下在平衡位置做一定的振动,当外场频率与畴壁振动频率一致时,振动将引起电磁能量的损耗[45]。根据铁氧体的晶型分类,铁氧体包括尖晶石型、石榴石型和磁铅石型,并且在 GHz 频段,六方晶系的磁铅石型铁氧体是几种晶型中铁氧体吸波性能较好的一种,这主要是因为这种晶型的铁氧体具有片状结构,且片状结构是电磁波吸收材料的极佳形状,此外该类铁氧体具有较高的磁晶各向异性,加之其具有片状结构,因此其等效各向异性场较高,所以它的自然共振频率较高[44]。此外,铁氧体复合材料也被广泛研究,通过将软相和硬相间的交换耦合,对性能实现更好的提升。例如,$BaFe_{12}O_9$(BaM)/$NiFe_2O_4$ 复合材料通过调整软相 $NiFe_2O_4$ 的含量,对 12~18GHz 的电磁波吸收特性增强,并且相较于纯相 BaM,复合材料的反射损耗峰偏移至更高频率处,表明两相间的交换耦合。CF/$Co_{0.2}Fe_{2.8}O_4$/PANI 三相异质结构复合材料对 12.7GHz 电磁波的最大反射可以达到 −38.2dB,并且对厚度进行调节还可以对 Ku 波段进行最大的反射损耗,数值超过 −20dB[47]。铁氧体类吸波材料在实际隐身技术上已经得到应用,如美国研制的隐形轰炸机 B-2 的强电磁波反射部位的最外层,都涂敷有钴镍铁氧体等吸波材料,高空侦察机 TR-1 的一些部位,也使用了铁氧体吸波涂层。

金属磁性材料具有双重损耗机制,但其较高的电导率会导致高频下涡流的产生,进而使磁导率急剧下降,因而更小尺寸的金属磁性材料被不断研发。质量分数为 20% 的定向镍链/PVDF 复合材料能够通过填料的定向结构增强磁偶极子极化,从而增强磁损耗,在 23.2GHz 下表现出 −36.8dB 的最小反射损耗值[48]。高分子中的导电高聚物材料具有密度低、结构多样化等特点,在高聚物共轭链中掺入掺杂剂来设计控制导电结构,能够对阻抗特性和电阻损耗特性进行定性调控,进而增强吸波性能。电聚合物经掺杂后,其电导率可以在绝缘体、半导体和金属范围变化。通过掺杂 Fe_3O_4 设计的 PPy 平面微螺旋材料,对 PPy/Fe_3O_4 的介电/磁性界面进行调节,在材料中形成了极好的阻抗匹配和显著的电磁耦合效应,并且还调节了传到损耗和极化损耗间的平衡,吸波性能得到极大改善,如图 7-29 所示[49]。

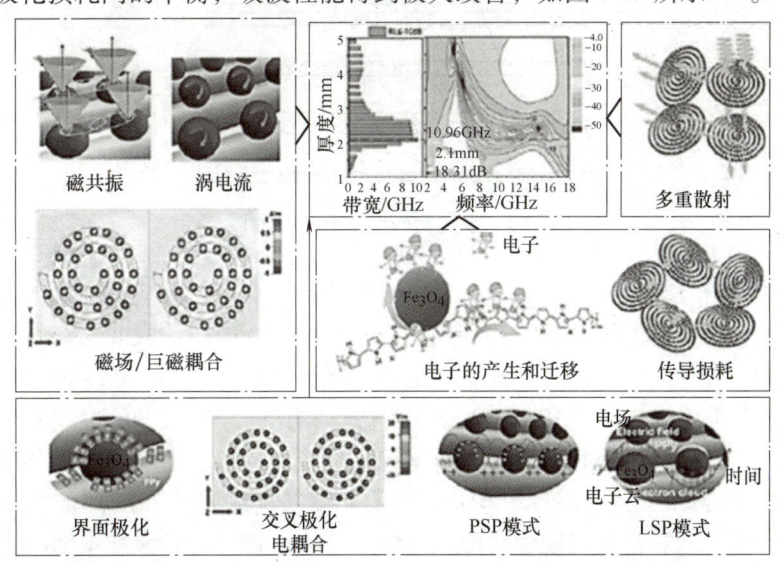

图 7-29 锚定有 Fe_3O_4 纳米颗粒的 PPy 平面微螺旋材料的电磁波吸收效果及其相关的电磁波衰减机理

除了将纳米粒子通过掺杂等方法制备纳米薄膜外,制备本身为纳米级别的薄膜材料也成为吸波材料的重要研究方向。纳米吸波材料除具有传统吸波材料的损耗特性外，还可以有效拓宽材料的合格吸收带宽、降低材料的密度、使材料具有较好的兼容性。纳米薄膜电磁波吸收材料的吸波机制主要包括界面极化、电子极化、多重反射和散射等。由于纳米材料的界面组元所占比例大，纳米颗粒表面原子比例高，不饱和键和悬挂键多，大量悬挂键的存在使界面极化，吸收频带展宽。此外，纳米材料的量子尺寸效应使电子能级分裂，分裂的能级间距正处于微波的能量范围，为纳米材料创造了新的吸收通道。同时，磁性纳米粒子具有较高的矫顽力，可引起较大的磁滞损耗，从而提高对电磁波的吸收性能。利用纳米 Fe_3O_4 包覆 GMB 制备了具有超顺磁性的低密度复合微球，这些纳米级别的 Fe_3O_4 涂层极大改善了 GMB 的磁化强度，从而对吸波性能进行改善。但由于纳米吸波材料的吸收机制不仅包括传统的损耗机制，其特定的损耗机理还需进一步研究，一般认为，由于小尺寸而引起的涡流、共振等对电磁波的损耗起很大的作用[51]。

此外，通过结构构筑也将极大改善吸波性能。例如，由多层聚合物薄膜和磁导薄膜组成的多层结构电磁波吸收薄膜材料，其中聚合物薄膜是多层膜堆积结构，磁导薄膜位于每层聚合物薄膜之上，相邻的两层磁导薄膜具有相反的磁矩，电磁波在两层磁导薄膜之间被损耗，而在聚合物薄膜之间被来回反射。图 7-30 中，100 是聚合物薄膜，104 是磁导薄膜；聚合物薄膜中至少有一层是碳化合物 102，可以是碳纤维、碳化硅或含碳纳米粒子；磁导薄膜可以使用合金等材料。在电磁吸收方面，106a、b、c、d 电磁波辐射到该薄膜材料时，只有 106a 被反射，106b、c、d 均被损耗，因此该薄膜具有较好的吸收效果[52]。

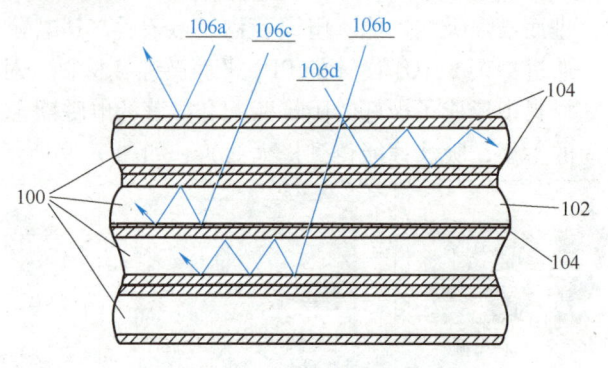

图 7-30 多层结构电磁波吸收薄膜

电磁波吸收材料在现代通信、雷达、无线电等领域具有广泛的应用前景。随着无线通信技术的不断发展，对于电磁波的控制和利用需求日益增加。电磁波吸收材料具有体积小、重量轻、吸波性能好等优点，可以有效地解决电磁干扰、隐身技术等问题。因此，电磁波吸收材料在军事、航空航天、电子等领域有着广泛的应用前景。例如，歼-20 飞机（见图 7-31）作为国内具有跨时代意义的隐身战机，其首次问世便在世界引起轰动，超材料隐身薄膜也成为其实现性能的关键原因。早期歼-20 应用的超材料隐身薄膜只能在局部重点位置应用，如今第四代超材料隐身薄膜已经实现由传统二维向三维立体设计的重大技术突破，制造工艺也实现了由有限尺寸向近似无限尺寸的突破，可以实现全机身应用，而且材料更轻质，三维蜂窝结构设计，又使其具备更优异的全向吸波能力。采用第四代超材料隐身薄膜的轰-20，隐身性能相较于 B2 轰炸机可提高 10 倍以上，材料的应用让军事得到突飞猛进的发展。

图 7-31 歼-20 示意图与超材料薄膜迭代产品及其生产线

7.3.2 屏蔽材料应用

屏蔽材料的主要机理是通过材料本身移动电荷载流子与电磁波相互作用，然后将电磁辐射反射。因此，屏蔽材料本身应为导电材料。此外，屏蔽材料还可以通过电偶极子和磁偶极子与辐射间的相互作用来吸收部分电磁波，从而减少穿透的电磁波能量。同时，当材料内部存在界面或缺陷位点时，电磁波还可以在材料内部发生多次反射，以起到相同的作用。电磁屏蔽材料的主要作用机理如图 7-32 所示。电磁屏蔽材料分为金属屏蔽材料和聚合物基屏蔽材料，其中金属材料电磁屏蔽效能高，一方面金属类材料内部存在大量的自由电子以及极小的趋肤深度，因而电磁波几乎在表面被全部反射掉，同时，金属导体还能够消除金属设备中积聚的静电荷和耗散积累的热量。例如，通过将具有高电导率的银或强铁磁性的镍包覆在软磁薄片上合成的具有磁性芯和导电性金属壳的 FeSiAl 屏蔽复合薄膜，在 300kHz~10GHz 范围内均具有较好的电磁屏蔽效能，如图 7-33 所示[53]。但由于金属类屏蔽材料几乎没有吸收作用，因此电磁污染仍然存在于外界环境中。

图 7-32 电磁屏蔽材料的主要作用机理

聚合物基复合材料密度小、耐蚀，对电磁波可以进行有效的吸收，降低电磁污染，因而得到广泛研究。当前复合材料的填料主要有两大类：金属填料和碳系填料，其中碳系填料是应用前景最好、发展最快的电磁屏蔽材料。对于金属填料系制备的复合材料来说，其主要以聚合物为

203

纳米功能薄膜

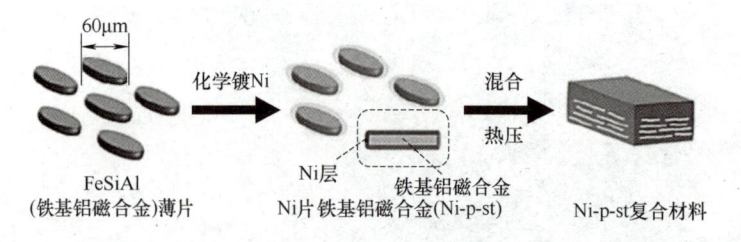

图 7-33 具有磁性芯和导电性金属壳的 FeSiAl 复合薄膜

基体，包含大量的导电或磁性纳米填料（颗粒、纤维、薄片、管状材料等），它们不仅能够增强吸收和耗散电磁波，还能够降低电磁波在材料表面的反射，从而减少金属材料容易导致的二次污染问题。常见的聚合物基体分为导电聚合物（如聚苯胺、聚噻吩、聚乙炔、聚吡咯等）和绝缘聚合物（如聚乙烯醇、聚氨酯、聚醚酰亚胺等）。通过将羰基铁粉/碳纤维与环氧树脂进行复合制备的材料，最高屏蔽效能可达 53.9dB[54]。在羰基铁粉基础上进行镀银纳米薄膜，并将其作为填料制备成的导电胶黏剂，涂层厚度为 0.35mm 时，在 0.2~1.4GHz 的屏蔽效能可达 38dB[55]。此外，纳米银附着的 Fe_3O_4 作为填料制备的复合材料，在 2~5GHz 范围内的电磁屏蔽效能可达 28dB[56]。金属类填料的高电导性能够改善聚合物基体的电导率，从而提高复合材料的电磁屏蔽性能。

碳系填料包含炭黑、碳纤维、碳纳米管、石墨烯、Mxene 等。将高电导性的炭黑材料加入到大豆蛋白中制备的复合材料，如图 7-34 所示，由于填料与基体之间形成的氢键导致复合材料的强度得到较大提升，同时复合材料的电磁波吸收能力和介电常数得到改善，为作为电磁屏蔽材料提供基础[57]。通过将多壁碳纳米管与丙烯无规共聚物进行复合制备得到的材

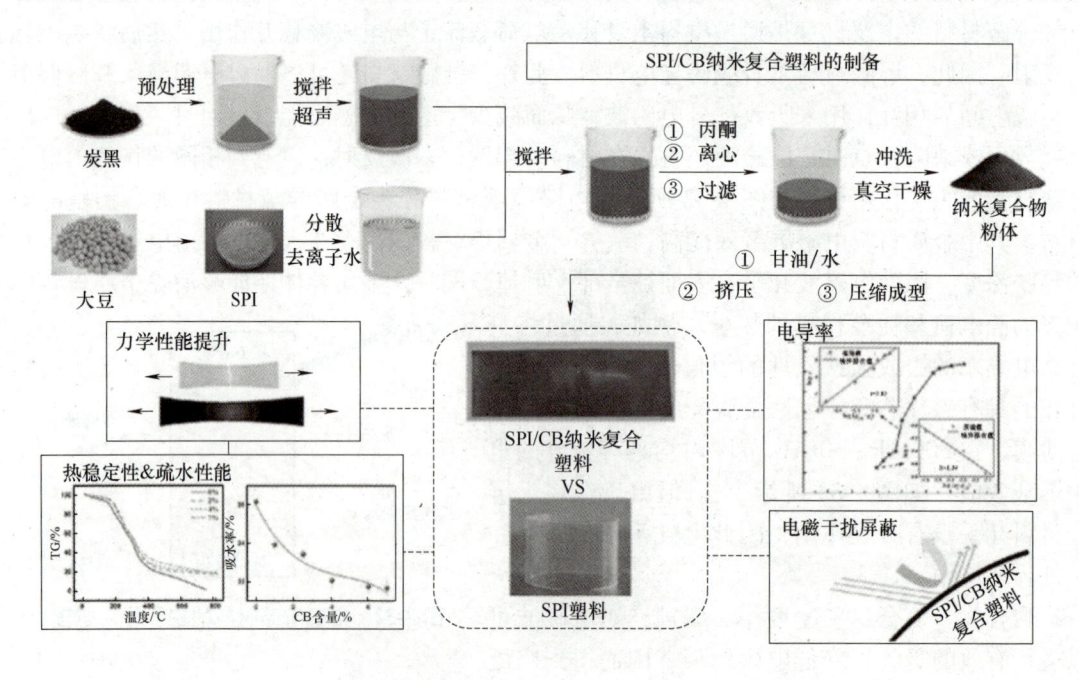

图 7-34 大豆蛋白加炭黑复合材料的制备与设计

料，在填料体积分数达到 4.6% 时复合材料电导率可以达到 1.0×10^{-3} S/cm，拉伸强度为 42MPa，电磁屏蔽效能可达 47dB[58]。石墨烯具有高电导、高导热和超高模量，将柔性聚二甲基硅氧烷（PDMS）直接渗透到相互连接的还原石墨烯网络中形成的复合材料，不仅保证了优良的柔韧性，导电性也得到明显增强，石墨烯质量分数为 3.07% 时，EMI SE 约为 54dB，在通信测试中具备很好的电磁屏蔽性能（见图 7-35）[59]。

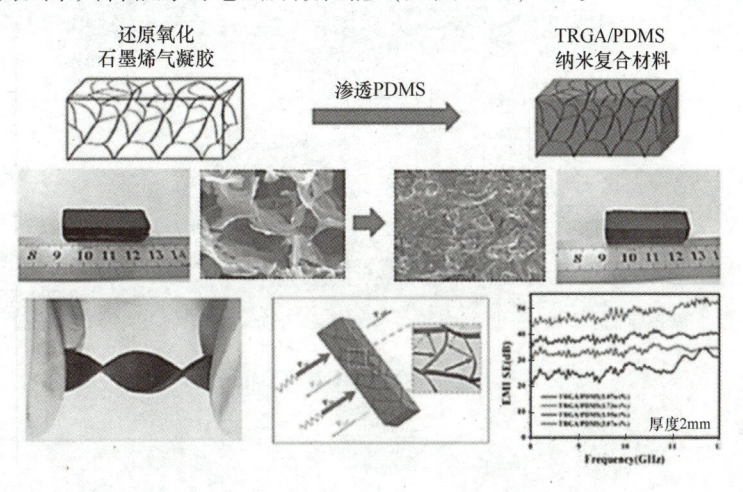

图 7-35　氧化石墨烯 TRGA/PDMS 复合材料的制备与性能

Mxene 二维过渡金属碳/氮化物具备超高的电导率、独特的层状纳米结构和良好的分散性，如图 7-36 所示。利用交替真空过滤方法，将纤维素纳米纤维（CNF）框架层和 Mxene 导电层交替堆叠制备高性能电磁屏蔽薄膜，多层结构增加了电磁波在材料内部的多次反射，CNF@Mxene 薄膜在 0.035mm 对 x 波段的电磁屏蔽效能可达 40dB，并对 k 波段也有较高的屏蔽特性。同时，该薄膜还能承受 1000 次以上的折叠电磁屏蔽效能不明显降低，机械柔韧性的保持稳定了其优异的电磁屏蔽性能（见图 7-37）[60]。此外，利用三维高导电纤维素纳米纤维、Mxene 和环氧树脂制备的 TCTA 环氧纳米复合材料具有三维高导电网络，电磁干扰屏蔽效率可达 74dB，存储模量和耐热指数也可达到 9792.5MPa 和 310.7℃，优良的电磁屏蔽性能、力学性能和热稳定性为其应用提供了更多可能，如图 7-38 所示[61]。

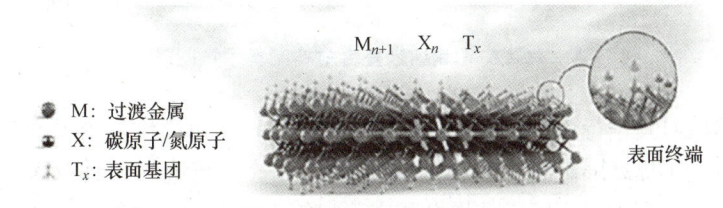

图 7-36　Mxene 材料示意图

同时，通过调整填料的分布来调节聚合物基复合材料的结构，形成一些层状结构、多孔泡沫结构、隔离结构等，也能够对屏蔽性能产生影响。具有优良导电性的大长径比多壁碳纳米管 MWCNT 引入到多孔聚乳酸 PLA 中形成的隔离导电网络结构，表现出极低的渗流阈值（0.00094%）和优异的电磁屏蔽性能（见图 7-39）[63]。多孔型电磁干扰屏蔽复合材料以聚合物

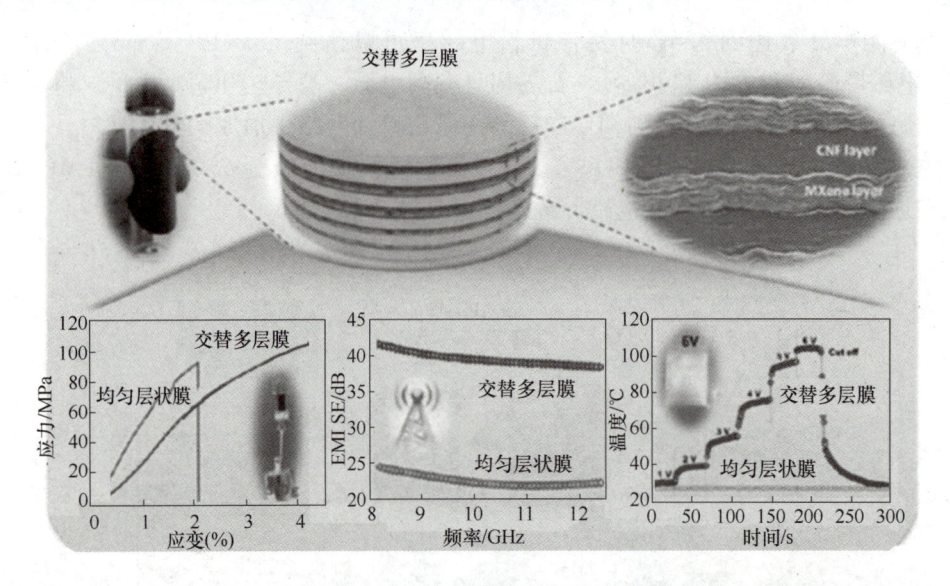

图 7-37　交替多层 CNF@MXene 薄膜

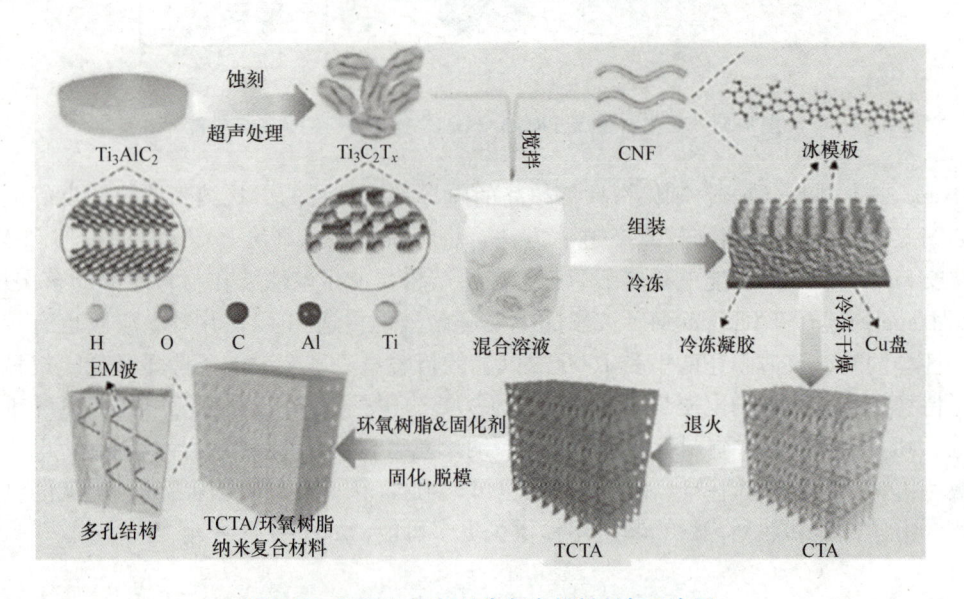

图 7-38　TCTA 环氧纳米复合材料制备示意图

基体为支撑骨架，然后对其进行改性或填充导电填料，其孔壁可以提供多个界面，能够多次反射和吸收电磁波，有利于提高屏蔽材料的屏蔽性能。多层/夹层导电材料具有多个界面，可以控制导电填料的分布，有利于形成可靠的导电通道。相较于常用方法制备的复合材料，多个界面的多次反射导致电磁波更多的极化损失和吸收损失，使之具有更高的电磁干扰屏蔽性能。

由于卫星通信、无线电和电视等电气设备的迅速发展，带来了各种形式的电磁波。许多电子设备和能源的效率受到外部环境发出的电磁辐射的负面影响。为了提高这些器件的效率和安全性，迫切需要具有有效电磁屏蔽性能的材料作为保护器。电磁屏蔽材料在减少电磁干扰、提高设备性能、保护环境和人体健康等方面发挥着重要作用，还可以应用于雷达系统、无线通信、微波设备、电磁兼容等领域。在未来，电磁屏蔽材料的应用领域还将不断扩大。

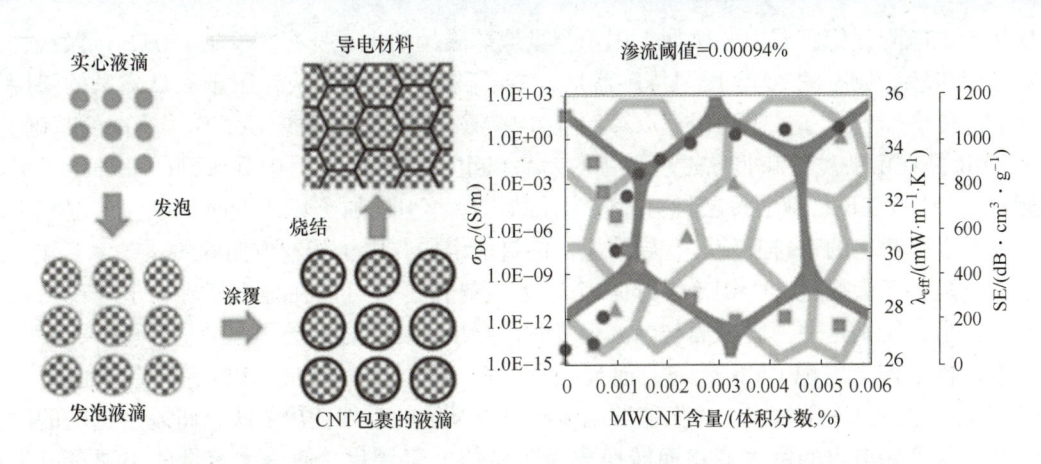

图 7-39　PLA/MWCNT 复合材料

7.4　纳米薄膜其他功能应用

7.4.1　铁磁功能应用

铁磁性是指物质中的相邻原子或离子的磁矩，由于它们的相互作用而在某些区域中大致按同一方向排列。铁磁材料在低于居里温度 T_c 时表现出自发磁化。自发磁化是指由于未配位电子之间的交换作用，这些电子的自旋趋于与相邻未配对电子的自旋呈相同方向，即使在没有外部磁场的情况下，铁磁性物质也能保持其磁化状态。铁磁材料的磁矩来源于电子的轨道和自旋。与铁电体相似，铁磁体在磁化-磁场曲线上也表现出磁滞回线，如图 7-40 所示。

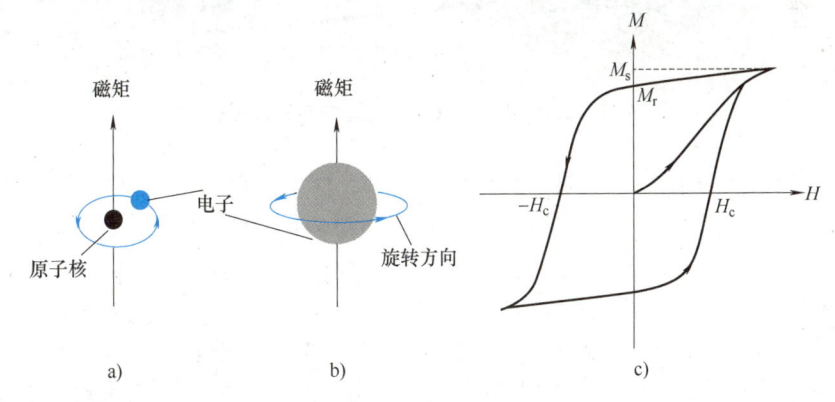

图 7-40　铁磁体基本性能
a) 轨道运动　b) 电子自旋运动产生的磁矩　c) 铁磁体 M-H 回线

当前，铁磁性纳米薄膜的磁阻效应在传感器和存储器件中取得了重大应用，通过改变其在外加磁场中的电阻值，可以在铁磁性薄膜中观察到各向异性磁电阻（AMR）、巨磁电阻（GMR）和隧穿磁电阻（TMR）。磁阻是一种电阻依赖于电流方向与铁磁磁化方向夹角的现象。一般情况下，当电流与磁化方向平行时，纵向电阻达到最大值，当电流与磁化方向垂直时，横向电阻达到最小值，从而产生各向异性磁电阻。由于其角度依赖性，AMR 效应被广泛应用于磁电阻和传感器中。例如，用于测量地球磁场的电子罗盘、交通检测，以及线性位置和角度传感。典型的 AMR 磁阻传感器是由多个磁电阻组合而成，用于测量磁场的强度和方向。除传感器外，在磁阻随机存取存储（MRAM）中，AMR 效应还能作为读取的基础。

GMR 是在由铁磁层和非导磁层交替的超晶格组成的多层材料中观察到的一种量子力学磁阻效应，且 GMR 材料的每层材料都仅为几纳米厚。当外加磁场改变时，磁性多层膜中的磁性层会发生磁矩的重排和旋转，导致电子的自旋定向与电子传输方向的关系发生变化，从而引起电阻的巨大变化。GMR 效应的一个巨大优势在于它可以在很小的磁场下表现出很大的负磁电阻，特别是在薄膜表面与电流垂直时，会出现更明显的磁电阻效应。此外，不仅在人工超晶格结构会出现 GMR 效应，而且在颗粒膜以及非耦合型超晶格等体系中也会出现 GMR 效应。借助 GMR 效应，人们能够制造出更加灵敏的数据读出磁头，将越来越弱的磁信号读出来，利用电阻的巨大变化而转换成为明显的电流变化，使得大容量的小硬盘成为可能。因此，GMR 效应自被发现以来就被用于开发研制用于硬磁盘的体积小而灵敏的数据读出头。这使得存储单字节数据所需的磁性材料尺寸大为减小，从而使得磁盘的存储能力得到大幅度的提高。此外，GMR 效应还在磁传感器、磁头、磁随机存取存储器等领域有广泛应用，如图 7-41 所示。

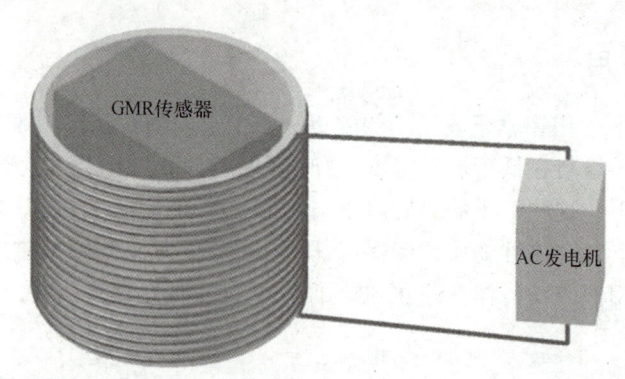

图 7-41　涡流测试（ECT）线圈与 GMR 传感器

CMR 是一种在磁场存在下电阻急剧变化的现象，且大多数 CMR 材料是锰基钙钛矿氧化物，如 $La_{1-x}A_xMnO_{3+\delta}(A=Ca,Sr)$。这些材料在居里温度附近很窄的温度范围内和几特斯拉的外加磁场下，电阻率会出现极大的变化。CMR 效应的产生与电子自旋散射和电子输运有关。当外加磁场改变时，电子自旋的方向会发生变化，从完全反平行排列变为完全平行排列，这导致了金属-绝缘体转变温度移动，从而在同一温度下出现不同的电阻率。这种效应使得锰氧化物在磁场下表现出巨大的电阻变化，电阻率的变化幅度可以达到几个数量级。由于 CMR 材料具有高载流子自旋极化率，如 $La_{0.7}Sr_{0.3}MnO_3$ 的自旋极化率接近 100%，它们在自旋电子器件方面有着潜在的应用价值。此外，CMR 材料在磁传感器、磁存储以及红外探测系统等领域也有很大的应用空间。利用 CMR 效应，可以制造出更灵敏的磁传感器和更高密度的磁存储设备。

TMR 是一种发生在隧道结或金属-绝缘体颗粒薄膜体系中的非本征的负磁电阻效应。TMR 效应具有磁场低、灵敏度高的优点，因此在许多领域具有广阔的应用前景。其中，TMR 材料主要用于计算机硬盘的读出磁头、MRAM（磁性随机存储器）和各类磁传感器。

随着材料技术和微加工技术的发展，TMR 磁头逐步取代了传统的 AMR 磁头，并在计算机硬盘中得到了广泛应用。TMR 磁头的主要优势在于其更高的磁电阻比率和更低的功耗，这使得硬盘的记录密度得到了显著提高。此外，TMR 效应还在磁随机存储器（MRAM）中发挥着重要作用，为下一代非易失性高速存储器提供了可能。

此外类似于压电效应，铁磁材料也具备磁致伸缩效应和磁弹效应。磁致伸缩是指铁磁材料在磁场作用下长度会发生微小的变化，这种变化可以用于实现微小的机械控制，从而在控制台中发挥重要作用，如图 7-42 所示。在传感器方面，磁致伸缩效应被用于制造高灵敏度的传感器，如应力传感器和转矩传感器。这些传感器能够测量微小的形变或力学变化，并将其转化为电信号输出，从而实现对物体微小变化的检测和控制。此外，磁致伸缩材料还可以用于制造磁致伸缩执行机构，通过控制磁场的强度和方向，可以控制磁致伸缩材料的形变，从而实现机械运动。这种执行机构被广泛应用于精密定位、机器人、微观操纵等领域。在电子设备方面，磁致伸缩材料可以用于制造压电陶瓷、声表面波滤波器、换能器等元器件。在汽车工业方面，磁致伸缩材料可以应用在制动系统、悬架系统等部位，提高汽车的性能和安全性。在航空航天领域，磁致伸缩材料可以用于制造形状可变机翼、自动调谐结构等。

磁弹效应是铁磁性材料在机械应力（应变）的作用下，材料磁性随着改变的现象。在材料科学中，磁弹效应被用于研究材料的弹性和塑性性质，通过对材料上表面形变和磁特性的测量，可以推断出材料的力学性

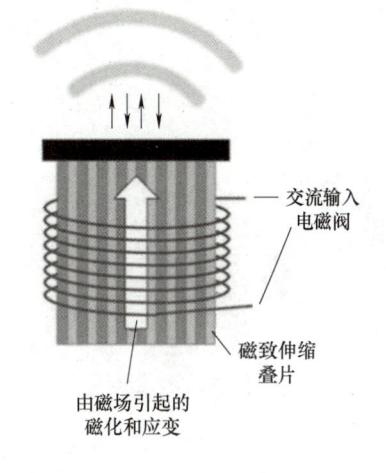

图 7-42 磁致伸缩超声换能器原理图

质，如弹性模量、塑性应变等。在工程力学领域，磁弹效应可以用于应力测量和疲劳分析。例如，磁弹效应传感器可以测量工程中的复杂应力状态，将应力测量问题转化为研究电磁学的问题，具有较大的工程实际意义。这些传感器被广泛应用于土木工程、大型柴油发动机的检测、球形阀的检测以及生物医药检测等领域。在生物医学领域，磁弹效应也被用于生物传感器的设计。具有磁弹耦合效应的磁致伸缩材料可以以其优异的特性满足生物传感器在选用基底材料时的决定性要求，如高效地将识别反应转换为可记录的物理或化学信号。

7.4.2 多铁功能应用

多铁性是指材料中同时存在多个铁序参数的物理现象。铁的基本序参量是铁电性、铁磁性和铁弹性。多铁性的优点是在一种材料中不仅存在两种以上的铁性，而且通过磁电耦合效应相互作用和相互控制。例如，磁电效应（ME）是指材料在外磁场的作用下产生电极化，或者在外电场的作用下产生磁化的现象。磁电器件中磁场到电信号的转换是通过磁致伸缩相和压电相之间的应力相互作用实现磁-弹-电耦合的。这种效应源于电子既是电荷的载体也是自旋的载体，电子的自旋运动将直接或间接决定晶体材料的磁性。磁电发电机利用磁电效应将机械能转换为电能。当磁场中的导体移动时，会在导体中产生电动势，从而产生电流。这种发电机在某些汽车点火系统中被用来产生高压电火花。此外，磁电效应还能应用于磁电传感器，它们可以测量磁场的变化，并将其转换为电信号。这种传感器在工业自动化、医疗设

纳米功能薄膜

备、航空航天等领域有广泛的应用。

多铁性薄膜也可用于多功能和/或多态存储器件。如图 7-43 所示，基于 BiFeO$_3$（BFO）的铁电性和反铁磁性（FE-AFM）之间的耦合，以及 BFO 薄膜与磁电极之间的交换偏置耦合，可以形成存储器件。BFO 具有优异的铁电性能、抗铁磁性和弱铁磁性，是目前最具吸引力的多铁性材料之一。这些特性为 BFO 薄膜在存储器件中的应用提供了巨大的潜力。此外，BFO 还可以用作基于交叉棒结构的磁电随机存取存储器（MERAM），BFO 的 FE-AFM 之间的耦合使得 BFO 的磁化矩可以通过电场进行切换。通过与薄铁磁电极的交换偏置，在两个顶部铁磁层之间具有隧道势垒层的自旋阀结构提供了两种电阻态。

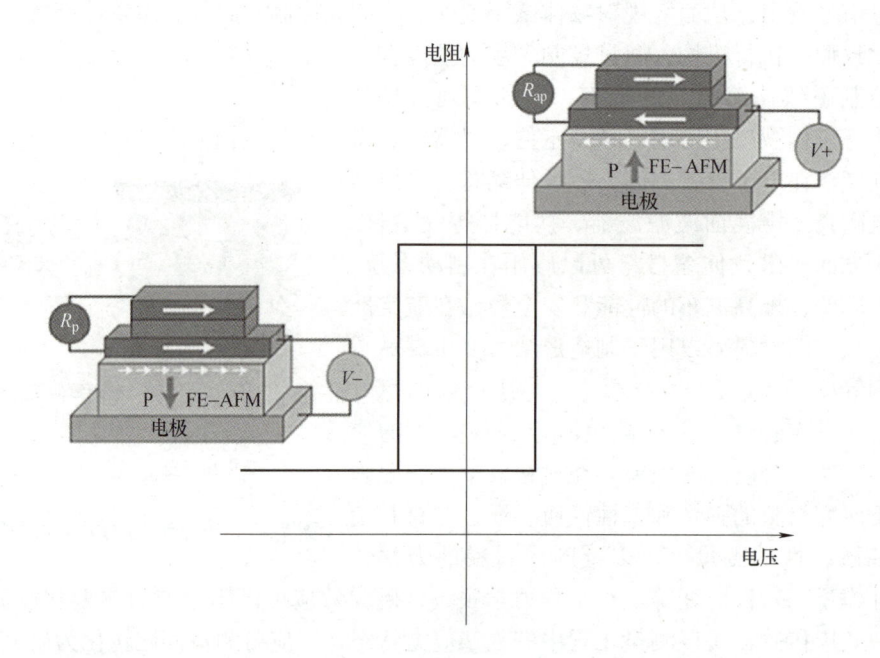

图 7-43 基于 BiFeO$_3$（BFO）的铁电性和反铁磁性（FE-AFM）之间的耦合以及 BFO 薄膜与磁电极之间的交换偏置耦合

此外，多铁性材料的磁性和铁电性质可以被用来调节声波的传播和产生，因此也可用于制造声学器件，如声波滤波器和声波发生器。将磁场或机械应力转换为电能，实现能量的转换和传输，因此可用于制造能量转换器件，如磁电转换器和压电转换器。另外，在自旋电子学领域多铁材料也有着重要的应用。通过调控多铁性材料的磁性和铁电性质，可以实现自旋电子器件的控制和调节，例如自旋电子晶体管和自旋电子存储器。多铁材料还在磁电型天线、能量收集转换器、多态非易失性存储器等领域有潜在的应用价值。

7.4.3 铁弹功能应用

铁弹效应指的是在纳米尺度的薄膜材料中，由于应力或应变的作用，材料的晶体结构发生可逆的、连续的弹性变化，并伴随着磁性的改变。铁弹效应是铁性材料（如铁电材料、铁磁材料）的一种基本性质，但在纳米薄膜中，由于尺寸效应和表面效应的影响，铁弹效应可能表现出与宏观材料不同的特点。纳米薄膜铁弹材料可用于制造高灵敏度的应力或应变传感器。由于纳米薄膜的磁性与应力状态密切相关，通过测量磁性的变化可以间接获得应力或应变的信息。这种传感器具有灵敏度高、响应速度快、尺寸小等优点，适用于各种微小力和形变的测量。此外，该类材料还能用于制造微型的执行器，如微型机械臂、振动器等。通过控制应力或应变，可以改变纳米薄膜的磁性，进而实现微小的机械运动。这种执行器具有尺寸小、功耗低、运动精度高等特点，可用于微纳机器人、精密仪器等领域。在磁存储器方面，由于铁弹效应可以改变纳米薄膜的磁性，因此可以通过应力或应变来调控磁化状态，实现信息的写入和读取。这种磁存储器具有非易失性、高速、低功耗等优点，是下一代存储器技术的重要候选之一。

7.4.4 热电功能应用

热电性能是指当受热物体中的电子（空穴）随着温度梯度由高温区往低温区移动时，会产生电流或电荷堆积，即在温度梯度下产生电能，将热能进行转换的性能。它主要涉及三种效应：Seebeck 效应、Peltier 效应和 Thomson 效应。Seebeck 效应是指当不同材料的两个节点连接在一起并保持在不同的温度时，就会产生电位差；Peltier 效应是指当电流通过两种不同材料的连接点时，热将在连接点的一端释放，在另一端吸收，图 7-44 为 Seebeck 效应和 Peltier 效应的示意图。Thomson 效应是指当温度梯度作用在均匀的载流导体上时，会发生热量的释放或吸收。纳米薄膜的热电性能主要依赖于热电优值（ZT 值），该值由材料的电导率、热导率和 Seebeck 系数共同决定。纳米薄膜的热电性能相比传统材料通常会有所提升，这主要得益于纳米尺度下的量子效应和界面散射等因素。在纳米薄膜中，由于尺寸效应和界面效应的影响，载流子的输运特性和热传导性能会发生变化。例如，量子阱和量子线等结构可以有效地降低热导率，提高 Seebeck 系数，从而提升材料的热电优值。此外，纳米薄膜中的界面散射也可以增强声子的散射，进一步降低热导率。

图 7-44 Seebeck 效应和 Peltier 效应示意图

纳米薄膜热电材料可用于制造热电发电机，将热能直接转换为电能。这种发电机具有结构简单、无噪声、无磨损等优点，适用于利用废热、太阳能等低品质热源进行发电。同时其还可以用于制造热电器件，如热电偶、热电阻等。这些器件可用于测量温度、控制热流、实现热开关等功能。在能源转换与存储领域可以利用纳米薄膜热电效应实现太阳能的高效转换和存储，提高太阳能电池的效率和稳定性；用于生物热电池，利用病人身体热能为心脏起搏器供电，显示出在生物医学领域的应用潜力。此外，纳米薄膜热电材料还可用于制造热电传感器，测量温度梯度或热量流。

例如，薄膜热流传感器是一种用于测量热量流动的设备，该传感器通常由基底、薄膜热电堆和薄膜热阻层构成。当热流垂直通过传感器时，由于薄膜热阻层的存在，在薄膜热电堆的冷热节点将产生温度差，这个温度差使得薄膜热电堆产生一定的温差电动势。通过在倾斜角度为 5°、10° 和 15° 的钛酸锶基片上，定向生长 YBa$_2$Cu$_3$O$_{7-\delta}$（YBCO）薄膜制备的高灵敏度原子层热电堆热流传感器，如图 7-45 所示，其灵敏度分别可以达到 104.9μV/（W/cm^2）、174.1μV/（W/cm^2）和 220.9μV/（W/cm^2）[64]。薄膜热流传感器具有灵敏度高、响应速度快、测量范围宽、稳定性好等优点，因此在许多领域都有广泛的应用。例如，在航空航天、武器装备、工业安全和汽车电子等领域，需要对传热过程中热流密度进行精确测量，薄膜热流传感器就可以满足这些需求。此外，在生物医学领域，薄膜热流传感器也被用于测量生物组织的热传导性能。

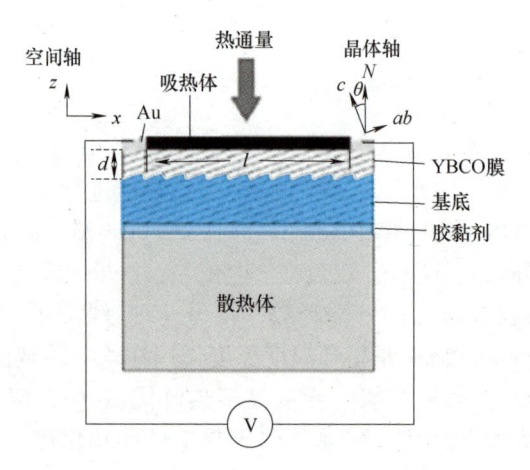

图 7-45 高灵敏度原子层热流传感器示意图

7.4.5 介电功能应用

介电电容器通过在两个极板之间添加电介质（介电材料）来储存电能。 当电容器连接到电源时，电荷会在极板上积累，形成电场。这个电场会作用于介电材料，使其极化，从而存储电能。去除电场后材料会经历去极化，即电容器的充放电过程对应于电介质的极化和去极化过程。图 7-46 所示为介电电容器的结构示意图。

图 7-47 为四种不同类型的电滞回线及其极化相应特征，其中电容器的储能密度主要通过阴影部分的面积来计算获得。可以看到储能密度主要与极化强度和击穿强度有关，而极化强度又与材料本身的介电常数有关。此外，电介质在放电过程中损耗的能量通常以热能形式耗散，其不仅会使电容器内部温度升高破坏器件的使用寿命，还会破坏外电路中的其他元器件，因此低介电损耗、高介电常数、高击穿强度的电介质材料是介电电容器获得高性能的基础。

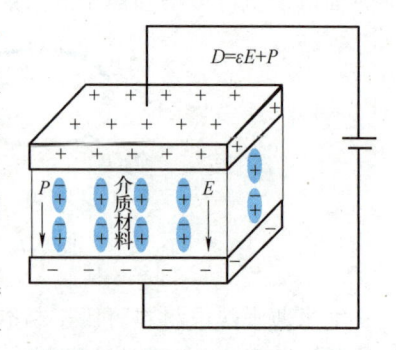

图 7-46 介电电容器的结构示意图

当前用作介电电容器制备的电介质材料主要有陶瓷基电介质和聚合物基电介质两种。其中，陶瓷基电介质中，铅基铁电（FE）和反铁电（AFE）材料具有较高的储能密度，被广泛研究，例如（Pb, La）（Zr, Ti）O$_3$（PLZT）等，但因为铅基材料对环境与人体健康具有威胁性，所以更多的无铅压电材料被逐渐研发。例如，通过流延方法制备的厚度仅为

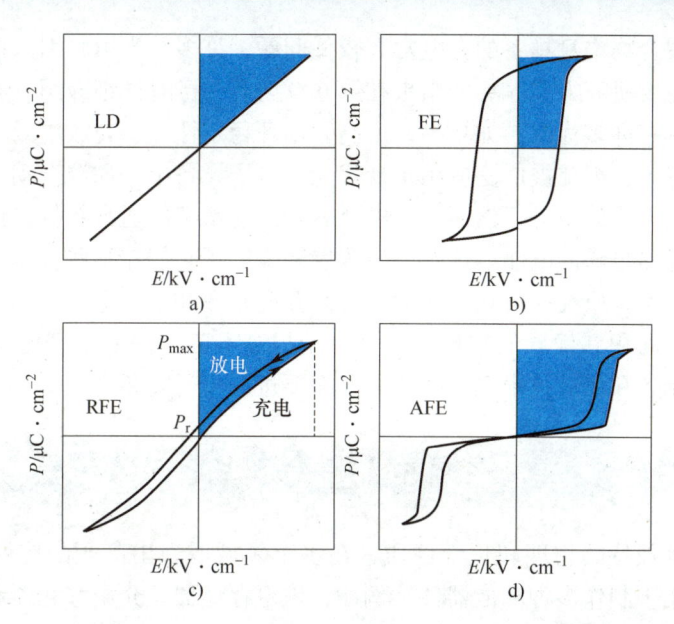

图 7-47 电介质四种不同的电滞回线及其极化响应特征
a) 顺电体 b) 铁电体 c) 弛豫铁电体 d) 反铁电体

0.1mm 的高质量 TiO_2 薄膜,在 1400kV/cm 的电场下可实现 $14J/cm^3$ 的有效储能密度。$SrTiO_3$ 相较于 TiO_2 具备更高的介电常数,被认为是具有应用前景的无铅陶瓷材料。Zr^{4+} 掺杂制备的 $Ca_{0.5}Sr_{0.5}Ti_{0.85}Zr_{0.15}O_3$ 陶瓷,在 440kV/cm 的电场下具备优异的储能性能 ($3.37J/cm^3$) 以及出色的温度稳定性。铁电陶瓷(如 $BaTiO_3$)较大的剩余极化是制约其应用的主要原因,通过开发固溶体陶瓷,制备的 $0.6BaTiO_3$-$0.4Bi(Mg_{0.5}Ti_{0.5})O_3$,实现了 $4.49J/cm^3$ 的超高储能密度[66]。弛豫铁电体(见图 7-48)含有许多极性纳米微区,其在外加电场作用下更容易翻转,通常具有高的介电常数和细长的电滞回线,因而得到广泛研究。采用固相反应法制备的 $(1-x)BaTiO_3$-$xBi(Mg_{0.5}Hf_{0.5})O_3$(BT-BMH)复相陶瓷,在 $x=0.1$ 时得到的有效储能密度和效率分别可达到 $3.38J/cm^3$ 和 87%[67]。

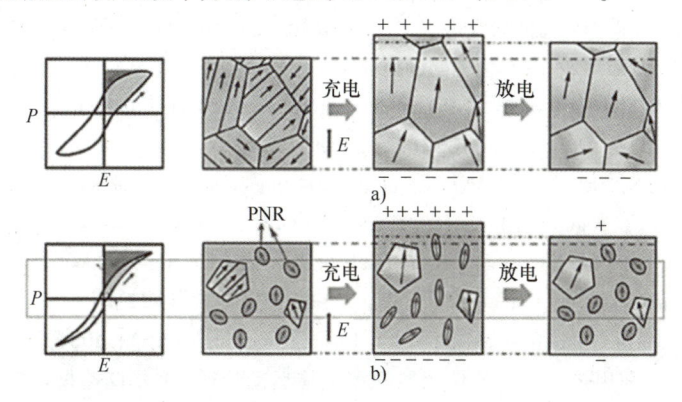

图 7-48 铁电体电滞回线及铁电畴充放电时的变化
a) 铁电体 b) 弛豫铁电体

聚合物基电介质材料具有密度小、耐蚀性好、柔韧性和延展性好、有利于实际生产加工等特点。为改善聚合物本身具备的介电常数较低问题，许多纳米填料引入制备的纳米复合薄膜成为该领域的主要研究方向。相关结果在第 6 章内容中已有详细介绍。

  介电电容器具有许多优点，如功率密度高、循环稳定性好、充放电效率高、可过度放电存储及柔韧性良好等，因此被广泛应用于现代电力电子设备中，如混合动力汽车、太阳能和风能发电系统以及军用设备等。然而，介电电容器的能量密度通常较低，这意味着需要较大的电容器体积来存储足够的电能。这在一定程度上限制了它们在某些应用中的使用。为了提高电容器的能量密度，研究人员正在探索具有高介电常数和低介电损耗的新型介电材料。纳米薄膜具有高比表面积和优异的物理性能，有望提高电容器的能量密度和性能稳定性。然而，纳米薄膜的制备和集成技术仍面临挑战，需要进一步研究和开发。

7.5 总 结

  纳米薄膜因其独特的物理和化学性质，在多个领域展现出广阔的应用前景。在电子领域，纳米薄膜可用于制作多种功能器件。例如，铁电存储器、介质移相器和压控滤波器等都是基于铁电材料的铁电性制作的。利用铁电材料的压电性还可以制作传感器、谐振器、声呐、声表面波器件和微型压电电动机等。利用铁电材料的热释电性，还可以制作红外探测器及阵列等。在能源转换领域，纳米薄膜的热电性能使得其成为高效热电发电机和传感器的理想材料；介电性能使其成为电容器、晶体管等器件的关键组成部分。此外，纳米多层薄膜技术的应用还进一步推动了微纳电子和生物医学领域的发展。纳米薄膜的功能化应用涵盖了能源、电子、生物医学和光学等多个领域，其潜力和前景随着科技的进步不断被挖掘和拓展。

参 考 文 献

[1] DAI J. Ferroic Materials for Smart Systems：From Fundamentals to Device Applications [M]. New York：John Wiley & Sons，2020.

[2] 付承菊，郭冬云. 铁电存储器的研究进展 [J]. 微纳电子技术，2006（9）：414-418.

[3] 黄平，徐廷献. FRAM 用铁电薄膜疲劳问题研究进展 [J]. 材料导报，2006，20（1）：9-13.

[4] ZHOU Y C, TANG M H. Advances in Research on Ferroelectric Thin Films and Ferroelectric Memory [J]. Materials Review，2009. Doi：10.1007/s10965-08008-9216-0.

[5] GARCIA V, FUSIL S, BOUZEHOUANE K, et al. Giant tunnel electroresistance for non-destructive readout of ferroelectric states [J]. Nature，2009，460（7251）：81-84.

[6] WEN Z, LI C, WU D, et al. Ferroelectric-field-effect-enhanced electroresistance in metal/ferroelectric/semi-conductor tunnel junctions [J]. Nature Materials，2013，12（7）：617-621.

[7] RAVICH L E. Pyroelectric infrared detectors [J]. Electron Imaging（USA），1984，3（6）：66-73.

[8] 程卫东，董永贵. 利用热释电红外传感器探测人体运动特征 [J]. 仪器仪表学报，2008，29（5）：1020-1023.

[9] ZHOU Q F, LAU S T, WU D W, et al. Piezoelectric films for high frequency ultrasonic transducers in biomedical applications [J]. Progress in Materials Science，2011，56（2）：139-174.

[10] PRISACARIU I, FILIPIUC C C. A General View on the Classification and Operating Principle of Piezoelectric

Ultrasonic Motors [C] //proceedings of the International Conference and Exposition on Electrical and Power Engineering (EPE). New York：IEEE, 2012.

[11] DUAN Z J, LI Q, WU H D, et al. Research Progresses in Piezoelectric Materials for Ultrasonic Motor Applications [J]. Materials Review, 2008, 22 (6)：24-27.

[12] CHEN H, GUO X, MENG Z. Processing and properties of PMMN-PZT quaternary piezoelectric ceramics for ultrasonic motors [J]. Materials Chemistry & Physics, 2002, 75 (1-3)：202-206.

[13] DONG S X, YAN L, WANG N G, et al. A small, linear, piezoelectric ultrasonic cryomotor [J]. Applied Physics Letters, 2005, 86 (5)：4-6.

[14] MORITA T, KUROSAWA M K, HIGUCHI T. Cylindrical micro ultrasonic motor utilizing bulk lead zirconate titanate (PZT) [J]. Japanese Journal of Applied Physics Part 1-Regular Papers Short Notes & Review Papers, 1999, 38 (1)：3347-3350.

[15] WANG R, YANG C-T, ZHANG S-R, et al. Research progress in thin film surface acoustic wave devices [J]. Electron Compon Mater (China), 2008, 27 (2)：8-9.

[16] KIRSCH P, ASSOUAR M B, ELMAZRIA O, et al. 5 GHz surface acoustic wave devices based on aluminum nitride/diamond layered structure realized using electron beam lithography [J]. Applied Physics Letters, 2006, 88 (22)：223504.

[17] BABU KRISHNA MOORTHY S. Thin Film Structures in Energy Applications [M]. Berlin：Springer International Publishing, 2015.

[18] 梁梅莉. 纳米复合结构光电特性的优化设计与实验研究 [D]. 哈尔滨：哈尔滨工业大学, 2014.

[19] 李志强. 新型纳米结构材料制备及其在薄膜太阳电池的应用研究 [D]. 上海：华东师范大学, 2012.

[20] POLLNAU M, GAMELIN D R, LÜTHI S R, et al. Power dependence of upconversion luminescence in lanthanide and transition-metal-ion systems [J]. Physical Review B, 2000, 61 (5)：3337-3346.

[21] SUYVER J F, AEBISCHER A, GARCIA-REVILLA S, et al. Anomalous power dependence of sensitized upconversion luminescence [J]. Physical Review B Condensed Matter, 2005, 71 (12)：125123.

[22] LI G, SHROTRIYA V, HUANG J, et al. High-efficiency solution processable polymer photovoltaic cells by self-organization of polymer blends [J]. Nature Materials, 2005, 4 (11)：864-868.

[23] 彭晓晨, 张玮皓, 张剑, 等. 阴极缓冲层对有机太阳能器件性能的影响 [J]. 南京工业大学学报（自然科学版）, 2015, 37 (06)：31-34.

[24] 刘亚东, 苏子生, 庄陶钧, 等. F_{16}CuPc 作为阳极缓冲层对有机太阳能电池性能的显著改善 [J]. 发光学报, 2011, 32 (11)：1176-1180.

[25] 申丽沙. 咔唑类光敏剂在染料敏化太阳能电池中的研究 [D]. 大连：大连理工大学, 2022.

[26] 张明. 基于激基复合物的高效有机电致发光材料的设计、合成及器件性能研究 [D]. 成都：电子科技大学, 2023.

[27] 戴一仲. 基于超薄荧光层的 OLED 器件设计与优化 [D]. 南京：南京邮电大学, 2022.

[28] ZHANG D D, DUAN L, LI C, et al. High-Efficiency Fluorescent Organic Light-Emitting Devices Using Sensitizing Hosts with a Small Singlet-Triplet Exchange Energy [J]. Advanced Materials, 2014, 26 (29)：5050-5055.

[29] LI B B, GAN L, CAI X Y, et al. An Effective Strategy toward High-Efficiency Fluorescent OLEDs by Radiative Coupling of Spatially Separated Electron-Hole Pairs [J]. Advanced Materials Interfaces, 2018, 5 (10).

[30] KITAI A H, DENG X, STEVANOVIC D V, et al. High performance dielectric layer for thin film oxide phosphor electroluminescent devices [J]. 2002 SID International Symposium Digest of Technical Papers, 2002, 33 (1)：380-383.

[31] LI W M, RITALA M, LESKELA M, et al. Elemental characterization of electroluminescent SrS：Ce thin

films [J]. Journal of Applied Physics, 1998, 84 (2): 1029-1035.

[32] YU H, BAO Z A, OH J H. High-Performance Phototransistors Based on Single-Crystalline n-Channel Organic Nanowires and Photogenerated Charge-Carrier Behaviors [J]. Advanced Functional Materials, 2013, 23 (5): 629-639.

[33] LIU Y, DONG H L, JIANG S D, et al. High Performance Nanocrystals of a Donor-Acceptor Conjugated Polymer [J]. Chemistry of Materials, 2013, 25 (13): 2649-2655.

[34] YAN F, LI J H, MOK S M. Highly photosensitive thin film transistors based on a composite of poly (3-hexylthiophene) and titania nanoparticles [J]. Journal Applied Physics, 2009, 106 (7): 2411.

[35] DU S C, LU W, ALI A, et al. A Broadband Fluorographene Photodetector [J]. Advanced Materials, 2017, 29 (22): 1700463.

[36] PIERRE A, GAIKWAD A, ARIAS A C. Charge-integrating organic heterojunction phototransistors for wide-dynamic-range image sensors [J]. Nature Photonics, 2017, 11 (3): 193-199.

[37] ELLMER K, KLEIN A. Transparent Conductive Zinc Oxide Basics and Applications in Thin Film Solar Cells [M]. Berlin: Springer, 2008.

[38] KIM W H, MÄKINEN A J, NIKOLOV N, et al. Molecular organic light emitting diodes using highly conductive and transparent polymeric anodes [C] //proceedings of the Conference on Organic Light-Emitting Materials and Devices V. San Diego: [s. n.], 2002.

[39] WU H, KONG D, RUAN Z, et al. A transparent electrode based on a metal nanotrough network [J]. Nature Nanotechnology, 2013, 8 (6): 421-425.

[40] ELLMER K. Past achievements and future challenges in the development of optically transparent electrodes [J]. Nature Photonics, 2012, 6 (12): 808-816.

[41] SANNICOLO T, LAGRANGE M, CABOS A, et al. Metallic Nanowire-Based Transparent Electrodes for Next Generation Flexible Devices: a Review [J]. Small, 2016, 12 (44): 6052-6075.

[42] 张健, 张文彦, 奚正平. 隐身吸波材料的研究进展 [J] 稀有金属材料与工程, 2008 (A04): 504-508.

[43] 刘国权, 罗文, 赵莉, 等. 新型碳纳米复合吸波材料研究进展 [J]. 化工新型材料, 2021, 49 (9): 1-4, 10.

[44] DENG H, LI X, PENG Q, et al. Monodisperse magnetic single-crystal ferrite microspheres [J]. Angewandte Chemie, 2010, 44 (18): 2782-2785.

[45] 廖绍彬. 铁磁学: 下册 [M]. 北京: 科学出版社, 1988.

[46] PAHWA C, MAHADEVAN S, NARANG S B, et al. Structural, magnetic and microwave properties of exchange coupled and non-exchange coupled $BaFe_{12}O_{19}/NiFe_2O_4$ nanocomposites [J]. Journal of Alloys and Compounds, 2017, 725.

[47] FANG J, CHEN Z, WEI W, et al. A carbon fiber based three-phase heterostructures composite CF/$Co_{0.2}Fe_{2.8}O_4$/PANIas an efficient electromagnetic wave absorber in Ku band [J]. Rsc Advances, 2015, 5.

[48] XU W, PAN Y F, WANG G S, et al. Nanocomposites of Oriented Nickel Chains with Tunable Magnetic Properties for High-Performance Broadband Microwave Absorption [J]. Acs Applied Nano Materials, 2018: acsanm. 7b00293.

[49] GUO Y F, LI J Y, MENG F B, et al. Hybridization-Induced Polarization of Graphene Sheets by Intercalation-Polymerized Polyaniline toward High Performance of Microwave Absorption [J]. ACS applied materials & interfaces, 2019, 11 (18): 17100-17107.

[50] LI X, YANG H, FU W, et al. Preparation of low-density superparamagnetic microspheres by coating glass microballoons with magnetite nanoparticles [J]. Materials Science and Engineering, B, 2006, 135 (1):

38-43.

[51] WU M, ZHANG Y D, HUI S, et al. Microwave magnetic properties of $Co_{50}/(SiO_2)_{50}$ nanoparticles [J]. Applied Physics Letters, 2002, 80 (23): 4404-4406.

[52] MAYER F, ELLAM T, COHN Z. High frequency broadband absorption structures [R]. IEEE, 1992.

[53] SAMBYAL P, NOH S J, HONG J P, et al. FeSiAl/metal core shell hybrid composite with high-performance electromagnetic interference shielding [J]. Composites Science and Technology, 2019, 172 (MAR.1): 66-73.

[54] HU T, WANG J, WANG J, et al. Electromagnetic interference shielding properties of carbonyl iron powder-carbon fiber felt/epoxy resin composites with different layer angle [J]. Materials Letters, 2015, 142 (mar.1): 242-245.

[55] CAO X G, REN H, ZHANG H Y. Preparation and microwave shielding property of silver-coated carbonyl iron powder [J]. Journal of Alloys & Compounds, 2015, 631: 133-137.

[56] LI S C, ZHOU Z N, ZHANG T L, et al. Synthesis and characterization of Ag/Fe_3O_4 electromagnetic shielding particles [J]. Journal of Magnetism & Magnetic Materials, 2014, 358-359: 27-31.

[57] FU H Z, HONGFU. Enhanced electrical and dielectric properties of plasticized soy protein bioplastics through incorporation of nanosized carbon black [J]. Polymer Composites, 2020, 41 (12).

[58] JIA Y, AJAYI T D, WAHLS B H, et al. Multifunctional Ceramic Composite System for Simultaneous Thermal Protection and Electromagnetic Interference Shielding for Carbon Fiber-Reinforced Polymer Composites [J]. ACS Applied Materials & Interfaces, 2020, 12 (52).

[59] XU F, CHEN R, LIN Z, et al. Superflexible Interconnected Graphene Network Nanocomposites for High-Performance Electromagnetic Interference Shielding [J]. ACS Cmega, 2018, 3 (3): 3599-3607.

[60] CUI C, XIANG C, GENG L, et al. Flexible and ultrathin electrospun regenerate cellulose nanofibers and d-$Ti_3C_2T_x$ (MXene) composite film for electromagnetic interference shielding [J]. Journal of Alloys Compounds, 2019, 788: 1246-1255.

[61] WANG L, SONG P, LIN C T, et al. 3D Shapeable, Superior Electrically Conductive Cellulose Nanofibers/$Ti_3C_2T_x$ MXene Aerogels/Epoxy Nanocomposites for Promising EMI Shielding [J]. Research, 2020, 2020: 1-12.

[62] VAHIDMOHAMMADI A, ROSEN J, GOGOTSI Y. The world of two-dimensional carbides and nitrides (MXenes) [J]. Science, 372 (6547).

[63] WANG G, WANG L, MARK L H et al. Ultralow-Threshold and Lightweight Biodegradable Porous PLA/MWCNT with Segregated Conductive Networks for High-Performance Thermal Insulation and Electromagnetic Interference Shielding Applications [J]. ACS Applied Materials & Interfaces, 2018, 10 (1): 1195-1203.

[64] SONG S, WANG Y, YU L. Highly sensitive heat flux sensor based on the transverse thermoelectric effect of $YBa_2Cu_3O_{7\delta}$ thin film [J]. Applied Physics Letters, 2020, 117 (12): 123902.

[65] CHAO S, DOGAN F. Processing and Dielectric Properties of TiO_2 Thick Films for High-Energy Density Capacitor Applications [J]. International Journal of Applied Ceramic Technology, 2011, 8 (6): 1363-1373.

[66] PU Y P, WANG W, GUO X, et al. Enhancing the energy storage properties of $Ca_{0.5}Sr_{0.5}TiO_3$-based lead-free linear dielectric ceramics with excellent stability through regulating grain boundary defects [J]. Journal of Materials Chemistry C, 2019, 7 (45): 14384-14393.

[67] SUN N N, LI Y, ZHANG Q W, et al. Giant energy storage density and high efficiency achieved in $(Bi_{0.5}Na_{0.5})TiO_3$-Bi$(Ni_{0.5}Zr_{0.5})O_3$ thick films with polar nanoregions [J]. Journal of Materials Chemistry C, 2018, 6 (40): 10693-10703.